湘江长沙综合枢纽建设丛书

湘江长沙综合枢纽模型试验研究

主　编：潘胜强

副主编：刘晓平　郝品正

周作茂　范焱斌

人民交通出版社

China Communications Press

内 容 提 要

湘江长沙综合枢纽工程是《湘江干流规划》九个梯级的最下游梯级,是一座以改善湘江通航为主,兼有保障供水、灌溉、发电、改善环境、过江交通等多重功能的综合性枢纽工程,于 2009 年 12 月开工,计划于2015 年 12 月完工。本书摘录了工程总平面规划布置、工程设计、工程施工及运行管理各个阶段的十几项模型试验研究,其研究手段涉及物理模型试验、数学模型、原型观测等,比较集中地体现了当今模型试验的主要方法和先进的测试技术,研究成果及时地为工程建设的各个阶段提供了科学依据和技术指导,在工程实践中取得了预期的效果。

本书内容丰富,实用性强,可供从事枢纽工程科研、设计、施工和建设管理等单位有关人员参考,也可作为大专院校相关专业师生的教学参考书。

图书在版编目(CIP)数据

湘江长沙综合枢纽模型试验研究 / 潘胜强主编. —
北京 : 人民交通出版社,2014.3
　　(湘江长沙综合枢纽建设丛书)
　　ISBN 978-7-114-11067-2

　　I. ①湘…　II. ①潘…　III. ①湘江—水利枢纽—水工
模型试验—研究—长沙市　IV. ①TV632.641

中国版本图书馆 CIP 数据核字(2013)第 297440 号

　　　　湘江长沙综合枢纽建设丛书
书　　名:湘江长沙综合枢纽模型试验研究
著 作 者:潘胜强
责任编辑:刘永芬
出版发行:人民交通出版社
地　　址:(100011)北京市朝阳区安定门外外馆斜街 3 号
网　　址:http://www.ccpress.com.cn
销售电话:(010)59757973
总 经 销:人民交通出版社发行部
经　　销:各地新华书店
印　　刷:中国电影出版社印刷厂
开　　本:787×1092　1/16
印　　张:22.5
字　　数:521 千
版　　次:2014 年 3 月　第 1 版
印　　次:2014 年 3 月　第 1 次印刷
书　　号:ISBN 978-7-114-11067-2
定　　价:68.00 元

(有印刷、装订质量问题的图书由本社负责调换)

——为《湘江长沙综合枢纽模型试验研究》一书出版而作

"独立寒秋,湘江北去,橘子洲头。看万山红遍,层林尽染;漫江碧透,百舸争流。鹰击长空,鱼翔浅底,万类霜天竞自由……"伟人毛泽东的《沁园春·长沙》这首诗词曾给我们带来多少的自豪和美好的回忆。如今,随着湘江长沙综合枢纽工程的建设,这久违的、如诗如画的美景带着时代气息的"山、水、洲、城"特色,以新的面貌逐步呈现在世人面前。

2009 年 8 月,长沙市湘江综合枢纽开发有限责任公司正式成立,承担湘江长沙综合枢纽工程的建设、运行和管理任务。湘江长沙综合枢纽工程包括双线 2000 吨级船闸、46 孔泄水闸、装机 5.7 万 kW 的水电站和坝顶公路桥,分 3 期建设。2009 年 12 月 6 日湘江枢纽一期工程开工,2011 年 3 月 31 日,右汊 20 孔闸坝工程、河道疏挖及蔡家洲护岸工程、右岸进场公路工程、右汊坝顶公路桥工程等标段完成建设,一期工程全面完工。2010 年 7 月 8 日,二期工程的纵向围堰戗堤建设开工;2012 年 3 月 31 日左汊 11.5 孔泄水闸工程完工,9 月 16 日,进行二期围堰控制性爆破,基坑进水,船闸进入有水调试阶段;9 月 26 日,双线 2000 吨级船闸进行了实船试航,9 月 29 日,双线船闸实现试通航;10 月 9 日,二期桥梁工程完工;10 月 10 日,实现蓄水通航,二期工程全面完工。2012 年 8 月 22 日三期工程开工,10 月 7 日上游围堰截流,10 月 15 日下游围堰合龙;目前,三期泄水闸及电站厂房工程正在施工中,预计 2015 年全面建成。

在湘江长沙综合枢纽工程咨询论证和建设过程中,我有幸组织国内知名专家进行咨询论证,为湘江枢纽工程的决策提供帮助。

在湘江长沙综合枢纽建设接近尾声之际,参与工程论证和建设的管理者以及科技工作者以自己在工程论证和建设中的亲身实践,编纂出版《湘江长沙综合枢纽模型试验研究》。该书全面、系统地阐述和总结了湘江长沙综合枢纽工程在工程可行性研究、初步设计、施工图设计等阶段所涉及的问题及解决这些问题的模型试验研究成果,这无论对湘江长沙综合枢纽工程本身,还是对今后类似工程的建设,都是一次非常有意义的工作。

读了《湘江长沙综合枢纽模型试验研究》一书初稿,有感于以下几个方面:

一、湘江长沙综合枢纽距离市区银盘岭大桥约 22km,其工程建设影响因素多,实施难度大,社会关注度高。工程建设的管理者本着对国家、对社会、对人民高度负责的态度,认真研究工程建设各阶段可能遇到的问题和困难,以精益求精和实事求是的精神组织科技攻关,为工程建设奠定了坚实的基础。

二、集中了国内从事模型试验研究的主要科研院所和高校,在工程建设的各个阶段都针对性地安排科研项目。如在工可阶段安排了香炉洲坝址和蔡家洲坝址的模型试验研究,详细对比两个坝址的优劣，为坝址选择提供了科学依据；在初步设计阶段安排了蔡家洲平面布置模型试验研究，科学、合理地布置长沙枢纽的电站、船闸、泄水闸、鱼道等主要水工建筑物，减少相互影响，发挥最佳功能；在施工阶段安排了施工导流及通航模型试验，为确保工程建设、防洪度汛和施工期通航安全提供科学、合理的实施方案；进行了坝区河段施工期及正常运行期动床模型试验，预测工程实施过程和建成运行后可能对河段地形引起的变化，及时做好应对措施。

三、充分考虑工程建设对社会和环境的影响，努力保证工程活动与自然生态系统协调、可持续发展，体现了"两型"社会和现代水利建设的先进理念。诸多模型试验研究都表明了"要利用自然，首先要认识自然、尊重自然"的思路。如在主要建筑物布置时，建议考虑尽量减少对河道形态和水流条件的改变，保证河道的行洪能力和通航安全等；在生态环境方面，"鱼道水工水力学模型试验研究"力图为湘江洄游鱼类创造一个良好的环境，弥补枢纽建设对鱼类环境的影响。

四、湘江长沙综合枢纽工程建设的组织实施团队善于总结湘江其他枢纽工程建设的经验，在此基础上勇于创新、不断提高。通过"双线船闸共用引航道非恒定流问题的研究"，了解引航道内非恒定流的特性及对船舶航行的影响，提出了相应的工程措施和运行管理措施。"泄水闸断面水工模型试验研究"，不仅只关注泄水闸的过流能力，还关注和研究了泄水闸的过砂情况，提出的折线形实用堰基本能解决堰前淤积对泄水闸检修闸门的影响。长沙枢纽船闸要求输水时间较短、水力指标较高，为此进行了"船闸输水系统布置和水力计算分析"专题研究，论证了输水系统布置形式及各部位细部尺寸，以确保输水系统运行安全及船舶安全快速过闸。

各个阶段模型试验研究成果都被应用于工程设计和建设管理实践中，科学指导工程的设计和管理，可以说是我国工程管理的典范。长沙市湘江综合枢纽开发有限责任公司牵头组织各模型试验承担单位将模型研究成果汇编成册，在人民交通出版社的支持下，予以出版。我认为该书较好地反映了湘江长沙综合枢纽工程建设的历程和经验，以及工程科技创新的特点和做法，是一本值得借鉴的科技文献。

最后，我想借此机会与大家共勉：风正济时，自当破浪扬帆；任重道远，还需策马扬鞭。湘江长沙综合枢纽工程建设还在继续，把湘江打造成东方莱茵河的任务还很艰巨，我们要适应时代进步和社会发展的需要，满足人民群众对生活和环境更高的期盼，以科学发展观为指导，积极践行可持续发展的治江、治水思路，为湖南"两型"社会示范区的建设做出我们应有的贡献。

是为序。

中国工程院院士
中南大学原校长
湖南省科协原主席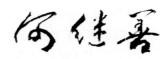

前言

湘江长沙综合枢纽工程是《湘江干流规划》中9个梯级的最下游梯级,是一座以改善湘江通航为主,并兼有保障供水、灌溉、改善环境、过江交通、发电等多重功能的综合性枢纽工程,是省市"十一五"和"十二五"重大建设项目。项目建成后,湘江长沙至株洲段通航能力将由1000吨级提升到2000吨级,是一个重要的经济工程、环境提质工程和民生工程。工程计划建设工期72个月,概算总投资63.78亿元。

坝址位于长沙市下游约20km的望城区湘江蔡家洲河段,上距株洲航电枢纽132km,坝址控制流域面积90520km²,枢纽主要建设内容包括双线船闸、泄水闸、电站、坝顶公路桥及鱼道等。

枢纽主要建筑物从左至右依次为左岸副坝、预留三线船闸、双线船闸、左汊泄水闸、电站厂房、鱼道、蔡家洲副坝、右汊泄水闸及右岸副坝。2000吨级双线船闸布置于左汊河床左侧,闸室有效尺寸280m×34m×4.5m(长×宽×门槛水深),设计年通过能力9800万t;泄水闸共46孔,分左、右河汊布置,其中左汊低堰26孔,堰顶高程18.5m,单孔泄流净宽22m,右汊高堰20孔,堰顶高程25.0m,单孔泄流净宽14m;河床式电站厂房布置于左汊河床右侧,总装机容量57MW,安装6台9.5MW的灯泡贯流式机组,年均发电量2.32亿度;坝顶公路桥为双向6车道,桥长1939.39m,桥宽27m,通过枢纽的两岸进场公路联接市政公路。

枢纽工程分3期导流:一期围右汊20孔泄水闸,由左汊河床过流和通航;二期围左汊左侧11.5孔泄水闸和船闸,由左汊右侧束窄河床过流及通航;三期围左汊右侧14.5孔泄水闸和电站厂房,由已建成的左侧泄水闸过流,已建成的永久船闸通航。

2004年4月由省发展和改革委员会组织对湘江长沙综合枢纽工程可行性研究报告进行了评估论证,并于2006年6月向国家发改委上报项目建议书。2007年8月国家发改委以发改交运【2007】1938号文对项目建议书进行了批复,同意建设长沙湘江综合枢纽工程项目。

湖南省交通规划勘察设计院、湖南省水利水电勘测设计研究总院及多家专题报告单位共同承担湘江长沙综合枢纽工程可行性研究工作。2009年9月,国家环境保护部以环审[2009]417号文批复了本项目环境影响报告书。2009年9月,长江水利委员会以长许可[2009]160号文批复了本项目防洪影响评价报告。2009年10月,国家水利部以水保函[2009]363号文批复了本项目水土保持方案。2009年12月,国家发改委以发改基础[2009]3048号文批复了工程可行性研究报告。2009年3月上旬启动初步设计,2010年3月,国家交通运输部以交水发【2010】122号文批复了本项目初步设计。

2009年3月,湖南省交通规划勘察设计院及湖南省水利水电勘测设计研究总院根据工

程建设的需要，在进行初步设计工作的同时，启动了枢纽工程的两阶段施工图设计。

2009年8月，长沙市湘江综合枢纽开发有限责任公司正式成立，承担湘江长沙综合枢纽工程的建设、运行和管理任务。枢纽工程建设实行建设项目法人负责制、招标投标制、工程监理制和合同管理制，落实工程质量终身负责制。

湘江长沙综合枢纽工程是湖南省重点建设工程，工程条件复杂、工期长、影响面广，因此做好前期研究工作就显得非常重要。长沙市湘江综合枢纽开发有限责任公司本着严谨科学的态度、实事求是的工作精神，对湘江长沙综合枢纽工程从规划布置、工程设计、工程施工及运行管理各个阶段的重点难点进行了认真分析，根据需要分别安排了香炉洲、蔡家洲方案工可阶段枢纽总平面布置模型试验研究、初步设计阶段枢纽平面布置及船闸通航条件整体模型试验研究、船闸输水系统布置和水力计算分析、鱼道水工水力学模型试验研究、双线船闸共用引航道非恒定流问题的研究、施工导流及通航整体定床模型试验研究、坝区河段施工期及正常运行期动床模型试验等十几项模型试验及专项分析研究。全国水运界主要研究单位和高校，如交通运输部天津水运科学研究院、南京水利科学研究院、长沙理工大学、重庆交通大学等参与了相关研究工作。研究成果及时为工程建设的各个阶段提供了科学依据和技术指导，结合研究成果制定的工程实施计划在工程实践中取得了预期的效果。

湘江长沙综合枢纽工程模型试验研究工作涉及面广，内容丰富，其研究手段涉及物理模型试验、数学模型、原型观测等，物理模型试验有定床模型、动床模型和船舶运动模型，比较集中地体现了当今模型试验的主要方法和先进的测试技术。

本书将湘江长沙综合枢纽工程工可阶段、初步设计阶段和施工阶段的模型试验研究成果进行归纳并编辑成册，是希望总结经验，发现不足，并与同行广泛交流，共同为水利水运事业的发展尽自己的努力。

目录

工可阶段模型试验研究

<h1 style="text-align:center">综　述</h1>

拟建的长沙综合枢纽是一项具有改善环境、通航、发电、给水、灌溉、旅游等综合利用水资源水利枢纽工程。经实地详细调查,并结合各种规划报告对本河段的规划情况,工程可行性研究(简称工可)阶段在三汊矶、月亮岛、香炉洲、蔡家洲四处进行坝址比选,最后决定将香炉洲坝址和蔡家洲坝址作为比选坝址(图1),进行可行性研究。

图1　香炉洲、蔡家洲坝址鸟瞰图

一、工可阶段试验研究的主要目的

工程可行性研究阶段模型试验的主要目的就是通过对香炉洲坝址和蔡家洲坝址布置方案的试验研究,从枢纽主要建筑物的布置及相互影响、枢纽的通航水流条件、枢纽的行洪能

力、枢纽施工期的水流条件及影响等方面,比较在这两处坝址布置长沙枢纽的可能性,以及它们的优缺点,形成坝址选择的推荐方案。

二、工可阶段各科研项目研究的主要内容

1."香炉洲方案工可阶段枢纽总平面布置模型试验研究"项目

(1)布置方案简介

枢纽布置方案一:由于香炉洲中部有两条高压线跨越湘江,枢纽布置方案因受跨河高压线及两岸铁塔的制约,船闸不能布置在台地上,只能布置在河床内。因主航道在右汊,故船闸布置在右汊右岸,引航道和口门区与现有主航道平顺相接;因右汊河道宽仅490m,加上切除右岸矶头和香炉洲右侧部分边坡后的右汊河道总宽度也只有约564m,在船闸占用194m后,剩余370m,刚好够布置二期导流所需的泄水闸宽度,故电站不能布置在右汊内,只能布置在左汊河道内,因此方案一布置按以上原则确定。方案一枢纽主要建筑物从左至右依次为:左汊17孔泄水闸(堰顶高程21.0m)、电站(8台机组)、香炉洲副坝、右汊16孔泄水闸(堰顶高程19.0m)、双线船闸。

枢纽布置方案二:枢纽主要建筑物从左至右依次为:电站(8台机组)、左汊17孔泄水闸(堰顶高程21.0m)、香炉洲副坝、右汊16孔泄水闸(堰顶高程19.0m)、双线船闸。方案二与方案一比较,主要的变化是电站位置的改变,即电站布置在左汊左侧。

枢纽布置方案三:枢纽主要建筑物从左至右依次为双线船闸、左汊16孔泄水闸(堰顶高程21.0m)、香炉洲副坝、右汊17孔泄水闸(堰顶高程19.0m)、电站(8台机组)。

方案三与方案一、方案二的区别主要在于电站及船闸的位置。电站布置在右汊右侧,船闸布置在左汊左侧,下引航道及连接段布置在冯家洲左汊,对冯家洲左汊进行开挖用于通航,并对冯家洲进行防护。

(2)研究的主要内容

①枢纽河段水力特性研究,包括枢纽河段工程前水面线、分流比、流速流态等水力特性研究。

②枢纽泄流能力及泄流宽度确定,包括设计方案(工可)、优化方案泄流能力研究,确定枢纽闸孔数量和泄流宽度。

③枢纽平面布置及优化研究,包括船闸、泄水闸、电站等水工建筑物相对位置研究,枢纽总体平面布置优化试验研究。

④船闸上、下游引航道口门区通航水流条件研究。

⑤施工导流期间上下游水位变化、流场变化及导流能力等研究,为施工围堰设计提供科学依据。

2.《香炉洲方案工可阶段数学模型研究》项目

(1)香炉洲坝址方案水流特性研究。

(2)香炉洲坝址方案平面布置。

(3)香炉洲坝址方案船闸上、下游引航道口门区通航水流条件研究。

（4）香炉洲坝址方案施工导流期间流场变化。

3.《蔡家洲方案工可阶段枢纽平面布置及通航条件模型试验研究》项目

（1）布置方案简介

①方案一：左汊左岸船闸，左汊右岸电站。

设计方案一电站、船闸均布置在蔡家洲左汊，各建筑物工程布置从左至右依次为双线船闸、27孔净宽20m堰顶高程19.0m主泄水闸、排污槽、鱼道、6台机组电站、蔡家洲副坝、右汊19孔净宽14m堰顶高程25.0m副泄水闸，总宽度为1750.2m。

②方案二：左汊左岸电站，右汊右岸船闸。

方案二与方案一相比，主要是船闸位置发生了变化。从左至右主要建筑物依次为电站、1孔排污闸、32孔净宽20m的低堰泄水闸、蔡家洲副坝、5孔净宽20m的高堰泄水闸、双线船闸，枢纽布置总宽度为1742.6m。

③方案三：左汊左岸电站，左汊右岸船闸。

方案三与方案一相比，主要是船闸和电站交换了位置，方案三与方案二的电站位置相同。枢纽从左至右主要建筑物依次为电站、1孔排污闸、26孔净宽20m的低堰泄水闸、双线船闸、蔡家洲副坝、20孔净宽14m的高堰泄水闸（设计方案三电站、船闸均布置在蔡家洲左汊，各建筑物工程布置从左至右依次为6台机组电站、鱼道、排污槽、27孔净宽20m堰顶高程19.0m的主泄水闸、双线船闸、蔡家洲副坝、右汊19孔净宽14m堰顶高程25.0m的副泄水闸），总宽度为1722.6m。

（2）研究的主要内容

综合枢纽建成后将改变其上、下游河道的水流泥沙运动过程，就枢纽本身而言，存在着枢纽平面布置、船闸通航水流条件及枢纽泄洪等关键技术问题。为此，针对长沙综合枢纽工程在工可阶段蔡家洲坝址的枢纽平面布置及船闸上、下游引航道口门区及连接段通航水流条件等技术问题进行了整体水工模型试验研究。

方案二船闸位于蔡家洲右汊，主要是利用右汊为静水区的特点保证船闸通航，下闸首与下游天然主航道之间需通过开挖和疏浚长约8km的人工航道衔接。考虑到方案二实施难度较大，专家讨论时基本予以否定；工可阶段主要对枢纽船闸布置于蔡家洲左汊左岸侧（方案一）或左汊右岸侧（方案三）做重点考虑，为此模型试验主要进行方案一、方案三比选研究。主要对枢纽泄流能力、船闸引航道导流堤长度及走向及船闸上、下游引航道口门区与连接段通航水流条件和船队航行条件等进行研究和优化，并对不同的平面布置方案进行比选。

4.《蔡家洲工可阶段枢纽总平面布置模型试验研究》项目

（1）枢纽河段水面线、分流比、流速流态等水力特性研究。

（2）工可设计方案泄流能力研究，船闸、泄水闸、电站的相对位置研究。

（3）枢纽总体平面布置优化试验研究。

（4）优化方案泄流能力研究，确定枢纽闸孔数量和泄流宽度。

（5）船闸上、下游引航道口门区通航水流条件研究。

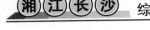

（6）施工导流期间上下游水位变化、流场变化及导流能力等研究,为施工围堰设计提供科学依据。

5.《蔡家洲工可阶段总平面布置数学模型计算研究》项目

（1）蔡家洲坝址方案水流特性研究。

（2）蔡家洲坝址方案平面布置。

（3）蔡家洲坝址方案船闸上、下游引航道口门区通航水流条件研究。

（4）蔡家洲坝址方案施工导流期间流场变化。

三、工可阶段试验研究的主要方法

工程可行性研究阶段主要采用的物理模型试验和数学模型分析相结合的研究方法。物理模型试验包括水工整体模型和船舶运动模型。物理模型依据试验目的和要求,并根据河道特征、河床形态、地形特点,同时为保证模型的水流运动相似和船模航行相似,整体模型为定床正态,几何比尺选用在 1∶100～1∶120,按重力相似准则进行模型设计。用于通航条件试验的船模,应该满足几何相似和重力相似及操作性相似条件,几何相似即船模的几何尺度、形状、吃水和排水量都应与实船相似,重力相似条件要保证船模的运动速度及时间也应与实船相似。

考虑到长沙枢纽工可阶段工作任务多,时间又比较紧迫,所以在坝址和枢纽平面布置方案比选时也采用了数学模型计算分析相结合的研究方法,以发挥数学模型考虑区域范围广,计算速度快的特点。

四、工可阶段试验研究主要结论与建议

本研究对长沙综合枢纽河段工程前水力特性、枢纽总体布置方案、船闸引航道口门区通航水流条件及优化、电站尾水扩散情况、工程后枢纽河段水力特性及冲淤情况、推荐方案施工导流等方面进行了广泛而深入的试验研究。通过上述内容的研究,主要有以下结论及建议:

1. 关于香炉洲方案的主要结论与建议

（1）通过对香炉洲坝址各方案的试验和分析计算。从泄流能力而言,方案一由于冯家洲洲头未进行开挖等原因,其泄流能力偏小,不满足枢纽泄洪能力要求,修改方案一和方案二均满足枢纽泄洪能力要求,方案三的泄洪能力略小于修改方案一及方案二。

（2）从通航条件而言,方案一、修改方案一及方案二船闸引航道口门区通航水流条件变化不大;方案三开挖量大,下游引航道难维护,上下游出口衔接不是很好。从电站尾水扩散的流场图分析,方案一较好,方案二和方案三次之。

（3）根据模型试验结果,枢纽布置方案二在泄洪能力、船闸通航水流条件、施工条件、运行管理、布置协调美观等方面具有综合优势,因此模型试验推荐枢纽布置采用方案二。设计单位可根据模型试验结果,综合考虑其他因素,本着综合利用水资源的原则,确定长沙综合枢纽工可阶段的推荐布置方案。

（4）通过枢纽布置各方案试验及优化试验表明，推荐方案在各级特征洪水流量时上游水位壅高值均小于0.15m，枢纽泄流能力满足设计要求。建议在初步设计阶段对泄水闸堰型及堰顶高程进行优化研究，从而进一步优化枢纽泄流宽度。

（5）在上线水位情况时由于受洞庭湖水位顶托最大，枢纽河段水面比降小，流速很小，枢纽布置对水流影响相对较小；下线水位情况时由于受洞庭湖水位顶托最小，枢纽布置对水流影响相对较大。因此各级特征洪水流量上线水位情况时上游水位壅高值相对较小，下线水位情况时上游水位壅高值相对较大，但上线水位情况时河段的绝对水位较高。

（6）方案一、修改方案一及方案二船闸布置方案基本不变，因此船闸引航道口门区通航水流条件变化不大。3个方案下游引航道口门区纵向流速、横向流速均满足通航水流条件要求，但3个方案船闸上游引航道口门区通航水流条件均存在一定问题，即当流量为13500～21900m³/s时，口门区横向流速大于0.3m/s的范围较大，口门区不满足通航水流条件要求。

（7）通过上游引航道口门区通航水流条件的优化试验，上游引航道分流堤局部透空方案相对较好，但仍然不能完全满足通航水流条件要求。因此，建议在初步设计阶段进一步对分流堤透空范围、透空孔的设置大小、引导流量的大小等进一步优化研究，进一步改善上游引航道口门区通航水流条件。

（8）冯家洲洲头局部进行开挖，对增大枢纽泄流能力及降低电站尾水水位均有较大作用。方案一冯家洲洲头未进行开挖而保持原状，其泄流能力相对较小，且其电站尾水水位相对最高；修改方案一及方案二均将冯家洲洲头缩短并进行开挖，其泄流能力相对较大，且其电站尾水水位相对较低。建议在初步设计阶段进一步对冯家洲洲头开挖范围及高程进行优化试验研究。

（9）建议在初步设计阶段对一期施工期左汊通航水流条件、二期施工期船闸通航水流条件进行更深入研究。

（10）从模型试验观测的枢纽河段水流流场来看，无论施工阶段还是工程运用阶段，在枢纽上、下游均存在静水区或回流区，这些区域将是悬移质和部分推移质淤积区；同时枢纽河段存在局部流速较大区域，因此枢纽河段局部会产生一定冲刷。

2. 关于蔡家洲方案的主要结论与建议

长沙枢纽蔡家洲布置方案，其中方案二将船闸布置在右汊右岸，开挖工作量巨大，经专家讨论，模型试验的重点放在方案一和方案三的比选。

（1）枢纽总体平面布置方案一，过闸水流均匀、顺畅，在十年一遇洪水时，坝前壅高值为0.16m，小于枢纽布置方案三的壅高值；各工况下，船闸上游引航道口门区均能满足《船闸总体设计规范》（JTJ 305—2001），下游引航道口门区当大于五年一遇洪水时，最大横向流速大于0.30m/s，不能满足规范要求。

（2）在通航流量范围内，设计方案一在湘江干流与沩水正常遭遇时，①上游引航道口门区及连接段通航水流条件能够满足要求；②下游引航道口门区及连接段航道在流量 $Q <$ 13500m³/s时，基本满足要求；而在 13500m³/s $\leq Q \leq$ 21900m³/s 时，在堤头下1000m航道范围内，船舶（队）只能沿下游口门区及连接段左侧航线单线航行，堤头1000m以下，水流条件

能够满足船舶(队)航行要求。

(3)修改方案1-1是在设计方案一上下游导流堤堤头位置不动的情况下,将堤身拐点由距堤头150m移至距堤头250m处,相当于增大了引航道出口段航道的弯曲半径;并在下游堤头下加设4个导流墩。该方案在通航流量范围内,湘江干流与沩水正常遭遇时,上、下游引航道口门区及连接段通航水流条件能基本满足要求。

(4)对于设计方案一及修改方案,从船模航行试验结果可以得出以下结论:①上游口门区及连接段:设计方案一的航行条件存在一定的问题,经采取改善措施后,在流量$Q\leqslant$19700m³/s时,修改方案1-1能满足船模安全航行要求。②下游口门区及连接段:就口门区而言,在洪水流量下,设计方案一船模行驶至口门区时向左侧漂移量略大,航行略显困难,经采取改善措施,修改方案1-1口门区的航行条件较优,在$Q\leqslant$19700m³/s时,船模能顺利进出口门。口门区以下部分连接段航道内水流比较乱,是下游航行比较困难的区域。在中枯流量时,船模沿航道航行基本顺利;在洪水流量时,船模沿修改航线上、下航行比较顺利。

(5)枢纽总体平面布置方案三在上游导航墙附近产生较大回流,过闸水流不均匀、不平顺,在十年一遇洪水时,坝前壅高值达到了0.19m;当大于两年一遇洪水时,在上、下游引航道口门区都存在横向流速和回流流速超过《船闸总体设计规范》(JTJ 305—2001)允许值的现象,通航水流条件不能满足要求。

(6)设计方案三上游口门区及连接段受上游导流堤堤头挑流、下游口门区及连接段受洪水航线平面布置形式的影响,在$Q\geqslant$13500m³/s时,通航水流条件不能满足要求。

(7)对于设计方案三及修改方案,从船模航行试验结果可以得出以下结论:①上游口门区及连接段:航行难点在口门区,由于口门区处于斜流区,且斜流强度随着河道流量的增大而增大,当船模行驶至口门区时,无论是上行还是下行均产生漂移。从船模航行试验结果看,右侧航线优于左侧航线,修改方案3-2优于修改方案3-1,当流量$Q\leqslant$19700m³/s时,修改方案3-2的通航条件基本满足航行要求。②下游口门区及连接段:航行条件较好,修改方案3-2与修改方案3-1的船模航行情况相差不大。当中枯水流量时,船模沿中枯水航线上下航行比较顺利,当洪水流量时(13500m³/s$\leqslant Q\leqslant$19700m³/s)船模沿洪水航线上下航行比较顺利。

(8)修改方案3-1(上游导航墙顺蔡家洲洲头布置)及3-2(上游引航道口门区设置导流墩)均能在一定程度上减小回流、提高泄洪能力,但效果不明显;修改方案3-3(缩短导航墙长度)提高泄洪能力效果较明显,但导航墙长度缩短多少要受到引航道通航条件的限制。

(9)布置方案三的蔡家洲洲头是在原自然洲头的基础上向上游延伸填筑形成。模型试验结果表明,该洲头伸入了相对狭窄的丁字湾河段,减少了河流的过流断面,阻碍了水流的顺畅通过,使上游水位壅高较大,建议洲头不要向上游延伸。

(10)蔡家洲右汊开挖对行洪有一定好处,但开挖范围遍及整个右汊,工程量巨大,而且提高泄洪能力的程度并不高,从减小工程量的角度出发,建议不必通过开挖右汊提高行洪能力。

(11)综合比较分析:①就泄流能力而言,工可设计方案一、方案二和方案三泄流能力均能满足规范要求。相比较而言方案二的泄洪能力最好;方案一由于蔡家洲洲头未进行开挖等原因,其泄流能力较方案二偏小;方案三由于船闸对右汊的束水作用,泄流能力最小。②就通航水流条件及枢纽泄流能力而言,方案一要优于方案三;就船闸上下游航道稳定性来讲,方案三要优于方案一;综合对比各方案后,设计方案一的修改方案 1-1 可作为工可阶段推荐方案。

（12）总体看,设计方案一优于设计方案三。

3. 香炉洲方案、蔡家洲方案的比较与建议

从工可阶段的试验研究结果看,长沙枢纽香炉洲布置方案存在以下主要问题:①自然条件的限制和约束。枢纽坝址河道宽度相对较小,布置枢纽主要建筑物有难度;枢纽上下游两岸有叽头约束,引航道开挖工程量大;冯家洲与香炉洲交错较多,对枢纽的泄洪和电站尾水的扩散不利;②香炉洲中部有两条高压线跨越湘江,枢纽布置方案因受到过河高压线及两岸铁塔的制约;此外,香炉洲距上游的长沙霞凝港较近,其相互的影响较大。

相比之下,虽然长沙枢纽蔡家洲坝址及布置方案还存在一些问题,但它在自然条件方面优于香炉洲坝址,其布置方案在行洪能力、通航水流条件及工程实施等方面均优于香炉洲布置方案。

经过本阶段的研究,决定推荐蔡家洲坝址和蔡家洲平面设计方案一（修改）作为初步设计阶段的首选方案。

第1章 香炉洲方案工可阶段枢纽总平面布置模型试验研究

项目委托单位:湖南省交通厅规划办
项目承担单位:长沙理工大学
项目负责人:刘晓平
报告撰写人:黄伦超
项目参加人员:蒋昌波 周美林 江诗群 肖 政 桑 雷 李 伟 曹周红
　　　　　　　孙 斌
时　　　间:2004年7月至2005年7月

1.1 工程概述

长株潭城市群地处湖南省中偏东部、湘江下游,区间有便捷的水、陆、空立体综合交通运输网络,我国重要的南北、东西向的铁路、高速公路干线在三市的中心地带交汇。三市土地面积占全省的13%,人口占全省的18.8%,国内生产总值(GDP)占全省的32.8%,人均GDP达11464元。为实现跨跃式经济发展,全面建设小康社会,湖南省委省政府审时度势,于20世纪90年代及时提出了长株潭经济一体化发展战略。相关单位认真编制了三市经济一体化的五大基础性网络规划,其中湘江河道的统一规划和治理是三市交通网络规划和环保网络规划中的重要的一环。鉴于该区域对我国中部地区和西部开发经济发展战略的重要性,国家已把长株潭为中心的湘中地区,作为全国沿交通主干线的7个新的区域性城镇密集区之一列入"十五"城镇化发展规划,世界银行也于2000年底确定长株潭区域作为在中国首批开展城市群发展战略研究(CDS)的两个城市(群)之一。

长株潭经济一体化的发展主轴之一,是湘江生态经济带的开发与建设。湘江生态经济带北起长沙月亮岛,南至株洲航电枢纽,绵延128km,是一个集多种功能于一体的带状经济综合体。为保证三市数百万人的生活饮用水和工农业生产用水,使沿江的经济发展和环境保护步入良性循环的轨道,走可持续发展的道路,提高和创造高的生活质量目标。《湘江生态经济带概念规划国际咨询》中将湘江长沙综合枢纽列为湘江生态经济带建设的主要内容之一。

近年来湘江枯水期水量不足,水位偏低的现象经常出现。特别是2003年7月下旬以后连续5个月少雨导致严重干旱,使长株潭河段遇到了历史上未见的特枯水情,枯水水位比98%保证率的水位低1.2m。长沙经济作物受旱灾的面积达25.6万亩,8.6万多人发生饮水困难。湘潭各水厂取水水头仅有1.5m,正常提水困难,需挖掘机开渠引水;17.6万亩作物受灾,其中60%绝收,约30多万人饮水发生困难。给水利、电力和航运带来很不利的影响,一度使长株潭地区出现油缺、油贵局面,严重制约三市的经济发展。因此,建设湘江长沙综合枢纽已迫在眉睫。

1.1.1 问题的提出

拟建的长沙综合枢纽是湘江规划中最下游的一个枢纽工程,是一个具有改善环境、通航、发电、给水、灌溉、旅游等综合利用水资源的水利枢纽工程。经实地详细调查,并结合各种规划报告对本河段的规划情况,在三汊矶、月亮岛、香炉洲、蔡家洲4处进行坝址比选,最后决定将香炉洲坝址作为推荐坝址,同时考虑对蔡家洲坝址进行预可行性研究。

枢纽坝址位于香炉洲分汊河段,香炉洲中部有两条高压线跨越湘江,使坝线位置受限。香炉洲洲长约2.1km,高程约32.00m,右汊为主航道,河宽约490m,河床高程介于18.00~22.00m,左汊宽约550m,河床高程介于20.50~25.00m;为使枢纽运行不受过河高压线的影响,坝线选在过河高压线下游约500m处,坝线处河道宽1300m,上距月亮岛公铁两用桥6.2km,距长沙港主枢纽霞凝中心港区下游端沙河子2.2km。

枢纽下游河段为冯家洲汊道,冯家洲长约2.7km,高程约32.00m,右汊为主航道,河宽约650m,河床高程介于17.50~21.00m;左汊宽160~320m,河床高程介于20.00~24.00m。

拟建的长沙综合枢纽坝址河段是湘江典型的分汊河道,坝址位置地质条件较好。枢纽布置既要考虑分汊河流演变规律及水力特点,还要考虑枢纽各水工建筑物的运行条件及泄水建筑物之间水流的相互影响问题。对于汊道水流问题及枢纽与水流相互影响问题的研究,困难之处在于有关的影响因素多,且处于天然河道中水工建筑物的边界条件复杂,理论计算分析困难。为了确定水工建筑物与河流短期或长期的相互影响等问题,目前大型的航运和水利工程还是多采用模型试验方法,因此,对长沙综合枢纽进行整体模型试验研究是非常必要的。

1.1.2 试验研究的目的

长沙综合枢纽整体模型试验研究(工可阶段)针对工程工可阶段重点解决有以下几个问题:

(1)枢纽河段水力特性研究。包括枢纽河段工程前水面线、分流比、流速流态等水力特性研究。

(2)枢纽泄流能力及泄流宽度确定。包括设计方案(工可)、优化方案泄流能力研究,确定枢纽闸孔数量和泄流宽度。

(3)枢纽平面布置及优化研究。包括船闸、泄水闸、电站等水工建筑物相对位置研究,枢纽总体平面布置优化试验研究。

(4)船闸上、下引航道口门区通航水流条件研究。

(5)施工导流期间上下游水位变化、流场变化及导流能力等研究,为施工围堰设计提供科学依据。

1.2　模型设计与验证

模型设计主要考虑模型试验研究内容、模拟河段的地形地貌、模型试验的场地和设备条件等,依据模型试验的基本相似理论进行。

1.2.1　模型设计

长沙综合枢纽整体模型试验,旨在研究分析枢纽河段的水流运动特性、枢纽布置对行洪和通航水流条件的影响等问题,故模型设计范围上起坝线上游河段约 3.5km,下至坝线下游河段 3.5km,全长约 7.0km(图 1-1)。

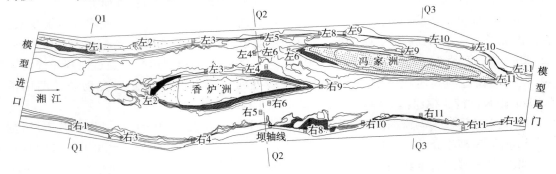

图 1-1　模型布置及模型水尺位置示意图

1.2.1.1　模型设计基本理论

枢纽布置方案的研究主要是考虑枢纽的水力特性,而要使模型能反映河道现有的水力特性,预演未来的变化规律,最重要的是要保证河道原型与模型的水力相似。水力相似根据力学原理可分为:

1. 几何相似

几何相似指模型与原型在几何条件和边界条件的相似,即模型与原型间相应长度的比例 λ_l 为一定值。

2. 运动相似

运动相似是指模型与原型两个流动中任何对应质点的迹线是几何相似的,而且任何对应质点流过相应线段所需的时间又是具有同一比例的。或者说,两个流动的速度场(或加速度场)是几何相似的,这两个流动就是运动相似的。

3. 动力相似

原型和模型流动中任何对应点上作用着同名的力,各同名力互相平行且具有同一比值则称这两流动为动力相似。例如,原型流动中有重力、阻力、表面张力的作用,则模型流动中在相应点上也必须有这三种力作用,并且各同名力的比例应保持相等。几何相似、运动相似、动力相似是模型和原型保持完全相似的重要特征。

根据牛顿运动第二定律 $F = Ma$,流体单元或质点运动的惯性力 Ma 必须与作用在质点上的所有力(重力、黏滞力、表面张力、弹性力等)的合力 ΣF 相平衡。

要达到模型与原型间的完全动力相似,两系统的惯性力之比不仅必须等于合力之比,而且还必须与各个作用力之比相一致。

因 F_r = 常数,故有

$$\left(\frac{Ma}{F_i}\right)_m = \left(\frac{Ma}{F_i}\right)_p \tag{1-1}$$

式中, F_i 表示各个作用力。

由式(1-1)就可引出考虑不同主要作用力时的相似准则和模型相似律。

1.2.1.2 枢纽布置方案试验的模型设计

根据枢纽布置模型试验研究的内容,我们注意到它既有以重力为主的水工水力学问题的研究(如泄水闸水力特性,泄流能力、消能扩散等),又有重力和摩阻力作用都比较显著的河道水流问题研究(如坝上水位壅高和坝下水位的变化、水工建筑物之间水流的相互影响、通航水流条件等)。因此,在模型设计时要考虑研究内容对模型的要求。

1. 在重力作用下的相似准则

考虑在重力 $F = Mg = \rho L^3 g$ 作用下具有的惯性力 $(\rho L^2 v^2)$,可按式(1-1)建立比例关系

$$\left(\frac{惯性力}{重力}\right) = \left(\frac{v}{\sqrt{gL}}\right)_m = \left(\frac{v}{\sqrt{gL}}\right)_p = F_r \tag{1-2}$$

其比尺式为

$$\frac{\lambda_v^2}{\lambda_g \lambda_L} = 1 \tag{1-3}$$

式(1-2)为模型与原型佛汝德数 F_r 相等的佛汝德相似准则。

如果模型和原型都是采取水体介质,即 $g_m = g_p$,则 $\lambda_g = 1$;因此,一旦长度比尺 λ_L 被选定,由式(1-3)可确定其他量的比尺

流速比尺: $$\lambda_v = \lambda_L^{1/2} \tag{1-4}$$

流量比尺: $$\lambda_Q = \lambda_L^{5/2} \tag{1-5}$$

时间比尺: $$\lambda_t = \lambda_L^{1/2} \tag{1-6}$$

加速度比尺: $$\lambda_a = \lambda_v/\lambda_t = 1 \tag{1-7}$$

2. 在阻力作用下的相似准则

阻力可表示为 $$T = \tau \omega L$$

式中, τ 为单位面积上的阻力, ω 为湿周, L 为长度。

由式(1-1)建立比例关系

$$\left(\frac{惯性力}{阻力}\right) = \frac{(\rho L^2 v^2)_m}{(\tau \omega L)_m} = \frac{(\rho L^2 v^2)_p}{(\tau \omega L)_p} \tag{1-8}$$

因 $\tau = \gamma R J$, $\omega = A/R$, $\gamma = \rho g$,将它们代入式(1-8),整理可得

$$\frac{v_m^2}{g_m L_m J_m} = \frac{v_p^2}{g_p L_p J_p} \quad 或 \quad \frac{(F_r)_m}{J_m} = \frac{(F_r)_p}{J_p} \tag{1-9}$$

式(1-9)即为阻力相似准则。由此可看出,要达到模型与原型的阻力相似,除保证重力相似所要求的 F_r 相等外,还必须保证模型与原型中水力坡度 J 相等。由此也可得出,如果 $J_m = J_p$,则可用重力相似准则设计阻力相似的模型,即可用式(1-4)~式(1-7)来确定模型

与原型的各种物理量的比尺关系。

当水流在阻力平方区时,只要模型与原型的相对粗糙度相等,就可以做到模型与原型流动的阻力相似。

水流在阻力平方区,可用谢才公式计算 J 值,即 $J = \dfrac{v^2}{C^2 R}$。

若要求 $J_p = J_m$,则 $\left(\dfrac{v^2}{C^2 R}\right)_m = \left(\dfrac{v^2}{C^2 R}\right)_p$,

即
$$\frac{\lambda_v^2}{\lambda_c^2 \lambda_R} = 1 \qquad\qquad (1-10)$$

若按佛汝德相似准则设计模型比尺,则由式(1-4)可知 $\lambda_v = \lambda_L^{1/2}$,又因 $\lambda_R = \lambda_L$,代入式(1-9)得

$$\lambda_c^2 = 1 \quad \text{或} \quad C_m = C_p$$

如用满宁公式:$C = \dfrac{1}{n} R^{1/6}$,$\lambda_C = \dfrac{1}{\lambda_n} \lambda_R^{1/6}$

则
$$\lambda_n = \lambda_L^{1/6} \qquad\qquad (1-11)$$

这样,模型粗糙系数按式(1-10)缩小后,就可以用佛汝德相似准则设计阻力相似模型。

3. 枢纽模型设计

(1)模型比尺的确定

根据《内河航道与港口水流泥沙模拟技术规程》(JTJ/T 232—98),结合长沙综合枢纽整体模型试验的具体要求,模型设计应符合下列限制条件:

①模型水流应处于阻力平方区,水流雷诺数应大于1000。

②模型糙率不宜小于0.012或大于0.03。

③模型水流应避免表面张力的影响,模型实验段的最小水深不应小于0.03m。

根据试验研究内容、模型试验规程、试验场地条件及试验供水能力等多方面因素,确定采用正态模型,长度比尺为 $\lambda_L = 120$。

由式(1-3)可确定其他量的水流运动相似比尺如下:

①平面比尺 λ_L,根据试验要求及试验场地限制,确定 $\lambda_L = 120$。

②流速比尺 λ_v,根据重力相似条件式(1-4),计算 $\lambda_v = 10.954$。

③阻力系数比尺 λ_n,根据阻力相似条件式(1-11),计算 $\lambda_n = 2.22$。

④流量比尺 $\lambda_Q = \lambda_l \lambda_h \lambda_v = 157744.1$。

⑤水流运动时间比尺 λ_t,根据相似条件式(1-6),计算 $\lambda_t = 10.954$。

(2)模型制作

制模平面采用三角形导线网控制;模型地形采用断面控制法,模型断面间距约 $50 \sim 60$cm,特殊地形采用等高线控制。

根据湖南省航务勘察设计研究院2004年6月实测的枢纽河段水文资料,反推枢纽河段的综合糙率,计算表明:枢纽河段综合糙率为 $0.0236 \sim 0.0386$,平均综合糙率为0.0308。模型采用水泥砂浆制作,砂浆抹光,糙率系数为 $0.012 \sim 0.014$。根据糙率比尺 $\lambda_n = 2.22$,可

知,大部分模型河段不需要加糙。原河床糙率较大的区域,在试验阶段对局部模型河段加糙,以保证其糙率相似。

(3)量测设备

兼顾大、小流量的试验要求,枢纽布置模型首部采用三角量水堰,用以控制模型试验的流量。模型水位观测采用连通式水位计,以 SCM60 型水位测针,用水准仪和水管联通方法测量其零点,精度控制在 0.2mm 以内。水位观测点除按原型水尺位置布置外,并在沿河段及坝址上、下游另加设水位观测点,共 30 个水位观测点(图 1-1);表面流场测量采用清华大学研制的 VDMS 系统,分流比及局部流速测量采用长江科学院研制的 CF 型微电脑流速流量仪。模型尾门采用格栅式横拉门,加微调阀门,尾门水位调节精度能达 0.1mm。

1.2.2 模型验证

根据阻力相似准则,为保证模型与原型相似,除保证重力相似所要求的 F_r 相等外,还必须保证模型与原型中水力坡度 J 相等。所以在模型上要进行模型与原型的沿程水面线、分流比、断面流速分布等验证试验。在模型上分别施放洪、中两级流量,将模型上测得的沿程水位值、分流比、断面流速分布与原型观测值进行比较。

1.2.2.1 水面线验证

在模型上施放上述两级流量,将模型上测得的沿程水位值与原型观测值进行比较,中水水面线误差均在 ±3cm 之内,洪水水面线误差均在 ±4cm 之内。从上可知,两级流量模型水面线与原型水面线均吻合较好,误差均在规范允许误差 ±5cm 之内,满足要求。

1.2.2.2 断面流速分布验证

原型实测共有 Q1、Q2、Q3 三个断面流速测量资料,因此在模型验证试验时,分别测量了洪水、中水的 3 个测流断面流速分布,并与原型实测资料进行比较。验证试验表明模型与原型流速分布吻合较好。由于篇幅关系,断面形态及流速分布验证图略。

1.2.2.3 分流比验证

枢纽河段有香炉洲汊道和冯家洲汊道,原型观测了两级流量的汊道分流比。模型试验结果与原型观测结果比较见表 1-1,模型与原型分流比误差均在规范允许误差 ±5% 之内,且主汊流量误差在规范允许误差 ±5% 之内,满足要求。

原型、模型汊道分流比对照表(%) 表 1-1

总流量 (m³/s)	香炉洲汊道				冯家洲汊道			
	原型		模型		原型		模型	
	左汊	右汊	左汊	右汊	左汊	右汊	左汊	右汊
3217	45.60	54.40	44.20	55.80	15.00	85.00	14.10	85.90
9027	51.00	49.00	50.50	49.50	19.00	81.00	18.80	81.20

验证试验表明:模型与原型水面线基本一致,流速分布及汊道分流比吻合较好。说明模型在洪、中两级流量均达到模型阻力相似的要求,符合《内河航道与港口水流泥沙模拟技术规程》(JTJ/T 232—98)的技术要求,所制作的物理模型可作为长沙综合枢纽总体布置方案

试验等研究的基础。

1.3 工程前枢纽河段水力特性试验研究

1.3.1 问题的提出

由于在天然河道中水文要素实测资料相对较少,有必要在模型中对工程前的相应的水力特性进行反演试验,以便分析比较工程前、后枢纽河段水力特性的变化。

1.3.2 试验基础资料

1.3.2.1 坝址水位—流量关系

长沙综合枢纽位于湘江中下游,枢纽河段受洞庭湖水位的顶托,坝址水位—流量关系为系列曲线簇。模型试验根据试验内容不同,分别在坝址水位—流量关系中选取上线和下线:

(1)工程前枢纽河段水力特性研究采用上线和下线。

(2)枢纽泄流能力及枢纽平面布置等研究采用上线和下线。

(3)船闸上、下游引航道口门区通航水流条件研究采用下线。

(4)施工导流期间上下游水位变化、流场变化及导流能力等研究采用上线和下线。

1.3.2.2 模型尾门水位—流量关系

在坝区河段出口由于没有模型试验所需试验流量级的水位—流量关系,因此必须通过模型试验确定河段出口即模型尾门的水位—流量关系。模型试验以湖南省交通规划勘察设计院提供的坝址水位—流量关系资料为依据,控制坝址处水尺水位,实测模型出口处水尺相应水位,得到河段出口即模型尾门水位—流量关系,如图1-2所示。

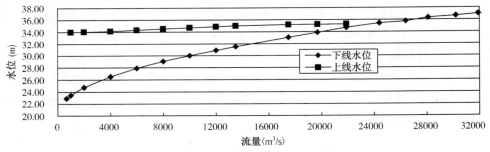

图1-2 模型尾门水位—流量关系

1.3.3 工程前各级流量沿程水位

1.3.3.1 上线情况各级流量沿程水位

模型试验表明:上线情况由于受洞庭湖水位顶托最大,枢纽河段水位均高于34.0m,水位落差小,水面比降小,流速较小,水面线如图1-3所示。上线情况各级流量水面线(右岸)略。

1.3.3.2 下线情况各级流量沿程水位

模型试验表明:下线情况由于受洞庭湖水位顶托最小,枢纽河段水位落差相对较大,水面比降相对较大,水面线如图 1-4 所示。下线情况各级流量水面线(右岸)略。

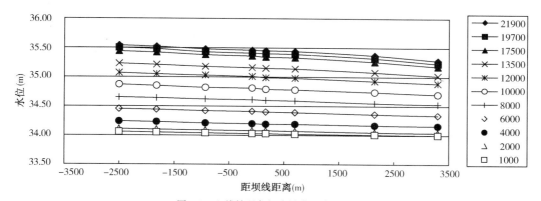

图 1-3　上线情况各级流量水面线(左岸)

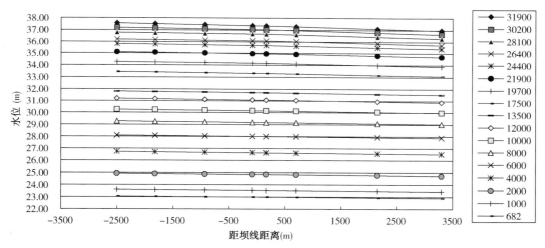

图 1-4　下线情况各级流量水面线(左岸)

1.3.4　工程前汊道分流比

枢纽河段有香炉洲汊道和冯家洲汊道。在上线水位情况下,由于水位均超过洲顶高程,河道不分汊,因此重点对下线水位情况下汊道分流比进行试验研究。

试验结果表明:由于香炉洲左汊河床较高,右汊河床较低,因此枯水流量情况下右汊分流比大于左汊分流比;但左汊河宽比右汊河宽大,随着流量增加,左汊分流比逐渐增大,右汊分流比逐渐减小;在洪水情况下两汊分流比非常接近;当流量大于 12000m³/s 时,水位已经高于香炉洲高程,河道不分汊。试验结果如图 1-5 所示。冯家洲左汊河床高程比右汊高,且右汊河宽远大于左汊河宽,右汊分流比远大于左汊分流比。随着流量增加,右汊分流比减小,但其分流比均超过 81%。当流量大于 12000m³/s 时,水位已经高于冯家洲高程,如图1-5所示。

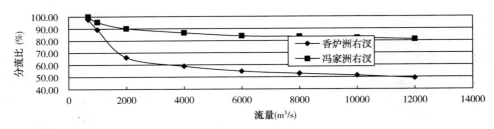

图1-5　工程前枢纽河段汊道分流比(右汊)

1.3.5　各级流量情况下枢纽河段流场

　　为了解工程前后枢纽河段流场的变化情况,特别是香炉洲洲头、洲尾流场变化,模型试验重点对香炉洲洲头、洲尾等区域工程前的流场进行观测,局部最大流速见表1-2。

工程前枢纽河段局部最大流速　　　　表1-2

流量(m³/s)	1000	4000	8000	12000	17500	21900	26400	30200	备注
流速(m/s)	0.82	1.07	1.40	1.72	2.12	2.41	2.63	2.85	下线水位时
	—	—	0.87	1.27	1.85	2.32	—	—	上线水位时

　　模型试验表明:下线情况由于受洞庭湖水位顶托最小,枢纽河段水位落差相对较大,水面比降相对较大,流速也相对较大,且随着流量增大,流速增大;上线情况由于受洞庭湖水位顶托最大,枢纽河段水位落差小,水面比降小,流速相对较小。

1.4　枢纽布置方案试验研究

1.4.1　枢纽布置方案—试验研究

1.4.1.1　枢纽布置方案—简介

　　由于香炉洲中部有两条高压线跨越湘江,枢纽布置方案因受跨河高压线及两岸铁塔的制约,船闸不能布置在台地上,只能布置在河床内。因主航道在右汊,故船闸布置在右汊右岸,引航道和口门区与现有主航道平顺相接;因右汊河道宽仅490m,加上切除右岸矶头和香炉洲右侧部分边坡后的右汊河道总宽度也只有约564m,在船闸占用194m后,剩余370m,刚好够布置二期导流所需的泄水闸宽度,故电站不能布置在右汊内,只能布置在左汊河道内。因此方案一布置按以上原则确定。

　　方案一枢纽主要建筑物从左至右依次为:左汊17孔泄水闸(堰顶高程21.0m)、电站(8台机组)、香炉洲副坝、右汊16孔泄水闸(堰顶高程19.0m)、双线船闸。枢纽正常挡水位31.0m,坝线全长1464.7m,其中:

　　(1)泄水闸采用WES曲线实用堰,堰顶高程分别为21.0m、19.0m,每孔净宽20.0m,闸墩厚3.0m。

　　(2)电站为8台机组,最大运行水头8.61m,最小运行水头2.0m,单机引用流量287m³/s。

（3）船闸为双线单级船闸,闸室有效长度195.0m,有效宽度23.0m,门槛水深5.0m,两船闸轴线间距116.0m,两线船闸共用引航道,对称布置;引航道底宽及口门宽均为156.0m,上、下游引航道与河道之间均用分流堤隔开,上、下游分流堤长度均为650.0m;上游引航道底高程25.0m,分流堤顶高程37.7m;下游引航道底高程17.5m,分流堤顶高程37.5m。引航道分流堤头部下游布置4个菱形导流墩,其布置方向与引航道分流堤延长线夹角为12°;每个菱形导流墩长度25.0m,厚度3.0m,间距25.0m,高程37.5m。

方案一香炉洲周围河床只开挖到24.0m高程,枢纽下游冯家洲洲头不开挖,保持原状,如图1-6所示。

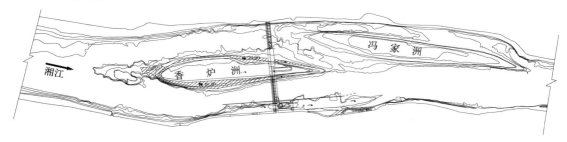

图1-6　枢纽布置方案一示意图

1.4.1.2　泄洪能力研究

低水头枢纽整体模型对泄洪能力的研究,主要是通过比较工程前、后枢纽上游河段水位的壅高值(壅高值是指工程前、后枢纽上游河段对应位置水位的变化值,不是指枢纽泄水闸上、下游水位差。由于枢纽河段地形的变化,特别是下游河床的开挖等,最大壅高值不一定发生在闸前),验证枢纽布置方案在各级特征洪水流量情况下水位壅高值是否满足设计要求,并通过模型试验研究,优化枢纽布置方案。

由于长沙综合枢纽工程位于长沙市下游,防洪要求高,因此长沙综合枢纽设计的泄流能力条件为:各级特征洪水流量情况下(主要指设计洪水流量和校核洪水流量)上游水位壅高值不超过0.15m。

1. 上线水位情况泄洪能力试验

为了分析研究上线水位情况枢纽的泄洪能力,进行了两年一遇到二十年一遇各级特征洪水情况下枢纽泄流能力研究(上线水位情况只考虑到二十年一遇洪水,二十年一遇以上洪水结果见下线水位情况下试验结果)。

试验结果表明:上线水位情况由于受洞庭湖水位顶托最大,枢纽河段水面比降小,流速很慢,枢纽布置对水流影响较小,因此各级特征洪水流量情况上游水位壅高值均较小,满足设计提出的上游水位壅高值不超过0.15m的要求。但上线水位情况河段的绝对水位较高,主要是由于受洞庭湖水位顶托的结果,而不是枢纽工程影响的结果。

2. 下线水位情况泄洪能力试验

试验结果表明:下线水位情况由于受洞庭湖水位顶托最小,枢纽布置对水流影响相对较大,因此各级特征洪水流量情况上游水位时壅高值均比上线水位情况时壅高值大。在设计洪水流量26400m³/s(百年一遇)时,上游水位最大壅高值为0.15m,校核洪水流量30200m³/s

(百年一遇)时上游水位最大壅高值为0.19m,泄洪能力不满足设计要求。

最大壅高值发生在香炉洲洲头上游,并非发生在泄水闸前,特别是右汊泄水闸闸前壅高为负值,说明右汊泄水闸不是泄流的控制断面。在模型上观察可知:右汊对泄流起控制作用的部位在上引航道分流堤部位。由于上游引航道较宽(156m),对河道水流起到阻挡和收缩作用;收缩水流在引航道分流堤外继续收缩形成回流区,回流区最大收缩断面处过流面积最小;收缩断面处河道有效泄流宽度约为310～320m,而右汊泄水闸的净泄流宽度为20×16m=320m,其过流面积稍小于右汊泄水闸的净泄流面积。同时由于工程后香炉洲填高到36.0m高程,普遍比工程前加高约4.0m,因此上游水位最大壅高值发生在香炉洲洲头上游,且壅高值较大。

1.4.1.3 船闸引航道口门区通航水流条件研究

1. 试验工况

设计单位在工可阶段对枢纽正常挡水位采用30.50m、31.00m、31.50m进行比较,要求模型试验重点考虑正常挡水位为31.00m;枢纽最小通航流量为400m³/s,最大通航流量为二十年一遇洪水21900m³/s;枢纽电站装机8台,单机引用流量287m³/s,最小运行水头2.0m;当坝址流量大于电站引用流量时,为保证电站发电有效水头,多余流量由右汊泄水闸泄流;由于防洪的要求,设计单位初步提出坝址水位达到28.0m时(流量约6000m³/s)电站停机,泄水闸全开泄流。

2. 试验结果分析

为了解船闸引航道口门区通航水流条件,对各典型工况引航道口门区流场进行了观测。根据《船闸总体设计规范》(JTJ 305—2001):引航道分流堤外长400m(2.0～2.5倍船队长)、宽156m(与口门同宽)的范围为引航道口门区。

试验结果表明,枢纽布置方案一船闸引航道口门区通航水流条件为:流量小于13500m³/s时,上、下游引航道口门区均满足通航水流条件要求;流量为13500～21900m³/s时,上游引航道口门区不满足通航水流条件要求,下游引航道口门区满足通航水流条件要求。

1.4.1.4 方案一枢纽河段水流特性分析

1. 水流与泄水闸衔接情况

由枢纽河段VDMS流场及模型现场观察可知,各种工况下香炉洲洲头水流均较平顺,水流到达坝前基本调顺,水流方向与坝轴线基本垂直,水流顺畅。

2. 汊道分流比

由于工程后香炉洲加高到36.0m高程,因此,在设计洪水流量26400m³/s(百年一遇)以下流量时,香炉洲均为分汊状态。小流量情况下其分流比与枢纽运行方式有关;大流量泄水闸全开情况下,右汊分流比随着流量加大而减小,右汊分流比比工程前减小约2%,主要原因是船闸布置减少了右汊原河道的部分泄流宽度。

3. 枢纽河段流场及冲淤定性分析

从模型试验观测的枢纽河段水流流场及断面流速分布来看,枢纽上下游流场与枢纽的运行工况有关。当流量较小时,由于只有电站发电(或电站发电与泄水闸局部开启),枢纽上游河段水流流速一般较小,断面流速分布不均匀,且枢纽上、下游均存在较大范围的静水区或回流区,这些区域将是悬移质和部分推移质淤积区;由于水流集中由电站过流,枢纽下游局部流速达到3.59m/s,因此枢纽下游局部会产生冲刷。

当流量较大时,电站停机,泄水闸全开泄流,枢纽河段流场分布较均匀;但流速普遍较大,局部最大流速达到2.09～3.06m/s,因此可能局部会产生冲刷。

1.4.2 枢纽布置修改方案一试验研究

1.4.2.1 枢纽布置修改方案一简介

枢纽布置方案一试验结果表明:方案一存在泄流能力偏小和船闸上游引航道口门区通航水流条件在流量大于13500m³/s时较差两个主要问题。针对方案一存在的问题提出修改方案一。

枢纽布置修改方案一是在枢纽布置方案一的基础上对香炉洲右汊和冯家洲洲头部分地形进行了开挖,并且改变上游引航道分流堤结构形式。

(1)由于方案一右汊没有充分发挥泄水闸的泄流作用,右汊对泄流起控制作用的部位在上游引航道分流堤回流区收缩断面处,因此,为了充分发挥右汊泄水闸的泄流作用,对香炉洲右侧地形由原来的24.0m高程开挖到22.0m高程,以增加该区域的过水面积。

(2)为了减小上引航道分流堤回流区对泄流的影响,加大洪水期的泄流能力,改变上引航道分流堤结构设计。

(3)加大右汊泄流能力,必定使左汊分流比减小,左汊泄流能力减小。因此为了在加大右汊泄流能力情况下,保持左汊的泄流能力,对冯家洲洲头及洲右侧进行开挖,洲头缩短75m且洲头及洲右侧开挖到24.0m高程。同时,该措施对电站尾水的扩散也有一定的作用。

1.4.2.2 泄洪能力研究

根据方案一泄流能力试验结果分析可知:从控制枢纽上游最大壅高值的角度来讲,应以下线水位情况枢纽泄流能力为控制条件。所以,修改方案一泄洪能力试验重点对下线水位情况水位壅高值进行试验研究。

修改方案一各级特征洪水流量情况下,枢纽上游水位壅高值均满足设计要求。在设计洪水流量26400m³/s(百年一遇)时,上游水位最大壅高值为0.10m,校核洪水流量30200m³/s(五百年一遇)时上游水位最大壅高值为0.13m,在千年一遇洪水流量31900m³/s时上游水位最大壅高值为0.15m,均满足枢纽泄洪能力要求。

1.4.2.3 船闸引航道口门区通航水流条件研究

由于修改方案一是在方案一的基础上对香炉洲右汊和冯家洲洲头部分地形进行了开挖,船闸、泄水闸及电站的相对位置并未改变,上游引航道分流堤高程35.5m以上设计为梳齿状,不会改变上游引航道通航水流条件,因此修改方案一与方案一船闸引航道口门区通航水流条件应基本相同。

1.试验工况

由方案一试验结果可知,船闸引航道口门区通航水流条件主要在流量大于13500m³/s

时存在问题,因此修改方案一船闸引航道口门区通航水流条件试验研究主要进行了流量为 13500～21900m³/s 的试验研究。

2. 试验结果分析

试验结果表明:由于修改方案一船闸、泄水闸及电站的相对位置与方案一相同,因此当流量为 13500～21900m³/s,下线水位情况时,修改方案一上、下游引航道口门区通航水流条件与方案一基本相同,即上游引航道口门区横向流速大于 0.3m/s 的范围较大,不满足通航水流条件要求;下游引航道口门区均满足通航水流条件要求。

1.4.2.4　修改方案一枢纽河段水流特性分析

1. 水流与泄水闸衔接情况

由枢纽河段 VDMS 流场及模型现场观察可知,各种工况下香炉洲洲头水流均较平顺,水流到达坝前基本调顺,水流方向与坝轴线基本垂直,水流顺畅。

2. 汊道分流比

当电站停机,泄水闸全开时。由于香炉洲右汊开挖的同时,左汊下游冯家洲洲头也进行了开挖,因此修改方案一香炉洲汊道分流比与方案一比较变化不大,右汊分流比随着流量加大而减小。

3. 枢纽河段流场及冲淤定性分析

从模型试验观测的枢纽河段水流流场及断面流速分布来看,电站停机,泄水闸全开泄流,枢纽河段流场分布较均匀,局部最大流速与方案一基本相同,因此可能局部会产生冲刷。

1.4.3　枢纽布置方案二试验研究

1.4.3.1　枢纽布置方案二简介

枢纽布置方案二主要建筑物从左至右依次为:电站(8 台机组)、左汊 17 孔泄水闸(堰顶高程 21.0m)、香炉洲副坝、右汊 16 孔泄水闸(堰顶高程 19.0m)、双线船闸,如图 1-7 所示。

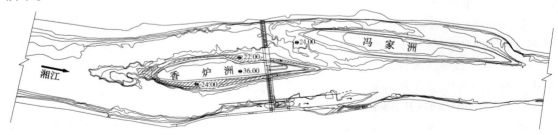

图 1-7　方案二布置示意图

方案二与修改方案一比较,唯一的变化是电站位置的改变,即电站布置在左汊左侧。方案二对香炉洲右汊、冯家洲洲头地形开挖情况及上游引航道分流堤结构设计同修改方案一,即香炉洲右侧地形开挖到 22.0m 高程,冯家洲洲头及洲右侧地形开挖高程为 24.0m。上游引航道分流堤结构设计:分流堤高程 35.5m 以上设计为梳齿状,如图 1-8 所示。

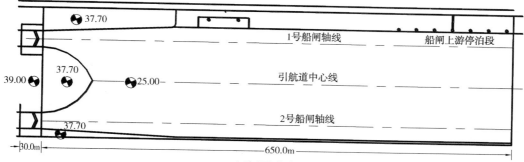

上游引航道平面图

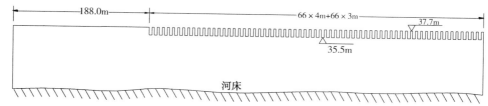

分流堤立面示意图

图1-8 方案二上游引航道分流堤结构示意图

1.4.3.2 泄洪能力研究

根据方案一及修改方案一泄流能力试验结果分析可知:从控制枢纽上游最大壅高值的角度来讲,下线水位情况枢纽泄流能力为控制条件。所以,方案二枢纽泄洪能力试验研究重点对下线水位情况时水位壅高值进行研究。

试验结果表明:方案二各级特征洪水流量情况下,枢纽上游水位壅高值与修改方案一基本相同,在设计洪水流量26400m³/s(百年一遇)时,上游水位最大壅高值为0.10m,校核洪水流量为30200m³/s(五百年一遇)时上游水位最大壅高值为0.13m,均满足设计要求。

1.4.3.3 船闸引航道口门区通航水流条件研究

方案二与修改方案一比较,唯一的变化是电站位置的改变,右汊泄水闸及船闸的布置情况没有改变,因此各级流量方案二船闸引航道口门区通航水流条件与修改改方案一比较估计不会有大的变化。

1.试验工况

根据方案一及修改方案一试验结果,船闸引航道口门区通航水流条件主要在流量大于13500m³/s时存在问题,方案二试验研究主要工况见表1-3,试验结果如表1-4所示。

方案二船闸引航道口门区通航水流条件试验工况 表1-3

场 次	流量 (m³/s)	坝上水位 (m)	尾门水位 (m)	工 况	备 注
1	17500	闸门全开	33.08	电站停机,33孔 泄水闸全开	下线水位情况
2	21900		34.69		

引航道口门区通航水流条件特征值 表1-4

流量 （m³/s）	上口门区(m/s)			下口门区(m/s)	
	最大纵向流速	最大横向流速		最大纵向流速	最大横向流速
		一般区域	堤头局部		
17500	1.17	0.16	0.66	1.28	0.26
21900	1.27	0.19	0.73	1.38	0.17

2. 试验结果及分析

试验结果表明：由于方案二船闸布置与修改方案一相同，因此当流量为13500～21900m³/s，下线水位情况时，方案二上、下游引航道口门区通航水流条件与修改方案一基本相同，即上游引航道口门区横向流速大于0.3m/s的范围较大，不满足通航水流条件要求；下游引航道口门区均满足通航水流条件要求。

1.4.3.4 方案二枢纽河段水流特性分析

1. 水流与泄水闸衔接情况

由枢纽河段VDMS流场及模型现场观察可知，各种工况下香炉洲洲头水流均较平顺，水流到达坝前基本调顺，水流方向与坝轴线基本垂直。但由于左汊泄水闸布置在右侧，受香炉洲左侧开挖形态的影响，相对于修改方案一而言，左汊水流与泄水闸衔接稍差。

2. 汊道分流比

香炉洲汊道小流量情况下，汊道分流比与枢纽运行方式有关；大流量泄水闸全开情况下，右汊分流比随着流量加大而减小，汊道分流比与修改方案一情况基本相同，试验结果见表1-5。

方案二香炉洲汊道分流比 表1-5

流量(m³/s)	右汊(%)	左汊(%)	备　注
13500	48.99	51.01	
17500	48.73	51.27	
19700	48.61	51.39	下线水位， 电站停机，泄水闸全开
21900	47.84	52.16	
24400	47.60	52.40	
26400	47.21	52.79	

3. 枢纽河段流场及冲淤定性分析

为了分析比较工程前后枢纽河段的水流变化及进行枢纽河段冲淤分析，对方案二各运行工况情况下枢纽河段流场进行了观测，枢纽河段局部最大流速见表1-6。

从模型试验观测的枢纽河段水流流场及断面流速分布来看，电站停机，泄水闸全开泄流，枢纽河段流场分布较均匀，局部最大流速与方案一、修改方案一基本相同，因此可能局部会产生冲刷。

方案二枢纽河段局部最大流速 表1-6

流量（m³/s）	17500	21900	26400	备　注
流速（m/s）	2.23	2.52	2.80	坝上游局部
	2.06	2.21	2.53	坝下游局部

1.4.4 枢纽布置方案三分析研究

1.4.4.1 枢纽布置方案三简介

由于时间的关系，设计单位要求对方案三主要进行理论分析比较。枢纽布置方案三主要建筑物从左至右依次为：双线船闸，左汊16孔泄水闸（堰顶高程21.0m）、香炉洲副坝、右汊17孔泄水闸（堰顶高程19.0m）、电站（8台机组）。枢纽正常挡水位31.0m，坝线全长1464.7m，如图1-9所示。

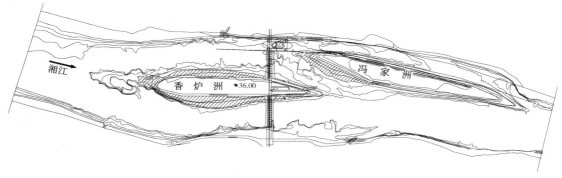

图1-9　方案三布置示意图

方案三与方案一、修改方案一及方案二的区别主要在于电站及船闸的位置，电站布置在右汊右侧，船闸布置在左汊左侧，下引航道及连接段布置在冯家洲左汊，对冯家洲左汊进行开挖用于通航，并对冯家洲进行防护。

1.4.4.2 方案三泄洪能力分析

就枢纽坝轴线及其以上情况来看，方案三泄水闸泄流净宽与其他方案相同，但上游香炉洲左侧拉直，香炉洲宽度减小，泄流宽度增加，相对于其他方案而言，更有利于泄洪。就枢纽坝轴线以下情况来看，由于船闸下游引航道及连接段布置在冯家洲左汊，因此冯家洲左侧从上到下修筑高程为35.5m的导流堤，造成下游河道泄流宽度减小，必定使泄水闸下游水位相对其他方案要高，对枢纽泄洪不利。

1.4.4.3 方案三船闸引航道口门区通航水流条件分析

长沙综合枢纽船闸最小通航流量为400m³/s，最大通航流量为二十年一遇洪水21900m³/s。

根据长沙综合枢纽工程的功能及设计单位初步提出的枢纽运行方式，通航阶段枢纽运行主要分为3种情况：

（1）当坝址流量小于等于电站引用流量2300m³/s时，泄水闸全关，电站发电，船闸通航。

（2）当坝址流量为2300~6000m³/s时，电站发电，泄水闸局部开启，船闸通航。

（3）当坝址流量为6000～21900m³/s时，电站停机，泄水闸全开泄流，船闸通航。

下面就上述运行情况对引航道口门区通航水流条件与其他方案进行定性分析比较。

1. 上引航道口门区通航水流条件

对于（1）、（2）两种运行情况来说，上游引航道口门区通航条件与其他方案（指修改方案一、方案二，下同）一样，通航水流条件应无问题。

对于（3）运行情况来说，由于方案三上游引航道口门的上游河岸相对其他方案顺直，水流相对平顺，上游引航道口门区横向流速应有所减小，横向流速超过0.3m/s的范围也会减小，通航条件应有所改善。但由于上游引航道口门仍较宽，对河道水流收缩作用仍较强，流量较大时估计仍然不满足通航水流条件要求。

2. 下游引航道口门区通航水流条件

方案三船闸下游引航道在冯家洲左汊，冯家洲左侧从上到下修筑高程为35.5m的导流堤，因此冯家洲左汊属于限制性航道，下游引航道口门区下移到冯家洲洲尾。

由于冯家洲洲尾出口与主河道夹角较大，且出口下游是河道卡口，因此需要对冯家洲下游卡口河道进行切嘴，但估计下游引航道口门区通航水流条件比其他方案稍差。

1.4.4.4 枢纽河段流场及冲淤分析

当流量较大时，电站停机，泄水闸全开泄流，枢纽上游河段流场分布较均匀，但由于冯家洲左汊不过流，会造成冯家洲右汊流速相对较大，因此可能局部会产生冲刷。同时由于冯家洲完全封堵，过大改变了原分汊河道特性，成为一个静水区段，将是悬移质淤积区，因此，枢纽布置方案三下游引航道淤积问题估计会较突出。

1.4.4.5 电站发电情况分析

枢纽布置方案三电站布置在右汊右岸，为主河槽，与其他方案比较而言，对发电应较为有利。

1.5 各方案电站尾水扩散情况比较试验研究

1.5.1 问题的提出

对低水头枢纽来说，由于电站额定水头较小，电站下游尾水水位的较小差别，将占电站额定水头的比例相对较大，对电站发电效益影响较大。因此，枢纽总体布置方案应使电站尾水能较好地扩散，以降低电站尾水水位，提高电站的发电效益。

1.5.2 研究方法及试验工况

由于对电站尾水位影响的因素较多，而工可阶段对电站的许多方面并未详细设计，包括尾水渠高程等（确定尾水渠高程等试验研究在初步设计阶段进行）。

为了定性比较不同布置方案对电站尾水扩散的影响，模型试验时，各方案电站布置时均考虑相同的状态（包括电站进口，尾水渠的坡度、长度、高程等），因此模型试验的结果只是定性反映电站布置在坝轴线不同位置、下游河道地形等对电站尾水扩散的相对影响。

1.5.3　试验结果及分析

各方案电站下游尾水水位试验结果如图 1-10 所示。

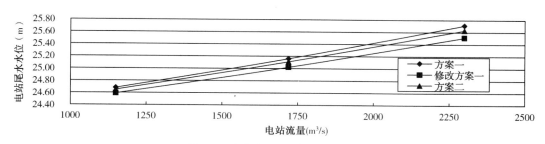

图 1-10　各方案电站尾水水位比较图

由于方案一冯家洲洲头未进行开挖,保持原状,因此电站尾水水位相对较高;修改方案一及方案二均将冯家洲洲头缩短 75m,且洲头及洲右侧地形开挖到 24.0m 高程,因此电站尾水相对较低。

由 1.4.1 节可知,由于枢纽泄洪能力的要求,冯家洲洲头缩短并对洲头及洲右侧地形开挖是必要的,因此方案一的情况不予比较,应重点比较修改方案一与方案二情况。修改方案一电站在左汊右侧,电站尾水渠水流直接扩散到河道主汊,水流扩散相对较好;方案二电站在左汊左侧,电站尾水渠水流扩散受到冯家洲洲头及冯家洲左汊较高地形的影响,水流扩散相对较差。

仅从电站尾水扩散情况来看,修改方案一相对较优。不过由于影响电站尾水水位的因素较多,例如对冯家洲左汊局部较高河床进行疏浚,亦可降低方案二电站尾水水位。因此,应结合其他因素确定枢纽布置推荐方案。

1.6　推荐方案及船闸引航道口门区通航条件优化试验

1.6.1　各方案综合分析比较及推荐方案

影响枢纽布置的因素较多,而且一般相互制约。下面仅从枢纽泄流能力、船闸引航道口门区通航水流条件、电站发电效益等方面对各方案进行分析比较,提出模型试验推荐方案,设计单位应根据模型试验结果,综合考虑其他因素,本着综合利用水资源的原则,确定长沙综合枢纽工可阶段的推荐方案。

1.6.1.1　各方案泄洪能力比较

方案一由于冯家洲洲头未进行开挖、香炉洲右侧只开挖到 24.0m 高程、上引航道分流堤顶为实体结构等原因,其泄流能力偏小,不满足枢纽泄洪能力要求。

修改方案一是针对方案一存在的问题而提出的,对冯家洲洲头进行开挖、香炉洲右侧开挖到 22.0m 高程、上游引航道分流堤顶为梳齿状结构等,因此各级特征洪水流量情况下,枢纽上游水位壅高值均满足设计要求。

方案二与修改方案一比较,唯一的变化是电站位置的改变,即电站布置在左汊左侧,因

此,方案二各级特征洪水流量情况下,枢纽上游水位壅高值与修改方案一基本相同,在设计洪水流量26400m³/s(百年一遇)时,上游水位最大壅高值为0.10m,校核洪水流量30200m³/s(五百年一遇)时上游水位最大壅高值为0.13m,均满足设计要求。

方案三的泄洪能力应与修改方案一及方案二差别不大,但估计其泄洪能力略小于修改方案一及方案二。

综上所述,从枢纽泄流能力来看,修改方案一和方案二泄流能力相对较大。

1.6.1.2　各方案船闸通航水流条件比较

由于修改方案一是在方案一的基础上对香炉洲右汊和冯家洲洲头部分地形进行了开挖,船闸、泄水闸及电站的相对位置并未改变;方案二与修改方案一比较,唯一的变化是电站位置的改变。因此方案一、修改方案一及方案二船闸引航道口门区通航水流条件变化不大:

方案一、修改方案一及方案二船闸上游引航道口门区通航水流条件均存在一定问题。下游引航道口门区纵向流速、横向流速均满足通航水流条件要求,但相对而言,在发电阶段,方案二电站下泄流量的部分水流从冯家洲左汊而下,因此进入冯家洲右汊的流量相对减少,下游引航道口门区通航条件相对于其他方案更好。

方案三将船闸布置在左汊左侧,其上游引航道口门区的上游河岸相对前面方案而言较顺直,水流相对平顺,上游引航道口门区横向流速应有所减小,横向流速超过0.3m/s的范围也会减小,通航条件应有所改善。但由于上游引航道口门仍较宽,对河道水流收缩作用仍较强,流量较大时估计仍然不满足通航水流条件要求。下游引航道口门区情况,由于冯家洲洲尾出口与主河道夹角较大,即使对冯家洲下游卡口河道进行了切嘴,但估计下游引航道口门区通航水流条件比其他方案稍差。

综上所述,从枢纽船闸通航水流条件来看,各方案引航道口门区通航水流条件均存在一定问题,而且存在的问题基本相同,但相对而言,方案二下游引航道口门区通航条件稍好。船闸引航道口门区通航条件问题需要在后续试验及初步设计阶段进一步优化。

1.6.1.3　各方案电站尾水扩散情况比较

由1.5.3节可知:仅从电站尾水扩散情况来看,修改方案一相对较优。不过由于影响电站尾水水位的因素较多,例如对冯家洲左汊局部较高河床进行疏浚,亦可降低方案二电站尾水水位。因此,应结合其他因素确定枢纽布置推荐方案。

1.6.1.4　枢纽布置推荐方案

枢纽总体布置应根据地形、地质、水流条件等,结合枢纽各水工建筑物功能、特点、运行要求、施工条件、管理方便等进行布置。

2004年9月2—3日,业主邀请专家及设计单位、模型试验单位人员共同对各方案模型试验初步结果进行了研究讨论。会议认为:就长沙综合枢纽的功能而言,枢纽泄洪能力及船闸通航水流条件是必须优先考虑的因素。方案二在泄洪能力、船闸通航水流条件、施工条件、运行管理、布置协调美观等方面具有优势,只是在电站发电效益方面比修改方案一差,但如果对冯家洲左汊局部较高河床进行疏浚,亦可降低方案二电站尾水水位,提高发电效益。因此,工可阶段推荐枢纽总体布置采用方案二,对其船闸引航道口门区通航水流条件进行进一步优化研究。

1.6.2　船闸引航道口门区通航水流条件优化试验

方案一、修改方案一及方案二船闸上引航道口门区通航水流条件均存在一定问题,即当流量为13500～21900m³/s时,引航道口门区横向流速大于0.3m/s的范围较大,引航道口门区不满足通航水流条件要求;下游引航道口门区纵向流速、横向流速均满足通航水流条件要求;为此我们重点对船闸上游引航道口门区通航水流条件进行了优化试验研究。

1.6.2.1　上游引航道分流堤为透空方案研究

试验结果表明:上游引航道分流堤局部为透空方案时,水流与引航道交角减小,口门区纵向流速增大,横向流速大于0.3m/s的范围减小,且引航道分流堤堤头局部区域最大横向流速大幅减小,上游引航道口门区通航水流条件有所改善,但随着部分水流流向引航道,上游引航道内的回流增大,使得上游引航道口门区水流偏角亦呈现周期性变化,因此虽然上游引航道口门区通航水流条件有所改善,但仍然不能完全满足通航水流条件要求。

1.6.2.2　上游引航道分流堤缩短方案研究

根据《船闸总体设计规范》(JTJ 305—2001),因此上游引航道分流堤长度采用580m,即在原方案基础上缩短70m。试验结果表明:上游引航道分流堤缩短方案时,由于引航道口门区下移,该区域河道过水断面更小,因此上游引航道口门区纵向流速增大,但仍然满足要求;但由于纵向流速增大而造成一般区域最大横向流速也增大,整个口门区横向流速大于0.3m/s的范围也较大,因此上游引航道口门区通航水流条件相对更差。

1.6.2.3　小结

通过上游引航道口门区通航水流条件的优化试验,上游引航道分流堤局部透空方案相对较好,但仍然不能完全满足通航水流条件要求。因此,建议在初步设计阶段进一步对分流堤透空范围、透空孔的设置大小、引导流量的大小等进一步优化研究,解决引航道内回流与纵向水流的相互来回挤压呈现周期性变化问题,进一步改善上游引航道口门区通航水流条件。

1.7　推荐方案施工导流试验研究

1.7.1　施工导流方案及研究内容

1.7.1.1　施工导流方案

长沙综合枢纽施工导流分两期进行,一期围右汊,进行船闸及右汊泄水闸施工,利用左汊导流及通航;二期围左汊,进行电站厂房及左汊泄水闸施工,利用右汊已建泄水闸导流及船闸通航。

1.7.1.2　试验目的及主要研究内容

根据合同及工可设计单位的要求,本阶段施工导流试验研究目的主要是为施工导流方案、围堰高程及结构形式确定提供依据。

根据工可设计单位提供的围堰平面布置图,模型试验中采用不过水围堰试验,观测围堰上下游水位等参数,为工可提供相应参数和科学依据。施工导流模型试验研究的主要

内容有:

(1)观测一期施工围堰上下游水位—流量关系,为一期导流标准、围堰高程提供依据。

(2)观测一期施工河段水力特性,定性分析河岸及河床的冲刷情况。

(3)观测二期施工围堰上下游水位—流量关系,为二期导流标准、围堰高程提供依据。

(4)观测各特征流量下二期施工河段的水力特性,定性分析河岸及河床的冲刷情况。

(5)观测二期围堰施工时,右汊船闸引航道进、出口的通航水流条件。

1.7.2 一期施工导流试验研究

1.7.2.1 工程布置

一期围右汊,进行船闸及右汊泄水闸施工,利用左汊导流及通航。

1.7.2.2 围堰上、下游水位—流量关系

上线情况时,上游水位壅高值小于下线情况时上游水位壅高值,但上线情况时上游实际水位高于下线情况时上游水位。

1.7.2.3 施工河段流场及冲淤定性分析

从模型试验观测的枢纽河段水流流场来看,当流量为19700m³/s时,左汊河道普遍流速较大,局部最大流速3.51m/s。由于一期施工围堰后左汊水流流速明显比天然河道流速增大,因此在一期施工期香炉洲洲头、左汊河道及冯家洲洲头均会产生一定冲刷。一期施工围堰后右汊围堰上下均存在较大范围的静水区或回流区,这些区域将是悬移质和部分推移质淤积区。

1.7.3 二期施工导流试验研究

1.7.3.1 工程布置

二期围左汊,进行电站厂房及左汊泄水闸施工,利用右汊已建泄水闸导流及船闸通航。

1.7.3.2 围堰上、下游水位—流量关系

上线情况时上游水位壅高值小于下线情况时上游水位壅高值,但上线情况时上游绝对水位高于下线情况上游水位。

1.7.3.3 施工河段流场及冲淤定性分析

试验观测了当左汊围堰,右汊16孔泄水闸泄流的枢纽河段流场。

当流量为19700m³/s时,枢纽河段局部最大流速4.32m/s。由于二期施工围堰后右汊水流流速明显比天然河道流速增大,特别是泄水闸下游,因此二期施工期香炉洲洲头、右汊河道均会产生一定冲刷。二期施工围堰后右汊围堰上下均存在较大范围的静水区或回流区,这些区域将是悬移质和部分推移质淤积区。

1.7.3.4 二期施工期船闸通航水流条件试验研究

二期施工期利用右汊已建船闸通航,试验中观测了各级流量引航道口门区的水流条件。

试验结果表明:

(1)对上游引航道口门区,当流量小于10000m³/s时,纵向流速满足要求,但横向流速较大;当流量大于10000m³/s时,纵向流速及横向流速均较大,不满足通航水流条件要求。

(2)对下游引航道口门区,纵向流速和横向流速均基本满足要求。

建议在初步设计阶段对施工期通航条件进行更深入研究。

1.8 结语及建议

本研究对长沙综合枢纽河段工程前水力特性、枢纽总体布置方案、船闸引航道口门区通航水流条件及优化、电站尾水扩散情况、工程后枢纽河段水力特性及冲淤情况、推荐方案施工导流等方面进行了广泛而深入的试验研究。通过上述内容的研究,主要有以下结论及建议:

(1)根据模型试验结果,枢纽布置方案二在泄洪能力、船闸通航水流条件、施工条件、运行管理、布置协调美观等方面具有综合优势,因此模型试验推荐枢纽布置采用方案二。设计单位应根据模型试验结果,综合考虑其他因素,本着综合利用水资源的原则,确定长沙综合枢纽工可阶段的推荐布置方案。

(2)通过枢纽布置各方案试验及优化试验表明,推荐方案在各级特征洪水流量时上游水位壅高值均小于0.15m,枢纽泄流能力满足设计要求。建议在初步设计阶段对泄水闸堰型及堰顶高程进行优化研究,从而进一步优化枢纽泄流宽度。

(3)在上线水位情况时由于受洞庭湖水位顶托最大,枢纽河段水面比降小,流速很小,枢纽布置对水流影响相对较小;下线水位情况时由于受洞庭湖水位顶托最小,枢纽布置对水流影响相对较大。因此各级特征洪水流量上线水位情况时上游水位壅高值相对较小,下线水位情况时上游水位壅高值相对较大,但上线水位情况时河段的绝对水位较高。

(4)方案一、修改方案一及方案二船闸布置方案基本不变,因此船闸引航道口门区通航水流条件变化不大。3个方案下游引航道口门区纵向流速、横向流速均满足通航水流条件要求,但3个方案船闸上游引航道口门区通航水流条件均存在一定问题,即当流量为13500～21900m³/s时,口门区横向流速大于0.3m/s的范围较大,口门区不满足通航水流条件要求。至于引航道连接段通航条件情况,见天津水运工程研究所有关研究报告。

(5)通过上游引航道口门区通航水流条件的优化试验,上游引航道分流堤局部透空方案相对较好,但仍然不能完全满足通航水流条件要求。因此,建议在初步设计阶段进一步对分流堤透空范围、透空孔的设置大小、引导流量的大小等进一步优化研究,进一步改善上引航道口门区通航水流条件。

(6)冯家洲洲头局部进行开挖,对增大枢纽泄流能力及降低电站尾水水位均有较大作用。方案一冯家洲洲头未进行开挖而保持原状,其泄流能力相对较小,且其电站尾水相对最高;修改方案一及方案二均将冯家洲洲头缩短并进行开挖,其泄流能力相对较大,且其电站尾水相对较低。建议在初步设计阶段进一步对冯家洲洲头开挖范围及高程进行优化试验研究。

(7)枢纽施工阶段,上线水位情况时上游水位壅高值小于下线水位情况上游水位壅高值,但上线水位情况时上游绝对水位高于下线水位情况上游水位。

(8)建议在初步设计阶段对一期施工期左汊通航水流条件进行研究。

(9)建议在初步设计阶段对二期施工期船闸通航水流条件进行更深入研究。

（10）从模型试验观测的枢纽河段水流流场来看，无论施工阶段还是工程运用阶段，在枢纽上、下游均存在静水区或回流区，这些区域将是悬移质和部分推移质淤积区；同时枢纽河段存在局部流速较大区域，因此枢纽河段局部会产生一定冲刷。

参 考 文 献

[1] 中华人民共和国行业标准. JTJ 305—2001　船闸总体设计规范[S].北京:人民交通出版社,2001.

[2] 中华人民共和国国家标准. GB50139—2004　内河通航标准[S].北京:中国计划出版社,2004.

[3] 中华人民共和国行业标准. JTJ/T 232—98　内河航道与港口水流泥沙模拟技术规程[S].北京:人民交通出版社,1998.

[4] 中华人民共和国行业标准. JTJ 220—98　渠化工程枢纽总体布置设计规范[S].北京:人民交通出版社,1998.

[5] 中华人民共和国行业标准. SL155—95　水工(常规)模型试验规程[S].北京:中国水利水电出版社,1995.

[6] 南京水利科学研究院,水利水电科学研究院.水工模型试验.(2版)[M].北京:中国水利电力出版社,1985.

[7] 夏毓常，张黎明.水工水力学原型观测与模型试验[M].北京:中国电力出版社, 1999.

[8] 黄伦超,周美林,刘晓平,等.株洲航电枢纽总体模型试验研究[R].长沙:长沙交通学院,2001.

[9] S. P. Gary, H. R. Sharma. Efficiency of Hydraulic Jump[J]. J. of Hydraulic Div . 1971.

[10] P. A. Argyoponlas. The Hydraulic Jump and the Effect on Hydraulic Structure[J]. Proc. IAHR . 1961.

[11] 刘晓平,周美林,黄伦超.株洲航电枢纽布置方案研究及优化[J].长沙交通学院院报,2000,16(4):58-62.

[12] 郝品正,李伯海,李一兵.大源渡枢纽通航建筑物优化布置及通航条件试验研究[J].水运工程,2000(10):29-33.

[13] 李金合,曹玉芬,周华兴.那吉航运枢纽泄流能力和闸下冲刷试验[J].水道港口,2002(4).

[14] 李金和.那吉航运枢纽左岸船闸通航水流条件试验[J].水道港口,2002,23(4):262-267.

第2章 香炉洲方案工可阶段数学模型研究

项目委托单位:湖南省交通厅规划办

项目承担单位:长沙理工大学

项目负责人:蒋昌波

报告撰写人:肖政

项目参加人员:肖 政 黄伦超 江诗群 游 涛 陆 浩 曹周红
　　　　　　　桑 雷 李 伟 陈 纯

时　　　间:2004 年 7 月至 2005 年 7 月

2.1 数学模型研究的目的和任务

由工程实况和物理模型可以看出拟建的长沙综合枢纽河段是长江水系较典型的分汊河道,坝址位置地质条件比较复杂。枢纽布置既要考虑分汊河流演变规律及水力特点,还要考虑枢纽各水工建筑物的运行条件及泄水建筑物之间水流的相互影响等问题。

为了确定和了解水工建筑物与河流短期或长期的相互影响等问题,本研究考虑到时间紧迫,拟采用数学模型和物理模型相结合对香炉洲坝址布置方案进行研究,并作为对数学模型的验证,对香炉洲施工导流期的水流条件进行计算分析。

在工程可行性研究阶段,长沙综合枢纽数学模型研究重点解决以下几个问题:

(1)香炉洲坝址方案水流特性研究。

(2)香炉洲坝址方案平面布置。

(3)香炉洲坝址方案船闸上、下游引航道口门区通航水流条件研究。

(4)香炉洲坝址方案施工导流期间流场变化。

2.2 枢纽河段数学模型基本理论和方法

2.2.1 基本控制方程

1.水流运动方程

考虑到枢纽工程所在河道段为宽浅水域,水力参数在垂直方向的变化明显小于水平方向的变化,工程需要了解和计算平面变化情况,因此本项目研究采用沿水深积分的平面二维模型。

河道水流一般可视为非恒定不可压缩流体,其水流运动规律可用 Navier-Stokes 方程描述,对连续方程和 Navier-Stokes 方程取时均值,根据 Bousinesq 假设,并设定压强服从静水分

布、不计垂直方向的流动时间和空间的微分,将方程沿水深积分,这样可得河道段水流运动的连续方程和运动方程。

2. 泥沙运动基本方程

用单宽流量形式表示泥沙连续方程(泥沙对流扩散方程)。

2.2.2 基本方程的离散

考虑到河道地形复杂,加上航电枢纽建筑物的影响,本研究利用有限单元法离散求解。有限元法采用局部近似的低阶多项式作为形函数,构成包含变量结点值的代数方程组。其优点是网格划分灵活,容易处理不规则边界,计算程序通用性强,它在河道水流计算方面已有大量成功的例子。

有限单元法分析的第一步是区域离散化,本设计采用时间离散和空间离散。离散化的过程就是将要分析研究河段区域划分成有限个互不重叠单元体,并在单元体的指定点设置结点,把相邻的单元体在结点处连接组成单元的集合体,以代替原来的研究区域。单元体形状和类型很多,可以根据问题需要的精度选择不同形状和不同类型的单元体。本次计算我们选用四边形八节点等参单元离散研究区域。根据 Hood 和 Taylor 对二次与线性或三次与二次函数混合插值和二次函数插值相比较,使用混合插值方法虽然对流速场计算精度有微小的减弱,但可以提高压力场(水位)计算精度,并且可以减少节点数量而大大提高计算速度。因此,本文采用混合插值方法。

2.2.3 离散方程的求解

求解有限元控制方程,由于方程中含有未知函数的时间导数,方程组为非线性方程组,直接求解方程组的精确解是十分困难的。本研究采用 Newton—Raphson 迭代法来求方程组的数值解。

2.2.4 边界条件

水流泥沙运动方程必须在一定的定解条件(初始条件和边界条件)下才能构成定解问题,并得到求解。其中边界条件尤为重要,边界条件是否合理,直接影响计算的精度和稳定性。

在河道水流泥沙计算中,通常有入流边界、出流边界、闭边界和自由面边界。

1. 入流进口水流边界条件

对进口边界条件需确定水流的流速(或单宽流量)等所有的水沙参数,本模型给定上游来水条件,即流量的大小。

2. 出口水流边界条件

计算域的出流在出口边界,只需给出压力条件,其余参数均可由上一断面直接计算无需给出边界条件。一般地出口边界给出水位过程线和流速(单宽流量)过程线。上述两个条件最好给出,但在实际计算中,流速条件往往不易给出,因此可以放弃流速边界条件。这是因为在正确的水位边界条件控制下,流速会由地形逐步调整。

3. 闭边界

在闭边界上,根据流体在固壁上不可穿越的原理,在不考虑渗透的情况下,我们可以认

为闭边界的法向流速为0,而沿切线方向的流速非0,故也称滑动边界,即,$V_n|_r = 0, V_t|_r \neq 0$。

严格地说,实际流体是黏性的,因此水体与固体边界是滑动的,即根据水流的无滑动原理,流体在闭边界上的切向流速也应为0。但在实际计算中,由于我们不可能将边界节点取在实际边界上(即水深为0处),所以在闭边界上,特别是在水深变化剧烈的地方,如狭窄水道,应用水流无滑动条件往往得不到令人满意的结果。一般情况下,我们认为这些闭边界切向流速不为0,在某些特殊情况下,可以采用流速壁函数作为边界条件。

4. 动边界的处理

本河段河道的有些地方岸坡一般比较平缓,并有洲滩存在,随着水位的变化,需要采用动边界进行处理。这里我们对边滩单元干湿情况采用线性插值计算判别,当单元平均高程低于给定水位变幅下限时,整个单元为湿单元而参与计算,当单元平均高程高于给定水位变幅上限时,整个单元为干单元而不参与计算,按线性插值调整参与计算的单元个数。

5. 泥沙运动边界条件

悬移质泥沙运动的边界条件除了给出入口断面各节点的含沙量外,在闭边界还应满足法向输沙通量为0。但是由于在流场计算中已满足法向流速为0的这一边界条件,所以在输沙计算中(控制方程不含二阶导数项时)闭边界条件自动满足,故只要给出入流边界条件即可。

2.2.5 初始条件

所谓初始条件即在计算的初始时刻给出各变量的值。初始条件一般可用下面几种方式给出:流速、水位和含沙量等初始条件,一方面可以根据实际情况由已有的实测资料按一定的规律内插得到整个计算区域内初始时刻每个节点的流速、水位和含沙量,由此给出的初始值比较精确,但计算工作量大。也可以由预备试验计算给出。即按恒定流和定床的假设条件下,给出一水沙过程进行计算,直到计算出恒定的流场、水位和含沙量。由预备试验计算出的水位、流速和含沙量即可作为正式计算的初始值。另一方面是选定某时刻,函数初始值近似地认为是常数。由于水流初始条件的误差在正确的边界条件控制下会很快消失,因此通常选定后一种方式,取初始值为常数,这样既简便,又能达到计算要求。

2.2.6 模型验证

为本次物理模型试验和数学模型,湖南交通勘测设计院提供了两级流量的原型观测资料,即流量为3217m³/s、9027m³/s时枢纽河段的沿程水位、分流比、断面流速等原型观测资料。在物理模型上分别释放洪、中两级流量,分别针对沿程水位值、分流比、大断面流速分布及流态进行研究,将数学模型计算值、物理模型上测量值和原型观测值进行对比。计算时分两种情况进行,分别为局部河段计算和长河段计算,并对计算结果进行对照。

验证试验表明:模型与原型水面线基本一致,流速分布及汊道分流比吻合较好,说明模型在洪、中两级流量均达到模型计算的要求,符合《内河航道与港口水流泥沙模拟技术规程》(JTJ/T 232—98)的技术要求,所采用的数学模型可作为长沙综合枢纽总体布置方案数值试验等研究的基础。

2.3 工程前河段水力特性计算分析

本河段水文要素实测资料相对较少,为了更好地了解河道的相关水流运动特性,研究首先利用数学模型中对工程前各级流量的水力特性进行计算分析,以便于分析比较工程建设前、后河段水力特性的变化。数学模型分别选用上线和下线两种水位流量关系进行计算分析,结果如图2-1所示。

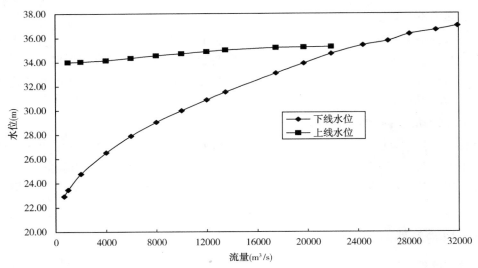

图2-1 香炉洲数学模型出口处水位—流量关系

2.3.1 上线情况各级流量的沿程水位

计算模型的出口水位采用上线水位流量关系,对 1000~21900m³/s 共 11 个流量级进行了计算。上线情况各级流量的沿程水位如图2-2、图2-3所示。计算结果表明:上线情况时由于受洞庭湖水位顶托最大,枢纽河段水位均高于34.0m,水位落差小,水面比降小。

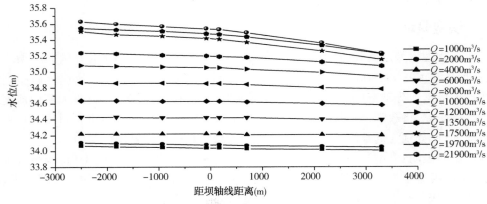

图2-2 上线情况各级流量的沿程水位(左岸)

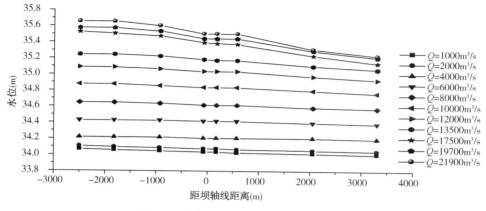

图 2-3　上线情况各级流量的沿程水位(右岸)

2.3.2　下线情况各级流量的沿程水位

　　对下线情况的计算结果表明:下线情况时由于受洞庭湖水位顶托最小,枢纽河段水位落差相对较大,水面比降相对较大。下线情况各级流量的沿程水位分别如图 2-4、图 2-5 所示。

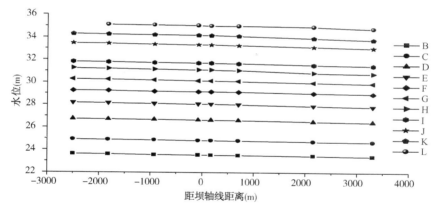

图 2-4　下线情况各级流量的沿程水位(左岸)

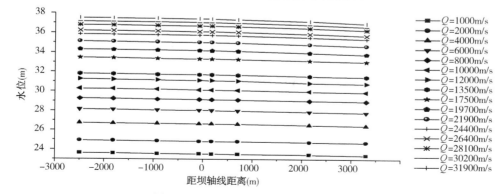

图 2-5　下线情况各级流量的沿程水位(右岸)

2.3.3 工程前汊道分流比情况

枢纽河段有两个江心洲,分别是香炉洲和冯家洲。在上线水位情况时,由于枢纽河段水位受洞庭湖水位顶托,各级流量下的枢纽河段水位均超过江心洲洲顶高程,河道不分汊,因此只对下线水位情况时汊道的分流比进行了计算分析。

表2-1给出了香炉洲汊道和冯家洲汊道的计算结果。由于香炉洲左汊河床较高(20.0m),右汊河床较低(18.0m),但左汊河宽比右汊河宽大,因此枯水流量情况下右汊分流比大于左汊分流比。随着流量增加,右汊分流比逐渐减小,左汊分流比逐渐增大,在洪水情况下两汊分流比基本相同。当流量大于12000m³/s时,水位已经高于香炉洲洲顶高程,河道不再分汊(详细数据见表2-1)。对于冯家洲河段,河道左汊河床高程(23.5m)比右汊高(18.5m),右汊为主河道,过流面积远大于左汊,因此右汊分流比远大于左汊分流比,随着流量增加,右汊分流比减小,左汊分流比也有增大的趋势,但右汊分流比始终超过81%。当流量大于12000m³/s时,河道水位已经高于冯家洲洲顶高程,河道不再分汊。

工程前香炉洲、冯家洲汊道分流比(下线情况)   表2-1

流量(m³/s)	香炉洲(%)		冯家洲(%)	
	右汊	左汊	右汊	左汊
1000	82.77	17.23	100	0
2000	68.09	31.92	93.05	6.95
4000	58.46	41.54	88	12
6000	51.78	48.22	84.5	15.5
8000	49.3	50.7	83.86	16.14
10000	48.79	51.21	82.56	17.44
12000	48.02	51.98	82.16	17.84
>12000	不分汊		不分汊	

2.3.4 枢纽河段流场分析

对于模型出口选用上线水位流量关系情况,枢纽河段受洞庭湖水位顶托最大,河段水位落差小,水面比降小,流速较小。计算模型出口选用下线水位流量关系情况,枢纽河段受洞庭湖水位顶托最小,水位落差、水面比降相对较大,河段流速也相对较大,且随着流量增大流速也相应增大。为了了解工程前后枢纽河段流场的变化情况,特别是香炉洲洲头、洲尾流场的变化,重点对香炉洲洲头、洲尾流场进行了计算分析。

2.4 枢纽布置方案计算分析

2.4.1 枢纽布置方案一的计算分析

方案一香炉洲周围河床开挖到24.0m高程,枢纽下游冯家洲洲头不开挖,保持原状,如图2-7所示。

2.4.1.1 方案一泄洪能力研究

分析枢纽布置方案一在各级特征洪水流量情况下水位壅高值是否满足设计要求,并通过数值试验研究,进一步优化枢纽布置方案。

上线水位 $Q = 21900\text{m}^3/\text{s}$,工程前后水面线比较如图2-6所示。由于受洞庭湖水位顶托最大,枢纽河段水面比降小,流速很慢,枢纽布置对水流影响较小,因此各级特征洪水流量情况上游水位壅高值均较小,满足设计提出的上游水位壅高值不超过0.15m的要求。但是,由于受洞庭湖水位顶托,上线水位情况下河段的绝对水位较高。

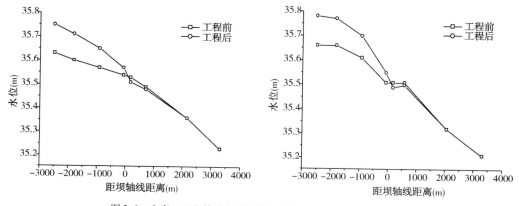

图2-6　方案一工程前后上线比较示意图(上线水位,$Q = 21900\text{m}^3/\text{s}$)

下线水位 $Q = 21900\text{m}^3/\text{s}$,工程前后水面线比较如图2-7所示。由于受洞庭湖水位顶托最小,枢纽布置对水流影响相对较大,各级特征洪水流量情况时上游水位壅高值均比上线水位情况壅高值大。在设计洪水流量26400m³/s(百年一遇)时,上游水位最大壅高值为0.15m,校核洪水流量30200m³/s(五百年一遇)时上游水位最大壅高值为0.19m,在千年一遇洪水流量31900m³/s时上游水位最大壅高值为0.21m,泄洪能力不满足设计要求。

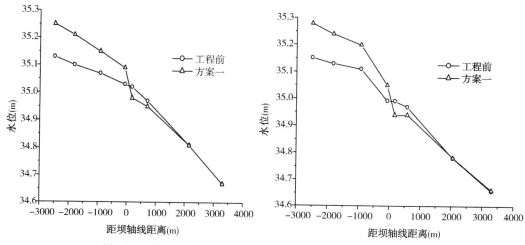

图2-7　方案一工程前后水面线比较示意图(下线水位,$Q = 21900\text{m}^3/\text{s}$)

2.4.1.2　方案一船闸引航道口门区通航水流条件研究

根据设计单位在工可阶段提供的资料,枢纽正常挡水位为31.00m,最小通航流量为400m³/s,最大通航流量为二十年一遇洪水21900m³/s,枢纽电站装机8台,单机引用流量287m³/s,最小运行水头2.0m;当坝址流量大于电站引用流量时,为保证电站发电有效水头,多余流量由右汊泄水闸泄流;由于防洪的要求,设计单位初步提出坝址水位达到28.0m时(流量约6000m³/s)电站停机,泄水闸全开泄流。

根据上述基本条件,船闸引航道口门区通航水流条件研究参照模型试验,进行通航水流条件的计算分析。

通过对以上典型工况的计算分析,计算结果表明:

(1)当流量小于2300m³/s,只有左汊电站过流,由于右汊不过流,因此上游引航道口门区基本为静水区,口门区最大纵向流速为0.62m/s、最大横向流速为0.17m/s。下游引航道口门区为回流区,回流强度较小,口门区最大纵向流速为0.33m/s、最大横向流速为0.17m/s,完全满足引航道口门区通航水流条件要求。

(2)当流量为2300～6000m³/s时,电站引用流量2300m³/s,剩余流量由右汊泄水闸泄流。此时上游引航道口门区纵向流速、横向流速随着右汊流量的加大而增快,当流量为6000m³/s时,口门区最大纵向流速为0.62m/s,最大横向流速为0.13m/s,能够满足引航道口门区通航水流条件要求。由于右汊部分泄流,在下游引航道口门区右侧形成回流区,左侧为斜流区,考虑到4个菱形导流墩的作用,斜流区斜流角度较小,当流量为6000m³/s时,下游口门区最大纵向流速为1.03m/s,最大横向流速为0.12m/s,均满足引航道口门区通航水流条件要求。

(3)当流量为6000～13500m³/s时,根据防洪运行要求,电站停机,泄水闸全开泄流,上游水流直对引航道口门。上游引航道口门区纵向流速、横向流速均随着流量的加大而增大。由于上游引航道口门较宽,口门区基本处于斜流区,特别是引航道堤头局部范围水流与引航道交角较大,因此当泄水闸全开泄流情况下,上游引航道口门区(特别是引航道堤头局部范围)横向流速较大。当流量为6000～13500m³/s时,引航道口门区大部分范围横向流速均小于0.3m/s,仅在引航道堤头局部范围横向流速大于0.3m/s,其范围不超过半个船队长度,整个上游引航道口门区基本满足通航水流条件要求。根据防洪运行要求,电站停机,泄水闸全开泄流。口门区右侧为回流区,左侧为斜流区,由于4个菱形导流墩的作用,斜流区斜流偏角较小,引航道口门区纵向流速、横向流速均满足要求。当流量为21900m³/s,下线水位情况时,口门区最大纵向流速为1.12m/s,最大横向流速为0.19m/s,均满足引航道口门区通航水流条件要求。

(4)当流量为13500～21900m³/s时(如图2-8、图2-9所示),由于上游引航道口门外河岸有一突起,挑流导致水流和引航道交角变大。在上线水位情况下,上游引航道口门区最大横向流速为0.62m/s,下游引航道口门区最大横向流速为0.12m/s,引航道口门区横向流速大于0.3m/s的范围较大,上游引航道口门区不能满足通航水流条件要求。下线水位情况时,上游引航道口门区最大横向流速为0.60m/s,下游引航道口门区最大横向流速为0.17m/s,上游引航道口门区横向流速大于0.3m/s的范围较大,上游引航道口门区不能满足通航水流条件要求。

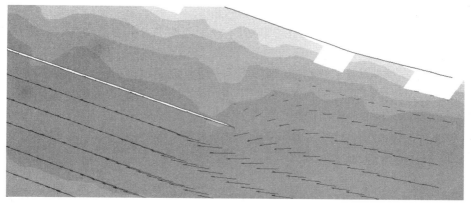

图 2-8 上游引航道口门区局部流场图（17500m³/s）

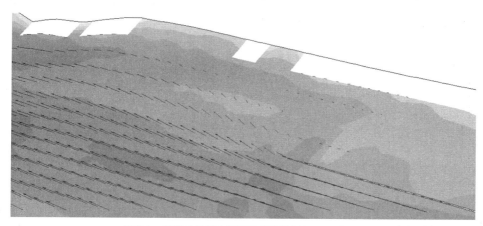

图 2-9 下游引航道口门区局部流场图（17500m³/s）

2.4.2 枢纽布置修改方案一的计算分析

计算分析和物理模型试验研究结果表明,方案一存在泄流能力偏小和船闸上游引航道口门区通航水流条件较差两个主要问题。针对方案一存在的问题,提出了修改方案一,如图 2-10 所示。对香炉洲右侧地形由原来的 24.0m 高程开挖到 22.0m 高程,对冯家洲洲头及洲右侧地形进行开挖,洲头缩短 75m 且洲头及洲右侧开挖到 24.0m 高程。

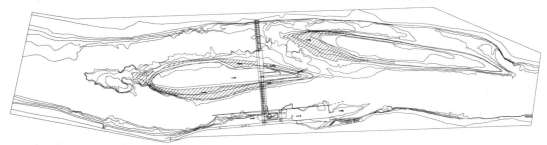

图 2-10 香炉洲修改方案一布置示意图

2.4.2.1 枢纽布置修改方案一泄流能力试验分析

根据方案一泄流能力试验结果分析可知:上线水位情况下由于受洞庭湖水位顶托最大,枢纽河段水面比降小,流速很慢,枢纽布置对水流影响相对较小,因此各级特征洪水流量情况下上游水位壅高值均较小;下线水位情况下由于受洞庭湖水位顶托最小,枢纽布置对水流影响相对较大,因此各级特征洪水流量情况下上游水位壅高值较大。从控制枢纽上游最大壅高值的角度来讲,下线水位情况下枢纽泄流能力为控制条件。所以,在以后的方案研究中,重点对下线水位情况下的水位壅高值进行计算分析。

图 2-11 为修改方程 $-Q=21900\text{m}^3/\text{s}$ 工程前后水面线比较示意图。从计算数据可以看出,修改方案一的泄流能力有较大提高,各级特征洪水流量情况下,枢纽上游水位壅高值均基本能满足设计要求。在设计洪水流量 26400 m^3/s (百年一遇)时,上游水位最大壅高值为 0.11m,校核洪水流量 30200 m^3/s (五百年一遇)时上游水位最大壅高值为 0.14m,能满足枢纽泄洪能力要求。在千年一遇洪水流量 31900 m^3/s 时上游水位左岸最大壅高值为 0.16m,右岸最大壅高值为 0.15m,略高于设计要求。

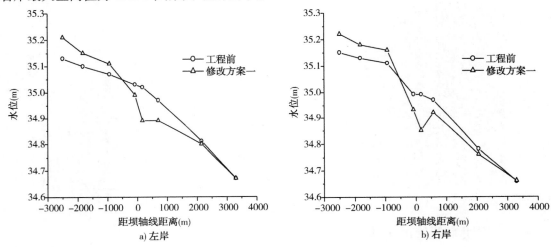

图 2-11 修改方案一工程前后水面线比较示意图(下线水位,$Q=21900\text{m}^3/\text{s}$)

2.4.2.2 修改方案一船闸引航道口门区通航水流条件研究

计算模型主要计算分析了流量大于 13500 m^3/s 时的工况,计算结果表明在下线水位情况,修改方案一上引航道口门区通航水流条件与方案一比较基本相同,流量大于 13500 m^3/s 时,上游引航道口门区横向流速大于 0.3m/s 的范围较大,引航道口门区不满足通航水流条件要求。而下游引航道口门区在流量 21900 m^3/s 的情况下,最大横向流速为 0.16m/s,满足规范规定的通航水流条件要求。

2.4.3 枢纽布置方案二的计算分析

交通勘测设计院提供了长沙枢纽布置的方案二,即香炉洲右侧地形开挖到 22.0m 高程,冯家洲洲头及洲右侧地形开挖高程为 24.0m,上游引航道分流堤结构设计:分流堤高程

35.5m以上设计为梳齿状,如图1-7所示。

2.4.3.1 方案二泄洪能力研究

根据方案一及修改方案一泄流能力计算结果分析,从控制枢纽上游最大壅高值的角度看,应以下线水位情况时枢纽泄流能力为控制条件。所以,在以后的方案计算分析中,重点对下线水位情况时水位壅高值进行计算。

方案二电站下游的局部流场图参见图2-12,由于电站不发电,在其下游形成大范围的回流区。

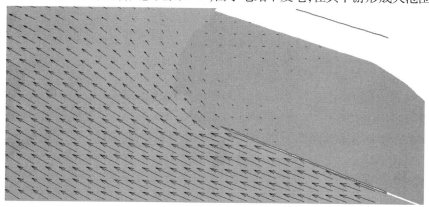

图2-12 方案二电站下游局部流场图($Q = 17500\text{m}^3/\text{s}$)

由于方案整体变化不大,因此它在各级特征洪水流量情况下,上游水位壅高值与修改方案一基本相同。在设计洪水流量26400m³/s(百年一遇)时,上游水位最大壅高值为0.11m,校核洪水流量30200m³/s(五百年一遇)时上游水位最大壅高值为0.14m,能够满足设计要求。

方案二将左汊泄水闸布置在左汊右侧,相对于修改方案一而言,由于冯家洲洲头局部已开挖到24.0m高程,且冯家洲本身高程较低,泄洪时冯家洲已经被淹没,水流在整个河道内顺畅下泄,但在其上游由于香炉洲的作用,来水与泄水闸的衔接不是很好,电站尾水扩散也一定程度上受到冯家洲的影响。方案 = $Q = 21900\text{m}^3/\text{s}$ 工程前后水面线比较示意图如图2-13所示。

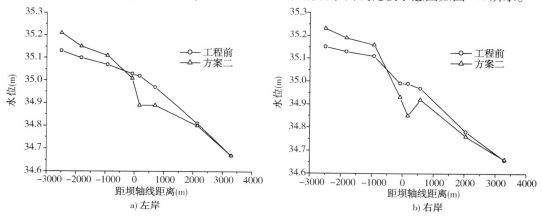

图2-13 方案二工程前后水面线比较示意图(下线水位,$Q = 21900\text{m}^3/\text{s}$)

2.4.3.2 方案二船闸引航道口门区通航水流条件研究

方案二与修改方案一比较,唯一的变化是电站位置的改变,右汊泄水闸及船闸的布置情况没有改变,计算分析的工况和修改方案一样。计算结果表明,各级流量下,方案二船闸引航道口门区通航水流条件与修改改方案一基本一样:在流量大于 13500m³/s 时,上游引航道口门区横向流速大于 0.3m/s 的范围较大,引航道口门区不满足通航水流条件要求;而下游引航道口门区在流量 13500~21900m³/s 情况下,最大横向流速在 0.17~0.20m/s 范围内,都满足规范规定的通航水流条件要求。

2.4.4　枢纽布置方案三的计算分析

考虑到枢纽布置方案一、修改方案一及方案二的变化不太大,设计单位提出了与上述方案差别较大的枢纽布置方案三,如图 1-9 所示。

方案三与其他方案的主要区别是电站和船闸的位置,方案三电站布置在右汊右侧,船闸布置在左汊左侧,下游引航道及连接段布置在冯家洲左汊,对冯家洲左汊进行开挖用于通航,并对冯家洲进行防护。

2.4.4.1　方案三泄洪能力研究

经过计算,方案三在各级特征洪水流量情况下,上游水位壅高值略高于其他方案,在设计洪水流量 26400m³/s(百年一遇)时,上游水位最大壅高值为 0.11m,校核洪水流量 30200m³/s(五百年一遇)时上游水位最大壅高值为 0.15m,能够满足设计要求。流量 30200m³/s(千年一遇)时上游水位最大壅高值为 0.16m,略高于设计要求。

方案三上游引航道局部流场如图 2-14 所示。泄水闸泄流净宽与其他方案基本相同,但上游香炉洲左侧拉直,香炉洲宽度减小,泄流宽度增加,同时上游来流和泄水闸能很好衔接,相比于其他方案而言,更有利于泄洪。然而在枢纽坝轴线以下,由于船闸下游引航道及连接段布置在冯家洲左汊,因此冯家洲左侧从上到下修筑高程为 35.5m 的导流堤,左汊不能参与泄洪,从而造成下游河道泄流宽度减小,枢纽泄流能力在一定程度上受到下游河道边界条件的限制,导致泄水闸下游水位相对其他方案要高,对枢纽泄洪不利。综合上述因素,枢纽布置方案三的泄洪能力略小于修改方案一及方案二。

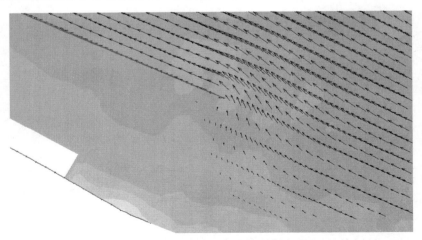

图 2-14　方案三上游引航道的局部流场图

2.4.4.2 方案三船闸引航道口门区通航水流条件研究

流量小于 13500m³/s 时,引航道口门区的通航条件良好,因此只需要计算分析 13500 ~ 21900m³/s 情况下的通航条件。由于上游引航道口门较宽,导致水流的收缩,造成一定程度斜流。下线水位情况时,上游引航道口门区最大横向流速为 0.36m/s,下游引航道口门区在流量为 21900m³/s 时,最大横向流速为 0.41m/s,引航道口门区横向流速大于 0.3m/s 的范围较大,上游引航道口门区不能满足通航水流条件要求。图 2-15 为方案三工程前后水面线比较图。

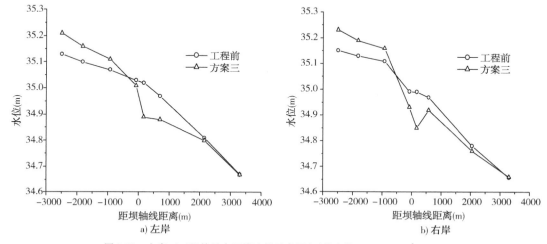

图 2-15　方案三工程前后水面线比较示意图(下线水位,$Q = 21900m³/s$)

方案三船闸下引航道完全利用冯家洲左汊,冯家洲左侧从上到下修筑高程为 35.5m 的导流堤,因此冯家洲左汊属于限制性航道,下引航道口门区下移到冯家洲洲尾,洲尾河岸存在矶角,切嘴以后将航道顺连。计算分析表明,下游引航道口门区能够满足通航水流条件。但利用左汊作为引航道,开挖量较大,而且由于冯家洲左汊不过流,造成冯家洲右汊流速相对较大,局部会产生冲刷。悬沙初步计算表明,同时由于冯家洲完全封堵,成为一个静水区段,悬移质淤积将大量淤积。

2.5 施工导流期水流条件分析

2.5.1 施工导流和通航方案简述

根据施工设计的总体布置安排,香炉洲坝址枢纽分两期进行施工。一期围右汊船闸和16 孔泄水闸,围堰按全年十年一遇洪水标准(堰顶设子堰,洪水期可挖除子堰泄洪),由疏浚后的左汊河床泄流和通航;二期围左汊电站和18 孔泄水闸,电站部分除设有上下游横向围堰外,另设混凝土纵向围堰,该部分围堰按全年十年一遇洪水标准,由修建好的船闸通航和泄水闸泄流。一期围堰布置如图 2-16 所示。

2.5.2 一期施工导流与通航条件

一期围堰修建后,工程河段的过水面积约减小 55%(设计流量),在流量较小情况下水流不能漫过江心洲,由于过流面积和宽度的减小将会引起上游水位的壅高,围堰下游水位有一定程度的跌落。

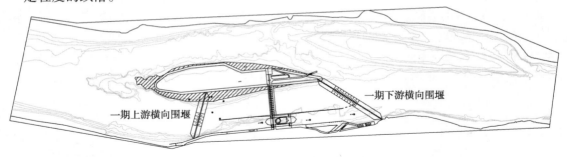

图2-16 一期施工围堰平面布置图

一期围堰修建后,上游水流由整个河道向左汊收缩,香炉洲洲头局部的横向流速较大,水流进入左汊后在洲头以下局部范围内产生回流,其余部位水流平顺,但水流流速明显比天然河道流速增大,如图2-17所示。

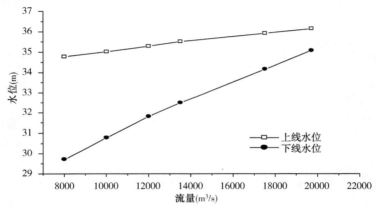

图2-17 一期施工导流上围堰处的水位—流量关系

从水流流场来看,上线水位由于受到洞庭湖的顶托,流速普遍偏慢,水位偏高。下线流速普遍偏快,水位偏低。当流量为19700m³/s时,洲头局部流速达3.6m/s,左汊河段普遍流速3.6m/s,局部最大流速4.53m/s。由于一期施工围堰修建后左汊水流流速明显比天然河道流速增快,因此在一期施工期香炉洲洲头、左汊河道及冯家洲洲头均会产生一定程度的冲刷。一期施工围堰后右汊围堰上下均存在较大范围的静水区或回流区,悬移质泥沙输运计算表明,这些区域将是悬移质的淤积区。

2.5.3 二期施工导流与通航条件

枢纽二期施工导流围左汊,进行电站厂房及左汊泄水闸施工,利用右汊已建泄水闸导流及船闸通航。二期工程布置如图2-18所示。

二期围堰修建后,上游水流由整个河道向右汊集中,香炉洲洲头局部的横向流速较大,进入右汊后水流较平顺,但流速明显比天然河道流速快。在香炉洲左汊围堰上游出现大面积静水区,围堰下游存在大范围的回流区,均是悬沙主要落淤区。

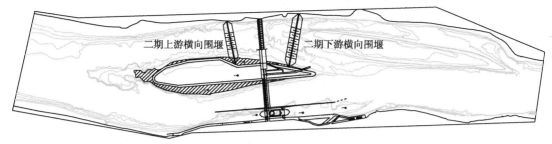

图 2-18 二期施工围堰平面布置图

通过计算表明:下线水位流量为 19700m³/s 时,洲头局部流速达 3.71m/s,右汊河段普遍流速 3.52m/s,局部最大流速 3.75m/s。特别是泄水闸下游,因此二期施工期香炉洲洲头、右汊河道均会产生一定冲刷,如图 2-19 所示。

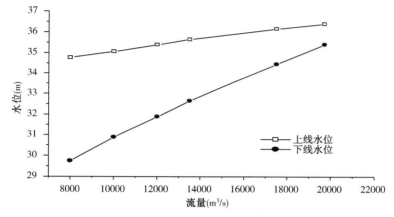

图 2-19 二期施工导流上围堰处的水位—流量关系

二期施工期,利用右汊已建船闸通航。计算分析表明,对于上游引航道口门区,在流量大于 8000m³/s 以后,最大横向流速就超过 0.30m/s,不能满足通航水流条件;对于下游引航道口门区,各级流量下横向流速和纵向流速均满足规范要求。

2.6 结语

根据湘江长沙综合枢纽水流变化规律及河道两岸边界弯曲不规则,以及枢纽位于分汊河段的特点,本研究采用有限元计算模型,建立了平面二维非恒定流水流数学模型。通过理论分析,数值计算方法的应用,以及模型的工程应用,主要结论与认识有:

(1)本模型水流方程考虑了水流运动的各个因素,包括水流紊动黏滞性项,保留了二维 N-S 方程的每一项,从基本方程结构看,比较全面地反映了天然水流运动特征,可以作为长沙综合枢纽工可阶段各方案分析依据。

(2)通过对香炉洲坝址各方案的分析计算。从泄流能力而言,方案一由于冯家洲洲头未进行开挖等原因,其泄流能力偏小,不满足枢纽泄洪能力要求,修改方案一和方案二均满足枢纽泄洪能力要求,方案三的泄洪能力略小于修改方案一及方案二。从通航条件而言,方案

一、修改方案一及方案二船闸引航道口门区通航水流条件变化不大,方案三开挖量大、下游引航道难维护,上下游出口衔接不是很好。从电站尾水扩散的流场图分析,方案一较好,方案二和方案三次之。

（3）香炉洲方案二在泄洪能力、船闸通航条件、施工条件、运行管理、布置协调美观等方面具有优势,只是在电站发电效益方面比修改方案一差,但如果对冯家洲左汊局部较高河床进行疏浚,亦可降低方案二电站尾水水位,提高发电效益。因此,工可阶段推荐枢纽总体布置采用方案二。

参 考 文 献

[1] 中华人民共和国行业标准. JTJ/T 232—98　内河航道与港口水流泥沙模拟技术规程[S].北京:人民交通出版社,1998.

[2] 中华人民共和国行业标准. JTJ 220—98　渠化工程枢纽总体布置设计规范[S].北京:人民交通出版社,1998.

[3] 中华人民共和国行业标准. JTJ 305—2001　船闸总体设计规范[S].北京:人民交通出版社,2001.

[4] 中华人民共和国国家标准. GB 50139—2004　内河通航标准[S].北京:中国计划出版社,2004.

[5] 沙玉清. 泥沙运动力学[M].北京:中国工业出版社,1961.

[6] 张睿瑾,谢鉴衡,王明甫,等. 河流泥沙运动力学[M].北京:中国水利水电出版社,1988.

[7] 曹祖德,王运洪. 水动力泥沙数值模拟[M].天津:天津大学出版社,1993.

[8] 王尚毅,顾元棪,郭传镇. 河口工程泥沙数学模型[M].北京:海洋出版社,1990.

[9] 湘江长沙综合枢纽工程预可行研究报告[R].湖南省交通规划勘测设计院,2004.

[10] 刘晓平,白玉川,蒋昌波,等. 株洲航电枢纽水流泥沙数学模型研究[R].长沙:长沙交通学院,2001.

[11] Altinakar M S, Graf W H, Hop finger E J. Flow structure in turbidity currents[J]. Journal of Hydraulic Research. 1996,(5): 713-718.

[12] Ford D E, Johnson M C. 1980. Field observations of density currents in impoundments[C]. Proc of the symp. Am Soc Civ Engrs. Minnesota: Minneapolis. 1239-1248.

[13] 陈阳,李焱. 船闸引航道内水面波动的二维数学模型研究[J].水道港口,1998,9(3).

[14] 刘晓平,谢丽芳,蒋昌波. 株洲枢纽船闸引航道口门区淤积问题研究[J].水力学报,2001,(6):86-89.

[15] 韩其为,何明民. 水库淤积与河床演变的(一维)数学模型[J].泥沙研究. 1987(03).

[16] 陆永军,徐成伟. 丹江口水库下游河道二维全沙数学模型[J].水利学报,1995(增).

[17] 童朝锋. 有闸分汊河口的水动力模拟[J].河海大学学报:自然科学版,2002,30(5).

第3章 蔡家洲方案工可阶段枢纽平面布置及通航条件模型试验研究

项目委托单位:长沙市湘江综合枢纽工程办公室

项目承担单位:交通运输部天津水运工程科学研究所

项目负责人:郝品正　普晓刚

报告撰写人:普晓刚　郝媛媛　金　辉　郝品正

项目参加人员:郝媛媛　金　辉　李君涛　李金合　王志纯

时　　　间:2009年1月至2009年4月

3.1　概述

长沙综合枢纽推荐蔡家洲坝址位湘江尾闾长沙市下游望城县境内,上距株洲枢纽约133km,下距沩水河口2km,距入汇洞庭湖的濠河口约28km。长沙综合枢纽建成后将改变其上、下游河道的水流泥沙运动过程,就枢纽本身而言,存在着枢纽平面布置、船闸通航水流条件及枢纽泄洪等关键技术问题。为此,针对长沙综合枢纽工程在工可阶段蔡家洲坝址的枢纽平面布置和船闸上、下游引航道口门区及连接段通航水流条件等技术问题进行了整体水工模型试验研究。

长沙综合枢纽工可阶段拟定了3个不同的平面布置方案。方案一、方案三船闸位于蔡家洲左汊,方案一船闸位于左汊左岸侧,方案三船闸位于左汊右岸蔡家洲侧,电站为异岸布置;方案二船闸位于蔡家洲右汊,主要是利用右汊为静水区的特点保证船闸通航,下闸首与下游天然主航道之间需通过开挖和疏浚长约8km的人工航道衔接。考虑到方案二实施难度较大,而工可阶段对于枢纽船闸布置于蔡家洲左汊左岸侧(方案一)或左汊右岸侧(方案三)争议较大,为此,模型试验主要进行方案一、方案三比选研究。主要采用1:100正态定床物理模型和自航遥控船队模型相结合的研究手段,对枢纽泄流能力、船闸引航道导流堤长度及走向、船闸上下游引航道口门区与连接段通航水流条件和船队航行条件等进行研究和优化,并对不同的平面布置方案进行比选,为工可阶段枢纽设计提供依据。

本项目模型试验研究于2009年1月开始,2009年4月通过了业主单位组织的成果审查,研究对枢纽不同平面布置方案下的泄流能力、枢纽建成后蔡家洲左右汊分流比变化、船闸通航水流及船模航行条件和船闸上下游航道稳定性分析等多因素综合比较后,建议枢纽布置方案一可作为工可阶段推荐方案,并被业主及设计单位采纳,为工程的可行性研究提供了科学支撑,并为下阶段设计工作打下了坚实的基础。

3.2 蔡家洲坝址枢纽平面布置及通航水流条件模型试验研究

3.2.1 模型概况

依据试验目的和要求,并根据河道特征、河床形态、地形特点,同时为保证模型的水流运动相似和船模航行相似,整体模型为定床正态,几何比尺选用1:100,按重力相似准则进行模型设计(同时兼顾到船模的相似性要求)。

模型模拟原型主河道长度约为7.5km,其中坝址上游长约2.8km,坝址下游长约4.7km,宽度为1.0~2.0km不等;模拟沩水河道长度约0.7km,宽度约0.4km。因此模型全长约为85m,模型宽10~25m不等。模型布置如图3-1所示。

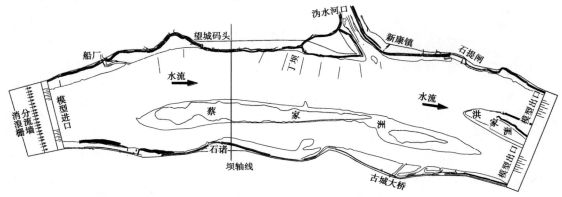

图3-1 长沙综合枢纽模型平面布置示意图

3.2.2 设计船队与通航水流条件基本要求

3.2.2.1 设计船队

设计船队为一顶4艘千吨级 + 一顶2艘千吨级顶推船队和一顶4艘2000t级船队。一顶4艘千吨级设计船队总长为167m,船队总宽21.6m,满载吃水2.0m;一顶2艘千吨级设计船队总长为160m,船队总宽10.8m,满载吃水2.0m;一顶4艘2000t设计船队总长为186m,船队总宽32.4m,满载吃水2.6m。

3.2.2.2 通航水流条件基本要求

按照《船闸总体设计规范》(JTJ 305—2001)要求,船闸引航道及口门区水流限制条件如下:

(1)引航道口门区表面流速。

在口门区的有效水域范围内:纵向流速 $V_y \leqslant 2.0\mathrm{m/s}$,横向流速 $V_x \leqslant 0.3\mathrm{m/s}$,回流流速 $V_0 \leqslant 0.4\mathrm{m/s}$。另外在引航道口门区宜避免出现如泡漩、乱流等不良流态。

(2)引航道内流速。

引航道导航段和调顺段内宜为静水区,制动段和停泊段的水面最大流速纵向不应大于0.5m/s,横向不应大于0.15m/s。

（3）口门区与主航道之间的连接段水流条件,参照口门区通航水流条件的基本要求,判别连接段水流条件的优劣。

3.2.3 枢纽布置方案三试验研究

3.2.3.1 设计方案三试验研究

1. 工程布置

设计方案三电站、船闸均布置在蔡家洲左汊,各建筑物工程布置从左至右依次为6台机组电站、鱼道、排污槽、27孔净宽20m堰顶高程19.0m的主泄水闸、双线船闸、蔡家洲副坝、右汊19孔净宽14m堰顶高程25.0m的副泄水闸,如图3-2所示。

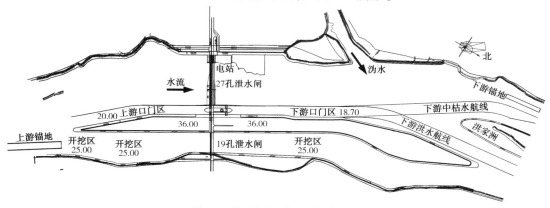

图3-2 设计方案三枢纽平面布置图

船闸位于蔡家洲左侧洲边,突出于下游。闸室有效尺度200m×34m×4.5m(长×宽×门槛水深),门槛水深考虑了1.5m水位下切值,总深6m,按通航一顶4艘千吨级+一顶2艘千吨级顶推船队标准和通过一顶4艘2000t船舶进行设计。船闸设计最高通航水位采用二十年一遇,下游最低通航水位采用多年历时保证率98%的水位,并对应于枢纽最小下泄流量。引航道中心线与坝轴线正交,双线船闸共用引航道,按双向过闸布置导航和靠船建筑物,引航道平面布置采用对称型,上、下游引航道直线段长度均为850m,而后底宽由135m过渡至165m,上、下游引航道底高程分别为20.0m、17.5m,上、下游导流堤长均为1000m。

泄水闸共46孔,顶高程为39.7m,分左、右汊布置,左汊为27孔 WES曲线形实用堰,堰顶高程为19.0m,净宽20.0m,墩厚3.0m;右汊为19孔宽顶堰,堰顶高程为25.0m,净宽14.0m,墩厚2.0m。电站为河床式厂房,总装机容量57MW,共6台单机9.5MW的灯泡贯流式机组,最小运行水头1.5m,单机引流量304m³/s。过鱼设施为横隔板式鱼道。

2. 上、下游引航道口门区及连接段布置

按照《船闸总体设计规范》(JTJ 305—2001)要求,船闸口门区及连接段布置如下:

上游引航道导流堤堤头至上游400m范围为上游引航道口门区,导流堤堤头上游400m至1200m范围为连接段,与主航道相接。口门区平面布置形式为:堤头上游221m是半径为1117.5m的圆弧段,而后接179m的直线段。连接段为800m的直线段,如图3-2所示。

下游引航道导流堤堤头至下游400m直线段为口门区,引航道导流堤堤头下游400m至2700m范围为连接段,并与下游主航道相接。连接段航道分中枯水航线和洪水航线,中枯水航线与洪家洲左汊深槽相接,洪水航线顺蔡家洲左侧洲边经洪家洲左汊与下游航道相接。

上、下游引航道口门区及连接段航宽均为165m。

3. 试验流量级的选择

设计方案三共选取了$Q=7800\text{m}^3/\text{s}$(常年洪水)、$Q=13500\text{m}^3/\text{s}$(两年一遇洪水)、$Q=19700\text{m}^3/\text{s}$(十年一遇洪水)三级典型流量进行了船闸通航条件试验。由于本枢纽河段水位受下游洞庭湖水位的顶托,同一流量时下游水位存在多种组合,试验选择了最为不利的水位—流量关系下的组合进行通航水流条件试验。

4. 设计方案三试验成果

试验时将左、右汊泄水闸编号,左汊从左至右依次为1~27号,右汊从左至右依次为1~19号。试验流量$Q=7800\text{m}^3/\text{s}$时进行了开启右汊19孔和左汊右侧10孔共29泄水闸调度方式的试验研究;流量$Q=13500\text{m}^3/\text{s}$时分别进行了左右汊泄水闸全部敞泄、仅开启左汊27孔泄水闸、开启左汊右侧10孔和右汊19孔共29泄水闸三种调度方式的水流条件试验研究;流量$Q=19700\text{m}^3/\text{s}$时,左右汊泄水闸全部敞泄。

各级流量通航水流条件试验成果简述如下:

(1)$Q=7800\text{m}^3/\text{s}$(左汊泄水闸仅开启右侧10孔,右汊泄水闸全部开启)

该调度方式下,枢纽上游左汊主河道内的流速一般约在1.0m/s,左侧水流顺蔡家洲左侧护岸而下,从上游导流堤堤头上200m附近开始,口门区航道内左侧水流与航中线夹角逐渐增大;但此时,水流流速一般在0.7m/s以下,故口门区航道内水流横向流速除个别点外,一般均在0.3m/s以下,满足规范限值要求。

枢纽下游水流经左汊右侧10孔泄水闸下泄后,近坝段水流流速一般约在3.5m/s,下泄水流在左汊左侧泄水闸下游、右侧船闸下游引航道口门区、连接段内形成大范围回流区;下游导流堤堤头下1200m范围内口门区及连接段航道内横向流速不大,但回流流速稍大,尤其是航道中线右侧,最大回流流速达0.65m/s,不能满足规范限值要求。

(2)$Q=13500\text{m}^3/\text{s}$(左右汊46孔泄水闸全开)

枢纽上游水流经过蔡家洲洲头分流后,右汊水流顺河道平顺而下;由于蔡家洲洲头左侧河道的大量开挖引流,左汊河道主流位于左汊近蔡家洲一侧,水流顺新开挖的航道而下;受上游引航道内静水顶托和导流堤挑流影响,堤头上游300m范围内水流与航线夹角距堤头愈近夹角愈大,水夹角由9°逐渐增至约32°,横向流速V_x由0.3m/s逐渐增至0.8m/s,口门区水流条件不能满足规范限值要求;在上游导流堤外侧形成一大范围椭圆形回流区,受其影响,靠近船闸侧4孔泄水闸泄流能力较弱。

枢纽下游水流过下游导流堤堤头后,先顺导流堤方向而下,至堤头下400m后逐渐向右侧口门航道内扩散,水流与航线夹角约在13°,并在口门区航道内形成一上宽下窄的三角形回流区;堤头下600~1000m范围的航道内受斜向扩散水流的影响,横向流速V_x一般在0.3~0.48m/s;堤头下1500~1700m连接段航道内,由于蔡家洲的走向向右转向,航道与洲的距离渐远,而水流则靠蔡家洲洲边而下,因而该段航道航线与水流夹角偏大,致使航道内横向水流流速偏快,一般在 0.3～0.55m/s。

(3) $Q = 13500m^3/s$(左汊 27 孔泄水闸全开、右汊泄水闸全部关闭)

该调度方式下,由于右汊河道不过流,流量全部通过左汊下泄,上游水流受蔡家洲洲头挑流影响,过洲头后水流与连接段航线夹角就较大,一般约在 15°;同时由于来流全部经左汊 27 孔泄水闸下泄,航道内水流流速也较左右汊 46 孔全部敞泄时有所增加,连接段航道内最大纵向流速已达 2.4m/s,导致连接段航道内横流较大,一般在 0.3～0.6m/s;由于洲头的挑流使上游口门区航道处在大范围的回流区内,虽然口门区内横流流速大部分在 0.3m/s 以内,但口门区航中线右侧航道内回流流速超规范限值要求,且口门区内流态紊乱,不利于船舶(队)航行。

坝下左汊主河道内流速较 46 孔泄水闸敞泄时增加,使下游口门区及连接段航道内的斜流及回流强度增加,堤头下游 500～1100m 和 1400～1800m 连接段航道内横流大部分均在 0.3m/s 以上,最大可达 0.6m/s,且航道内最大纵向流速已达 2.5m/s,通航水流条件不能满足要求。

(4) $Q = 13500m^3/s$(左汊泄水闸仅开启右侧 10 孔,右汊 19 孔泄水闸全部开启)

该调度方式下,由于左汊过流量较左汊 27 孔全开时明显减小,左汊河道内水流流速亦明显降低,右汊河道内过流量及流速明显增加。

上游河道水流过蔡家洲洲头进入左汊后,顺洲边新开挖的航道而下,水流与上游连接段航线夹角较小;同时由于航道范围内过流量的减小,水流直至导流堤堤头前 200m 附近,才因导流堤堤头挑流及引航道内静水开始顶托,向左侧的斜流逐渐增加;堤头前 100m 范围内水流横向流速较大,一般在 0.4～0.6m/s。

由于左汊泄水闸仅开启 10 孔,枢纽上游来流经泄水闸下泄时,水流流速较大,坝下近坝段最大流速约达 4.5m/s。水流受惯性作用,沿左汊右半侧河道顺直而下,下泄主流受下游汊水入汇水流的顶托,在左侧泄水闸下游形成大范围回流区;同时水流过右侧导流堤堤头后,水流不断扩散,在口门区及连接段航道内形成了多个回流区;堤头下 1500m 连接段航道内水流紊乱,最大横流及回流流速均达约 1.0m/s,通航水流条件较差。

(5) $Q = 19700m^3/s$(左右汊 46 孔泄水闸全开)

上游水流过经蔡家洲洲头分流后,右侧水流顺河道而下;左侧水流顺洲边新开挖的航道而下,水流流向基本与船闸上游连接段航线平行;从导流堤堤头上游 400m 至堤头附近,受上游引航道内静水顶托和导流堤挑流影响,水流与航线的夹角逐渐加大,水流与航线的夹角由 10° 逐渐增至约 35°,横向流速 V_x 由 0.3m/s 逐渐增至 0.9m/s,口门区通航水流条件不能满足规范限值要求;在上游导流堤外侧形成一大范围椭圆形回流区,受其影响,靠近船闸侧 4 孔泄水闸泄流能力较弱。

枢纽下游水流过下游导流堤堤头后,先顺导流堤方向而下,至堤头下 200m 后逐渐向右侧口门区航道内扩散,水流与航线的夹角约在 13°,并在口门区航道内形成一上宽下窄的三角形回流区;堤头下 400～700m 左侧航道内受斜向扩散水流的影响,横向流速 V_x 在 0.3～0.5m/s;堤头下 800～1000m 及 1500～1800m 连接段航道内,由于蔡家洲的走向向右转向,航道与洲的距离渐远,而水流则靠蔡家洲洲边而下,因而此两段航道航线水流夹角偏大,致使航道内横向水流流速偏大,一般在 0.3~0.55m/s。

(6)小结

试验结果表明:$Q = 7800\text{m}^3/\text{s}$ 时,上游引航道口门区及连接段的通航水流条件能够满足要求,而下游口门区及连接段航道内由于回流流速稍大,不能满足规范限值要求;$Q = 13500\text{m}^3/\text{s}$ 时,不同泄水闸开启方式下,船闸上、下游口门区及连接段均存在对通航水流条件不利的区段。相比较而言,左右汉泄水闸全部敞泄时,上、下游航道的通航条件相对好些;$Q = 19700\text{m}^3/\text{s}$ 时,上游引航道口门区和下游口门区及连接段通航水流条件均不能满足规范限值要求。

3.2.3.2 修改方案 3-1 试验研究

通过设计方案三试验,可以看出:①洪水流量下,左右汉泄水闸均全部开启,较其他开启方式有一定的优势;②要减小上游口门区及连接段的纵向流速与横向流速,减少洲头左侧开挖航道内的过流量应是比较有效的办法;③要解决下游引航道口门区及连接段的通航水流条件问题,需要减少堤头下游水流向右侧航道内的扩散,洪水航线应与洲岸线走向平顺。

针对设计方案三存在的上游堤头挑流、下游水流扩散等问题,从尽量减小上游引航道口门区及连接段航道的引流量及流速的角度出发,对上游导流堤长度及蔡家洲洲头左侧开挖型式进行了调整;从调整水流扩散、顺应水流流向的角度出发,对下游导流堤长度、右侧洪水航线进行了调整。

1. 工程布置

修改方案 3-1 工程布置如图 3-3 所示。

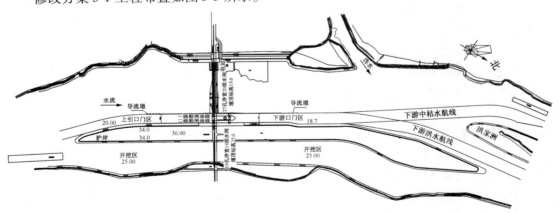

图 3-3 修改方案 3-1 布置图(船闸上、下游航道)

修改方案 3-1 是将上游导流堤直线长度由 1000m 减至 750m;在堤头上游航道外侧布置 5 个长为 30m、厚 3m 的楔形导流墩,导流墩间距为 15m;同时对蔡家洲洲头左侧开挖形式进行了优化,使其左侧口门区及连接段航道段开挖岸线由直线形式变为向左侧凸出的圆弧形式,减小了洲头开挖工程量,主要目的是减少口门区及连接段内引流量,降低流速,平顺水流。

下游导流堤长度亦由 1000m 减至 750m,并从堤头下 30m 开始航道外侧布置 4 个导流墩,导墩间距为 30m;同时调整了右侧洪水航线,使其顺应蔡家洲走向和水流流向。

2. 试验流量级的选择

修改方案 3-1 试验共选取了 $Q=1824\mathrm{m^3/s}$、$Q=5000\mathrm{m^3/s}$、$Q=13500\mathrm{m^3/s}$、$Q=17500\mathrm{m^3/s}$、$Q=19700\mathrm{m^3/s}$ 五级典型流量进行了船闸通航条件试验,通航水流条件试验同样选择了最为不利的水位—流量关系下的组合。

3. 修改方案 3-1 试验成果

通过选取的典型流量级试验,结果表明:

(1)当上游流量不大于 13500m³/s(两年一遇洪水)时,上、下游引航道口门区及连接段航道均能满足规范限值和船舶(队)航行要求。

(2)当流量为 17500m³/s(五年一遇洪水)、19700m³/s(十年一遇洪水)时,船舶(队)可以沿上游口门区及连接段右侧航线单线航行,下游引航道口门区及连接段航道基本能够满足规范限值和船舶(队)航行要求。

(3)各级洪水流量试验表明,上游导流堤外侧回流范围及强度大大减小,紧靠船闸的几孔泄水闸过流能力增强。

3.2.3.3 修改方案 3-2 试验研究

由于修改方案 3-1 导流堤在缩短至 750m 的基础上进行的,将减小上、下游引航道内停泊段的长度(引航道直线长度满足规范要求,但设计考虑要在引航道左右两侧均停泊 2 个船队),需要考虑如果不缩短导流堤设计长度的情况下的方案修改,使船闸引航道口门区及连接段通航水流满足要求,因此进行了修改方案 3-2 试验研究。

该方案修改思路与修改方案 3-1 基本一致,主要从减小上游口门区及连接段航道内过流量和水流与航线夹角方面对上游进行修改;从调整水流扩散、顺应水流流向角度出发,对右侧航线进行了调整。

1. 工程布置

修改方案 3-2 工程布置如图 3-4 所示。

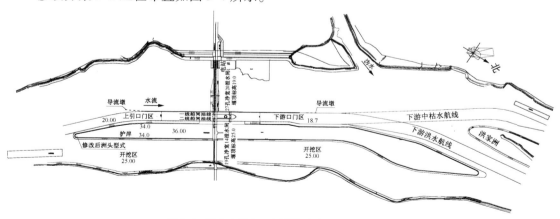

图 3-4 修改方案 3-2 布置图(船闸上、下游航道)

修改方案 3-2 保持上、下游导流堤设计长度为 1000m 不变,堤头前按喇叭口形状增加 5 个等间距导流墩,进一步优化了蔡家洲洲头开挖形式;调整下游洪水航线、下游导流堤堤头

下100m开始加设3个等间距导流墩。

修改方案3-2上、下游引航道口门区及连接段布置如下：

（1）上游引航道导流堤堤头至上游400m为口门区，连接段为导流堤堤头上游400m至1200m范围并与主航道相接。口门区及连接段平面布置形式为：堤头上游441m为半径为2105.5m的圆弧段，而后接759m的直线段。

（2）下游引航道导流堤堤头至下游400m直线段为口门区，连接段为导流堤堤头下游400m至2700m范围，并与主航道相接。连接段航道分为中枯水航线和洪水航线，中枯水航线与洪家洲左汊深槽相接，同时调整了右侧洪水航线，使其顺应蔡家洲走向和水流流向。

上游引航道口门区及连接段航宽均为135m，下游引航道口门区及连接段航宽均为165m。

2. 修改方案3-2泄流能力试验成果

本枢纽洪水期泄水闸敞泄，中、枯水期枢纽具有调节功能，兼有发电和补充下游通航流量等综合效益。为了了解泄水闸在特征洪水下的泄流能力、坝上水位壅高值，以便对平面布置方案比选，模型进行了泄水闸泄流能力试验。按设计要求，同一流量下在电站关闭、泄水闸全敞泄情况下，上游壅水高度不应大于0.30m。

受洞庭湖水位的顶托影响，下游存在多种水位组合，从安全的角度出发，选择洪峰频率水位时的水位—流量组合进行枢纽泄水闸泄流能力试验。

在洪峰频率水位条件下，电站关闭、46孔泄水闸全开敞泄时，进行了6个流量级的试验，分别为$Q=13500\text{m}^3/\text{s}$（两年一遇洪水流量）、$Q=17500\text{m}^3/\text{s}$（五年一遇）、$Q=19700\text{m}^3/\text{s}$（十年一遇）、$Q=21900\text{m}^3/\text{s}$（二十年一遇）、$Q=24400\text{m}^3/\text{s}$（五十年一遇）和$Q=26400\text{m}^3/\text{s}$（百年一遇），试验结果见表3-1。

修改方案3-2洪峰频率水位条件下枢纽壅水值　　　　　　　表3-1

枢纽运行方式	参　数	流　量（m³/s）					
		13500	17500	19700	21900	24400	26400
46孔敞泄	工程前上游水位（m）	32.57	33.73	34.51	34.88	35.40	35.73
	工程后上游水位（m）	32.70	33.87	34.66	35.05	35.58	35.92
	壅高值（m）	0.13	0.14	0.15	0.17	0.18	0.19

结果表明，各级洪水流量下，上游导流堤外侧回流范围及强度大大减小，紧靠船闸的几孔泄水闸过流能力增强。

在洪峰频率水位条件下，6个流量级工程前后枢纽上游最大水位壅高：百年一遇洪水$Q=26400\text{m}^3/\text{s}$时为0.19m，满足设计不大于0.30m的要求，说明在百年一遇洪水条件下枢纽泄流宽度满足泄洪的要求。从试验中观察到，修改方案3-2左汊靠近船闸侧一孔泄水闸和靠近左侧电站侧一孔泄水闸，由于导流墙的影响，其泄流能力较其他泄水闸孔要弱。

枢纽建成后上游水位壅高，水面坡降变缓，坝前水位壅高值最大，下游和天然状态基本相同。当流量为百年一遇$Q=26400\text{m}^3/\text{s}$时，在洪峰频率水位条件下，工程后枢纽上游水位未超过设计洪水位36.03m。

3. 修改方案3-2通航水流条件试验成果

该方案共进行了$Q=1824\text{m}^3/\text{s}$、$5000\text{m}^3/\text{s}$、$7800\text{m}^3/\text{s}$、$13500\text{m}^3/\text{s}$、$17500\text{m}^3/\text{s}$、$19700\text{m}^3/\text{s}$、

21900m³/s共7级典型流量的通航水流条件试验。

（1）上游引航道口门区及连接段通航水流条件

当流量 $Q = 5000$m³/s时，由于右汊泄水闸不过流，上游蔡家洲洲头稍有挑流，使洲头附近航道内水流与航线的夹角稍大，但横向流速一般在0.3m/s以内，个别点为0.32m/s，对船舶（队）航行影响不大；而口门区航道内水流流速较慢，纵、横向流速均较慢，通航水流条件能够满足要求。

随流量的增加及右汊泄水闸开启，洲头挑流作用减弱。当 $Q = 7800$m³/s时，上游水流过蔡家洲洲头后顺护岸岸线而下，受导流墩的调流作用，左侧口门区航道内水流与航线的夹角较小，一般在10°以内，最大横流为0.25m/s；受引航道内静水顶托，右侧口门区航道内形成一椭圆形回流区，最大回流流速在0.3m/s。

随流量增加，上游航道内水流流速不断增加。流量 $Q = 13500$m³/s、17500m³/s、19700m³/s时，堤头上游900～1100m连接段航道内部分测点横流大于0.3m/s，但最大在0.36m/s以内。船模航行试验表明，该部分横流对船舶（队）航行影响不大，基本能够满足要求；而口门区航道内横流大部分测点均在0.3m/s以内，仅左侧航道边线附近个别测点在0.33m/s左右，通航水流条件能够满足规范要求。

当流量 $Q = 21900$m³/s时，左侧口门区航道内横流大于0.3m/s的测点在增加，最大达0.43m/s，船舶（队）只能沿上游口门区及连接段右侧航线单线航行。

（2）下游引航道口门区及连接段通航水流条件

$Q = 1824$m³/s时，只有6台机组过流，左侧电站下泄水流，过电站下游尾水渠和开挖区后，受河道左侧下游地势稍高的因素影响，向右下斜流至船闸下游导流堤左侧河道，部分水流顺导流堤而下，部分水流扩散至口门区及连接段航道内，而后基本顺航线走向的方向顺主河道而下。口门区扩散段水流与航线交角稍大，但由于口门区内水流流速较小，使口门区内水流横向流速一般在0.15m/s以内；连接段航道内水流平顺，水流横向流速一般在0.2m/s以内。

$Q = 5000$m³/s时，6台机组满发，右汊泄水闸关闭，左汊泄水闸隔一开一。坝下左汊河道内流速分布相对均匀，水流过堤头后，经导流墩调顺后，口门区下游水流平顺，横流均在0.3m/s以内，口门区右侧航道内为一上宽下窄的三角形回流区，回流流速在0.4m/s以内。

当流量增至7800m³/s时，电站关闭，46泄水闸敞泄，枢纽下游水流平顺，船舶（队）可以沿下游右侧洪水航线航行，由于调整后的洪水航线基本与蔡家洲左侧护岸平行，除口门区右侧航道内存在一小范围三角形回流区外，其他区域水流与航线夹角较小，一般在10°以内，整个口门区及连接段航道内最大横流仅为0.25m/s。

当流量 $Q = 13500$m³/s、17500m³/s、19700m³/s、21900m³/s时，航道内流速随流量的增加而增加，下游口门区及连接段航道内，除堤头下600～700m航道内个别测点横流约在0.35m外，其他部位均能满足规范限值要求，通航水流条件均能基本满足要求。

（3）小结

试验结果表明：①当上游流量不大于13500m³/s（两年一遇洪水）时，上下游引航道口门区及连接段航道均能满足规范限值和船舶（队）航行要求；②当流量为17500m³/s（五年一遇洪水)、19700m³/s(十年一遇洪水)时,上下游引航道口门区及连接段航道基本满足规范限值和船舶(队)航行要求;③当流量为21900m³/s(二十年一遇洪水)时,船舶(队)只能沿上游口门区及连接段左侧航线单线航行,下游引航道口门区及连接段航道基本能够满足船舶(队)航行要求。

3.2.4 枢纽布置方案一试验研究

3.2.4.1 设计方案一试验研究

1. 工程布置

设计方案一电站、船闸均布置在蔡家洲左汊,各建筑物工程布置从左至右依次为双线船闸、27孔净宽20m堰顶高程19.0m主泄水闸、排污槽、鱼道、6台机组电站、蔡家洲副坝、右汊19孔净宽14m堰顶高程25.0m副泄水闸,如图3-5所示。

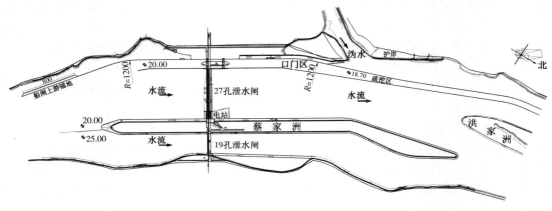

图3-5 设计方案一枢纽平面布置图

船闸位于河道左岸侧,突出于下游,引航道中心线与坝轴线正交,船闸上、下游引航道沿双线船闸中心线呈对称布置,上、下游导流堤直线段长度均为850m,而后接150m的挑流堤。上、下游引航道直线段长度均为850m,而后底宽由135m过渡至160m,上、下游引航道底高程分别为20.0m、17.5m。

2. 上、下游引航道口门区及连接段布置

上游引航道导流堤堤头至上游400m为口门区,连接段为导流堤堤头下游400m至900m范围并与主航道相接。口门区及连接段平面布置形式为:堤头上游390m半径为1120m的圆弧段,而后接410m的直线段。

下游引航道导流堤堤头至下游400m直线段为口门区,连接段为导流堤堤头下游400m至3000m范围并与主航道相接。连接段航道与洪家洲左汊深槽相接。

上游引航道口门区及连接段航宽均为160m,下游引航道口门区航宽为160m,连接段航宽由160m渐变至90m。

3. 设计方案一试验成果

设计方案一共进行了 $Q = 1824m³/s、5000m³/s、7800m³/s、13500m³/s、19700m³/s、$

21900m³/s共6级典型流量的通航水流条件试验。另外,由于下游航道距沩水入汇口较近,因此选取了湘江主流量为13500m³/s(两年一遇洪水),而沩水流量为3350m³/s(二十年一遇洪水)的不利遭遇组合,进行了上、下游口门区及连接段航道的通航水流条件试验。

(1)上游引航道口门区及连接段通航水流条件

上游引航道口门区及连接段处于蔡家洲左汊左侧缓流区,当流量 $Q \leqslant 7800 \mathrm{m}^3/\mathrm{s}$ 时,上游航道内水流平缓,各级流量下横流均在0.2m/s以下,通航水流条件较优。

随流量增加,上游航道内水流流速逐渐增加,右侧航道内流速大于左侧流速。至流量 $Q = 13500 \mathrm{m}^3/\mathrm{s}$ 时,由于上游挑流堤挑流及口门区附近局部地形影响,口门区航道内形成一顺时针椭圆形回流区,最大回流流速为0.26m/s;受回流区顶托影响,距堤头400m附近的航道右侧横流稍大,但一般也在0.3m/s以内,个别点可达0.35m/s;船模航行试验表明,该部分横流对船舶(队)航行影响不大,能够满足要求。随流量增加,航道内水深增加,局部地形对口门区内水流影响减弱,水流相对平顺,仅在堤头上游200m左侧航道范围内存在一顺时针三角形回流区。

流量 $Q = 19700 \mathrm{m}^3/\mathrm{s}$、$Q = 21900 \mathrm{m}^3/\mathrm{s}$ 时,上游口门区及连接段航道内大部分横流均在0.3m/s内,最大纵向流速为1.7m/s,小于规范限值。

另外,当主流量同为13500m³/s,下游沩水遭遇二十年一遇洪水与遭遇两年一遇洪水相比,由于上游航道内水流流速减小,最大流速由1.6m/s降至1.49m/s,纵横向流速均相应减下,这对上游口门区航道内的通航是有利的。

(2)下游引航道口门区及连接段通航水流条件

$Q = 1824 \mathrm{m}^3/\mathrm{s}$(图3-6)时,6台机组满发,由于堤头下1300m航道挖槽右侧河道地势较电站下游侧高,水流出电站后顺右侧疏挖区河道而下,并向左侧河道逐渐扩散。口门区航道内几乎为静水,至沩水入汇口以下,航道内水流流速才有所增加,整个连接段航道内横流均在0.25m/s以内。

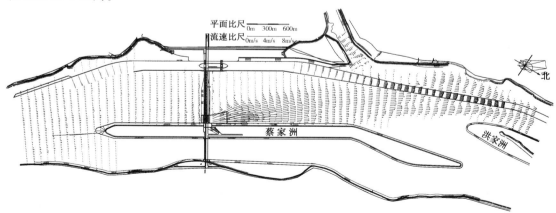

图3-6 设计方案一坝区河段流场图($Q = 1824 \mathrm{m}^3/\mathrm{s}$)

$Q = 5000 \mathrm{m}^3/\mathrm{s}$ 时,右汊泄水闸关闭,左汊泄水闸隔一开一,机组满发。坝下左汊河道内水流分布相对均匀,水流过下游导流堤堤头后,开始向左侧口门区航道内扩散,并在堤头下300m左侧口门区航道内形成一逆时针回流区,最大回流流速为0.25m/s;而后水流逐渐顺

下游连接段航槽方向而下,水流比较平顺,横流一般在0.2m/s以内。

随主河道内流量及流速增加,水流过导流堤堤头后向左侧口门区内扩散强度也在增加。当 $Q = 13500\text{m}^3/\text{s}$(图3-7)时,堤头100～500m航道段,水流以向左约12°的方向向左侧航道内扩散,横流流速在0.3～0.44m/s,并在口门区左侧航道内形成一逆时针回流区,最大回流流速为0.35m/s;而后由于受沩水入汇顶托水流的作用,水流与航线夹角逐渐减小,水流平顺,堤头下1000m以下连接段航道内,水流与航线的夹角一般在5°以内。

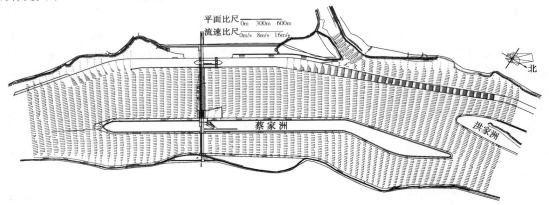

图3-7 设计方案一坝区河段流场图($Q = 13500\text{m}^3/\text{s}$)

当 $Q = 19700\text{m}^3/\text{s}$、$Q = 21900\text{m}^3/\text{s}$ 时,下游口门区及连接段航道内的水流流态基本与 $Q = 13500\text{m}^3/\text{s}$ 时相似,只是随流量的增加,口门区横流范围及流速大小有所增加;$Q = 21900\text{m}^3/\text{s}$ 时,口门区内最大横流为0.5m/s,而沩水入汇口下游连接段航道内水流较平顺。

当湘江主流量为13500m³/s(两年一遇洪水),而沩水流量为3350m³/s(二十年一遇洪水)的不利遭遇时,入汇水流对堤头下1200～1400m左侧航道影响较大,该段航道内,最大横流流速由0.1m/s增至0.5m/s。由于沩水入汇量增加,使在同一主流量下,入汇处上游航道内流速有所减小,入汇处下游航道流速增加,下游航道内最大水流流速达2.5m/s。此种不利遭遇时,船舶(队)航线需向右侧主河道内偏移,以减少入汇水流的影响。

(3)小结

试验结果表明:各级通航流量下,上游引航道口门区及连接段航道均能满足规范限值和船舶(队)航行要求。湘江干流与沩水正常遭遇情况下,①当流量 $Q < 13500\text{m}^3/\text{s}$ 时,下游引航道口门区及连接段航道基本满足规范限值和船舶(队)航行要求;②当 $13500\text{m}^3/\text{s} \leqslant Q \leqslant 21900\text{m}^3/\text{s}$ 时,堤头下1000m航道范围内,船舶(队)只能沿下游口门区及连接段左侧航线单线航行,堤头1000m以下水流条件能够满足船舶(队)航行要求。

3.2.4.2 修改方案1-1试验研究

针对设计方案一存在的下游口门区斜流稍大、上下游导流堤堤头挑流明显等问题,对设计方案一进行了修改。

1. 工程布置

修改方案1-1是从改变船闸挑流堤平面形式、口门区加设导流墩等方面对设计方案一进行了修改。上、下游导流堤堤头位置不动,堤身拐点分别向船闸方向移动,堤身拐点由距堤头 150m 移至距堤头 250m 处,相当于增大了引航道出口段航道的弯曲半径;另在下游堤头增加 4 个长 30m、厚 3m、间距为 20m 的楔形导流墩,用以调顺口门区水流。

修改方案 1-1 工程布置如图 3-8 所示。

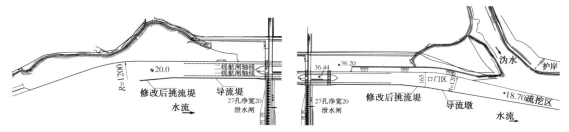

图 3-8 修改方案 1-1 布置图(船闸上、下游航道)

2. 修改方案 1-1 泄流能力试验成果

该方案泄水闸堰型及消能与方案三相同,按设计要求,同一流量下在电站关闭、泄水闸全开敞泄情况下,上游壅水高度不应大于 0.30m。

在洪峰频率水位条件下,电站关闭、46 孔泄水闸全开敞泄时,进行了 6 个流量级的试验,分别为 $Q = 13500 \text{m}^3/\text{s}$(两年一遇洪水流量)、$Q = 17500 \text{m}^3/\text{s}$(五年一遇)、$Q = 19700 \text{m}^3/\text{s}$(十年一遇)、$Q = 21900 \text{m}^3/\text{s}$(二十年一遇)、$Q = 24400 \text{m}^3/\text{s}$(五十年一遇)和 $Q = 26400 \text{m}^3/\text{s}$(百年一遇),试验结果见表 3-2。

修改方案 1-1 洪峰频率水位条件下枢纽壅水值 　　　　表 3-2

枢纽运行方式	参　　数	流　　量（m³/s）					
		13500	17500	19700	21900	24400	26400
46 孔敞泄	工程前上游水位(m)	32.57	33.73	34.51	34.88	35.40	35.73
	工程后上游水位(m)	32.67	33.85	34.63	35.01	35.54	35.88
	壅高值(m)	0.10	0.12	0.12	0.13	0.14	0.15

试验结果表明,在洪峰频率水位条件下,6 个流量级工程前后枢纽上游最大水位壅高为百年一遇洪水 $Q = 26400 \text{m}^3/\text{s}$,其值为 0.15m,满足设计不大于 0.30m 的要求,且有一定的富裕,说明在百年一遇洪水条件下枢纽泄流宽度满足泄洪的要求。从试验中观察到,修改方案 1-1 左汊靠近船闸侧一孔泄水闸和靠近左侧电站侧一孔泄水闸,由于导流墙的影响,其泄流能力较其他泄水闸孔要弱。

枢纽建成后上游水位壅高,水面坡降变缓,坝前水位壅高值最大,下游和天然状态基本相同。当流量为百年一遇 $Q = 26400 \text{m}^3/\text{s}$ 在洪峰频率水位条件下,工程后枢纽上游水位未超过设计洪水位 36.03m。

3. 修改方案 1-1 通航水流条件试验成果

该方案 $Q = 319 \text{m}^3/\text{s}$、$1824 \text{m}^3/\text{s}$、$5000 \text{m}^3/\text{s}$、$7800 \text{m}^3/\text{s}$、$13500 \text{m}^3/\text{s}$(遭遇沩水两年一遇洪水 $1580 \text{m}^3/\text{s}$)、$13500 \text{m}^3/\text{s}$(遭遇沩水二十年一遇洪水 $3350 \text{m}^3/\text{s}$)、$17500 \text{m}^3/\text{s}$、$19700 \text{m}^3/\text{s}$、$21900 \text{m}^3/\text{s}$ 共 9 级典型流量的通航水流条件试验。

上游引航道口门区及连接段通航水流条件与设计方案一基本一致,通航流量下均能满足要求。

通过导流墩对下游导流堤堤头下游水流的调顺,在中洪水流量下,距堤头 100～500m 的下游航道内,水流与航线的夹角由约 12° 减至约 6°,航道内的水流平顺;同时,由于斜流的减小,使口门区左侧航道内回流区范围及回流流速均有所减小,$Q = 13500\mathrm{m^3/s}$ 时,最大回流流速为 0.3m/s。

由于在流量 $Q = 5000\mathrm{m^3/s}$ 时,枢纽上游维持正常蓄水位 29.70m,泄水闸与电站联合调度,泄水闸存在着不同的开启方式,模型试验对仅开启靠近电站侧 10 孔、仅开启靠近船闸侧 10 孔泄水闸、仅开启左汊 11～16 号共 6 孔泄水闸,以及左汊泄水闸隔一开一这 4 种不同的调度方式下,船闸下游引航道口门及连接段的通航水流条件进行了试验研究。结果表明,各种调度方式下,船闸下游引航道口门及连接段的通航水流条件均能满足要求。相比较而言,采用左汊泄水闸隔一开一调度方式时,下游通航水流条件相对较好。

各级通航流量下,湘江干流与沩水正常遭遇时,下游口门区及连接段航道内横流流速大都在 0.3m/s 以内,个别测点在 0.35m/s 以内,通航水流条件满足要求。

3.2.5 枢纽布置方案综合对比分析

3.2.5.1 枢纽泄流能力的比较

从泄流能力角度对比可以看出,两种设计方案在百年一遇洪水条件下泄流能力均满足设计要求,但方案一比方案三的泄流能力要大。其原因是方案三船闸引航道所占河宽为河道的主流区,而方案一船闸引航道占据的为缓流区;并且方案三蔡家洲防护长度较方案一要长,对河道泄流产生一定影响。

3.2.5.2 蔡家洲左右汊分流比的比较

枢纽布置方案一、方案三船闸和电站均布置于蔡家洲左汊,两方案左汊均布置 27 孔净宽 20m,堰顶高程为 19.0m 的低堰,右汊均布置 19 孔净宽 14m,堰顶高程为 25.0m 的高堰,只是两方案左汊内船闸、电站、泄水闸的位置有所不同。模型分别对下线水位时现状条件下 $Q = 13500\mathrm{m^3/s}$、修改方案 1-1 和修改方案 3-2 工况下 $Q = 13500\mathrm{m^3/s}$、$Q = 17500\mathrm{m^3/s}$、$Q = 19700\mathrm{m^3/s}$、$Q = 21900\mathrm{m^3/s}$ 典型流量下左右汊分流比进行了测算,结果见表3-3。

各工况下蔡家洲左右汊分流比(%) 表3-3

工况\\流量(m³/s)	现状条件下		修改方案 1-1		修改方案 3-3	
	左汊	右汊	左汊	右汊	左汊	右汊
13500	83.5	16.5	84.8	15.2	84.3	15.7
17500	—	—	81.3	18.7	80.7	19.3
19700	—	—	79.8	20.2	79.9	20.1
21900	—	—	79.1	20.9	78.5	21.5

可以看出,两年一遇洪水流量(13500m³/s)下,工程前后左右汊分流比变化不大,约在 1%;其他洪水流量下,工程后左汊分流比仍约在 80%、右汊分流比仍约在 20%。两方案相

比,由于方案一左汊船闸引航道占据的为左汊河道的缓流区,而方案三左汊船闸引航道所占河宽为河道的主流区,方案一左汊分流量稍大于方案三,但两方案对左右汊河道天然分流比改变均不大,有利于下游道的稳定。

3.2.5.3 通航水流条件的比较

方案一和方案三船闸均位于蔡家洲左侧汊道,方案一船闸位于左岸侧,方案三船闸位于右侧洲边。两种设计方案经试验修改后,下游引航道口门区及连接段通航水流条件均能满足要求,通航水流条件的区别主要在上游。由于方案一船闸上游口门区及连接段航道位于缓流区,洪水流量下水流平顺,通航水流条件较好,而方案三船闸引航道口门区及连接段内水流流速稍大,且受蔡家洲洲头形式影响较大,虽经修改后,设计最大通航流量下,船舶(队)只能单线航行。

因此,就通航水流条件来讲,方案一要优于方案三。

3.2.5.4 船闸上、下游航道稳定性分析

由于方案三船闸上、下游均位于河道主流区内,枢纽建成后,航道的稳定性会较好。而方案一上游航道处于缓流区,口门区及连接段航道将是悬移质泥沙易淤积区,且下游航道距沩水入汇口较近,从目前水流条件角度,在湘江干流与沩水正常遭遇情况下,不需要将沩水河口改道或辅以导流建筑物;但是航道偏离原自然航道在左岸河口冲积扇边滩上开挖,且开挖较深,航道稳定性会较差。

因此,就船闸上下游航道稳定性来讲,方案三要优于方案一。

3.2.6 结语与建议

3.2.6.1 结语

(1)模型验证试验结果表明:模型测得的各水尺水位与原型水位的误差均在允许范围内,满足规程要求,模型达到了阻力相似要求;经过典型断面流速流量的比较,断面流速分布趋势与原型基本一致,流量偏差在±5%以内,模型达到了水流运动相似要求。

(2)枢纽布置方案一和方案三在五十年一遇和百年一遇洪水流量下,坝上水位壅高值均小于0.30m,满足设计要求;方案一泄流能力比方案三泄流能力大。

(3)设计方案三上游口门区及连接段受上游导流堤堤头挑流、下游口门区及连接段受洪水航线平面布置形式的影响,在$Q \geq 13500 \mathrm{m}^3/\mathrm{s}$时,通航水流条件不能满足要求。

(4)通过对设计方案三的导流堤长度、蔡家洲洲头开挖形式及洪水航线的调整,并在堤头加设导流墩等一系列修改措施,①流量不大于19700m³/s时,上下游引航道口门区及连接段航道均基本满足规范限值和船舶(队)航行要求;②当流量为21900m³/s时,船舶(队)只能沿上游口门区及连接段左侧航线单线航行,下游引航道口门区及连接段航道基本能够满足船舶(队)航行要求;③各级洪水流量试验表明,上游导流堤外侧回流范围及强度大大减小,紧靠船闸的几孔泄水闸过流能力增强。

(5)在通航流量范围内,设计方案一在湘江干流与沩水正常遭遇时,①上游引航道口门区及连接段通航水流条件能够满足要求;②下游引航道口门区及连接段航道在流量$Q < 13500 \mathrm{m}^3/\mathrm{s}$时,基本满足要求;而在$13500 \mathrm{m}^3/\mathrm{s} \leq Q \leq 21900 \mathrm{m}^3/\mathrm{s}$时,在堤头下1000m航道范围

内,船舶(队)只能沿下游口门区及连接段左侧航线单线航行,堤头1000m以下,水流条件能够满足船舶(队)航行要求。

(6)修改方案1-1是在设计方案一上下游导流堤堤头位置不动的情况下,将堤身拐点由距堤头150m移至距堤头250m处,相当于增大了引航道出口段航道的弯曲半径;并在下游堤头下加设4个导流墩。该方案在通航流量范围内,湘江干流与沩水正常遭遇时,上、下游引航道口门区及连接段通航水流条件能基本满足要求。

(7)就通航水流条件及枢纽泄流能力而言,方案一要优于方案三;就船闸上下游航道稳定性来讲,方案三要优于方案一;综合对比各方案后,设计方案一的修改方案1-1可作为工可阶段推荐方案。

3.2.6.2 建议

鉴于长沙综合枢纽蔡家洲坝址位于湘江尾闾,下距入汇洞庭湖的濠河口仅约28km,坝区河段受洞庭湖水位顶托明显,建议进行长河段的水力分析模拟计算,进一步确定湘江尾闾河段水力参数特征等关键技术问题。

由于蔡家洲坝址河段处于湘江丁字湾卡口以下,河床逐步拓宽,蔡家洲左右汊河床明显不对称,洪枯水流向差异较大,加上左岸有沩水河汇入,导致该河段水流、泥沙运动极为复杂,河床稳定性相对较差,建议开展动床泥沙模型试验,研究枢纽施工期间及在正常运转条件下的河床变形,同时研究稳定航道的工程措施等。

3.3 蔡家洲坝址船模航行条件试验研究

船模航行条件试验的目的是:通过船闸上、下游引航道口门区及连接段船舶航行条件的试验研究,对长沙综合枢纽平面布置方案中的方案一(左船闸右电站)和方案三(右船闸左电站)两个平面布置方案进行分析论证,为枢纽平面布置的比选提供依据。

3.3.1 船模设计制作与相似性校准

3.3.1.1 实船主要技术参数

长沙综合枢纽工可阶段设计船队为一顶4艘千吨级+一顶2艘千吨级顶推船队和一顶4艘2000t船舶。在工可阶段选取了一顶4艘千吨级设计船队进行试验。该船队的编队形式及平面主尺度如图3-9所示,其中,推轮吃水1.8m,驳船吃水2.0m。

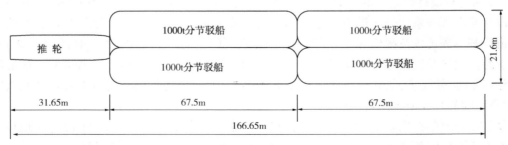

图3-9 设计船队队形及平面主尺度示意图

3.3.1.2　船模的设计及制作

1. 船模的相似条件

与水工模型一样,船模在模型水流中运动同样应满足一定的相似条件。根据交通运输部颁布实施的《内河航道与港口水流泥沙模拟技术规程》(JTJ/T 232—2001)和《通航建筑物水力学模拟技术规程》(JTJ/T 235—2003)的规定,用于通航条件试验的船模,应该满足几何相似和重力相似及操作性相似条件。对于满足几何相似条件的船模,其几何尺度、形状、吃水和排水量都应与实船相似;对于满足重力相似条件的船模,其运动速度及时间也应与实船相似。

为使船模与实船的吃水相似,两者的排水量应满足相似。船舶的排水量 W 是指船舶排开水体的体积 ω 乘以水的容重 γ,即 $w = \omega \times \gamma$,故排水量比尺 $\lambda_w = \lambda_\omega \times \lambda_\gamma$,而 $\lambda_\omega = \lambda_L^3$、$\lambda_\gamma = 1$,则 $\lambda_w = \lambda_L^3$。

船舶运动时的相似条件是佛汝德数 $F_r = V/(gh)^{1/2}$ 相似,由此可得

$$\lambda_v = \lambda_h^{1/2}$$

$$\lambda_t = \lambda_L/\lambda_v = \lambda_h^{1/2}$$

2. 船模的比尺

与物理模型一致,船模设计为几何正态,比尺为 1:100,即 $\lambda_L = 100$。根据量纲分析,对于几何正态的船模,其物理量之间的比尺关系如下

吃水比尺:　　　　$\lambda_T = \lambda_L$

排水量比尺:　　　$\lambda_W = \lambda_L^3$

速度比尺:　　　　$\lambda_V = \lambda_L^{1/2}$

时间比尺:　　　　$\lambda_t = \lambda_L^{1/2}$

按船模与实船各参数之间的比尺关系,可求得各主要比尺,见表3-4。

船 模 主 要 比 尺　　　　　　　　　　表3-4

几何比尺(λ_L)	吃水比尺(λ_T)	排水量比尺(λ_W)	速度比尺(λ_V)	时间比尺(λ_t)
100	100	1000000	10	10

3. 船模的制作

船模制作主要根据船舶线形图、桨叶图、舵叶图按几何比尺缩尺加工,船体采用玻璃钢制作。先按实船的线形图分别做出船体的外形阳模,再用阳模翻制出船体阴模,然后在阴模中浇制玻璃钢船体。经过整形、上隔舱、封甲板、打磨、刷漆等工艺制作出满足外形尺度、强度等要求的玻璃钢船体。船体、桨和舵加工完成后,根据实船总体布置图、舵系图和桨系图进行安装。根据《内河航道与港口水流泥沙模拟技术规程》(JTJ/T 232—2001)和《通航建筑物水力学模拟技术规程》(JTJ/T 235—2003)的要求,船模在制作过程中主要严格控制船体水线以下部分尺寸的精确性,对上层结构则进行了简化,以减轻重量。

4. 船模的测试技术

船模经缩尺后，其容量、载量都有限，除安装必要的遥控、动力和变速等设备和驱动电源外，不可能再安装其他的测量设备，需要应用更为实用和先进的测试技术。

本试验采用的测试系统为 VDMS 实时测量系统。该系统由一个或多个 CCD 摄像机、视频传输线、视频分配器、视频采集卡、舵角测量仪及一台或者多台配备了流场实时测量系统（VDMS）的计算机组成。可实时测量船模航行时的船位、操舵过程，同时进行数据处理，获取所需的船模航行参数。

3.3.1.3 船模与实船的相似性校准

1. 船模的静水性能

内河船舶的静水性能主要是指船舶在静水中的吃水、排水量、浮态及重心位置等。

船体制作完工后，进行了精心配载，在船模的前、中、后位置标刻上相应的吃水深度，按排水量称重配载，在专用水槽中调整配载位置，满足船模的前、中、后的吃水深度，从而使船模与实船在静水中的排水量、吃水及平面重心位置达到相似要求。

2. 船模的航速

航速率定在矩形水池的静水中进行。在保证船模直航稳定的前提下，调整螺旋桨的转速，使船模的航速与实船相似。

由于没有设计船队的航速资料，只能根据现有资料进行估算。取推轮功率系数为 85%，考虑到船模主要用于船闸引航道口门区及连接段的通航水流条件试验，参照现行试验方法，率定了 2.5m/s、3.0m/s 和 3.5m/s 三种静水航速，并主要以 3.0 和 3.5m/s 的静水航速为主要试验航速。

3. 船模的运动和操纵性能

船模操纵性能是指船舶受驾驶者的操纵而保持或改变其运动状态的性能，反映了船舶航行过程中的航向稳定性以及避免碰撞时的机动性。因此，在进行通航条件试验时，船模与实船的操纵性是否相似就显得非常重要。根据国内船模试验资料，尽管船模已经做到了外形的几何相似、排水量相似及直线静水航速相似，但目前 1:100 到 1:150 比尺的船模均会因缩尺而产生尺度效应，船模的操纵性还不能达到与实船相似，需要进行尺度效应修正。由于没有设计船队的实船试验资料，对本试验的船模按已有类似比尺船模的试验结果，进行了尺度效应修正。

3.3.2 试验控制条件及航行判别标准

3.3.2.1 试验范围及航线布置

本试验以船闸上、下游引航道口门区及连接段为主要试验区，兼顾上、下游部分航道。按照《船闸总体设计规范》（JTJ 305—2001）要求，设计方案一（左船闸右电站）、设计方案三（右船闸左电站）船闸口门区及连接段平面布置描述见 3.2.3 节、3.2.4 节。

根据设计，两方案的口门区与连接段航道均为双线航道，每条航线船队均能上、下航行进出口门，船舶采用直线进闸、曲线出闸方式过闸。设计方案三、设计方案一船闸引航道、口门区及连接段航线示意图分别如图 3-10、图 3-11 所示。

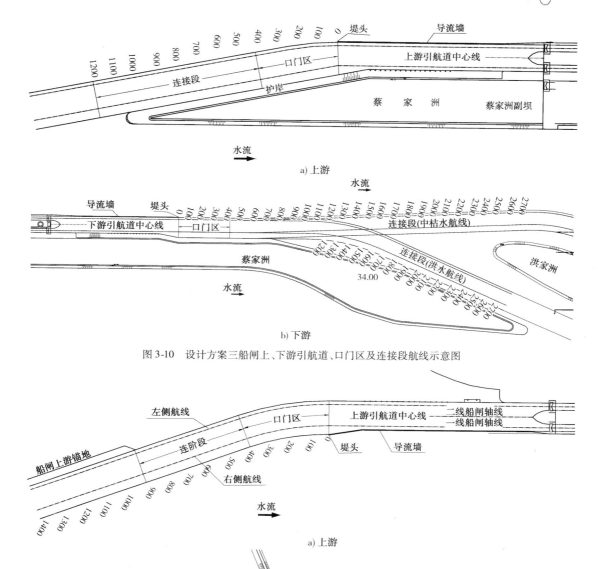

图 3-10　设计方案三船闸上、下游引航道、口门区及连接段航线示意图

图 3-11　设计方案一船闸上、下游引航道、口门区及连接段航线示意图

3.3.2.2 航行条件的判别标准

对于进出船闸的船舶或船队,航行时操舵角和漂角一般情况均应较小,若出现较大的操舵角和漂角说明水流条件较差,有偏离航道的危险,尤其是通过口门时,还有触及导流堤的危险,容易发生海损事故。因此,为了使船舶或船队安全进出口门,船舶航行时应保持一定的船位和航向,为了判别航行条件的优劣,船舶的操舵角和航行漂角均需要有某一控制范围。参照相同试验研究采用的航行标准,船队在口门区航行时,操舵角应不大于20°,航行漂角应不大于10°。

3.3.3 枢纽平面布置方案三船模航行试验

3.3.3.1 设计方案三航行条件

水流条件试验结果表明,设计方案三上游的水流条件较差,尤其在洪水流量下,从堤头上游400m至堤头附近,受上游引航道内静水顶托和导流堤挑流影响,水流与航线夹角逐渐加大,水流夹角由10°逐渐增至约35°,横向流速 V_x 由0.3m/s逐渐增至0.9m/s,口门区通航水流条件不能满足规范限制要求,因此设计方案三未进行船模航行试验。

3.3.3.2 修改方案3-1船模航行试验

1. 修改方案3-1改善措施简述

修改方案3-1工程布置如图3-3所示。

上游主要改善措施:①将上游导流堤长度由1000m减至750m;②在堤头上游航道外侧布置5个长为30m、厚3m的楔形导流墩,导流墩间距为15m;③优化了蔡家洲洲头形式,使其左侧口门区及连接段航道段护岸岸线形式由直线变为向左侧凸出的圆弧形式。

下游主要改善措施:①下游导流堤长度亦由1000m减至750m;②在堤头下航道外侧布置4个导流墩,导墩间距为30m;③调整了右侧洪水航线,使其顺应蔡家洲左侧护岸岸线。

2. 试验工况

该方案在通航水流条件试验的基础上,选择了其中4个流量进行了船模航行试验,即 $Q=5000\text{m}^3/\text{s}$(6台机组满发,左汊泄水闸隔一开一,右汊泄水闸关闭)、$Q=13500\text{m}^3/\text{s}$(电站关闭,泄水闸敞泄,两年一遇洪水)、$Q=17500\text{m}^3/\text{s}$(电站关闭,泄水闸敞泄,五年一遇洪水)、$Q=19700\text{m}^3/\text{s}$(电站关闭,泄水闸敞泄,十年一遇洪水)。

3. 修改方案3-1上游口门区及连接段船模航行试验成果

该方案上游水流条件试验表明:当 $Q<13500\text{m}^3/\text{s}$ 时,引航道口门区及连接段的水流流速较小,通航水流条件较好;当 $Q=13500\text{m}^3/\text{s}$ 时,堤头上游200~300m左侧航道边线附近个别测点横流流速稍快外,最快为0.4m/s,口门区及连接段其他区域内横流均在0.3m/s以内;口门区横流流速及范围随河道内流量的增大而增大,当 $Q=19700\text{m}^3/\text{s}$ 时,口门区横流位于堤头上游100~400m左侧航道内,最快横流流速为0.55m/s。

从船模航行试验结果看,船模沿右侧航线上、下航行要好于左侧。当流量 $Q\leqslant19700\text{m}^3/\text{s}$ 时,船模沿右侧航线上、下航行均比较顺利,能够安全进、出口门。船模沿左侧航线航行情况如下:

（1）$Q = 5000\text{m}^3/\text{s}$

当流量 $Q = 5000\text{m}^3/\text{s}$ 时，口门区及连接段的航行条件较好，船模沿左侧航线上、下航行均比较顺利，航行操舵角和漂角均满足要求。

（2）$Q = 13500\text{m}^3/\text{s}$

随着河道内流量的增加，口门区左侧航道内向左侧的斜流略有增大，船模航行至该区域时，尤其是下行漂角相对要大些。当流量 $Q = 13500\text{m}^3/\text{s}$ 时，船模上行时在口门区的最大舵角为 $6.6°$，最大漂角为 $2.53°$，船模下行时在口门区的最大舵角为 $6.93°$，最大漂角为 $-9.1°$，基本能顺利进出口门。

（3）$Q = 17500\text{m}^3/\text{s}$

当流量 $Q = 17500\text{m}^3/\text{s}$ 时，口门区航道左侧斜流强度较大，船模航行至口门区时，船位开始向左侧漂移，航态控制有些困难；尤其当船模下行时，在口门区的最大舵角为 $10.3°$，最大漂角为 $-12.48°$，不能满足安全航行要求。

（4）$Q = 19700\text{m}^3/\text{s}$ 时

当流量 $Q = 19700\text{m}^3/\text{s}$ 时，口门区航道左侧斜流强度较 $Q = 17500\text{m}^3/\text{s}$ 进一步增大；船模上行至堤头上 300m，船尾受斜流的影响开始向左侧漂移，最大航行漂角为 $-11.74°$。船模下行时至口门区末端时，航行漂角最大为 $-13.35°$，漂移较大。

4. 修改方案 3-1 下游口门区及连接段船模航行试验成果

该方案下游水流条件试验表明：当流量 $Q \leq 19700\text{m}^3/\text{s}$ 时，口门区的水流条件较好，纵、横向流速和回流流速满足规范要求；连接段航道内的水流流速随着流量的增大而增快，当 $Q = 17500\text{m}^3/\text{s}$、$Q = 19700\text{m}^3/\text{s}$ 时，只是堤头下游 700～800m 左侧航道内，部分测点流速稍快，约在 0.35m/s，连接段其他区域内横流均在 0.3m/s 以内。

（1）$Q = 5000\text{m}^3/\text{s}$

当流量 $Q = 5000\text{m}^3/\text{s}$ 时，下游口门区及连接段（中枯水航线）范围内，水流平顺，船模沿枯水航线航行比较顺利，航行操舵角和漂角均满足要求。

（2）$13500\text{m}^3/\text{s} \leq Q \leq 19700\text{m}^3/\text{s}$（电站关闭，泄水闸敞泄）

在洪水流量下，下游口门区及连接段（洪水航线）范围内，水流平顺，船模沿洪水航线航行比较顺利，航行操舵角和漂角均满足要求。

3.3.3.3 修改方案 3-2 船模航行试验

1. 修改方案 3-2 改善措施简述

修改方案 3-2 工程布置如图 3-4 所示。

上游主要改善措施：①导流堤长度恢复至 1000m；②堤头前按喇叭口形状增加 5 个等间距导流墩；③进一步优化蔡家洲洲头形式。

下游主要改善措施：①导流堤长度恢复至 1000m；②调整下游洪水航线；③导流堤堤头下 100m 开始加设 3 个等间距导流墩。

2. 试验工况

该方案在通航水流条件试验的基础上，选择了其中 3 个流量进行船模航行试验，即 $Q = $

$5000m^3/s$、$Q=13500m^3/s$、$Q=19700m^3/s$。

3. 修改方案 3-2 上游口门区及连接段船模航行试验成果

该方案上游水流条件试验表明：当 $Q<13500m^3/s$ 时，口门区的纵、横向流速和和回流流速满足规范要求；当 $13500m^3/s≤Q≤19700m^3/s$ 时，在口门区航道左侧边线附近个别测点约在 $0.35m/s$，通航水流条件能够满足规范要求。

从船模航行试验结果看，船模沿右侧航线上、下航行要好于左侧。当流量 $Q≤19700m^3/s$ 时，船模沿右侧航线上、下航行均比较顺利，能够安全进、出口门。船模沿左侧航线航行情况如下：

（1）$Q=5000m^3/s$

当 $Q=5000m^3/s$ 时，该方案上游口门区及连接段的航行条件与修改方案 3-1 相差不大，船模沿左侧航线上、下航行均比较顺利，航行操舵角和漂角均满足要求。

（2）$Q=13500m^3/s$

随着河道内流量的增加，口门区左侧航道内向左侧的斜流对船模进、出口门仍有一定的影响。当流量 $Q=13500m^3/s$ 时，船模上行时在口门区的最大舵角为 $-16.25°$，最大漂角为 $-7.97°$，船模下行时在口门区的最大舵角为 $-14.4°$，最大漂角为 $-9.4°$，能顺利进出口门。

（3）$Q=19700m^3/s$

口门区航道左侧斜流强度较 $Q=13500m^3/s$ 时有所增大，船模航行至口门区时，需将船位靠近航道中间航行。当流量 $Q=19700m^3/s$ 时，船模上行时在口门区的最大舵角为 $-11.57°$，最大航行漂角为 $-6.82°$，下行时在口门区的最大舵角为 $-10.69°$，最大航行漂角为 $-9.96°$，基本能够安全进、出口门。

4. 修改方案 3-2 下游口门区及连接段船模航行试验成果

该方案下游水流条件试验表明：当流量 $Q≤19700m^3/s$ 时，口门区的水流条件较好，纵、横向流速和回流流速满足规范要求；连接段航道内的水流流速随着流量的增大而增快，当 $Q=13500m^3/s$、$Q=17500m^3/s$ 和 $Q=19700m^3/s$ 时，只是堤头下游 $600～700m$ 航道内个别测点横流流速约在 $0.35m$，连接段其他区域水流条件满足规范要求。

从船模航行试验结果看，当中枯水流时船模沿枯水航道上、下航行比较顺利，操舵角和航行漂角均满足安全航行要求。当洪水流量时（$13500m^3/s≤Q≤19700m^3/s$），船模沿洪水航道上、下航行比较顺利，操舵角和航行漂角均满足安全航行要求。

3.3.4　枢纽平面布置设计方案一船模航行试验

3.3.4.1　设计方案一船模航行试验

1. 试验工况

该方案在通航水流条件试验的基础上，选择了其中 2 个流量进行船模航行试验，即 $Q=5000m^3/s$（6 台机组满发，左汉泄水闸隔一开一，右汉泄水闸关闭）和 $Q=13500m^3/s$（电站关闭，泄水闸敞泄）的船模航行试验。

2. 设计方案一上游口门区及连接段船模航行试验成果

该方案上游水流条件试验表明:上游口门区及连接段的航行条件较好,当流量 $Q \leqslant 21900\text{m}^3/\text{s}$,口门区纵、横向流速及回流流速基本在规范限值以内,满足规范要求。

从船模航行试验结果看,船模沿左侧航线上、下比较顺利,航行操舵角和漂角均满足要求。当流量 $Q = 13500\text{m}^3/\text{s}$ 时,由于引航道进口段水域及视野略显狭窄,船模沿右侧航线上、下航行至堤头下 $0 \sim 100\text{m}$ 区域时船位调顺略显困难,航行漂角已超过 $10°$,上行时最大漂角为 $13.36°$,下行时最大漂角为 $10.64°$。

3. 设计方案一下游口门区及连接段船模航行试验成果

该方案下游水流条件试验表明:当流量 $Q < 13500\text{m}^3/\text{s}$ 时,口门区的水流条件较好,其纵、横向流速和回流流速均满足规范要求;$Q = 13500\text{m}^3/\text{s}$ 时,口门区的横向流速在 $0.3 \sim 0.44\text{m}/\text{s}$,最大回流流速为 $0.35\text{m}/\text{s}$;口门区横流范围及流速快慢随着流量的增大而增加,当 $Q = 21900\text{m}^3/\text{s}$ 时,口门区内最大横流流速为 $0.5\text{m}/\text{s}$。

(1) $Q = 5000\text{m}^3/\text{s}$

该流量下,口门区及连接段的航行条件较好,船模沿左、右侧航线上、下航行比较顺利,能够安全进出口门。

(2) $Q = 13500\text{m}^3/\text{s}$

该流量下,船模沿航线航行比较困难,操舵角不大,基本不超过 $10°$,但航行漂角较大,尤其是在连接段航道内,船模漂移比较明显。当船模沿右侧航线下行时,口门区内的最大航行漂角为 $-11.4°$,连接段内最大航行漂角为 $15°$,漂移较大。

从船模航行试验结果看,航行困难区段有两个:一是部分连接段,即堤头下 $1600 \sim 2100\text{m}$,该区域内航道内的水流比较紊乱,控制船模航向比较困难,航态较差;二是口门区,受枢纽下泄水流在导流堤堤头向左扩散的影响,船模向航道左侧漂移。以上两个区段的航行难度随着河道内流量的增大而增加。

3.3.4.2 修改方案 1-1 船模航行试验

1. 修改方案 1-1 修改措施简述

上游修改措施:在设计方案 1 的基础上,上游导流堤堤头位置不动,导流堤的拐点位置由距堤头 150m 移至距堤头 250m 处。

下游修改措施:在设计方案 1 的基础上,下游导流堤堤头位置不动,导流堤的拐点位置由距堤头 150m 移至距堤头 250m 处。在堤头下增加 4 个长 30m、间距为 20m 的楔形导流墩。

修改方案 1-1 工程布置如图 3-8 所示。

2. 试验工况

该方案在通航水流条件试验的基础上,选择了其中 4 个流量进行了船模航行试验,即 $Q = 1824\text{m}^3/\text{s}$(泄水闸关闭,6 台机组满发)、$Q = 5000\text{m}^3/\text{s}$(6 台机组满发,泄水闸开启)、$Q = 13500\text{m}^3/\text{s}$(泄水闸敞泄,电站关闭,两年一遇洪水,汊水二十年一遇洪水)、$Q = 19700\text{m}^3/\text{s}$(泄水闸敞泄,电站关闭,十年一遇洪水)。

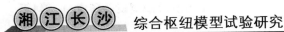

3. 修改方案1-1上游口门区及连接段船模航行试验成果

该方案上游水流条件试验表明：上游口门区及连接段的水流条件与设计方案一基本相同，当流量 $Q \leqslant 21900 \text{m}^3/\text{s}$，口门区纵、横向流速及回流流速基本在规范限值以内，满足规范要求。

当流量 $Q \leqslant 19700 \text{m}^3/\text{s}$ 时，上游口门区及连接段的航行条件较优，船模沿左、右侧航线航行均能安全进出口门，满足安全航行要求。

从船模航行情况看，左侧航线的航行条件好于右侧航线。上、下游导流堤拐点位置由距堤头150m移至距堤头250m处，使得引航道进口段水域及视野略显宽阔，船模沿右侧航线进、出口比较顺利。

4. 修改方案1-1下游口门区及连接段船模航行试验成果

该方案下游水流条件试验表明：各级通航流量下，下游口门区及连接段航道内横流大都在0.3m/s以内，个别测点在0.35m/s以内，通航水流条件满足要求。

（1）$Q = 1824 \text{m}^3/\text{s}$

当流量 $Q = 1824 \text{m}^3/\text{s}$ 时，下游口门区及连接段航道内的航行条件很好，船模沿左、右侧航线上、下航行均能顺利进、出口门。

（2）$Q = 5000 \text{m}^3/\text{s}$

该流量下，对枢纽3种不同调度方式进行了船模航行试验，具体调度方式为：

调度方式一：6台机组满发，左汊泄水闸隔一开一，右汊泄水闸关闭。

调度方式二：6台机组满发，开启靠近船闸侧10孔泄水闸，右汊泄水闸关闭。

调度方式三：6台机组满发，开启左汊11～16号孔泄水闸，右汊泄水闸关闭。

从船模航行试验结果看，3种调度方式对船模航行条件影响不大，船模沿左、右侧航线上、下航行可顺利通过口门，能够满足安全航行要求。其中调度方式一的航行条件最好，其次为调度方式二，再次为调度方式三。

（3）$Q = 13500 \text{m}^3/\text{s}$

由于下游航道距沩水入汇口较近，本试验是在湘江主流量为 $13500 \text{m}^3/\text{s}$（两年一遇洪水），而沩水流量为 $3350 \text{m}^3/\text{s}$（二十年一遇洪水）的最不利遭遇组合下进行的船模航行试验。

该流量组合下，口门区的航行条件较好，船模沿左、右侧航线进出口门还是比较顺利的，操舵角和航行漂角基本在 $10°$ 内，满足安全航行要求。由于下游部分连接段航道（约堤头下 1600～2100m）及其左侧的水流较乱，船模沿航道上、下航行至该区域时，航向控制比较困难，尤其是沿左侧航线上、下航行时，在该区域的漂移比较明显，航态较差。

由于该流量下，下游部分连接段航道（约堤头下 1600～2100m）航行比较困难，因此船模选择其他航线航行，以避开该区段。船模航行试验结果表明，堤头下 0～600m 左、右侧航线不变，堤头下 1500～3000m 左、右侧航线均向航道外右侧平移，左侧航线平移约118m，右侧航线平移约160m，堤头下 600～1500m 为过渡段。具体航线布置见图3-12，另外定义该航线为修改航线。

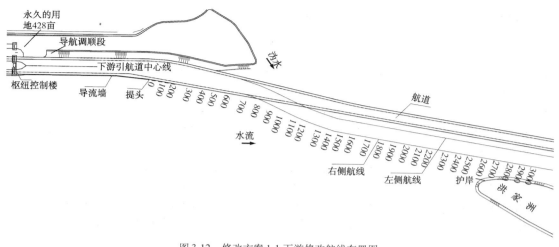

图 3-12　修改方案 1-1 下游修改航线布置图

（4）$Q = 19700 \mathrm{m}^3/\mathrm{s}$

当流量 $Q = 19700 \mathrm{m}^3/\mathrm{s}$ 时，船模的航行情况和 $Q = 13500 \mathrm{m}^3/\mathrm{s}$ 相差不大，口门区的航行条件较好，满足安全航行要求。航行困难的区域仍在下游部分连接段（约堤头下 1600 ～ 2100m），因此船模沿修改航线航行比较顺利，航态较好。

3.3.5　结语

从船模航行试验结果，可以得出以下结论

（1）设计方案一（左船闸右电站）

①上游口门区及连接段：设计方案一的航行条件存在一定的问题，经采取改善措施后，在流量 $Q \leqslant 19700 \mathrm{m}^3/\mathrm{s}$ 时，修改方案 1-1 能满足船模安全航行要求。

②下游口门区及连接段：就口门区而言，在洪水流量下，设计方案一船模行驶至口门区时向左侧漂移量略大，航行略显困难，经采取改善措施，修改方案 1-1 口门区的航行条件较优，在 $Q \leqslant 19700 \mathrm{m}^3/\mathrm{s}$ 时，船模能顺利进出口门。口门区以下部分连接段航道内水流比较乱，是下游航行比较困难的区域。在中枯水流量时，船模沿航道航行基本顺利；在洪水流量时，船模沿修改航线上、下航行比较顺利。

（2）设计方案三（右船闸左电站）

①上游口门区及连接段：航行难点在口门区，由于口门区处于斜流区，且斜流强度随着河道流量的增大而增大，当船模行驶至口门区时，无论是上行还是下行均产生漂移。从船模航行试验结果看，右侧航线优于左侧航线，修改方案 3-2 优于修改方案 3-1；当流量 $Q \leqslant 19700 \mathrm{m}^3/\mathrm{s}$ 时，修改方案 3-2 的通航条件基本满足航行要求。

②下游口门区及连接段：航行条件较好，修改方案 3-2 与修改方案 3-1 的船模航行情况相差不大。当中枯水流时，船模沿中枯水航线上下航行比较顺利；当洪水流量时（$13500 \mathrm{m}^3/\mathrm{s} \leqslant Q \leqslant 19700 \mathrm{m}^3/\mathrm{s}$），船模沿洪水航线上下航行比较顺利。

（3）对于上游而言，船闸布置在左侧优于船闸布置在右侧；对于下游而言，船闸布置在左侧和船闸布置在右侧相差不大。

（4）总体看,设计方案一优于设计方案三。

参 考 文 献

［1］中华人民共和国行业标准.JTJ/T 232—98　内河航道与港口水流泥沙模拟技术规程[S].北京:人民交通出版社,1998.

［2］中华人民共和国行业标准.JTJ 305—2001　船闸总体设计规范[S].北京:人民交通出版社,2001.

［3］中华人民共和国行业标准.JTJ/T 235—2003　通航建筑物水力学模拟技术规程［S].北京:人民交通出版社,2003.

［4］湘江长沙综合枢纽工程建设方案比选报告[R].湖南省交通勘察设计院,2008.

［5］湘江大源渡航运枢纽通航条件试验研究[R].交通部天津水运工程科学研究所,1993.

［6］湘江航运开发株洲航电枢纽通航条件试验研究[R].交通部天津水运工程科学研究所,1999.

［7］湘江长沙综合枢纽平面布置及通航条件模型试验研究成果汇编[R].交通部天津水运工程科学研究所,2004.

［8］夏毓常,张黎明.水工水力学原型观测与模型试验[M].北京:中国电力出版社,1999.

第4章　蔡家洲工可阶段枢纽总平面布置模型试验研究

项目委托单位:长沙市湘江综合枢纽工程办公室

项目承担单位:长沙理工大学

项目负责人:曹周红

报告撰写人:刘晓平　曹周红

项目参加人员:刘　洋　侯　斌　邹开明　刘胜宇　张牧龙　白　玲　王能贝

　　　　　　孙　斌　陈天翔　吴国君　陈亚娇　卢　伟　潘宣何　叶雅思

　　　　　　魏　登　方森松　张陈浩　李亦仙　卢　陈　唐杰文　黎剑明

　　　　　　莫智铣　黎　峰　郭　松

时　　　　间:2009 年 1 月至 2009 年 10 月

4.1　概述

4.1.1　工程概况

拟建的长沙综合枢纽坝址位于蔡家洲,上距湘北大桥 23km、香炉洲坝址 7km,下距沩水河口约 2km,如图 4-1 所示。坝址地处丘陵与洞庭湖平原的过渡区。

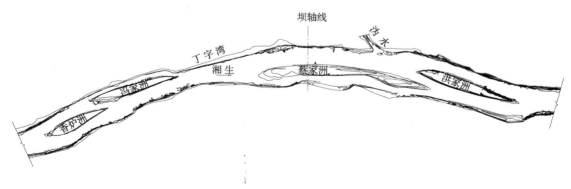

图 4-1　拟建的长沙综合枢纽坝址河势图

坝址河段河势较为复杂,16km 河段范围从上至下河中分布有香炉洲、冯家洲、蔡家洲和洪家洲四个江心洲。坝轴线距蔡家洲洲头 1.6km,上游 4km 处为丁字湾卡口,下游 2.2km 处

为沩水河出口。

河宽从丁字湾断面800m逐渐过渡至坝轴线处1500m,河道相对较弯曲,左岸为凹岸,右岸为凸岸。蔡家洲洲长约5.5km,高程约29~31.4m,轴线处洲宽360m。现有河道左汊为主汊,洪水时泄流比约占80%,主航道从左汊经过,宽约820m,河床高程介于12~25m;右汊为副汊,洪水时泄流比约占20%,宽约320m,河床高程介于22~29m,水位低于25.3m时,右汊完全不过流。

4.1.2　问题的提出

拟建的长沙综合枢纽是湘江规划中最下游的一个枢纽工程,是一个具有改善环境、通航、发电、给水、灌溉、旅游等综合效益的水利枢纽工程。它的建设对促进长株潭经济一体化,改善滨水区环境、培育高质量的沿江风光带、提高城市群品味具有重要意义。

拟建的长沙综合枢纽所处的坝址河段是湘江较典型的微弯、分汊交错河道,处于湘江两卡口之间。枢纽布置既要考虑河流本身在弯曲、分汊交错河段的运动特点,还要考虑水流经过卡口扩散、在下一卡口处水流收缩的水力特点和枢纽各建筑物与水流相互影响。对于以上问题,困难之处在于位于天然河道中水工建筑物的边界条件非常复杂,理论计算分析比较困难,影响因素多(如水流特征、分流比、泄水建筑物的布置等)。为了解决水工建筑物之间及建筑物与河流之间的相互影响等问题,目前大型的或重要的航运和水利工程还是较多地采用模型试验方法。所以对于长沙综合枢纽进行整体模型试验研究是非常必要的。

4.1.3　试验研究的目的

在工程可行性研究阶段,长沙综合枢纽总体平面布置模型试验研究重点解决以下几个问题,为工程的可行性提供科学的依据:

(1)枢纽河段水面线、分流比、流速、流态等水力特性研究。

(2)工可设计方案泄流能力研究,船闸、泄水闸、电站的相对位置研究。

(3)枢纽总体平面布置优化试验研究。

(4)优化方案泄流能力研究,确定枢纽闸孔数量和泄流宽度。

(5)船闸上、下游引航道口门区通航水流条件研究。

(6)施工导流期间上下游水位变化、流场变化及导流能力等研究,为施工围堰设计提供科学依据。

4.1.4　枢纽总平面布置方案

拟建的长沙综合枢纽所处的河段河势比较复杂,根据船闸与电站位置的不同,并尽量减少电站与船闸之间的相互干扰,形成以下3个总体平面布置方案:

方案一:左汊左岸船闸,左汊右岸电站

枢纽从左至右主要建筑物依次为双线船闸、27孔净宽20m的低堰泄水闸、1孔排污闸、电站、蔡家洲副坝、19孔净宽14m的高堰泄水闸,总宽度1750.2m,如图4-2所示。

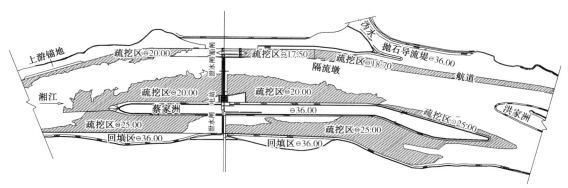

图 4-2 枢纽总体平面布置方案一示意图

方案二:左汊左岸电站,右汊右岸船闸

枢纽从左至右主要建筑物依次为电站、1 孔排污闸、32 孔净宽 20m 的低堰泄水闸、蔡家洲副坝、5 孔净宽 20m 的高堰泄水闸、双线船闸,枢纽布置总宽度 1742.6m,如图 4-3 所示。

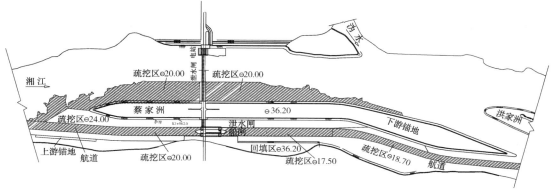

图 4-3 枢纽总体平面布置方案二示意图

方案三:左汊左岸电站,左汊右岸船闸

方案三与方案一相比,主要是船闸和电站交换了位置,方案三与方案二的电站位置相同。枢纽从左至右主要建筑物依次为电站、1 孔排污闸、26 孔净宽 20m 的低堰泄水闸、双线船闸、蔡家洲副坝、20 孔净宽 14m 的高堰泄水闸,总宽度 1722.6m,如图 4-4 所示。

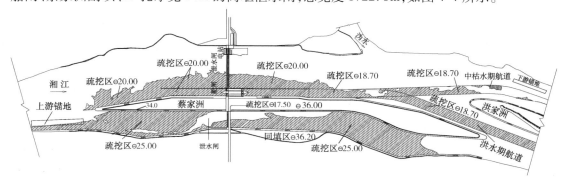

图 4-4 枢纽总体平面布置方案三示意图

4.2 模型设计与验证

模型设计主要考虑模型试验研究内容、模拟河段的地形地貌、模型试验的场地和设备条件等,依据模型试验的基本相似理论进行。

4.2.1 模型设计及制作

拟建的长沙综合枢纽选址位于望城县的蔡家洲,枢纽所在工程河段为微弯分汊交错河段,中间有沩水河汇入,如图 4-5 所示。

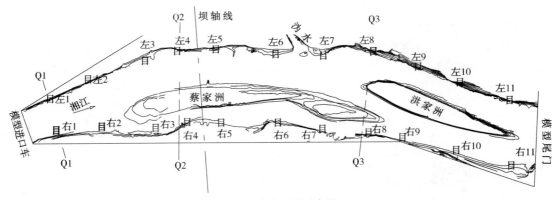

图 4-5 枢纽河段示意图

长沙综合枢纽整体模型试验,旨在研究分析枢纽河段的水流运动特性、枢纽布置对行洪和通航水流条件的影响等。根据模型试验设计的一般原则,模型的入口、出口断面应选择在单一河道,且应有一定长度的调顺段,故模型设计范围上起坝轴线上游单一河段处约4.3km,下至坝轴线下游单一河段处约 7.4km,全长约 11.7km,横向上应超过河流两岸防洪堤范围,并考虑汇入的沩水影响,宽度取 10 ~ 25km 不等。布置沿程水位测针如图 4-5所示。

4.2.2 模型验证

根据阻力相似准则,为保证模型与原型相似,除保证重力相似所要求的 F_r 相等外,还必须保证模型与原型中水力坡度 J 相等,即 $J_m = J_p$。所以在模型上要进行模型与原型的沿程水面线、流速分布等验证试验。

这次模型的主要验证资料是:2009 年 1 月施测的枯水流量(769m³/s)和 2009 年 3 月施测的中水流量(5025m³/s),以及相应的水面线、断面流速分布等。

4.2.2.1 试验结果及分析

模型试验测得的水面线开始比较平缓,但在左 6 与左 8 之间水位存在集中的跌落,之后水面又趋于平缓,说明在左 6 与左 8 之间地形迅速降低,使水位形成较大的落差(如图 4-6所示)。

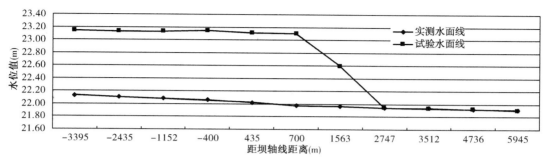

图 4-6　原型水位和试验水位比较图(枯水流量 $Q = 769\text{m}^3/\text{s}$)

4.2.2.2　与原型观测值对比

将枯水流量情况下试验所测值与原型观测值进行比较,其结果如图4-6所示。

从以上对比可以看出,模型与原型水面线相差较大,模型的水面线变化较剧烈,存在集中跌落,而原型的水面线比较平缓。

4.3　枢纽总体平面布置方案三试验研究

4.3.1　枢纽布置方案三简介

上、下游导流堤长度为1000m,上游引航道底高程20.0m,下游引航道底高程17.5m。由于开挖量比较大,为节省工程量,且考虑到右汊是支汊,不是过流的主汊,地形高程又比较接近25m,故在模型试验时先不考虑对右汊进行开挖,形成如下布置方案(模型试验方案),并对此进行试验研究,如图4-7所示。

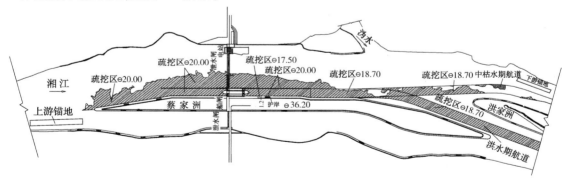

图 4-7　枢纽布置方案三示意图(模型试验)

4.3.2　泄洪能力研究

低水头枢纽整体模型对泄洪能力的研究,主要是通过比较工程前、后枢纽上游河段水位的壅高值,验证枢纽布置方案在特征洪水流量情况下水位壅高值是否满足设计要求,并通过模型试验研究,优化枢纽布置方案。模型试验工况见表4-1。

方案三泄洪能力试验工况 表 4-1

工 况	洪水频率	流量（m³/s）	尾门水位（m）	备 注
1	两年一遇	13500	32.35	电站关，闸门全开
2	五年一遇	17500	33.51	
3	十年一遇	19700	34.38	

4.3.2.1 水面线及水位壅高

各级特征洪水流量沿程水位及壅高值见表 4-2、表 4-3。

方案三水位及壅高值（左汊） 表 4-2

水尺号	距坝线（m）	流量（m³/s）					
		19700		17500		13500	
		水位（m）	壅高（m）	水位（m）	壅高（m）	水位（m）	壅高（m）
左1	−3395	34.80	0.12	33.92	0.12	32.72	0.09
左2	−2435	34.81	0.15	33.92	0.14	32.73	0.12
左3	−1152	34.80	0.17	33.91	0.15	32.73	0.14
左4	−400	34.79	0.19	33.90	0.17	32.72	0.15
左5	435	34.59	0.02	33.72	0.01	32.55	0.01
左6	700	34.51	−0.02	33.66	−0.02	32.49	−0.02
左7	1563	34.53	0.03	33.66	0.01	32.50	0.01
左8	2747	34.50	0.02	33.63	0.01	32.46	−0.01
左9	3512	34.46	0.01	33.60	0.01	32.43	0.00
左10	4736	34.42	0.01	33.55	0.00	32.40	0.01
左11	5945	34.37	0.00	33.51	0.00	32.35	0.00

方案三水位及壅高值（右汊） 表 4-3

水尺号	距坝线（m）	流量（m³/s）					
		19700		17500		13500	
		水位（m）	壅高（m）	水位（m）	壅高（m）	水位（m）	壅高（m）
右1	−3395	34.72	0.04	33.84	0.04	32.68	0.06
右2	−2435	34.71	0.05	33.84	0.06	32.68	0.07
右3	−1152	34.69	0.06	33.83	0.07	32.66	0.06
右4	−400	34.65	0.05	33.80	0.06	32.63	0.06
右5	435	34.59	0.02	33.74	0.02	32.57	0.03
右6	700	34.54	0.01	33.69	0.00	32.53	0.02
右7	1563	34.51	0.00	33.66	0.00	32.49	0.01
右8	2747	34.46	−0.01	33.61	−0.01	32.45	0.00
右9	3512	34.45	0.01	33.59	0.00	32.43	0.01
右10	4736	34.42	0.00	33.57	0.01	32.39	0.00
右11	5945	34.37	0.00	33.51	0.00	32.35	0.00

试验结果表明:两年一遇洪水工况下,上游水位最大壅高值为 0.15m;五年一遇洪水工况下,上游水位最大壅高值为 0.17m;十年一遇洪水工况下,上游水位最大壅高值为 0.19m。

4.3.2.2 原因分析

从数值上看,布置方案三使坝上壅高值比较大,下面具体分析原因。

水流从丁字湾卡口流出后,开始扩散,其主流流向左汊。由于导航墙位于主流区,且与水流形成较大夹角,从而起到挑流的作用,并在上游导航墙附近引起较大范围的回流。被挑起的水流与回流区形成的分界线,成为流经水流的一道实际右边线,此右边线与对岸边滩共同控制的断面过水面积较小,故使其上游的水位较高。此外,因回流的影响,靠近导航墙的过闸水流需绕过回流区过闸,水流与闸坝形成一定的折冲角度,从而使这些闸孔泄洪能力降低,无法充分发挥其泄洪作用,这从各孔的综合流量系数分析可以得出。

从各孔综合流量系数的曲线图可知,回流使左汊靠近导航墙附近的几孔泄水闸泄洪能力减小,无法充分发挥其泄洪作用。各孔综合流量系数的曲线图如图4-8所示,从曲线图中可以看出,因回流影响,整个泄水闸过流不均匀,水流不顺畅。

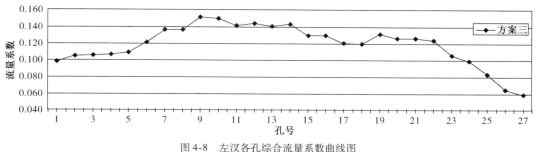

图 4-8　左汊各孔综合流量系数曲线图

4.3.3　船闸引航道口门区通航水流条件研究

根据《船闸总体设计规范》(JTJ 305—2001),对于Ⅲ级船闸,口门区流速需满足以下要求:纵向流速 $v_y \leqslant 2.0$m/s,横向流速 $v_x \leqslant 0.30$m/s,回流流速 $v_{xy} \leqslant 0.40$m/s。

试验结果及分析:

上、下游引航道口门区流场试验特征量见表4-4。

引航道口门区通航水流条件特征值　　　　表4-4

特　征　洪　水	流量 (m^3/s)	上游口门区流速(m/s)		下游口门区流速(m/s)		备　注
		最大纵向流速	最大横向流速	最大纵向流速	最大横向流速	
两年一遇	13500	0.84	0.76	1.06	0.29	全开泄流
五年一遇	17500	0.99	0.88	1.26	0.34	
十年一遇	19700	1.06	0.93	1.35	0.41	

试验结果表明:

当流量大于两年一遇洪水 13500m³/s 时,枢纽布置方案三船闸引航道上游口门区通航水流条件不能满足规范要求,下游引航道口门区能满足规范要求;当流量大于五年一遇洪水17500m³/s时,枢纽布置方案三船闸引航道上、下游口门区通航水流条件均不能满足规范要求。

4.3.4 方案三枢纽河段水流特性分析

蔡家洲汊道分流比见表4-5。

方案三蔡家洲汊道分流比   表4-5

特 征 洪 水	流量(m³/s)	左汊(%)	右汊(%)
两年一遇	13500	86.1	13.9
五年一遇	17500	83.6	16.4
十年一遇	19700	80.2	19.8

4.3.5 修改方案三试验研究

由试验可知,水流流经蔡家洲洲头附近时,由于导航墙位于主流区且与水流成较大角度,使河段主流区产生较大的回流,影响泄水闸的过流能力,同时引航道口门区横向流速也较快,超过了《船闸总体设计规范》(JTJ 305—2001)规定的限定值。为扩大枢纽的泄洪能力,改善通航条件,对枢纽布置方案三进行了修改,下面对各修改方案试验结果进行分析。

4.3.5.1 修改方案3-1试验研究——前端导航墙顺洲头布置

将上游导航墙顺蔡家洲洲头方向布置,使之与水流方向基本平行,如图4-9所示。

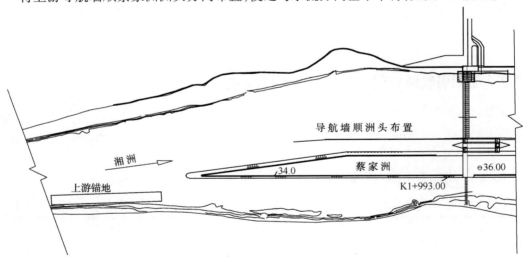

图4-9 导航墙顺洲头

4.3.5.2 修改方案3-2试验研究——前端导航墙修改为导流墩

将前端部分导航墙改为导流墩,以破除和减少回流,扩大泄流能力,如图4-10所示。

4.3.5.3 修改方案3-3试验研究——缩短导航墙

从以上分析可知,将导航墙顺岸布置、前端部分导航墙改为导流墩,可以在一定程度上减少和破除回流,扩大泄流能力,但效果不是很明显。下面将方案三的导航墙长度缩短200m,如图4-11所示。

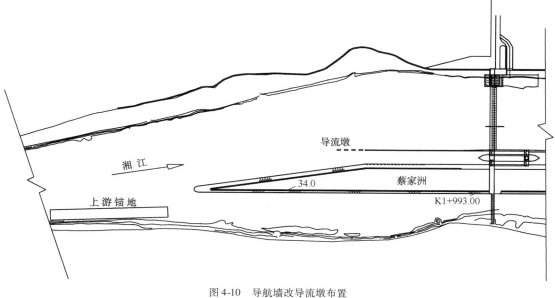

图 4-10　导航墙改导流墩布置

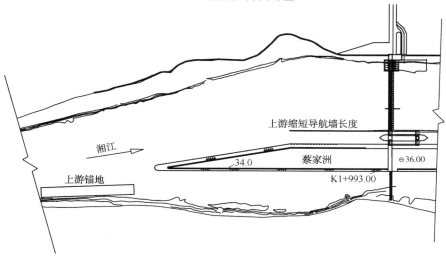

图 4-11　缩短导航墙布置

4.3.5.4　修改方案 3 综合对比

分别对方案三中前端导航墙顺蔡家洲洲头布置改为导流墩、缩短导航墙,三种修改方案进行综合对比,见表 4-6。

方案三各修改方案水位变化汇总

表 4-6

水尺号	距坝线（m）	原方案		导航墙顺岸布置	改为导流墩		缩短导航墙
		水位（m）	水位（m）	水位降落（m）	水位（m）	水位降落（m）	水位（m）	水位降落（m）
左1	-3395	33.92	33.91	0.01	33.92	0.00	33.92	0.00
左2	-2435	33.92	33.91	0.01	33.91	0.01	33.91	0.01

续上表

水尺号	距坝线（m）	原方案		导航墙顺岸布置		改为导流墩		缩短导航墙
		水位（m）	水位（m）	水位降落（m）	水位（m）	水位降落（m）	水位（m）	水位降落（m）
左3	−1152	33.91	33.90	0.01	33.90	0.01	33.89	0.02
左4	−400	33.90	33.90	0.00	33.90	0.00	33.88	0.02
左5	435	33.72	33.72	0.00	33.72	0.00	33.72	0.00
左6	700	33.66	33.66	0.00	33.66	0.00	33.66	0.00
左7	1563	33.66	33.66	0.00	33.66	0.00	33.66	0.00
左8	2747	33.63	33.63	0.00	33.63	0.00	33.63	0.00
左9	3512	33.60	33.60	0.00	33.60	0.00	33.60	0.00
左10	4736	33.55	33.55	0.00	33.55	0.00	33.55	0.00
左11	5945	33.51	33.51	0.00	33.51	0.00	33.51	0.00

试验结果表明：

（1）当把前端导航墙顺蔡家洲洲头布置改为导流墩、缩短导航墙后，口门区的斜流、回流区均有所减小，枢纽的过流能力有所增加，但效果不明显。

（2）相对而言，缩短导航墙提高泄流能力的效果要明显些，但需保证导航墙长度满足通航的要求（对于本枢纽船闸设计，按《船闸总体设计规范》（JTJ 305—2001），引航道直线段长度应在约800m）。

4.4 枢纽总体平面布置方案一试验研究

4.4.1 枢纽布置方案一简介

上游引航道底高程20.0m，下游引航道底高程17.5m。在沩水河口，为减少沩水汇入湘江时对船舶进出船闸的不利影响，采取了抛石修筑导流堤的工程措施。

考虑到右汊为支汊，并考虑到其地形高程大多位于约25m的特点，为节省工程量，模型试验研究时先不进行右汊开挖，同时右汊右岸也不进行回填加高。另外，沩水河口也不采取抛石修筑导流堤等工程措施。模型试验采用的枢纽布置方案一如图4-12所示。

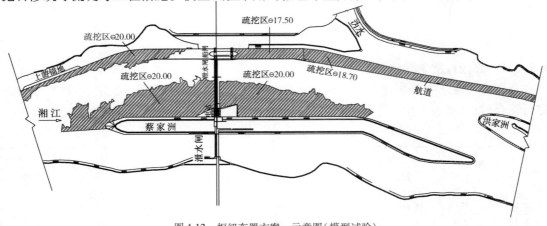

图4-12 枢纽布置方案一示意图（模型试验）

4.4.2 泄洪能力研究

模型试验工况见表4-7。

方案一泄流能力试验工况

表 4-7

工况	洪水频率	流量(m³/s)	尾门水位(m)	备注
1	两年一遇	13500	32.35	
2	五年一遇	17500	33.51	电站关,闸门全开
3	十年一遇	19700	34.38	

4.4.2.1 水面线及水位壅高

枢纽布置方案一特征洪水流量沿程水位及壅高值见表4-8。

方案一水位及壅高值(左岸)

表 4-8

水尺号	距坝线(m)	流量(m³/s)					
		19700		17500		13500	
		水位(m)	壅高(m)	水位(m)	壅高(m)	水位(m)	壅高(m)
左1	−3395	34.73	0.05	33.88	0.08	32.68	0.05
左2	−2435	34.74	0.08	33.88	0.10	32.69	0.08
左3	−1152	34.74	0.11	33.89	0.13	32.70	0.11
左4	−400	34.73	0.13	33.88	0.15	32.69	0.12
左5	435	34.57	0.00	33.72	0.01	32.54	0.00
左6	700	34.55	0.02	33.68	0.00	32.52	0.01
左7	1563	34.51	0.01	33.66	0.01	32.50	0.01
左8	2747	34.49	0.01	33.63	0.01	32.49	0.01
左9	3512	34.44	−0.01	33.58	−0.01	32.43	0.00
左10	4736	34.42	0.01	33.56	0.01	32.40	0.01
左11	5945	34.37	0.00	33.51	0.00	32.35	0.00

试验结果表明:与天然情况相比,两年一遇洪水工况下,上游水位最大壅高值为0.12m;五年一遇洪水工况下,上游水位最大壅高值为0.15m;十年一遇洪水工况下,上游水位最大壅高值为0.13m。

4.4.2.2 综合流量系数分析

方案一各综合流量系数如图4-13所示。

从图中可以看出,除边孔(第1孔、第2孔)受导航墙影响,综合流量系数较小,分别为

0.103、0.105外,其他各孔综合流量系数相差不大,这说明水流过闸比较均匀、平顺,不存在折冲水流和回流。

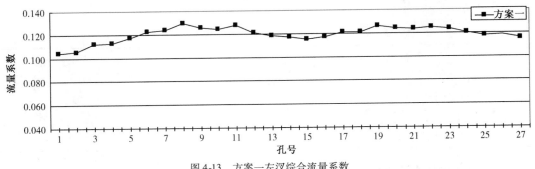

图4-13 方案一左汊综合流量系数

4.4.3 船闸引航道口门区通航水流条件分析

为了解船闸引航道口门区通航水流条件,对上、下游引航道口门区的流场进行了观察和测量,试验结果表明:

(1)关于上游引航道口门区,当洪水小于十年一遇洪水19700m³/s时,口门区纵、横向流速均较慢,均满足规范要求。

(2)关于下游引航道口门区,当大于五年一遇洪水17500m³/s时,最大横向流速大于0.30m/s,不能满足规范限定值0.30m/s要求。

4.4.4 方案一枢纽河段水流特性分析

枢纽布置方案一蔡家洲汊道分流比见表4-9。

方案一蔡家洲汊道分流比 表4-9

流量(m³/s)	左汊(%)	右汊(%)
13500	89.2	10.8
17500	86.9	13.1
19700	81.7	18.3

4.4.5 浏水河对通航条件分析

距船闸下游口门区约1km处有浏水河汇入,可能会对湘江水流产生较大影响,使船闸口门区产生较大的横向流速,对船舶进出产生不利影响。因此,需对浏水河的影响进行分析和研究。

4.4.5.1 试验工况

根据设计院的要求,进行了湘江两年一遇洪水遭遇浏水各特征频率的工况试验,见表4-10。

沩水河口对通航影响试验工况 表4-10

试验工况	湘江洪水	遭遇沩水洪水	备 注
1	两年一遇(13500m³/s)	两年一遇(1580m³/s)	
2	两年一遇(13500m³/s)	五年一遇(2300m³/s)	
3	两年一遇(13500m³/s)	十年一遇(2750m³/s)	全开泄流
4	两年一遇(13500m³/s)	二十年一遇(3350m³/s)	

4.4.5.2 试验结果

工况实验的结果如表4-11所示。

沩水河对下游口门区通航水流条件特征值 表4-11

	遭遇沩水洪水	下游口门区流速(m/s)		备 注
		最大纵向流速	最大横向流速	
湘江洪水	两年一遇(1580m³/s)	1.65	0.23	
	五年一遇(2300m³/s)	1.53	0.21	全开泄流
	十年一遇(2750m³/s)	1.36	0.20	
	二十年一遇(3350m³/s)	1.35	0.19	

试验结果表明,随着沩水河流量不断地增加,下游口门区的最大横向流速和纵向流速都呈减慢的趋势。说明沩水流量虽然不太大,但对湘江,特别是湘江的沩水河口以上区域还是有一定的顶托影响。

4.4.6 修改方案一试验研究

4.4.6.1 修改方案1-1试验研究——去掉上游口门区挑流导航墙

从试验结果知,布置方案一上游口门区流速较慢,基本为静水区,但在挑流墙外存在一定范围的回流,使过闸水流不顺畅,如图4-14所示。

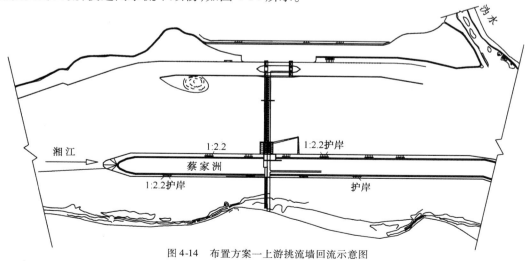

图4-14 布置方案一上游挑流墙回流示意图

为消除回流,改善流态,现将布置方案一进行修改,去除上游导航墙前段的挑流墙。如图 4-15 所示。

从试验结果可以看出,由于不设挑流墙减少了回流,使过闸水流流动更顺畅,提高了泄流能力,在左 3 处水位有所减小。

去除上游挑流墙后,口门区内流速基本没有变化,仍为静水区。

综合以上分析,建议去除上游口门区的挑流墙。

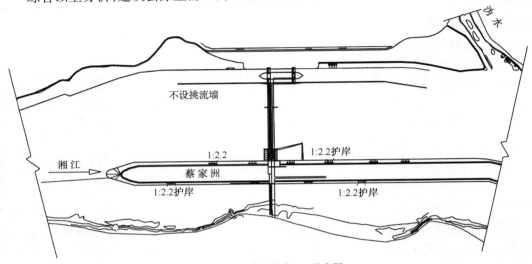

图 4-15　修改方案 1-1 示意图

4.4.6.2　修改方案 1-2 试验研究——下游口门区设导流墩

从布置方案一的试验结果知,当流量超过两年一遇洪水时,布置方案一下游口门区横向流速不能满足规范要求,且存在一定范围的回流,因此增设导流墩,如图 4-16 所示。

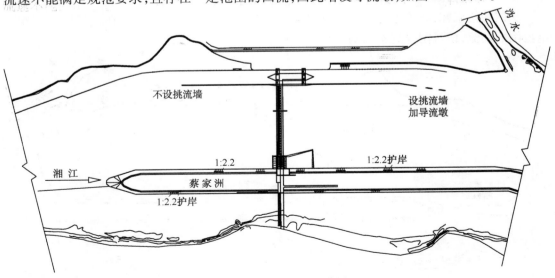

图 4-16　修改方案 1-2 示意图

粒子示踪结果表明,增设导流墩后,口门区回流范围减小,强度减弱,纵、横向流速减慢。设置导流墩后,减少了对水流的挑流作用,下泄水流更为顺畅,坝下局部区域水位有所降落。

4.5 枢纽总体平面布置方案三与方案一综合分析

4.5.1 泄洪能力对比

在各特征洪水流量情况,布置方案一坝上水位壅高在 $0.12 \sim 0.16m$,布置方案三坝上水位壅高在 $0.16 \sim 0.21m$,布置方案一泄流能力比布置方案三大。

分别将枢纽布置方案三与方案一的沿程水位壅高值进行对比,见表 4-12、表 4-13。可以看出,方案三沿程水位的壅高相对较高,在流量为 $19700m^3/s$ 时,在左 4 水准尺处,布置方案三高出方案一 0.06m。在坝轴线以上方案三的沿程水位均高于方案一,而坝下游基本相同。

综合以上分析,枢纽布置方案一和布置方案三在各特征洪水流量下,坝上水位壅高值均满足设计要求,方案一的泄洪能力优于方案三。

方案三与方案一壅高值(左岸)　　　　　　　　　　　　　　　　表 4-12

水尺号	距坝线（m）	流量（m³/s）					
		19700		17500		13500	
		壅高（m）		壅高（m）		壅高（m）	
		方案三	方案一	方案三	方案一	方案三	方案一
左 1	−3395	0.12	0.05	0.12	0.08	0.09	0.05
左 2	−2435	0.15	0.08	0.14	0.10	0.12	0.08
左 3	−1152	0.17	0.11	0.15	0.13	0.14	0.11
左 4	−400	0.19	0.13	0.17	0.15	0.15	0.12
左 5	435	0.02	0.00	0.01	0.01	0.01	0.00
左 6	700	−0.02	0.02	−0.02	0.00	−0.02	0.01
左 7	1563	0.03	0.01	0.01	0.01	0.01	0.01
左 8	2747	0.02	0.01	0.01	0.01	−0.01	0.02
左 9	3512	0.01	−0.01	0.01	−0.01	0.00	0.00
左 10	4736	0.01	0.01	0.00	0.01	0.01	0.01
左 11	5945	0.01	0.00	0.01	0.00	0.00	0.00

方案一与方案三壅高值(右岸)　　表4-13

水尺号	距坝线(m)	流量(m³/s)					
		19700		17500		13500	
		壅高(m)		壅高(m)		壅高(m)	
		方案三	方案一	方案三	方案一	方案三	方案一
右1	-3395	0.04	0.03	0.04	0.02	0.06	0.03
右2	-2435	0.05	0.04	0.06	0.05	0.07	0.04
右3	-1152	0.06	0.04	0.07	0.05	0.06	0.03
右4	-400	0.05	0.03	0.06	0.04	0.06	0.03
右5	435	0.02	0.00	0.02	0.01	0.03	0.01
右6	700	0.01	0.01	0.00	0.00	0.02	0.01
右7	1563	0.00	-0.01	0.00	0.00	0.01	0.01
右8	2747	-0.01	0.00	-0.01	0.00	0.00	-0.01
右9	3512	0.01	0.00	-0.01	0.00	0.01	0.00
右10	4736	0.00	0.01	0.01	-0.01	0.00	-0.01
右11	5945	0.00	0.00	0.00	0.00	0.00	0.00

4.5.2　船闸引航道口门区通航条件对比

枢纽总体平面布置方案三与方案一口门区通航水流条件对比见表4-14。

引航道口门区通航水流条件特征值比较(单位:m/s)　　表4-14

特征洪水	上游口门区				下游口门区				备注
	最大纵向流速		最大横向流速		最大纵向流速		最大横向流速		
	方案三	方案一	方案三	方案一	方案三	方案一	方案三	方案一	
两年一遇	0.84	0.80	0.76	0.19	1.06	1.09	0.29	0.28	全开泄流
五年一遇	0.99	0.95	0.88	0.22	1.26	1.25	0.34	0.33	
十年一遇	1.06	0.97	0.93	0.23	1.35	1.50	0.41	0.34	

从表中可以看出,两个方案的最大纵向流速均满足规范小于或等于2.0m/s的要求;方案三上游口门区最大横向流速不满足规范小于或等于0.3m/s的要求,而方案一满足要求;在下游口门区方案三、方案一均存在不满足规范要求的工况,但比较而言,方案一的最大横向流速小于方案三。

综上分析,就口门区通航水流条件而言,布置方案一优于布置方案三。

4.5.3　小结

对枢纽布置方案三与布置方案一的进行综合对比分析,枢纽布置方案一总体布置协调、美观,过闸水流均匀、顺畅,在泄洪能力、船闸通航水流条件等方面具有综合优势。因此,布置方案一作为本阶段模型试验成果的推荐方案。

4.6　推荐方案施工期水位壅高分析

4.6.1　施工导流简介

枢纽布置方案一分两期建设,一期工程修建左汊船闸、靠近船闸的 10.5 孔泄水闸以及右汊的 19 孔泄水闸,其中右汊的 19 孔泄水闸利用一个枯水期建设完成,不设围堰,二期工程修建电站及剩余的泄水闸,如图 4-17、图 4-18 所示。

围堰按两年一遇洪水标准进行设计。

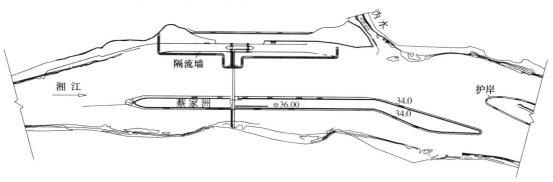

图 4-17　推荐方案施工导流围堰示意图(一期)

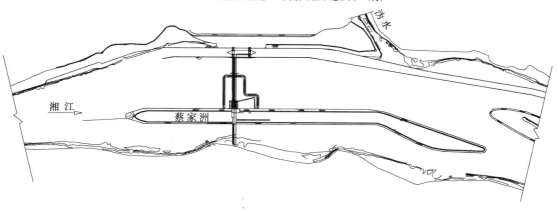

图 4-18　推荐方案施工导流围堰示意图(二期)

4.6.2　导流能力试验

推荐枢纽布置方案各特征洪水流量下沿程水位及壅高值,工程前后水面线比较示意图如图 4-19 ~ 图 4-22 所示。

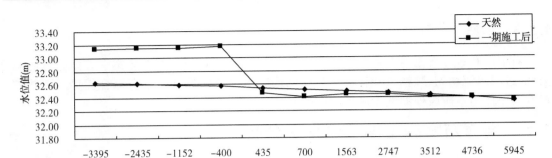

图 4-19 工程前后水面线比较示意图（一期，$Q=13500\mathrm{m}^3/\mathrm{s}$，左汊）

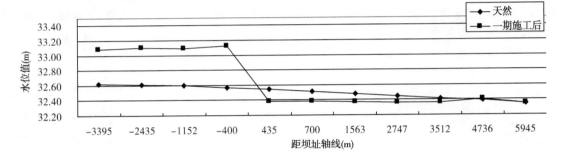

图 4-20 工程前后水面线比较示意图（一期，$Q=13500\mathrm{m}^3/\mathrm{s}$，右汊）

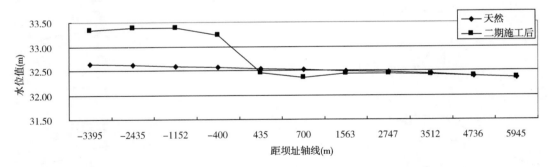

图 4-21 工程前后水面线比较示意图（二期，$Q=13500\mathrm{m}^3/\mathrm{s}$，左汊）

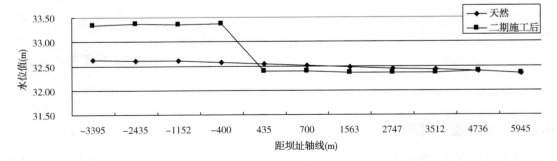

图 4-22 工程前后水面线比较示意图（二期，$Q=13500\mathrm{m}^3/\mathrm{s}$，右汊）

试验结果分析表明:从上面的数据可以看出,无论是一期施工导流还是二期施工导流,坝址上游水位都有较大的壅高,二期施工导流比一期施工导流的水位壅高大。其中一期施工导流在左汊坝址上游的左 4 号测针处达到最大,为 0.60m;右汊相应位置达到了 0.55m。二期施工导流在左汊坝址上游的左 3 号测针处达到了最大的 0.79m,右汊的最大壅高值也是在右 4 号测针处,达到了 0.80m。

4.7 结语及建议

本研究对长沙综合枢纽河段工程前水力特性、枢纽总体布置方案、船闸引航道口门区通航水流条件、工程后枢纽河段水力特性及冲淤情况、推荐方案施工导流等方面进行了试验研究。通过对上述内容的研究,得到有以下主要结论及建议。

4.7.1 结语

(1)验证试验结果表明,模型测得的各水尺水位与原型水位误差在 ±0.03m,符合《内河航道与港口水流泥沙模拟技术规程》(JTJ/T 232—98)规定的 ±0.05m 精度,模型达到了阻力相似;经过典型断面流速、流量的比较,断面流速分布与原型基本一致,流量偏差在《内河航道与港口水流泥沙模拟技术规程》(JTJ/T 232—98)的 ±5% 允许范围内,模型达到了水流运动相似要求。

(2)挖沙改变了河床地形,使水位下降幅度较大。在相同流量下,本次模型验证试验的结果表明,挖沙使湘江沩水河口上游河段的水位下降了近 1m。

(3)枢纽总体平面布置方案三在上游导航墙附近产生较大回流,过闸水流不均匀、不平顺,在十年一遇洪水时,坝前壅高值达到了 0.19m;当大于两年一遇洪水时,枢纽总体平面布置方案三在上、下游引航道口门区都存在横向流速和回流流速超过《船闸总体设计规范》(JTJ 305—2001)允许值的现象,通航水流条件不能满足要求。

(4)修改方案 3-1(上游导航墙顺蔡家洲洲头布置)、3-2(上游引航道口门区设置导流墩)均能在一定程度上减小回流、提高泄洪能力,但效果不明显,修改方案 3-3(缩短导航墙长度)提高泄洪能力效果较明显,但导航墙长度缩短多少要受到引航道通航条件的限制。

(5)枢纽总体平面布置方案一,过闸水流均匀、顺畅,在十年一遇洪水时,坝前壅高值为 0.16m,小于枢纽布置方案三的壅高值;各工况下,船闸上游引航道口门区均能满足《船闸总体设计规范》(JTJ 305—2001),下游引航道口门区当大于五年一遇洪水时,最大横向流速大于 0.30m/s,不能满足规范要求。

(6)蔡家洲右汊右岸的边滩在洪水期属于静水区,对行洪能力没有影响。模型试验证明,回填蔡家洲右汊右岸的边滩对泄洪几乎没有影响。

4.7.2 建议

(1)根据模型试验结果,经过综合分析、对比,枢纽总体平面布置方案一在泄洪能力、船闸通航水流条件、施工条件、运行管理、布置协调美观等方面具有综合优势。因此,布置方案一作为本阶段模型试验成果的推荐方案。

（2）布置方案三的蔡家洲洲头是在原自然洲头的基础上向上游延伸填筑形成，模型试验结果表明，该洲头伸入了相对狭窄的丁字湾河段，减少了河流的过流断面，阻碍了水流的顺畅通过，使上游水位壅高较大，建议洲头不要向上游延伸，保持在河面较宽的河段。

（3）通过对方案一的试验研究，表明上游挑流导流堤对改善上游引航道口门区通航水流条件作用不大，去除后反而可减少局部回流，使过闸水流更顺畅，建议上游引航道口门区不设挑流墙。

（4）蔡家洲右汊开挖对行洪有一定好处，但开挖范围遍及整个右汊（图3-1），工程量巨大，而且提高泄洪能力的程度并不高，从减小工程量的角度出发，建议不必通过开挖右汊提高行洪能力。

（5）建议在初步设计阶段对蔡家洲的洲头长度、形状及开挖宽度，泄水闸净泄流宽度，以及闸门调度方式、消能防冲、施工导流等进行进一步的深入和优化。

参 考 文 献

[1] 中华人民共和国行业标准. JTJ 305—2001　船闸总体设计规范[S]. 北京:人民交通出版社,2001.

[2] 中华人民共和国行业标准. JTJ/T 232—98　内河航道与港口水流泥沙模拟技术规程[S]. 北京:人民交通出版社,1998.

[3] 中华人民共和国行业标准. JTJ 220—98　渠化工程枢纽总体布置设计规范[S]. 北京:人民交通出版社,1998.

[4] 中华人民共和国国家标准. GB 50139—2004　内河通航标准[S]. 北京:中国计划出版社,2004.

[5] 中华人民共和国行业标准. SL 155—95　水工(常规)模型试验规程[S]. 北京:中国水利水电出版社,1995.

[6] 吴宋仁,陈永宽. 港口及航道工程模型试验[M]. 北京:人民交通出版社,1993.

[7] 黄伦超,许光祥. 水工与河工模型试验[M]. 郑州:黄河水利出版社,2008.

[8] 湘江长沙综合枢纽蔡家洲坝址平面布置物理模型试验研究(工可阶段)[R]. 长沙理工大学,2004.

[9] Briaud J L,Chen HC,Wang J. Pier and contraction scour in co-hesive soils. Washington D C:Transportation Research Board. 2004.

[10] 李金合,郑宝友,周华兴. 那吉航运枢纽左岸船闸通航水流条件试验[J]. 水道港口,2002(3):262－267.

[11] 李金合,曹玉芬,周华兴. 那吉航运枢纽泄流能力和闸下冲刷试验[J]. 水道港口,2002(4):116－121.

[12] 郝品正,李伯海,李一兵. 大源渡枢纽通航建筑物优化布置及通航条件试验研究[J]. 水运工程,2000(10):29－33.

[13] 鞠文昌,王义安,于广年. 松花江依兰航电枢纽坝址选择[J]. 水道港口,2007(3):194－197.

第5章 蔡家洲工可阶段总平面布置数学模型计算研究

项目委托单位:长沙市湘江综合枢纽工程办公室
项目承担单位:长沙理工大学水利学院
项目负责人:夏 波
报告撰写人:夏 波 陈 杰
项目参加人员:邓 斌 吴国君 隆院男 周远方 方森松 王瑞雪 孙 斌 楚 贝
时 间:2009 年 1 月至 2009 年 10 月

5.1 数学模型研究的目的与内容

为了确定和了解水工建筑物与河流短期或长期的相互影响等问题,对长沙综合枢纽进行整体研究是非常必要的。前面通过物理模型对蔡家洲方案进行了模拟,因为影响因素较多,所以拟采用数学模型对蔡家洲坝址布置方案进行研究,并用实测资料对数学模型进行验证。

在工程可行性研究阶段,长沙综合枢纽数学模型研究重点解决以下几个问题:

(1)蔡家洲坝址方案水流特性研究。

(2)蔡家洲坝址方案平面布置。

(3)蔡家洲坝址方案船闸上、下游引航道口门区通航水流条件研究。

(4)蔡家洲坝址方案施工导流期间流场变化。

5.2 蔡家洲坝址不同平面布置方案计算及分析

5.2.1 数学模型上下游边界条件的确定

根据设计单位在工可阶段提供的资料,枢纽最小通航流量为 $400\text{m}^3/\text{s}$,最大通航流量为二十年一遇洪水 $21900\text{m}^3/\text{s}$,枢纽电站装机 8 台,单机引用流量 $287\text{m}^3/\text{s}$,最小运行水头 2.0m;当坝址流量大于电站引用流量时,为保证电站发电有效水头,多余流量由右汊泄水闸泄流;由于防洪的要求,设计单位初步提出坝址流量大于 $5000\text{m}^3/\text{s}$ 电站停机,泄水闸全开泄流。

蔡家洲坝址位于冯家洲和洪家洲之间。为准确给定模型边界条件,模型计算范围上游边界取在蔡家洲洲头以上约 2.5km 河段,距坝址上游约 3.9km 处,下游边界取在距洪家洲洲尾约 1.5km 河段,距坝址约 8.2km 处,模拟河段长度约 12km。河道计算范围及地形如图 5-1 所示。

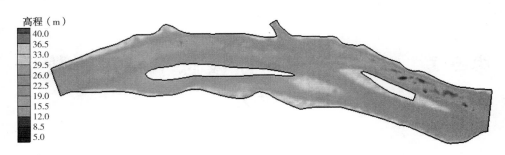

图 5-1　工程前河段数学模型计算地形图

5.2.2　工程前河段水力特性计算分析

为了更好地了解河道的相关水流运动特性,本研究首先运用数学模型对工程前各级流量对应的水力特性进行计算分析,以便于分析比较工程建设前、后河段水力特性的变化。分别计算了 13500～26400m³/s 各级流量时该河段的沿程水位。各级流量沿程水位分别如图 5-2 所示。

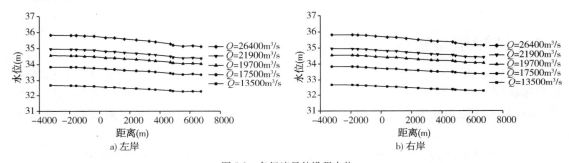

图 5-2　各级流量的沿程水位

5.2.3　枢纽布置方案一的计算分析

方案一左汊开挖至 20m 高程,右汊开挖至 25m 高程,坝址下游泄水出口处设置导流堤,出口左岸滩地开挖至 20m 高程,如图 4-2 所示。

数学模型计算范围及地形如图 5-3 所示。计算网格划分采用三角形和四边形混合的非结构化网格,分别为 6 节点单元和 8 节点单元,保证对流速计算具有二阶精度,并且网格根据地形和建筑物进行局部加密。计算网格如图 5-4 所示。

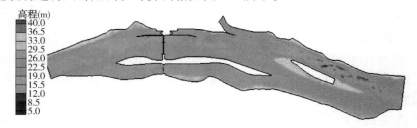

图 5-3　方案一数学模型计算地形图

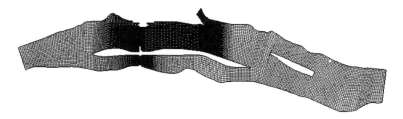

图 5-4　方案一数学模型计算网格

5.2.3.1　方案一泄洪能力研究

　　比较工程前、后枢纽上游河段水位的壅高值(壅高值是指工程前、后枢纽上游河段对应位置水位的变化值),分析枢纽布置方案在各级特征洪水流量情况下水位壅高值是否满足设计要求,并通过数值试验研究,进一步优化枢纽布置方案。

　　为了分析研究枢纽的泄洪能力,对各级流量进行了枢纽泄流能力研究。方案一各级特征洪水流量沿程水位及壅高值如图 5-5 ～ 图 5-7 所示。从计算结果可知,各级特征洪水流量情况的上游水位壅高值均满足规范要求。右岸最大壅高值发生在泄水闸前。由于上游引航道和蔡家洲的束水作用,使得左汊蔡家洲洲头附近最小过流面积小于左汊泄水闸的净泄流面积,左岸最大壅高值发生在蔡家洲洲头,并非发生在泄水闸前。

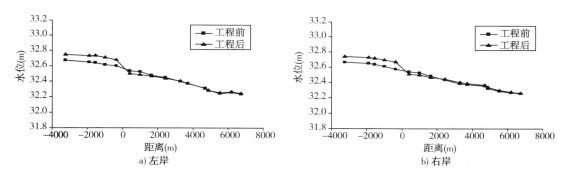

a) 左岸　　　　　　　　　　　　　　　　b) 右岸

图 5-5　$P = 50\%$ 的洪水方案一工程前后水面线比较示意图($Q = 13500 \mathrm{m}^3/\mathrm{s}$)

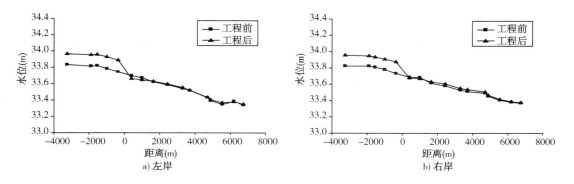

a) 左岸　　　　　　　　　　　　　　　　b) 右岸

图 5-6　$P = 20\%$ 的洪水方案一工程前后水面线比较示意图($Q = 17500 \mathrm{m}^3/\mathrm{s}$)

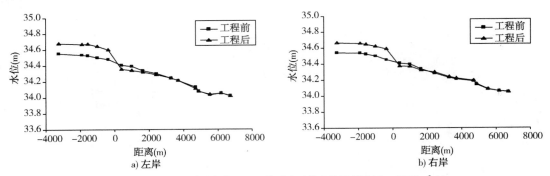

图5-7　$P=10\%$ 的洪水方案一工程前后水面线比较示意图（$Q=19700\text{m}^3/\text{s}$）

5.2.3.2 方案一船闸引航道口门区通航水流条件分析

通过对典型工况的计算分析,计算结果表明:

（1）当流量为13500m³/s时,根据防洪运行要求,电站停机,泄水闸全开泄流。上游引航道口门区最大横向流速为0.22m/s,最大纵向流速为0.85m/s;下游引航道口门区形成一逆时针回流区,最大回流流速均小于0.30m/s,下游引航道口门区在距堤头300m附近出现局部范围内最大横向流速为0.31m/s,其范围远小于半个船队长度,其他区域横向流速均小于0.30m/s,最大纵向流速为1.38m/s。因此,上下游引航道口门区基本能满足通航水流条件要求。

（2）当流量为17500m³/s时,根据防洪运行要求,电站停机,泄水闸全开泄流,引航道口门区局部流场如图5-8所示。上游引航道口门区最大横向流速为0.24m/s,最大纵向流速为1.08m/s;下游引航道口门区形成一逆时针回流区,最大回流流速均小于0.30m/s,下游引航道口门区在距堤头300m附近出现局部范围内最大横向流速为0.36m/s,其范围小于半个船队长度,其他区域横向流速均小于0.30m/s,最大纵向流速为1.62m/s。因此,上下游引航道口门区基本能满足通航水流条件要求。

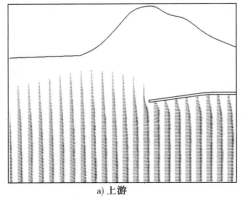
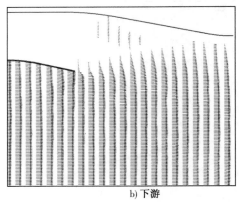

　　　　a) 上游　　　　　　　　　　　　　　b) 下游

图5-8　方案一引航道口门区局部流场图（17500m³/s）

（3）当流量为19700m³/s时,根据防洪运行要求,电站停机,泄水闸全开泄流。上游引航道口门区最大横向流速为0.25m/s,最大纵向流速为1.13m/s;下游引航道口门区形成一逆时针回流区,最大回流流速均小于0.30m/s,下游引航道口门区在距堤头300m附近出现局部范围内最大横向流速为 0.36m/s,其范围不超过半个船队长度,其他区域横向流速均小于0.30m/s,最大纵向流速为 1.72m/s。因此,上下游引航道口门区基本能满足通航水流条件要求。

（4）当流量为 21900m³/s 时,根据防洪运行要求,电站停机,泄水闸全开泄流。上游引航道口门区最大横向流速为 0.27m/s,最大纵向流速为 1.22m/s;下游引航道口门区形成一逆时针回流区,最大回流流速均小于 0.30m/s,下游引航道口门区在距堤头 330m 附近出现局部范围内最大横向流速为 0.38m/s,其范围不超过半个船队长度,其他区域横向流速均小于0.30m/s,最大纵向流速为 1.74m/s。因此,上下游引航道口门区基本能满足通航水流条件要求。

5.2.4 枢纽布置方案二的计算分析

方案二左汊开挖至 20m 高程,右汊开挖至 24m 高程,如图 4-3 所示。数学模型图如图 5-9 所示:

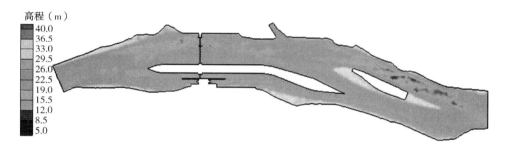

高程（m）
40.0
36.5
33.0
29.5
26.0
22.5
19.0
15.5
12.0
8.5
5.0

图 5-9　方案二数学模型计算地形图

5.2.4.1 方案二泄洪能力研究

方案二各级特征洪水流量沿程水位及壅高值如图 5-10～图 5-12 所示。从计算结果可知,各级特征洪水流量情况上游水位壅高值均满足规范要求。左岸和右岸最大壅高值发生在泄水闸前。右汊由于修建船闸,过流断面面积减小,壅水增大。

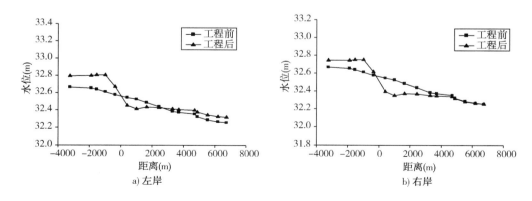

a) 左岸

b) 右岸

图 5-10　$P = 50\%$ 的洪水方案二工程前后水面线比较示意图（$Q = 13500\mathrm{m}^3/\mathrm{s}$）

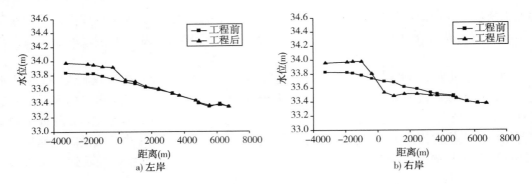

图 5-11　$P=20\%$ 的洪水方案二工程前后水面线比较示意图($Q=17500\text{m}^3/\text{s}$)

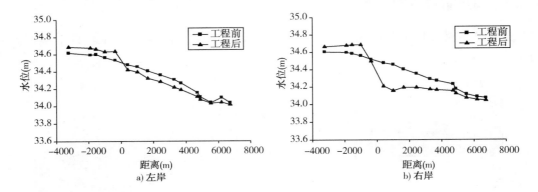

图 5-12　$P=10\%$ 的洪水方案二工程前后水面线比较示意图($Q=19700\text{m}^3/\text{s}$)

5.2.4.2　方案二船闸引航道口门区通航水流条件分析

通过对典型工况的计算分析,计算结果表明:

(1)当流量为 13500m^3/s 时,根据防洪运行要求,电站停机,泄水闸全开泄流。上游引航道口门区最大纵向流速为 0.68m/s,堤头局部范围内最大横向流速为 0.57m/s,其范围远小于半个船队长度,上游引航道口门区基本满足通航水流条件要求。下游引航道口门区形成一逆时针回流区,最大回流流速均小于 0.30m/s,下游引航道口门区最大横向流速为 0.16m/s,最大纵向流速为 1.17m/s。因此,下游引航道口门区能满足通航水流条件要求。

(2)当流量为 17500m^3/s 时,根据防洪运行要求,电站停机,泄水闸全开泄流,引航道口门区局部流场如图 5-13 所示。上游引航道口门区最大纵向流速为 0.99m/s,堤头局部范围内最大横向流速为 0.82m/s,其范围小于半个船队长度,上游引航道口门区基本满足通航水流条件要求。下游引航道口门区形成一逆时针回流区,最大回流流速均小于 0.30m/s,下游引航道口门区最大横向流速为 0.18m/s,最大纵向流速为 1.42m/s。因此,下游引航道口门区能满足通航水流条件要求。

(3)当流量为 19700m^3/s 时,根据防洪运行要求,电站停机,泄水闸全开泄流。上游引航道口门区最大纵向流速为 1.37m/s,堤头局部范围内最大横向流速为 1.15m/s,其范围不超过半个船队长度,上游引航道口门区基本满足通航水流条件要求。下游引航道口门区形成一逆时针回流区,最大回流流速均小于 0.30m/s,下游引航道口门区最大横向流速为0.23m/s,最大纵向流速为1.59m/s。因此,下游引航道口门区能满足通航水流条件要求。

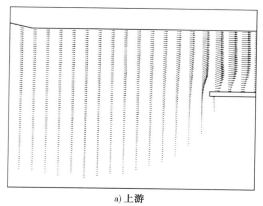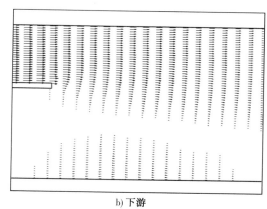

a) 上游　　　　　　　　　　　　　　　　　b) 下游

图5-13　方案二引航道口门区局部流场图(17500m³/s)

(4)当流量为21900m³/s时,根据防洪运行要求,电站停机,泄水闸全开泄流。上游引航道口门区最大纵向流速为1.48m/s,堤头局部范围内最大横向流速为1.21m/s,其范围不超过半个船队长度,上游引航道口门区基本满足通航水流条件要求。下游引航道口门区形成一逆时针回流区,最大回流流速均小于0.30m/s,下游引航道口门区最大横向流速为0.24m/s,最大纵向流速为1.73m/s。因此,下游引航道口门区能满足通航水流条件要求。

5.2.5　枢纽布置方案三的计算分析

方案三左汊开挖至20m高程,右汊开挖至25m高程,数学模型如图5-14所示:

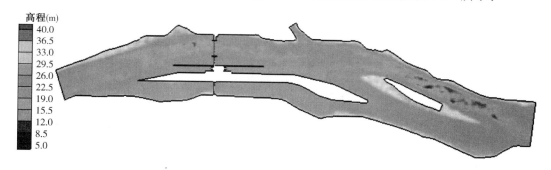

高程(m)

40.0
36.5
33.0
29.5
26.0
22.5
19.0
15.5
12.0
8.5
5.0

图5-14　方案三数学模型计算地形图

5.2.5.1　方案三泄洪能力研究

方案三各级特征洪水流量沿程水位及壅高值如图5-15～图5-17所示。从计算结果可知,各级特征洪水流量情况上游水位壅高值均满足规范要求。右岸最大壅高值发生在泄水闸前,由于上游引航道的束水作用,使得左汊蔡家洲洲头附近处最小过流面积小于左汊泄水闸的净泄流面积,左岸最大壅高值发生在蔡家洲洲头附近,并非发生在泄水闸前。

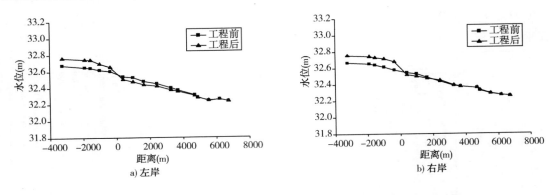

图 5-15　$P=50\%$ 的洪水方案三工程前后水面线比较示意图($Q=13500\mathrm{m}^3/\mathrm{s}$)

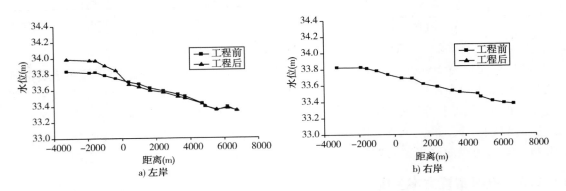

图 5-16　$P=20\%$ 的洪水方案三工程前后水面线比较示意图($Q=17500\mathrm{m}^3/\mathrm{s}$)

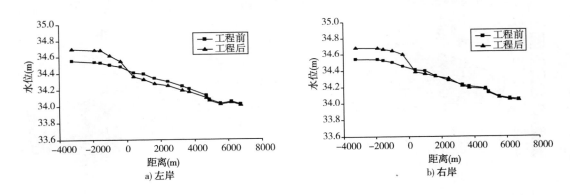

图 5-17　$P=10\%$ 的洪水方案三工程前后水面线比较示意图($Q=19700\mathrm{m}^3/\mathrm{s}$)

5.2.5.2　方案三船闸引航道口门区通航水流条件分析

通过对典型工况的计算分析,计算结果表明:

(1)当流量为 $13500\mathrm{m}^3/\mathrm{s}$ 时,根据防洪运行要求,电站停机,泄水闸全开泄流,口门区处于斜流区。上游引航道口门区最大横向流速为 $0.72\mathrm{m/s}$,最大纵向流速为 $1.45\mathrm{m/s}$,上游引航道口门区横向流速大于 $0.30\mathrm{m/s}$ 的范围较大,不能满足通航水流条件要求;下游引航道口门区形成一逆时针回流区,最大回流流速均小于0.40m/s,最大纵向流速为1.43m/s,最大横向流速为0.39m/s,且下游引航道口门区横向流速大于0.30m/s的范围较大,不能满足通航水流条件要求。

(2)当流量为17500m³/s时,根据防洪运行要求,电站停机,泄水闸全开泄流,口门区处于斜流区。上游引航道口门区最大横向流速为0.83m/s,最大纵向流速为1.76m/s,上游引航道口门区横向流速大于0.30m/s的范围较大,不能满足通航水流条件要求;下游引航道口门区形成一逆时针回流区,最大回流流速均小于0.40m/s,最大纵向流速为1.64m/s,最大横向流速为0.45m/s,且下游引航道口门区横向流速大于0.30m/s的范围较大,不能满足通航水流条件要求。

(3)当流量为19700m³/s时,根据防洪运行要求,电站停机,泄水闸全开泄流,口门区处于斜流区,引航道口门区流场如图5-18所示。上游引航道口门区最大横向流速为0.89m/s,最大纵向流速为1.89m/s,上游引航道口门区横向流速大于0.30m/s的范围较大,不能满足通航水流条件要求;下游引航道口门区形成一逆时针回流区,最大回流流速均小于0.40m/s,最大纵向流速为1.74m/s,最大横向流速为0.48m/s,且下游引航道口门区横向流速大于0.30m/s的范围较大,不能满足通航水流条件要求。

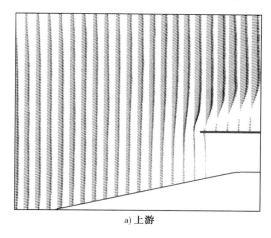 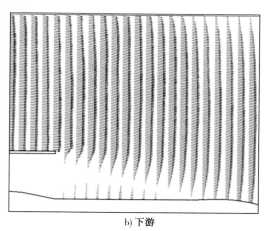

a) 上游   b) 下游

图5-18 方案三引航道口门区局部流场图(19700m³/s)

(4)当流量为21900m³/s时,根据防洪运行要求,电站停机,泄水闸全开泄流,口门区处于斜流区。上游引航道口门区最大横向流速为0.97m/s,最大纵向流速为2.00m/s,上游引航道口门区横向流速大于0.30m/s的范围较大,不能满足通航水流条件要求;下游引航道口门区形成一逆时针回流区,最大回流流速均小于0.40m/s,最大纵向流速为1.87m/s,最大横向流速为0.51m/s,且下游引航道口门区横向流速大于0.3m/s的范围较大,不能满足通航水流条件要求。

5.2.6 方案对比分析

本研究分别进行了方案一、方案二、方案三分析计算。

从泄流能力而言,方案一、方案二、方案三均满足规范要求。相比较而言方案二的泄洪能力最好;方案一由于蔡家洲洲头未进行开挖等原因,其泄流能力较方案二偏小;方案三由于船闸对右汊的束水作用,泄流能力最小。

从通航条件而言,方案一和方案二的上下游引航道口门区水流条件都能满足通航水流条件要求,方案三上游引航道口门区由于横向流速过大,不能满足通航水流条件要求。

根据长沙枢纽数学模型和物理模型试验计算结果,综合考虑长沙枢纽所在工程河段河道和水流特点,分析得出方案一在泄洪能力、船闸通航条件和工程量等方面具有优势;方案二虽然泄洪能力和船闸通航条件均满足要求,但是其船闸布置在河道右汊,工程施工量大;方案三在泄洪能力和船闸通航条件均存在不足之处。因此,工可阶段推荐枢纽总体布置采用方案一。

同时,方案一由于上游引航道和蔡家洲的束水作用,使得左汊蔡家洲洲头附近最小过流面积小于左汊泄水闸的净泄流面积,进而左汊泄水闸的泄洪能力没有充分发挥,因此可对方案一进行优化研究,为工程设计提供科学依据。

5.3 方案优化和计算分析

5.3.1 方案优化

通过对方案一的计算分析得出,左汊蔡家洲洲头附近过水面积较小,左汊泄水闸的泄洪能力没有得到充分的利用。因此对方案一进行优化,提出优化方案一(右汊开挖),如图5-19所示。优化方案一(右汊开挖)在原方案一设计的基础上,对蔡家洲洲头进行开挖,不仅提高左汊过流断面面积,从而提高泄流能力,而且使水流更加顺直到达电站,提高发电效益。

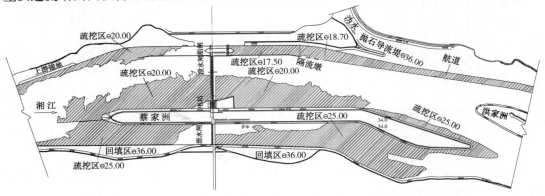

图5-19 优化方案一布置图

数学模型对优化方案一(右汊开挖)进行计算,研究优化方案泄洪能力和船闸引航道口门区通航水流条件,为工程设计优化提供科学依据。

5.3.2 优化方案一(右汊开挖)的计算分析

优化方案一(右汊开挖)的数学模型按照枢纽布置进行建立,左汊开挖至20m高程,右汊开挖至25m高程,坝址下游泄水出口处设置导流堤,出口左岸滩地开挖至20m高程。数学模型模拟河段与方案一相同,河道计算范围及地形如图5-20所示。

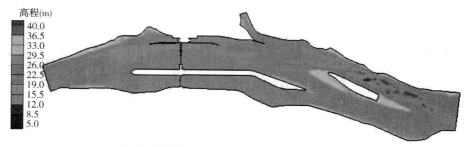

图 5-20 优化方案一(右汊开挖)数学模型计算地形图

5.3.2.1 优化方案一(右汊开挖)泄洪能力研究

优化方案一(右汊开挖)各级特征洪水流量沿程水位及壅高值如图 5-21 ~ 图 5-23 所示。从计算结果可知,各级特征洪水流量情况的上游水位壅高值均满足规范要求。右岸最大壅高值发生在泄水闸前,由于上游引航道的束水作用,使得左汊蔡家洲洲头附近最小过流面积略小于左汊泄水闸的净泄流面积,左岸最大壅高值发生在蔡家洲洲头,并非发生在泄水闸前。和优化前的方案一相比,上游水位壅高值均减小,可见蔡家洲洲头进行开挖,使得左汊过流面积增大,因此优化方案一(右汊开挖)壅高值减小。

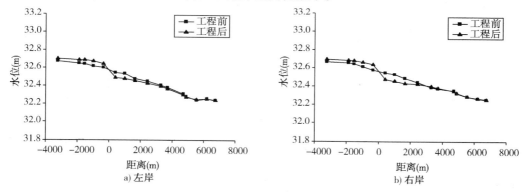

图 5-21 $P=50\%$ 的洪水方案一优化方案(右汊开挖)工程前后水面线比较示意图($Q=13500\mathrm{m^3/s}$)

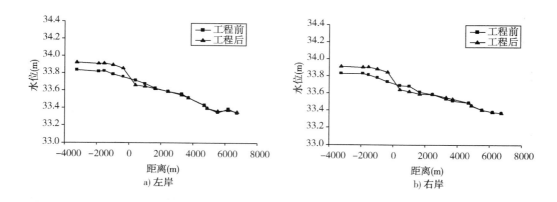

图 5-22 $P=20\%$ 的洪水方案一优化方案(右汊开挖)工程前后水面线比较示意图($Q=17500\mathrm{m^3/s}$)

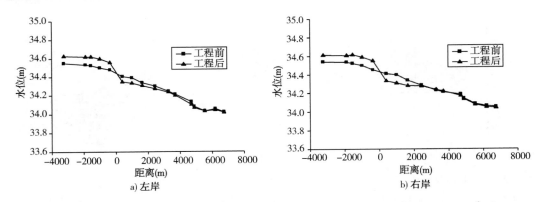

图 5-23 $P = 10\%$ 的洪水方案—优化方案(右汉开挖)工程前后水面线比较示意图($Q = 19700 \mathrm{m}^3/\mathrm{s}$)

5.3.2.2 优化方案—(右汉开挖)引航道口门区通航水流条件分析

通过对典型工况的计算分析,计算结果表明:

(1)当流量为 13500m^3/s 时,根据防洪运行要求,电站停机,泄水闸全开泄流。上游引航道口门区最大横向流速为 0.21m/s,最大纵向流速为 0.88m/s;下游引航道口门区形成一逆时针回流区,最大回流流速均小于 0.30m/s,下游引航道口门区在距堤头 300m 附近出现局部范围内最大横向流速为 0.30m/s,其范围不超过半个船队长度,其他区域横向流速均小于 0.30m/s,最大纵向流速为 1.24m/s。因此,上下游引航道口门区均能满足通航水流条件要求。

(2)当流量为 17500m^3/s 时,根据防洪运行要求,电站停机,泄水闸全开泄流,引航道口门区局部流场如图 5-24 所示。上游引航道口门区最大横向流速为 0.24m/s,最大纵向流速为 1.02m/s;下游引航道口门区形成一逆时针回流区,最大回流流速均小于 0.3m/s,下游引航道口门区在距堤头 300m 附近出现局部范围内最大横向流速为 0.33m/s,其范围不超过半个船队长度,其他区域横向流速均小于 0.30m/s,最大纵向流速为 1.36m/s。因此,上下游引航道口门区均能满足通航水流条件要求。

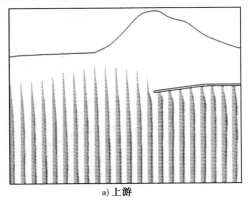
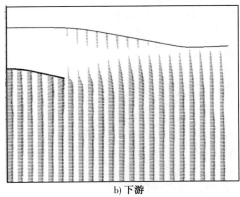

图 5-24 优化方案—(右汉开挖)引航道口门区局部流场图(17500m^3/s)

(3)当流量为 19700m^3/s 时,根据防洪运行要求,电站停机,泄水闸全开泄流。上游引航道口门区最大横向流速为 0.25m/s,最大纵向流速为 1.16m/s;下游引航道口门区形成一逆时针回流区,最大回流流速均小于0.3m/s,下游引航道口门区在距堤头300m附近出现局部范围内最大横向流速为0.33m/s,其范围不超过半个船队长度,其他区域横向流速均小于0.30m/s,最大纵向流速为1.46m/s。因此,上下游引航道口门区均能满足通航水流条件要求。

(4)当流量为21900m³/s时,根据防洪运行要求,电站停机,泄水闸全开泄流。上游引航道口门区最大横向流速为0.26m/s,最大纵向流速为1.24m/s;下游引航道口门区形成一逆时针回流区,最大回流流速均小于0.3m/s,下游引航道口门区在距堤头330m附近出现局部范围内最大横向流速为0.35m/s,其范围不超过半个船队长度,其他区域横向流速均小于0.30m/s,最大纵向流速为1.57m/s。因此,上下游引航道口门区均能满足通航水流条件要求。

优化方案一在原方案一设计的基础上,对蔡家洲洲头进行开挖。从数学模型计算结果分析得出,优化方案一的泄洪能力和上下游引航道口门区水流条件都满足规范要求,泄洪能力与原方案一相比有明显提高,并且使水流更加顺直到达电站,提高发电效益,但同时工程设计对右汊开挖至25.0m,工程量大。

由于右汊开挖量大,为节省工程量,且考虑到右汊是支汊,不是过流的主汊,地形高程又比较接近25m,因此运用数学模型对优化方案一(右汊不开挖)进行计算。对优化方案一设计中右汊是否开挖进行研究与探讨,为工程设计优化提供科学依据。

5.3.3 优化方案一(右汊不开挖)的计算分析

优化方案一(右汊不开挖)的数学模型按照枢纽布置进行建立,左汊开挖至20m高程,右汊不进行开挖,坝址下游沩水出口处设置导流堤,出口左岸滩地开挖至20m高程。数学模型模拟河段与原方案一相同,河道计算范围及地形如图5-25所示。

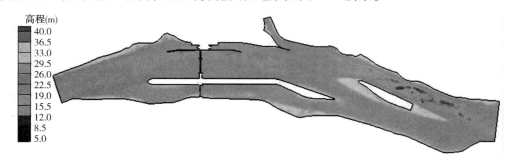

图5-25 优化方案一(右汊不开挖)数学模型计算地形图

5.3.3.1 优化方案一(右汊不开挖)泄洪能力研究

优化方案一(右汊不开挖)各级特征洪水流量沿程水位及壅高值如图5-26～图5-28所示,从计算结果可知,各级特征洪水流量情况的上游水位壅高值均满足规范要求。右岸最大壅高值发生在泄水闸前,由于上游引航道和蔡家洲的束水作用,使得左汊蔡家洲洲头附近最小过流面积略小于左汊泄水闸的净泄流面积,左岸最大壅高值发生在蔡家洲洲头,并非发生在泄水闸前。

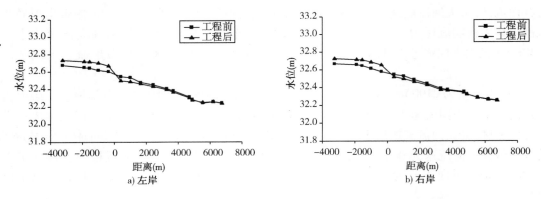

图 5-26　$P=50\%$ 的洪水方案—优化方案(右汊不开挖)工程前后水面线比较示意图($Q=13500\mathrm{m}^3/\mathrm{s}$)

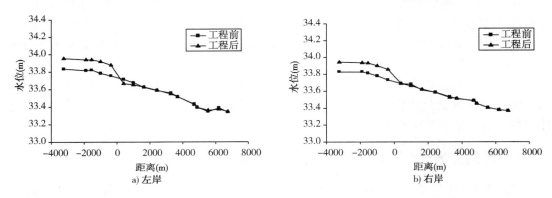

图 5-27　$P=20\%$ 的洪水方案—优化方案(右汊不开挖)工程前后水面线比较示意图($Q=17500\mathrm{m}^3/\mathrm{s}$)

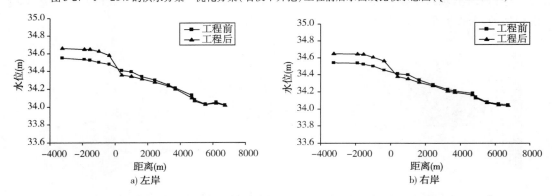

图 5-28　$P=10\%$ 的洪水方案—优化方案(右汊不开挖)工程前后水面线比较示意图($Q=19700\mathrm{m}^3/\mathrm{s}$)

5.3.3.2　优化方案一(右汊不开挖)引航道口门区通航水流条件分析

通过对典型工况的计算分析,计算结果表明:

(1)当流量为 13500m³/s 时,根据防洪运行要求,电站停机,泄水闸全开泄流。上游引航道口门区最大横向流速为 0.23m/s,最大纵向流速为 0.78m/s;下游引航道口门区形成一逆时针回流区,最大回流流速均小于 0.30m/s,下游引航道口门区在距堤头 300m 附近出现局部范围内最大横向流速为 0.31m/s,其范围不超过半个船队长度,其他区域横向流速均小于

0.30m/s,最大纵向流速为1.19m/s。因此,上、下游引航道口门区均能满足通航水流条件要求。

(2)当流量为17500m³/s时(图5-29),根据防洪运行要求,电站停机,泄水闸全开泄流。上游引航道口门区最大横向流速为0.26m/s,最大纵向流速为1.03m/s;下游引航道口门区形成一逆时针回流区,最大回流流速均小于0.3m/s,下游引航道口门区在距堤头300m附近出现局部范围内最大横向流速为0.34m/s,其范围不超过半个船队长度,其他区域横向流速均小于0.30m/s,最大纵向流速为1.31m/s。因此,上、下游引航道口门区均能满足通航水流条件要求。

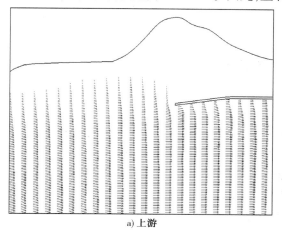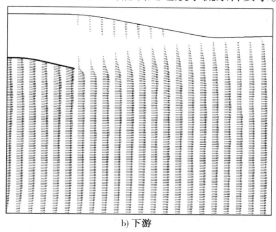

a) 上游   b) 下游

图5-29 优化方案一(右汊不开挖)引航道口门区局部流场图(17500m³/s)

(3)当流量为19700³/s时,根据防洪运行要求,电站停机,泄水闸全开泄流。上游引航道口门区最大横向流速为0.27m/s,最大纵向流速为1.09m/s;下游引航道口门区形成一逆时针回流区,最大回流流速均小于0.3m/s,下游引航道口门区在距堤头300m附近出现局部范围内最大横向流速为0.35m/s,其范围不超过半个船队长度,其他区域横向流速均小于0.30m/s,最大纵向流速为1.52m/s。因此,上、下游引航道口门区均能满足通航水流条件要求。

(4)当流量为21900m³/s时,根据防洪运行要求,电站停机,泄水闸全开泄流。上游引航道口门区最大横向流速为0.29m/s,最大纵向流速为1.14m/s;下游引航道口门区形成一逆时针回流区,最大回流流速均小于0.3m/s,下游引航道口门区在距堤头330m附近出现局部范围内最大横向流速为0.36m/s,其范围不超过半个船队长度,其他区域横向流速均小于0.30m/s,最大纵向流速为1.68m/s。因此,上、下游引航道口门区均能满足通航水流条件要求。

5.3.4 优化方案对比分析

本研究进行优化方案一分析计算,分别考虑右汊开挖和右汊不开挖两种情况。从泄流能力而言,优化方案一右汊开挖和右汊不开挖情况均满足规范要求。相对右汊不开挖情况下,右汊开挖的能使左岸水位相对壅高值减少约3cm,右岸水位相对壅高值减少约3.5cm。优化方案一右汊不开挖本身就能满足泄洪能力的要求,同时考虑到右汊为主汊,分流比占到

85%以上,可见对右汊进行开挖的工程成本较大,但增加泄洪能力的效果并不明显。从通航条件而言,优化方案一右汊开挖和右汊不开挖情况上、下游引航道口门区水流条件都能满足通航水流条件要求。优化方案一右汊开挖与否对上、下游引航道口门区水流条件影响均不大。

根据长沙枢纽数学模型和物理模型试验计算结果,综合考虑长沙枢纽所在工程河段河道和水流特点,分析得出优化方案一和原方案一相比,泄流能力和发电效益均有提高。优化方案一右汊开挖能进一步提高泄洪能力,但同时使得疏浚工程量巨大,成本增加。因此建议进行右汊局部开挖,开挖具体位置与开挖的高程需要综合考虑泄洪能力和疏浚工程量,并需进一步的优化计算与研究分析。

5.4 优化方案一施工导流期水流条件分析

5.4.1 施工导流方案及研究内容

根据施工设计的总体布置安排,优化方案一分两期进行施工,一期围左汊左岸船闸和10.5孔泄水闸,二期施工导流围左汊右岸16.5孔泄水闸及电站。右汊泄水闸在枯水期建造完成。其中,一期围堰由两部分组成,一部分围堰围船闸和泄水闸,此部分围堰按两年一遇洪水标准设计;另一部分围堰围船闸上下游引航道导堤,该部分围堰堰顶高程分别为上游29.5m,下游29m。一、二期围堰布置图如图5-30所示。

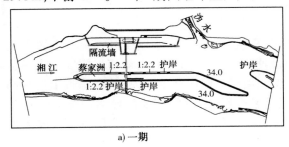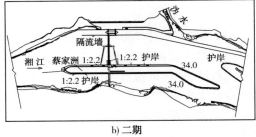

a) 一期   b) 二期

图 5-30 施工导流围堰示意图

本阶段施工导流数模计算目的主要是观测围堰在两年一遇设计洪水位下局部最大流速和通航水流条件,以及定性分析施工导流期流场分布等。

5.4.2 一期施工导流与通航条件

一期施工导流通过分析计算结果可知,靠近左汊主流区围堰附近流速较高,最高流速达到2.9m/s(围堰附近局部流场如图5-31所示),因此会造成该部分围堰冲刷破坏,建议在一期施工导流期对靠近左汊主流区部分围堰采取一定的防冲加固措施。

一期施工导流期船舶从临时航道通过,设计方案的临时航道太靠近围堰,由前面分析可知,靠近左汊主流区的围堰附近流速较快(最大流速达到2.9m/s),且横向流速较大,局部横向流速超过1m/s,洪水期会对船舶通航产生影响。因此,建议将临时航道向左汊右岸方向偏移大约150m,可使围堰附近临时航道最大流速减小至2.2m/s,并且横向流速可降至

0.3m/s以下。

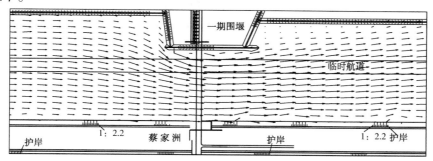

图 5-31　一期围堰局部流场图

5.4.3　二期施工导流与通航条件

二期施工导流由计算结果可知,在靠近左汊主流区的围堰附近局部流场和一期已建成水闸上下游的局部流场均超过了3m/s(图5-32),流速较大,因此需要对该部分围堰及水闸上下游河床或护底采取加固措施。同时由局部流场图5-31也可看出,靠近围堰的一孔泄水闸处于由于上游围堰结构造成的回流区中,泄流能力没有得到充分利用,建议优化围堰结构形式,以增加水闸泄流能力,减小上游洪水期壅高。

二期施工导流期左岸双线船闸已建设完工,该阶段船舶从船闸通行。通过计算口门区水流条件,在两年一遇洪水时,上游引航道口门区最大纵向、横向流速均满足规范要求。但在下游口门区最大纵向、横向及回流流速均超过了规范要求(上下游口门区局部流场图如图5-33所示),建议在下游口门区设置引航道挑流墙及挑流墩,具体效果可在初步设计阶段进一步研究。

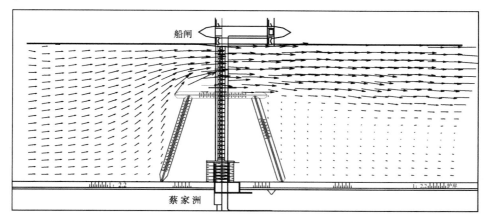

图 5-32　二期围堰局部流场图

5.4.4　优化方案一施工导流设计方案水流条件分析

通过以上对数学模型计算结果的分析,得出优化方案一的施工导流设计方案在两年一遇洪水时期存在以下几点问题:

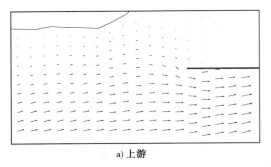
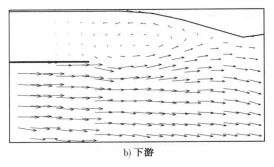

a) 上游   b) 下游

图 5-33   二期围堰施工期引航道口门区流场图

（1）一期施工导流期，靠近左汊主流区围堰附近局部流速较高（最高流速达到2.9m/s），容易对围堰造成冲刷破坏。

（2）一期施工导流期临时航道设计方案太靠近围堰，局部流速，尤其是横向流速较大（最大横向流速超过1m/s），会对洪水期通航产生不利影响，建议将临时航道向左汊右岸移动约150m。

（3）二期施工导流期，在两年一遇洪水时，已建左汊泄水闸上下游附近局部流场流速较大，最大流速达3m/s，会造成围堰、泄水闸上下游护底及河床的冲刷破坏。另外，由于靠近主流区的围堰对流场的影响，导致产生局部回流区，减小了有效过流断面面积，从而降低了行洪能力。

（4）在两年一遇洪水时，二期施工导流期船闸下游引航道口门区通航水流条件不能达到规范要求，需要采取挑流墙和隔流墩等措施。

虽然通过数学模型的计算分析，得出了以上几点结论，但针对以上问题的具体优化方案与效果可在初步设计阶段通过模型试验进一步详细探讨研究。

5.5 结语

运用枢纽河段数学模型，分析天然枢纽河段水面线、流速流态等水力特性。研究工可设计方案一、方案二和方案三泄流能力和船闸上、下引航道口门区通航水流条件，得出以下结论：

（1）对于泄流能力，工可设计方案一、方案二和方案三泄流能力均能满足规范要求。相比较而言方案二的泄洪能力最好；方案一由于蔡家洲洲头未进行开挖等原因，其泄流能力较方案二偏小；方案三由于船闸对右汊的束水作用，泄流能力最小。

（2）对于通航条件，工可设计方案一和方案二的上下游引航道口门区水流条件均能满足通航水流条件要求，方案三上下游引航道口门区由于横向流速过快，不能满足通航水流条件要求。

（3）综合考虑长沙枢纽所在工程河段河道和水流特点，分析得出工可设计方案一在泄洪能力、船闸通航条件和工程量等方面综合考虑具有优势。在工可设计方案一的基础上，对其进行进一步优化，对蔡家洲洲头进行开挖，进一步提高泄流能力和发电效益。通过计算得出，优化方案一泄流能力和上下游引航道口门区水流条件均能满足规范要求，同时发现优化方案一存在右汊疏浚工程量巨大、工程成本过高的不足。

（4）在优化方案一的基础上，对其进行更一步研究，提出优化方案一的右汊不进行开挖的研究。优化方案一（右汊不开挖）泄流能力和上下游引航道口门区水流条件均能满足规范要求，但是优化方案一（右汊不开挖）泄洪能力较优化方案一（右汊开挖）减小。综合考虑枢纽泄洪能力和疏浚工程量，建议进行右汊局部开挖，开挖具体位置与开挖的高程需进行进一步的优化研究与计算分析。

（5）优化方案一在两年一遇洪水时期，一期施工导流期，靠近左汊主流区围堰附近局部流速较快（最大流速达到2.9m/s），容易对围堰造成冲刷破坏。一期施工导流期临时航道设计方案太靠近围堰，局部流速，尤其是横向流速较快（最大横向流速超过1m/s），会对洪水期通航产生不利影响，建议将临时航道向左汊右岸移动约150m。二期施工导流期，在两年一遇洪水时，已建左汊泄水闸上下游附近局部流场流速较快，最大流速达3m/s，会造成围堰、泄水闸上下游护底及河床的冲刷破坏。另外，由于靠近主流区的围堰对流场的影响，导致产生局部回流区，减小了有效过流断面面积，从而降低了行洪能力。在两年一遇洪水时，二期施工导流期船闸下游引航道口门区通航水流条件不能达到规范要求，需要采取挑流墙和隔流墩等措施。

参 考 文 献

[1] 中华人民共和国国家标准. GB 50139—2004 内河通航标准[S]. 北京：中国计划出版社，2004.

[2] 中华人民共和国行业标准. JTJ 312—2003 航道整治工程技术规范[S]. 北京：人民交通出版社，2003.

[3] 中华人民共和国行业标准. JTJ 305—2001 船闸总体设计规范[S]. 北京：人民交通出版社，2001.

[4] 中华人民共和国行业标准. SL 155—95 水工（常规）模型试验规程[S]. 北京：中国水利水电出版社，1995.

[5] 中华人民共和国行业标准. JTJ 232—98 内河航道与港口水流泥沙模拟技术规程[S]. 北京：人民交通出版社，1998.

[6] 中华人民共和国行业标准. SL 252—2000 水利水电工程等级划分及洪水标准[S]. 北京：中国水利水电出版社，2000.

[7] 中华人民共和国行业标准. DL/T 5105—1999 水电工程水利计算规范[S]. 北京：中国水利水电出版社，1999.

[8] 湘江长沙综合枢纽工程预可行研究报告[R]. 湖南省交通规划勘测设计院，2008.

[9] 湘江长沙综合枢纽工程建设方案比选报告[R]. 湖南省交通规划勘查设计院，湖南省水利水电勘测设计研究总院，2008.

[10] 湘江长沙综合枢纽蔡家洲坝址平面布置数学模型试验研究（工可阶段）[R]. 长沙理工大学，2004.

[11] 黄伦超，许光祥. 水工与河工模型试验[M]. 郑州：黄河水利出版社，2008.

[12] Nakagawa H, Nezu I. Experimental Investigation on Turbulent Structure of Backward-Facing StepFlow in an Open Channel[J]. J Hydr Res IAHR, 1987,5(1):67-88.

[13] 冯娟，杨涛，黄尔. 分汊型河道潜洲阻力特性的试验研究[J]. 人民黄河，2009,31.

[14] 余新明，谈广鸣，赵连军，王军. 天然分汊河道平面二维水流泥沙数值模拟研究[J]. 四川大学学报（工程科学版），2007,39(1).

第 2 篇

初步设计阶段模型试验研究

综　　述

　　湘江长沙综合枢纽在工可阶段进行了香炉洲坝址和蔡家洲坝址选址模型试验研究,经综合对比,推荐蔡家洲坝址方案。

　　初步设计阶段模型试验研究是以蔡家洲坝址方案为研究对象,以湖南省交通规划勘察设计院提出的初步设计方案为基础方案,重点研究枢纽总体平面布置和船闸通航条件及布置方案优化。两个研究方向分别由长沙理工大学和交通运输部天津水运工程科学研究院承担。

一、枢纽总体平面布置模型试验研究

1. 主要研究内容

　　枢纽总体平面布置模型试验研究主要是确定枢纽溢流宽度、研究泄水闸调度方式及调度方案、进行消力池后局部动床水槽实验、提出初步设计阶段的枢纽总体平面布置方案。

2. 设计方案

　　初步设计枢纽总体平面布置:主要建筑物从左至右依次为:预留三线船闸、双线船闸、1孔排污槽(堰顶高程27.0m,净宽8m)、左汊24孔泄水闸(堰顶高程19.0m,净宽22m)、1孔排污槽(堰顶高程27.0m,净宽8m)、电站(6台机组)、蔡家洲副坝、右汊18孔泄水闸(堰顶高程25.0m,净宽14m)。

3. 试验研究主要结论

　　(1)溢流宽度试验研究

　　设计方案在两年、五年、十年、二十年、五十年、百年一遇洪水频率下,与天然情况相比,上游水位最大壅高值分别为0.11m、0.12m、0.13m、0.14m、0.16m和0.15m,与工可阶段在各特征洪水流量下水位壅高相差不大的情况下,均满足要求。左汊24孔泄水闸综合流量系数除两边孔(第1孔、第2孔)受导航墙影响较小外,其他各孔综合流量系数相差不大,在0.083~0.089,说明水流过闸比较均匀、平顺。

　　初步设计阶段左汊为24孔净宽22m水闸,右汊为18孔净宽14m的水闸;工可阶段左汊水闸净宽20m,闸孔数为27,右汊为19孔净宽14m的泄水闸。初步设计阶段左汊泄水闸净宽减少12m,右汊净宽减少14m,整个枢纽断面减少了26m的泄水净宽,从而减少对蔡家洲的开挖量约90万m³,节约了工程造价。

　　(2)泄水闸调度试验研究

　　泄水闸调度方案要求下泄水流应满足泄水闸下游消能防冲措施的要求,确保枢纽安全运行;在通航期应满足船闸上、下游引航道口门区的通航水流条件,确保船闸的正常使用;在满足上述条件的前提下,泄水闸调度方案应尽量使左汊右岸电站尾水渠水位较低,增加电站有效水头,提高发电效益;调度方案应操作方便、简单。

泄水闸调度的控制条件:出海漫底流速不超过下游河床的抗冲流速2.2m/s,同时闸门局部开启时控制闸孔单宽流量不大于15m³/(s·m)。在通航期船闸上、下游引航道口门区的通航水流条件满足规范要求;当入库流量大于电站满发引用流量1824m³/s时,为减小库区的淹没损失,要求短时降低坝前水位运行,但不低于上游最低通航水位。

考虑到右支汊地形高程大多位于约25m的特点,过流相对较小。试验的基本原则是:在采用其他方法能满足枢纽行洪能力的前提下,尽量减少开挖右汊河床。

调度试验主要结论如下:

①在各典型流量下试验研究可知,当上游来流流量介于1824~4000m³/s,采用两种调度泄流方式船闸引航道通航水流条件均可满足要求,但考虑到为获得较大的发电效益,应优先开启左汊1~13孔泄水闸,再开启左汊14~24孔。

②当流量介于4000~7400m³/s,采用不同调度方式,船闸引航道通航水流条件均可满足要求。当上、下游水头差大于电站工作水头时,电站继续发电,并逐步隔孔开启左汊的14~24号单数号泄水闸,宣泄多余水量;当水头小于电站工作水头时,电站停止发电,先逐步隔孔开启左汊的14~24号泄水闸至全部单数号泄水闸开启,而后按先中间后两边的原则逐步开启双数号闸孔,宣泄多余水量。

③当泄水闸局部开启时,下泄水流流速大于河床抗冲流速时,河床将会发生冲刷现象;而在下游形成的水流回流区,有可能导致下游河床发生冲刷现象,因此在泄水闸调度时,在保证船闸通航条件及电站效益最大化的同时,尽可能采用分散、多孔开启闸孔,避免形成较强的回流区。

二、船闸通航条件及布置方案优化模型试验研究

1. 主要研究内容

针对初步设计方案的船闸通航条件及布置方案,主要研究以下关键技术问题:

(1)船闸上、下游导流堤长度及平面布置形式优化。

(2)船闸下游枯水双线航道宽度及平面布置形式。

(3)船闸下游中洪水航线的选择。

(4)船闸引航道宽度、平面布置形式及船舶进出闸航行方式。

(5)沩水不同汇流比对通航水流及船舶航行条件的影响。

(6)沩水河口导流工程布置的研究。

2. 设计方案

(1)设计方案一

初步设计方案一为左汊左侧船闸、左汊右侧电站平面布置方案。

根据船闸结构形式和导流堤布置的不同,平面布置方案1又分为两组方案:

初步设计阶段的设计方案1-1主要建筑物从左至右依次为:左汊左岸船闸、24孔净宽22m泄水闸、左汊右侧电站及右汊18孔净宽14m泄水闸。设计方案1-2船闸结构形式和导

流堤布置与设计方案 1-1 不同,泄水闸和电站的布置与设计方案 1-1 相同。

(2)设计方案二

初步设计方案二为左汊右侧船闸、左汊左侧电站平面布置方案。主要建筑物从左至右依次为:左汊左岸电站、24 孔净宽 22m 泄水闸、左汊右侧船闸及右汊 18 孔净宽 14m 泄水闸。

3. 通航水流条件试验研究

(1)试验条件(试验典型流量与水位的选择)

长沙综合枢纽坝址位于湘江下游洞庭湖尾闾河段,受下游洞庭湖顶托,同一流量下下游水位存在多种组合,水位流量关系非常复杂;典型流量选择时,需考虑洞庭湖顶托对坝址下游水位—流量关系的影响。为确保防洪及通航,从最不利的角度出发,选择水位—流量关系中洪峰频率曲线进行枢纽泄流能力试验,选择水位—流量关系下线组合进行通航水流条件试验。

由于枢纽坝址下游 2km 左岸有沩水河汇入,不同的汇流比将对枢纽坝址及下游模型出口水位—流量关系产生一定的影响。在选择典型流量时应充分考虑沩水与湘江干流的各种组合。

根据枢纽运行方式及上述各种影响因素,模型试验综合选择了 24 级典型流量和多种组合水位进行试验研究。其中,在进行枢纽泄流能力试验的典型流量选取时,按沩水与湘江干流遭遇相同洪峰频率进行;在进行船闸通航条件试验的典型流量选取时,分正常遭遇和不利遭遇两种情况:a. 常年洪水流量($Q_干 = 7800\mathrm{m}^3/\mathrm{s}$)及常年洪水流量以下时,选取沩水汇流比为 0.05 时为正常遭遇;常年洪水流量以上时,选取相同洪水频率遭遇为正常遭遇。b. 不利遭遇又分两种情况:一种为湘江干流的中、枯水流量遭遇沩水的洪水流量,汇流比远大于0.05;另一种情况为湘江干流的洪水流量遭遇沩水的枯水流量时,选取汇流比为 0.01 时的流量遭遇。

(2)主要研究结论

试验研究首先以初步设计方案 1-1 和初步设计方案 1-2 为基础,对船闸上、下游口门区及连接段的通航条件进行了试验研究,并重点进行了沩水不同汇流比对通航水流条件及船舶航行条件的影响、沩水河口导流工程布置等内容的研究;其中设计方案 1-1 进行了 4 组修改方案试验,设计方案 1-2 进行了 1 组修改方案试验;最后又对初步设计方案 2 的船闸通航水流条件进行了试验研究。

①考虑到长沙综合枢纽坝址河段受下游洞庭湖顶托、沩水汇入等诸多因素影响,在进行模型试验典型流量选择时,为确保防洪及通航,从最不利的角度出发,a. 选择了水位—流量关系中洪峰频率曲线进行枢纽泄流能力试验,按沩水与湘江干流遭遇相同洪峰频率进行。b. 选择了水位—流量关系下线组合进行通航水流条件试验,分正常遭遇和不利遭遇两种情况:a)常年洪水流量($Q_干 = 7800\mathrm{m}^3/\mathrm{s}$)及常年洪水流量以下时,选取沩水汇流比为 0.05 时为正常遭遇;常年洪水流量以上时,选取相同洪水频率遭遇为正常遭遇。b)不利遭遇又分两种情况:一种为湘江干流的中、枯水流量遭遇沩水的洪水流量,汇流比远大于 0.05;另一种情况为湘江干流的洪水流量遭遇沩水的枯水流量时,选取汇流比为 0.01 时的流量遭遇。

②初步设计方案 1-1、初步设计方案 1-2 及两方案的修改方案工况下,坝前水位壅高值

均小于0.30m,满足设计要求;且修改方案的泄流能力较设计方案的泄流能力稍大。

③初步设计方案1-1、初步设计方案1-2及两方案的修改方案的船闸上游引航道口门区及连接段,在各级通航流量下,通航水流条件均能满足船舶(队)航行要求。另外,通过在上游导流堤堤头上游布置导流墩后,上游口门区的通航水流条件得到进一步优化。

④对于船闸下游口门区及及连接段航道而言,初步设计方案1-1和初步设计方案1-2的试验结果表明,a.湘江干流与沩水正常遭遇时,a)当$Q_干$<13500m³/s时,通航水流条件能够满足船舶(队)航行要求;b)当13500m³/s≤$Q_干$≤21900m³/s时,受过下游导流堤堤头后扩散水流的影响,导流堤堤头至沩水入汇口间部分航道段右侧航道内横流较大,船舶(队)只能沿左侧航线单线航行,而入汇口以下的连接段航道内通航水流条件能基本满足要求。b.湘江干流与沩水各种不利遭遇时,下游口门区及连接段内均存在不利于船舶航行的航道段,a)若湘江干流的中、枯流量遭遇沩水的洪水流量时,因沩水入汇口航道段右向斜流及横流较大而不利于船舶(队)航行;b)若湘江干流的洪水流量遭遇沩水的枯水流量时,因沩水顶托作用减弱而使下游导流堤堤头至沩水入汇口航道段左向横流较大而不利于船舶(队)航行。

⑤主要针对船闸下游口门区及连接段航道存在的通航问题,通过在下游引航道导流堤头下布置导流墩,以及对沩水河口采取疏浚与修筑导流堤相结合的整治措施对初步设计方案1-1和初步设计方案1-2进行了修改方案试验;其中设计方案1-1进行了4组修改方案试验,修改方案4为方案1-1的最优修改方案;设计方案1-2进行了1组修改方案试验。

⑥初步设计方案1-1修改方案4和初步设计方案1-2修改方案工况下,a.湘江干流与沩水正常遭遇时,以及沩水为中、枯水流量,而湘江干流为洪水流量的不利遭遇时,下游口门区及连接段航道通航水流条件均能满足船舶(队)航行要求。b.当沩水来流量为3350m³/s(沩水二十年一遇洪水)时,a)初步设计方案1-1修改方案4工况下,当干流流量$Q_干$=1824m³/s时,因沩水河入汇口附近连接段航道左侧边线附近水流紊动较强,左侧航线不利于船舶(队)航行,但船舶(队)可沿双线航道的右侧航线单线航行;当干流$Q_干$≥5000m³/s时,下游口门区及连接段航道通航水流条件能够满足要求。b)初步设计方案1-2修改方案工况下,当干流流量$Q_干$≥1824m³/s时,下游口门区及连接段航道通航水流条件能够满足船舶(队)航行要求。

⑦初步设计方案2是船闸位于蔡家洲左汊右岸侧,试验结果表明:

对于上游引航道口门区及连接段航道而言,①当$Q_干$<19700m³/s(10年一遇洪水)时,通航水流条件能满足船舶(队)航行要求;②当$Q_干$=19700m³/s、21900m³/s时,船舶(队)只能沿上游口门区及连接段右侧航线单线航行。

对于下游引航道口门区及连接段航道而言,①当$Q_干$≤7800m³/s时,口门区及连接段航道通航水流条件能够满足船舶(队)航行要求;②当$Q_干$>7800m³/s时,由于横跨洪家洲的京珠复线高速公路桥在其右汊无通航孔,因此下游航线只能经洪家洲左汊而下,致使水流斜穿堤头500m以下连接段航道,水流横向流速远超规范限值,且无法通过工程措施予以解决,通航水流条件无法满足船舶(队)航行要求。

⑧由各方案试验结果可以看出,在各级通航流量下,设计方案1-1修改方案4和设计方案1-2修改方案的船闸上游引航道口门区及连接段、下游引航道口门区,均能满足船舶(队)

安全航行的要求,船闸下游引航道连接段通航水流条件有所不同。两方案相比,由于下游连接段航道与沩水河口的距离于方案1-2较方案1-1要远,从航道通航水流条件及航道稳定性考虑,方案1-2修改方案要优于方案1-1修改方案4。综合对比各方案,方案1-2修改方案可作为初步设计阶段推荐方案。

⑨初步设计方案1-3主要是在初步设计方案1-2修改方案的基础上,从增加枢纽泄流能力、减小水位壅高的角度对工程设计方案进行了优化,通过资料分析认为该方案船闸上、下游通航水流条件与初步设计方案1-2修改方案基本一致,亦可作为初步设计阶段推荐方案。

4. 船模航行条件试验研究

(1)设计方案1-1

上游口门区及连接段:当流量 $Q_干 \leqslant 21900\text{m}^3/\text{s}$ 时,船模沿左、右侧航线航行比较顺利,满足安全航行要求。

下游口门区及连接段:①在正常遭遇下:湘江干流为中、枯水流量时,船模沿左、右侧航线基本能顺利航行,由于下游航道航宽仅为90m,不利于上、下船舶的避让;湘江干流为洪水流量时,口门至沩水入汇口以上航道内存在向左侧的斜流,沩水入汇口以下航道内流态较乱,航态较差,航向控制有些困难。②在不利遭遇下:湘江干流为中、枯水流量时,沩水入汇流量越大,沩水入汇口以下0~800m航道内的横流强度越大,船模无法正常沿航线航行,操纵难度较大。

(2)设计方案1-1修改方案4

上游口门区及连接段:当流量 $Q_干 \leqslant 21900\text{m}^3/\text{s}$ 时,船模沿左、右侧航线航行比较顺利,满足安全航行要求。

下游口门区及连接段:①在正常遭遇下,各级通航流量下,下游引航道口门区及连接段航行条件均满足船模安全航行要求。②在不利遭遇下:湘江干流为中、枯水流量时,而沩水为洪水流量,在这种组合下,下游连接段航道内(直立堤堤头以下航道)向右侧的斜流对船舶航行不利,尤其是 $Q_干 = 1824\text{m}^3/\text{s}$ 与 $Q_{沩水} = 3350\text{m}^3/\text{s}$ 组合时,船模受斜流的影响,漂移量较大,船舶沿航线航行操纵难度较大,若将航线向右侧平移(修改航线),航行相对要容易一些;湘江干流为洪水流量时,下游口门区及连接段的航行条件受沩水影响不大,由于下游引航道口门区航道右侧边线附近增设了5个导流墩,有效改善了口门区的航行条件,船模能顺利进、出口门,满足安全航行要求。

(3)设计方案1-2

上游口门区及连接段:当流量 $Q_干 \leqslant 21900\text{m}^3/\text{s}$ 时,船模沿左、右侧航线航行比较顺利,满足安全航行要求。

下游口门区及连接段:①在正常遭遇下,湘江干流为中、枯水流量时,下游引航道口门区及连接段航行条件满足船模安全航行要求;湘江干流为洪水流量时,口门至沩水入汇口航道内向左侧的斜流强度随着枢纽下泄流量的增大而增大,船模航行至该区域时均有一定程度的漂移,操纵稍有难度,需随时注意调整航态。②在不利遭遇下:湘江干流为中、枯水流量时,而沩水为洪水流量,在这种组合下,沩水入汇口以下航道内向右侧的斜流强度较大,船模受斜流的影响,漂移量较大,尤其是 $Q_干 = 1824\text{m}^3/\text{s}$ 与 $Q_{沩水} = 3350\text{m}^3/\text{s}$ 组合时,船模航态难

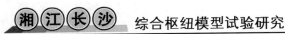

于控制,无法正常沿航线航行;湘江干流为洪水流量时,沩水入汇口以下航道内向右侧的斜流对船模航行有一定的影响,漂移量不大,操纵比较容易。口门至沩水入汇口航道内的斜流,随着枢纽下泄流量的增大而增大,需谨慎驾驶,随时注意调整航态。

(4)设计方案1-2修改方案

上游口门区及连接段:当流量$Q_干 \leq 21900\text{m}^3/\text{s}$时,船模沿左、右侧航线航行比较顺利,满足安全航行要求。

下游口门区及连接段:①在正常遭遇下,湘江干流为中、枯水流量时,下游引航道口门区及连接段航行条件较优,能够满足船模安全航行要求;湘江干流为洪水流量时,由于口门区增设5个导流墩,有效改善了口门区的航行条件,船模能顺利进、出口门,满足安全航行要求。②在不利遭遇下:湘江干流为中、枯水流量,沩水为洪水流量时,沩水入汇口以下航道内向右侧的斜流强度不大,船模向右侧的漂移量较小,船模航行比较顺利;湘江干流为洪水流量时,下游口门区及连接段的航行条件受沩水影响不大,口门区的水流条件较设计方案1-2有明显改善,满足船模安全航行要求。

(5)沩水河口增加直立堤,使沩水入汇口以下航道内水流趋于平顺,有效降低了航道内的横向流速,航行条件得到了明显改善。

(6)从下游航道平面布置看,设计方案1-2修改方案与设计方案1-1修改方案相比,下游航线向右侧偏移使得航道内水流受沩水扩散水流的影响减弱,另外航道底宽由120m增至146m,有利于船舶(队)航行和会船。

(7)比较各方案的船模航行情况,方案1-2修改方案可作为初步设计阶段推荐方案。

5. 推荐方案

根据通航水流条件和船模航行条件两部分试验研究成果综合对比分析,建议方案1-2修改方案作为初步设计阶段推荐方案。

设计单位依据模型试验成果对设计方案进行了相应的优化和完善,并作为施工图设计阶段研究的基础方案。

第6章 湘江长沙综合枢纽蔡家洲方案初步设计阶段枢纽整体模型试验研究

项目委托单位:长沙市湘江综合枢纽工程办公室

项目承担单位:长沙理工大学

项目负责人:刘晓平

报告撰写人:刘晓平 曹周红 潘宣何

项目参加人员:刘 洋 林积大 唐杰文 王能贝 邹开明 侯 斌 叶雅思
　　　　　　　卢 陈 方森松 周千凯 吴国君 陈亚娇 黎 峰 任启明

时　　　间:2009 年 5 月至 2010 年 5 月

6.1 试验研究内容

在工程初步设计研究阶段,湘江长沙综合枢纽总体平面布置模型试验研究重点解决以下几个问题:

(1)确定枢纽溢流宽度,控制枢纽上游水位壅高。

(2)枢纽泄水闸调度方式对枢纽建筑物的影响及调度方案的验证与确定。

(3)优化枢纽电站、溢流坝、船闸、导堤的布置。

(4)船闸上下游口门区、沩水河口的通航水流条件研究。

(5)消力池后局部动床试验研究。

(6)船舶通航条件的船模试验研究。

(7)提出初步设计阶段的枢纽总体平面布置方案。

6.2 泄流能力与溢流宽度试验研究

6.2.1 初步设计枢纽布置阶段方案简介

根据湖南省交通规划勘察设计院提供的工程资料,由地质勘查可知,工可阶段确定的枢纽位置的地质条件较差,因此初步设计阶段枢纽坝轴线往上移 85m,枢纽布置主要建筑物从左至右依次为:预留三线船闸、双线船闸、1 孔排污槽(堰顶高程 27.0m,净宽 8m)、左汊 24 孔泄水闸(堰形为折线使用堰、堰顶高程 19.0m,净宽 22m)、1 孔排污槽(堰顶高程 27.0m,净宽 8m)、电站(6 台机组)、蔡家洲副坝、右汊 18 孔泄水闸(堰形为折线使用堰、堰顶高程 25.0m,净宽 14m),如图 6-1 所示。

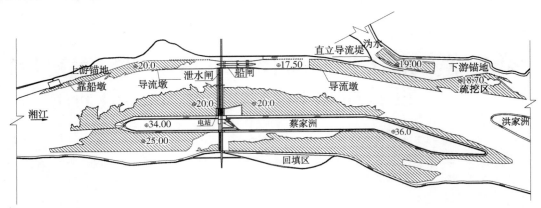

图 6-1　枢纽布置初步设计阶段方案示意图（设计院）

船闸闸室有效尺度为 280m×34m×4.5m（长×宽×门槛水深，门槛水深考虑了 1.5m 水位下切值，总深 6m）。两线船闸共用引航道，对称布置；上、下游引航道与河道之间均用导流堤隔开，上、下游导流堤长度约为 910m，并接 150m 的挑流墙，上游设置 3 个导流墩，下游设置 5 个导流墩，导流墩长 27m，导流墩之间的距离 23m。上游引航道底高程 20.0m，下游引航道底高程 17.5m。在沩水河口，为减少沩水汇入湘江时对船舶进出船闸的不利影响，采取了抛石修筑 35.0m 的直立导流堤的工程措施（图 6-1）。

初步设计阶段方案（设计院方案）左汊左岸滩地的引航道进出口开挖至 20m 高程，左汊右岸滩地也开挖至 20m 高程；右汊右岸边滩开挖至 25m 高程（开挖范围详见图 6-1 阴影部分），同时右岸两边滩回填至堤岸 36m 高程，沩水河口开挖至 19.0m 高程，并在入口处设置导流堤。

考虑到右汊为支汊，其地形高程大多位于约 25m 的特点，过流相对较小。若想通过开挖右汊提高行洪能力，挖得太浅可能作用不大；若挖得太深，则工程量巨大，且可能破坏原来河道的水流特性，将带来新的问题。因此本次试验的基本原则是：在采用其他方法能满足枢纽行洪能力的前提下，尽量减少开挖右汊河床。模型试验采用的初步设计阶段枢纽布置方案如图 6-2 所示。

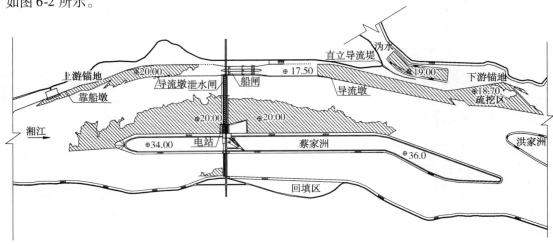

图 6-2　枢纽布置初步设计阶段方案示意图（模型试验）

6.2.2 泄洪能力研究

模型试验工况见表6-1。

初步设计阶段方案泄流能力试验工况   表6-1

工 况	洪水频率	流量（m³/s）	尾水水位（m）	备 注
1	两年一遇	13500	32.35	
2	五年一遇	17500	33.51	
3	十年一遇	19700	34.38	电站关,闸门全开
4	二十年一遇	21900	34.65	
5	五十年一遇	21900	35.07	
6	一百年一遇	26400	35.32	

6.2.2.1 水面线及水位壅高

试验结果表明：与天然情况相比，两年一遇洪水工况下，上游水位最大壅高值为0.11m；五年一遇洪水工况下，上游水位最大壅高值为0.12m；十年一遇洪水工况下，上游水位最大壅高值为0.13m；二十年一遇洪水工况下，上游水位最大壅高值为0.14m；五十年一遇洪水工况下，上游水位最大壅高值为0.16m；百年一遇洪水工况下，上游水位最大壅高值为0.15m，均满足要求。

6.2.2.2 综合流量系数分析

综合流量系数（表6-2）是反映泄水闸闸孔的过流能力的参数，除边孔（第1孔、第2孔）受导航墙影响，综合流量系数较小，分别为0.065、0.070外，其他各孔综合流量系数相差不大，这说明水流过闸比较均匀、平顺，不存在折冲水流和回流。

初步设计阶段方案左汊综合流量系数   表6-2

泄水闸号	1	2	3	4	5	6	7	8
流量系数 m	0.065	0.07	0.086	0.088	0.086	0.088	0.087	0.087
泄水闸号	9	10	11	12	13	14	15	16
流量系数 m	0.089	0.087	0.084	0.084	0.087	0.084	0.084	0.085
泄水闸号	17	18	19	20	21	22	23	24
流量系数 m	0.083	0.086	0.083	0.085	0.084	0.083	0.085	0.083

6.2.3 初步设计阶段方案枢纽河段水流特性分析

6.2.3.1 水流与泄水闸衔接情况

由粒子示踪及模型现场观察可知，各工况下蔡家洲洲头水流均较平顺，到达坝前的水流方向与坝轴线基本垂直，水流过闸均匀、顺畅。

6.2.3.2 汊道分流比

枢纽布置初步设计阶段方案蔡家洲汊道分流比见表6-3。

初步设计阶段方案蔡家洲汊道分流比　　　　　　　　　表6-3

流量（m³/s）	左汊（%）	右汊（%）
13500	82.5	17.5
17500	81.7	18.3
19700	80.8	19.2

6.2.4　闸坝溢流宽度对泄洪能力影响分析

为了讨论闸坝溢流宽度对泄流能力的影响，在模型上对枢纽布置初步设计阶段方案进行了两年一遇洪水和十年一遇洪水两种工况下关闭泄水闸闸孔的试验研究。

为了解左汊溢流宽度对泄洪的影响，对左汊泄水闸进行了左汊左、右岸各关闭1孔（即2孔）和左汊左、右岸各关闭2孔（即4孔）的试验，试验结果见表6-4。

减少溢流宽度对左汊沿程水位的影响　　　　　　　　　表6-4

工　况	关闭左汊左右岸各1孔	关闭左汊左右岸各2孔
	左汊上游水位壅高（m）	左汊上游水位壅高（m）
两年一遇	0.04	0.06
十年一遇	0.03	0.05

为了解左汊溢流宽度对泄洪的影响，分别进行了关闭右汊右岸3孔、6孔、9孔的试验研究，试验结果见表6-5。

减少右汊溢流宽度对左汊沿程水位的影响　　　　　　　表6-5

工　况	关闭右汊右岸3孔	关闭右汊右岸6孔	关闭右汊右岸9孔
	上游水位壅高（m）	上游水位壅高（m）	上游水位壅高（m）
两年一遇	0.02	0.04	0.06
十年一遇	0.04	0.05	0.06

综合分析可知：减少左汊泄水闸孔数对枢纽水位影响明显，而对左汊水位及试验河段的上下游的水位影响较小。而减少右汊泄水闸孔数对右汊枢纽局部水位有一定的影响，而对左汊水位及试验河段的上下游的水位影响较小。

6.2.5　闸坝行洪能力与工可阶段对比

由表6-6可以看出，两阶段枢纽平面布置方案坝上水位壅高相差不大，在坝轴线以下水面线基本上都与天然水面线重合。

初步设计阶段左汊为24孔净宽为22m水闸，右汊为18孔净宽为14m的水闸；工可阶段左汊水闸净宽为20m，闸孔数为27，右汊为19孔净宽为14m的泄水闸。初步设计阶段左汊泄水闸净宽减少了12m，右汊净宽减少14m，整个枢纽断面减少了26m的泄水净宽。相关设计单位在初步设计阶段沩水河口下游锚地处进行了疏挖，同时对右汊右岸矶头卡口处进行了开挖。由于低水头水利枢纽水位壅高受河床的地形影响很大，所以在坝址泄洪净宽减少情况下出现水位壅高与净宽减少前的相差不大的现象。

枢纽布置初步设计与工可阶段的沿程水位壅高值对比　　　表 6-6

工　　况	工可阶段枢纽平面布置方案	初步设计枢纽平面布置方案
	闸坝上游水位壅高（m）	闸坝上游水位壅高（m）
两年一遇	0.13	0.11
五年一遇	0.15	0.12
十年一遇	0.12	0.13

　　总体来说,工可阶段枢纽布置和初步设计阶段枢纽布置在各特征洪水流量时水位壅高相差不大的情况下,初步设计阶段方案减少了枢纽总的溢流宽度,从而减少对蔡家洲的开挖。其节省的水下开挖土方量约 90 万 m^3,从这个角度分析,初步设计布置方案节约了一定的工程造价。

6.2.6　不同堰形行洪能力比较分析

　　拟建湘江长沙综合枢纽在断面模型试验研究可知:泄水闸采用 WES 实用堰时,闸孔处出现了泥沙淤积情况,为此提出了堰形修改,即采用折线实用堰方案(具体研究成果详见《湘江长沙综合枢纽断面水工模型试验研究报告》)。为研究折线实用堰对枢纽建筑物及对水位壅高的影响,通过整体模型试验进行对比研究。

　　结合《株洲航电枢纽总体布置模型试验研究》的不同堰形行洪能力研究成果及本次试验结果表明:在其他条件不改变的情况下,仅改变泄水闸的堰形,折线实用堰的水位壅高较WES 实用堰高 1～2cm。

6.3　泄水闸调度试验研究

6.3.1　泄水闸调度方案控制条件

6.3.1.1　泄水闸调度要求

　　根据湖南省交通勘察设计研究院拟定的《湘江长沙综合枢纽泄水闸调度初步方式》基本原则:兼顾库区防汛防淹、通航、景观、城市供水、发电等目标,并力求使综合效益最大,当各目标冲突时以上述顺序为优先满足顺序。具体要求如下:

　　(1)泄水闸调度方案的下泄水流应满足泄水闸下游消能防冲措施的要求,确保枢纽安全运行。

　　(2)在通航期,泄水闸调度方案应满足船闸上、下游引航道口门区的通航水流条件,确保船闸的正常使用。

　　(3)在满足(1)、(2)条件的前提下,泄水闸调度方案应尽量使左汊左岸电站尾水渠水位较低,增加电站有效水头,提高发电效益。

　　(4)调度方案应操作方便、简单。

6.3.1.2 泄水闸调度的控制条件

（1）保证枢纽安全运行，控制出海漫底流速不超过下游河床的抗冲流速2.2m/s；同时闸门局部开启时控制闸孔单宽流量15m³/(s·m)。

（2）在通航期，泄水闸调度方案满足船闸上、下游引航道口门区的通航水流条件，即纵向流速不大于2.0m/s、横向流速不大于0.3m/s、回流流速不大于0.4m/s。

（3）当入库流量大于电站满发引用流量1824m³/s时，为减小库区的淹没损失，要求短时降低坝前水位运行，但不低于上游最低通航水位。

试验研究时各级流量下的坝前控制水位采用湖南省交通勘察设计研究院提供值及内插值（表6-7）。

不同入库流量坝前控制水位　　　　　　　　　　　　　　表6-7

时段 (h)	坝前 流量 (m³/s)	入库 流量 (m³/s)	16h后 预报流量 (m³/s)	预泄流量 (m³/s)	预泄库容 (万m³)	水库库容 (万m³)	坝前水位 (m)	下包线天 然水位 (m)	预泄流量下 游最高水位 (m)
	—	—	—	—	—	67500	29.70	—	—
20	3200	4000	4740	4740	1066	66434	29.52	26.43	29.46
12	3870	6000	6000	6000	2000	61375	29.16	27.27	29.07
24	4370	5400	7400	7400	2880	53878	28.46	28.14	28.40

6.3.2 不同调度方案对船闸通航条件的研究

湘江长沙综合枢纽船闸设计最小通航流量385m³/s，最大通航流量21900m³/s。在通航期，泄水闸调度方式应满足船闸上、下游引航道口门区的通航水流条件，即纵向流速不大于2.0m/s、横向流速不大于0.3m/s、回流流速不大于0.4m/s；同时船舶航行试验时，船舶的操舵角和航行漂角均需控制在某一范围内，即船队在口门区航行时，操舵角不应大于20°，航行漂角不应大于10°。因此，应研究不同调度方案情况时船闸引航道口门区水流条件的变化规律及特点、检验船舶航行的舵角及漂角是否满足要求。

6.3.2.1 试验研究方法

对于各典型流量下，泄水闸泄流流量由左汊闸孔调度泄流，考虑开启不同孔位组合，分析和研究不同调度方式情况下，船闸上、下游引航道口门区的水流条件的变化规律及特点；船舶航行时的舵角及漂角。

6.3.2.2 试验工况

根据前面分析，当总流量小于（等于）1824m³/s时，全部由电站过流；当预泄流量大于（等于）7400m³/s时，泄水闸左汊全开泄流，同时开启右汊泄水闸，直至泄水闸全部打开。本试验研究工况见表6-8。

船闸通航水流条件试验工况

表6-8

序号	预泄流量（m³/s）	电站引用流量（m³/s）	泄水闸泄流流量（m³/s）	开启孔数	单宽泄流量（m³/s）	坝上游（左汉）控制水位（m）	泄水闸开启组合方式	测试内容
1	2327	1824	576	2	11.43	29.7	方式1：左汉泄水闸3、5孔局部开启； 方式2：左汉泄水闸13、15孔局部开启；	
2	4000	1824	2176	7	14.12	29.52	方式3：左汉泄水闸1、3、5、7、9、11、13闸孔局部开启； 方式4：左汉泄水闸11、13、15、17、19、21、23闸孔开启； 方式5：左汉泄水闸1、3、5、7、9、11、13、15、17、19、21、23闸孔局部开启；	船闸引航道口门区流场及船模航行主要参数
3	6000	0	6000	19	14.35	29.10	方式6：左汉泄水闸1、2、3、4、5、6、7、8、9、10、11、12、13、14、15、17、19、21、23闸孔局部开启； 方式7：1、3、5、7、9、11、12、13、14、15、16、17、18、19、20、21、22、23、24闸孔局部开启	

6.3.2.3 试验结果分析

1. 船闸口门区水流条件研究

由于右汉副泄水闸仅在左汉泄水闸泄洪难以满足防洪要求时，右汉副泄水闸闸门才会开启参与泄洪。而对于左汉泄水闸的调度，为获得较大的发电效益，应优先开启左汉1~13孔闸孔，随着流量增大再逐步开启左汉14~24孔闸孔，此时泄水闸泄流方式也是通航条件最不利工况。

试验结果说明如下：

（1）流量为2327m³/s时的调度方式及分析比较

方式1：电站过流1824m³/s，左汉开3、5（从左汉左岸算起）孔泄水闸，泄流503m³/s。上游库区为正常蓄水位，水深较大，并且流速较小；上游引航道口门区平均纵向流速为0.15m/s，平均横向流速为0.03m/s，平均回流流速为0；下游引航道口门区平均纵向流速0.27m/s，平均横向流速为0.11m/s，平均回流流速为0。

方式2：电站过流1824m³/s，左汉开13、15（从左汉左岸算起）孔泄水闸，泄流503m³/s。上游库区水深也较大，流速较慢；上游引航道口门区平均纵向流速为0.14m/s，平均横向流速为0.06m/s，平均回流流速为0；下游引航道口门区平均纵向流速为0.23m/s，平均横向流速0.09m/s，平均回流流速为0。

以上试验结果表明：由于湘江的来流流量相对较小，回流流速基本为0；当采用方式1开启闸门时，由泄水闸泄流的水流对船闸口门区的影响稍微大些，此时船闸引航道上、下游口门区的纵、横向流速均较采用方式2开启闸门时大些，但都能满足规范要求。

（2）流量为4000m³/s时的调度方式及分析比较

方式3：电站过流1824m³/s，左汉开1、3、5、7、9、11、13（从左汉左岸算起）孔泄水闸泄流2176m³/s。上游引航道口门区平均纵向流速为0.19m/s，平均横向流速为0.12m/s，平均回流流速为0。下游引航道口门区平均纵向流速0.39m/s，平均横向流速为0.19m/s，平均回流流速为0。

方式4：电站过流1824m³/s，左汉开11、13、15、17、19、21、23（从左汉左岸算起）孔泄水闸泄流2176m³/s。上游引航道口门区平均纵向流速为0.37m/s，平均横向流速为0.11m/s，平均回流流速为0.1；下游引航道口门区平均纵向流速为0.26m/s，平均横向流速为0.16m/s，平均回流流速为0。

方式5：电站停止发电，左汉开1、3、5、7、9、11、13、15、17、19、21、23（从左汉左岸算起）孔泄水闸泄流2176m³/s。上游引航道口门区平均纵向流速为0.16m/s，平均横向流速为0.08m/s，平均回流流速为0.02m/s；下游引航道口门区平均纵向流速为0.33m/s，平均横向流速为0.12m/s，平均回流流速为0。

以上说明，流量4000m³/s时采用3种泄流方式均可满足船闸引航道口门区通航水流条件。通过对比分析这3种泄流方式可知：当电站运行，方式4比方式3闸门开启时，船闸引航道口门区的通航水流条件相对较好；当电站停止运行时，泄水闸建议采用分散开启，多开孔、小开度的方式，此时枢纽下游河段水流平顺，有利于通航。

（3）流量为6000m³/s时的调度方式及分析比较

方式6：电站停止发电，左汉开1～15、17、19、21、23孔泄水闸泄流6000m³/s。上游引航道口门区平均纵向流速为0.51m/s，平均横向流速为0.14m/s，平均回流流速为0.08m/s；下游引航道口门区平均纵向流速为0.58m/s，平均横向流速为0.20m/s，平均回流流速为0.18m/s。

方式7：电站停止发电，左汉开1、3、5、7、9、11～24孔泄水闸泄流6000m³/s。上游引航道口门区平均纵向流速为0.30m/s，平均横向流速为0.13m/s，平均回流流速为0.05m/s；下游引航道口门区平均纵向流速为0.53m/s，平均横向流速为0.13m/s，平均回流流速为0.07m/s。

可知，当流量为6000m³/s时，采用方式6及方式7两种泄流方式均可满足船闸引航道口门区通航水流条件要求，但方式7的船闸引航道上、下游口门区通航水流条件较优于方式6闸门开启。

综合研究分析可知：在各级特征流量下，泄水闸采用不同的开启方式时，船闸引航道上、下游口门区通航水流条件均能满足规范要求。而当电站运行发电时，采用靠近电站处的泄水闸调度时的通航水流条件优于开启靠近船闸附近处泄水闸调度时的通航水流条件。

2. 船闸引航道口门区及连接段船模航行试验结果分析

由1.可知，在各种典型工况下，上、下游口门区及连接段的航行条件较好时，口门区平均纵、横向流速及回流流速满足规范要求。对于上游口门区右侧航线部分区域，由于回流范围较大，下游口门区右汉横向流速较大，因此需要采用船模航行试验对口门区的通航条件做进一步的研究。上、下游口门区及连接段的试验均在右侧航线上进行。

（1）上游口门区及连接段船模航行结果分析

在2327m³/s、4000m³/s、6000m³/s三种流量工况下，船模沿右侧航线上、下行均比较顺利,航行的舵角、漂角均能满足规范要求。

当上游来流流量为 2327m³/s 时,电站发电,采用方式 1(近开)调度泄流时,船舶在 2.5m/s 和 3m/s 的航速下最大的舵角分别为 −18.3° 和 −18.58°;而采用方式 2(远开)调度泄流时,船舶在 2.5m/s 和 3m/s 的航速下最大的舵角分别为 −17.87° 和 −18.58°,均能满足规范要求。而从口门区通航条件来看,采用方式 2 调度泄流时通航条件相对较好。

上游来流流量为 4000m³/s 时,若电站继续发电,采用方式 4 调度泄流的通航条件较优于方式 3 调度泄流的通航条件;而当电站停止发电时,采用隔孔开启左汊闸门的水流较平顺,船舶的通航条件较好。

分析上游来流流量为 6000m³/s 可知,采用不同调度泄流方式的船舶上、下行的舵角及漂角均能满足要求;将其与上游来流流量为 4000m³/s 相比,船舶航行轨迹差别不明显。

综合分析可知,各级流量下,船模沿右航线航行都比较顺利,能够安全进、出船闸上游口门,船舶在口门区附近航行的舵角及漂角均能满足规范要求;分析对比同级流量下的调度泄流方式,采用开启远离船闸处的闸孔,通航条件相对较好。

(2)下游口门区及连接段船模航行结果分析

当上游来流流量为 2327m³/s 时,电站发电,采用方式 1(近开)调度泄流时,船舶在 2.5m/s 和 3m/s 的航速下船舶上、下行的最大舵角分别为 −19.35° 和 −19.3°;而采用方式 2(远开)调度泄流时,船舶在 2.5m/s 和 3m/s 的航速下最大舵角分别为 −16.43° 和 −18.05°。而从口门区通航条件来看,采用方式 2 调度泄流(即开启离船闸较远处的闸孔)时通航条件相对较好。

上游来流流量为 4000m³/s 及 6000m³/s 时,分析比较不同调度方式下,船舶沿右侧航线上、下行均比较顺利,航行的舵角、漂角均满足要求。而采用开启远离船闸处的左汊泄水闸调度时的通航条件相对较好。

通过研究分析可知,各级流量下,采用远离船闸处的泄水闸孔调度泄流时,船闸引航道上、下游口门区的通航水流条件及船舶航行的航态均优于采用靠近船闸处的泄水闸孔泄流的水流条件,但两种调度方式下船闸引航道上、下游口门区通航水流条件、船舶航行舵角、漂角均能满足规范要求。具体采用哪种泄水闸调度方式需根据情况,并兼顾发电、通航等综合因素来决定。

6.3.3 不同调度方案对电站尾水渠水位影响的研究

湘江长沙综合枢纽是低水头径流式电站,下游水位受洞庭湖顶托严重,发电量较少。电站布置在枢纽左汊左岸,共设 6 台发电机组,电站满发流量为 1814m³/s。当总流量大于 1824m³/s 时,泄水闸逐步开启泄流,为增加电站发电有效水头,就需要在泄水闸调度泄流时,尽量使左汊电站汊水渠水位较低。为此,需要研究不同调度方式情况时电站尾水渠水位的变化规律及特点。

6.3.3.1 试验研究方法

由于右汊泄水闸仅在开启左汊闸门难以满足防洪要求时,才开启右汊副泄水闸闸门参与泄洪。为此,本次试验将研究两种不同的左汊泄水闸开启时的电站尾水渠水位,即泄水闸

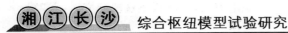

泄流流量全部由左汊 1～13 孔闸孔泄流和泄水闸泄流流量由左汊 14～24 孔闸孔泄流。分析和研究不同调度方式时电站尾水渠水位的变化规律及特点。

6.3.3.2　试验工况

当总流量大于 4000m³/s 时，水头小于 1.5m，电站停机。因此选择流量在 1824～4000m³/s 的典型流量为试验流量。试验工况见表 6-9。

电站尾水渠水位试验研究工况　　　　　　　　　　表 6-9

序号	预泄流量（m³/s）	电站引用流量（m³/s）	泄水闸泄流流量（m³/s）	坝上游（左汊）控制水位（m）	泄水闸开启组合方式	测试内容
1	2327	1824	503	29.7	每级流量均按以下两种组合开启泄水闸：①泄水闸泄流流量全部由右汊 1～13 孔闸孔泄流；②泄水闸泄流流量左汊 11～24 孔闸孔泄流	电站尾水渠水位
2	4000	1824	2176	29.52		

6.3.3.3　试验结果分析

当上游来流量为年均流量 2327m³/s 时，采用左汊 11～24 闸孔调度泄流时电站尾水水位高程为 24.42m，高于由左汊 1～13 闸孔泄流时电站尾水水位高程 24.47m。上游来流量为 4000m³/s 时，采用左汊 1～13 闸孔泄流时的电站尾水水位高程比采用左汊 11～24 闸孔调度泄流的尾水水位高程低 0.07m。

通过试验研究分析可知：当电站发电，泄水闸泄流时，采用不同部位泄水闸泄流对电站尾水渠水位影响较大。因此，仅从发电效益考虑，应优先开启左汊 1～13 闸孔。

6.3.4　消能防冲试验研究

6.3.4.1　局部动床试验研究

1. 试验研究目的

低水头水利枢纽泄水闸调度时，下泄水流是一个具有典型的三元流特点，在以往低水头水利枢纽（如马迹塘、南津渡水利枢纽）断面模型试验中，难以反映其特点，并在非主泄流区发生了冲刷现象。拟建湘江长沙综合枢纽上下游水头差小，当泄水闸泄流单宽流量较大时，极易可能引起下游护坦后河床发生冲刷，因此有必要对下游海漫后河床进行局部动床试验，分析其发生的冲刷原因。

2. 试验工况

由于拟建长沙综合枢纽下游河床覆盖层泥沙粒径 2～4cm，若在模型比尺为 1:100 的模型中试验，泥沙粒径仅为 0.2～0.4mm，试验过程中将很难满足相似条件，因此本次局部动床试验将采用 1:50 的试验模型。试验在长为 20m、宽为 1.6m 的试验水槽中进行，泄水闸孔数为 7 孔，单孔开启；上游水位为 29.7m，下游水位是随流量改变的。试验单宽流量为 15m³/s、20m³/s、30m³/s、40m³/s，冲刷时间为 2h。

3.试验结果分析

当单宽流量为15m³/(s·m)时,在主泄流区处海漫处的底流速较快,使得河床发生冲刷现象,冲刷深度为0.46m,而在非主泄流区的河床没有冲刷发生;当单宽流量增加到30m³/(s·m)时,主泄流区处的河床冲刷深度越来越深,冲刷坑的深度为1.37m,此时在非主泄流区海幔与河床相接处发生冲刷现象,泥沙不断地淤积到护坦上,冲刷坑深度为0.52m;当泄水闸单宽流量为40m³/(s·m)时,由于单宽流量过大,不仅主泄流区处河床的冲刷深度较深,非主泄流区处海漫与河床相接处冲刷深度也较大。

分析下游河床发生冲刷的原因可知:

(1)对于主泄流区,当出海漫的底流流速大于河床抗冲流速,同时水流紊动较大时,泥沙将会启动,随着时间的增加,冲刷坑深度和范围不断扩大;随着水深深度不断加大,近底流速也逐渐减小,直至水流的冲击作用无法影响到泥沙的起动,主泄流区河床才逐渐达到稳定。

(2)对于非主泄流区,泄水闸局部开启时,形成较强的回流区,出现类似立轴漩涡的水流。在水流的紊动能作用下,在护坦和河床相接处的河床不断被淘刷。

因此,在泄水闸调度时,应避免泄水闸出池流速大于河床抗冲流速;同时在泄水闸调度时采用分散多孔、开启,避免水流形成过强的回流区。

6.3.4.2 不同调度方案对泄水闸消能防冲研究

1.试验研究方法

对于每级流量下,根据闸门局部开启时控制消力池部位闸孔单宽流量15m³/(s·m)的原则,首先计算应开启的泄水闸孔数见表6-8,在此基础上考虑前面表6-7试验的结论,即为满足船闸引航道口门区通航水流条件,左汊闸孔采用分散开启、多开孔小开度,观测泄水闸下游的流场。如果出海漫水流底流速不超过下游河床的抗冲流速2.2m/s,则泄水闸开启的孔数及开度即为泄水闸调度的极限控制方案,否则调整泄水闸开启孔数及开度,直到满足泄水闸调度控制条件。

2.试验工况

见表6-8。

3.试验结果分析

模型试验主要对各种工况的泄水闸下游流场进行了测量。

(1)流量为2327m³/s时的调度方式及分析比较

方式1:泄水闸泄流出池最大底流速为1.08m/s,小于河床的抗冲流速3m/s;闸坝下游形成较大范围的静水区或回流区,表面流速最大流速仅为0.17m/s,这些区域将是悬移质和部分推移质的淤积区。

方式2:最大出池断面底流速为1.12m/s,小于河床抗冲流速2.2m/s。此时在电站与泄水闸第15闸孔之间形成了回流区,但表面流速均较小,仅为0.31m/s。

以上说明,流量2327m³/s时采用两种泄流方式,闸坝下游水流形成的回流区范围较大,这部分地区将是悬移质及部分推移质冲淤区。

（2）流量为4000m³/s时的调度方式及分析比较

方式3：泄水闸泄流出池最大底流速为2.05m/s,小于河床抗冲流速2.2m/s。将在左汊14～24孔区域形成回流区,这些区域将是悬疑质和部分推移质的淤积区。

方式4：泄水闸泄流出池最大底流速为2.02m/s,小于河床抗冲流速2.2m/s。左汊泄水闸1～13孔之间下游,受到导墙影响,极易形成回流区或者静水区。

方式5：下游水流较平顺,且流速较小。

以上说明,流量4000m³/s时采用3种泄流方式中,水流出池流速均能够满足要求,但方式1及方式2形成的回流区或静水区将是悬移质和部分推移质的淤积区,因此在泄水闸调度时,在尽量获得电站最大水头差时,采用分散开孔,破除回流区;而对于电站停发时,尽可能使泄水闸开孔分散、均匀。

（3）流量为6000m³/s时的调度方式及分析比较

方式6：泄水闸出流最大底流速为1.85m/s,小于河床抗冲流速2.2m/s。水流的流态较好,仅在电站处存在回流区。

方式7：泄水闸出流最大底流速为1.89m/s,小于河床抗冲流速2.2m/s。水流的流态较好,仅在电站处存在回流区。

以上说明,当流量为6000m³/s时,采用方式1及方式2水流流态较好,泄水闸出池底流速满足要求。

6.3.5 小结

通过对泄水闸调度试验研究,可以得到以下几点结论：

（1）在各典型流量下试验研究可知,当上游来流流量介于1824～4000m³/s,采用两种调度泄流方式船闸引航道通航水流条件均可满足要求;但考虑到为获得较大的发电效益,应优先开启左汊1～13孔泄水闸,再开启左汊14～24孔。

（2）当流量介于4000～7400m³/s,采用不种调度方式,船闸引航道通航水流条件均可满足要求。当上、下游水头差大于电站工作水头时,电站继续发电,并逐步隔孔开启左汊的14～24号单数号泄水闸,宣泄多余水量;当水头小于电站工作水头时,电站停止发电,先逐步隔孔开启左汊的14～24号泄水闸至全部单数号泄水闸开启,而后按先中间后两边的原则逐步开启双数号闸孔,宣泄多余水量。

（3）当泄水闸局部开启时,下泄水流流速大于河床抗冲流速时,河床将会发生冲刷现象;而在下游形成的水流回流区,有可能导致下游河床发生冲刷现象,因此在泄水闸调度时,在保证船闸通航条件及电站效益最大化的同时,尽可能采用分散、多孔开启闸孔,避免形成较强的回流区。

6.4 枢纽河段通航条件试验研究

拟建湘江长沙综合枢纽船闸位于枢纽河段左汊左岸,为双线船闸。根据《船闸总体设计规范》（JTJ 305—2001）,对于Ⅲ级船闸,船闸上、下游引航道口门区流速需满足以下要求：纵向流速 $v_y \leq 2.0$m/s,横向流速 $v_x \leq 0.30$m/s,回流流速 $v_{xy} \leq 0.40$m/s;同时船模航行试验时,船舶的操作舵角和航行漂角均需要有某一控制范围,即船队在口门区航行时,操作舵角不应大于20°,航行漂角不应大于10°。

6.4.1　船模设计制作与相似性校正

6.4.1.1　船模的主要技术参数

湘江长沙综合枢纽初步设计阶段整体模型试验船模的船体为一艘1000t的船舶,该模型船长度为85cm,宽度是15cm,采用两节2.4V的镍氢电池驱动。船模制作主要根据船舶线形图、浆叶图、舵叶图按照几何比尺缩尺加工,船体采用玻璃钢制作而成。

6.4.1.2　船模相似理论与测试技术

与水工模型一样,船模在模型水流中运动同样应满足一定的相似条件。根据交通运输部颁发的《内河航道与港口水流泥沙模拟技术规程》(JTJ/T 232—2001)和《通航建筑物水力学模拟技术规程》(JTJ/T 235—2003)的规定:用于通航条件试验的船模,需满足几何相似、重力相似及操作性相似等条件。几何条件相似是指其结合尺度、形状、吃水和排水量都应与实船相似;对于重力相似条件是指其运动速度及时间与实船相似。

为了使得船模与实船的吃水相似,两者的排水量应满足相似。船模的排水量 W 是指船模排开水体的体积 ω 乘以水的容重 γ,即 $w = \omega \times \gamma$。因此,排水量比尺为 $\lambda_w = \lambda_\omega \times \lambda_\gamma$,而 $\lambda_w = \lambda_L^3$、$\lambda_\gamma = 1$,则 $\lambda_w = \lambda_L^3$。

船舶运动时的相似条件时佛汝德数 $F_r = V/(gh)^{1/2}$ 相似,由此可得

$$\lambda_v = \lambda_h^{1/2}$$

$$\lambda_t = \lambda_L / \lambda_v = \lambda_h^{1/2}$$

与物理模型一致,船模设计为几何正态,比尺为1:100,即 $\lambda_L = 100$。根据量纲分析,对于几何正态的船模,其物理量之间的比尺关系如下:

(1)吃水比尺:$\lambda_T = \lambda_L$;

(2)排水量比尺:$\lambda_w = \lambda_L^3$;

(3)速度比尺:$\lambda_v = \lambda_L^{1/2}$;

(4)时间比尺:$\lambda_t = \lambda_L^{1/2}$;

按船模与实体船舶各参数之间的比尺关系,可求得各主要的比尺见表6-10。

湘江长沙综合枢纽船模设计比尺表　　　　　　　　　　表6-10

几何比尺(λ_v)	吃水比尺(λ_T)	排水量比尺(λ_w)	速度比尺(λ_v)	时间比尺(λ_t)
100	100	1000000	10	10

船模经过缩尺后,其容量、载量都有限,除了安装必要的遥控、动力和变速等设备和驱动电源外,不可能再安装其他的测量设备,需要应用更加实用和先进的测试技术。本次模型试验采用的是由清华大学和天津水运科学研究院研发的船体试验模型及VDMS实时系统组成。该系统有一个或者多个CCD摄像机、视频传输线、视频分配器、视频采集卡、踩脚测量仪以及一台配备了流场实时测试系统(VDMS)的计算机组成。VDMS可以实时测量船模航行时的船位、操舵过程,同时进行数据处理,获取所需的船模航行参数。

6.4.1.3　船模的静水性能

内河船舶的静水性能主要是指船舶在静水中的吃水、排水量、浮态及重心位置等方面。船体完工后,需要进行精心的配载,在船模的前、中、后位置标刻上相应的吃水深度,按照排水量称重配载,在专用水槽中调整配载位置,满足船模的前、中、后的吃水深度,从而使得船模与实船在静水中的排水量、吃水及平面重心位置达到相似要求。

6.4.1.4　船模的航速

船模航速率定在矩形水池的静水中进行。在保证船模直航稳定的前提下,调整螺旋桨的转速,使船模航速与实船相似。

取推轮功率系数为85%,考虑到船模主要用于初步设计阶段的船闸引航道口门区通航水流条件,率定了2.5m/s、3.0m/s两种静水航速,并且以3.0m/s静水航速为主要的试验航速。

6.4.1.5　船模的运动和操纵性能

船模操作性能是指船舶受驾驶者的操纵而保持或改变其运动状态的性能,反映了船舶航行过程中的航向稳定性以及避免碰撞时的机动性。因此,在进行通航条件试验时,船模与实船的操作性是否相似就显得十分重要。根据国内船模试验资料,尽管船模已经做到了外形的几何相似、排水量相似及直线静水航速相似,但目前1:100到1:150比尺的船模均会因缩尺而产生尺度效应,船模的操纵性能还不能达到与实船相似,需要进行尺度效应的修正。由于没有设计船队的实船试验资料,因此本试验的船模按已有类似比尺船模的试验结果,进行了尺度效应修正。

6.4.2　试验控制条件及航行判别标准

6.4.2.1　试验范围及航线布置

本试验是以船闸上、下游引航道口门区及连接段为主要试验区,同时考虑上、下游的部分航道。按照《船闸总体设计规范》(JTJ 305—2001)要求,船闸口门区布置如下:上游引航道导流堤堤头至上游400m为口门区,连接段为口门区上游400~900m范围,并与主航道相接。口门区及连接段平面布置形式为:堤头上游390m为半径1120m的圆弧段,而后接410m的直线段。

下游引航道导流堤堤头至下游400m直线段为口门区,连接段为导流堤堤头下游400m至3000m范围,并与主航道相接。连接段航道与洪家洲左汊深槽相接。

上游引航道口门区及连接段航道均为160m,下游引航道口门区航道宽为160m,连接段航道宽由160m渐变至90m。

根据设计方案,口门区与连接段航道均为双线航道,每条航线船舶都能够上、下航行进出口门。

6.4.2.2　船模航行条件的判别标准

对于进出船闸的船舶,航行时操舵角和漂角一般情况均应较小,若出现较大的操舵角和漂角,说明水流条件较差,有偏离航道的危险,容易发生事故。因此,为了使船舶顺利进出入船闸,船舶航行时应保持一定的船位和航向。为了判别航行条件的优劣,船舶的操舵角和航行漂角均需要有某一控制范围。参照相同试验研究采用的航行标准,船队在口门区航行时,操舵角不应大于20°,航行漂角不应大于10°。

6.4.3　船闸通航水流条件研究

6.4.3.1　船闸引航道口门区通航水流条件结果分析

为了解船闸引航道口门区通航水流条件,对上、下游引航道口门区的流场进行了观察和测量。试验结果表明:

(1)关于上游引航道口门区,洪水为两年、五年和十年一遇时,口门区纵向、横向、回流流速均较小,均满足规范要求。

(2)关于下游引航道口门区,洪水为两年、五年和十年一遇时,口门区纵向、横向流速、回流流速均小于规范要求的值,满足安全通航要求。

6.4.3.2　船闸引航道口门区及连接段船模航行结果分析

1. 上游口门区及连接段船模航行结果分析

根据6.4.2.1节结果分析可知,上游口门区及连接段的航行条件较好,当流量 $Q \leqslant 21900 \mathrm{m}^3/\mathrm{s}$ 时,口门区纵、横向流速及回流流速基本在规范限值以内,满足规范要求。上游口门区右侧航线部分区域回流范围较大,因此上游口门区及连接段的试验均在右侧航线上进行。

在两年一遇、五年一遇、十年一遇三种洪峰流量下,由于纵向流速相对较大,部分航线段上的漂角超过了10°。

其中两年一遇的试验组都能够满足通航要求;五年一遇的试验组时,在船舶航行速度为2.5m/s时,存在着部分漂角过大,上行最大漂角为 -13.75°,下行最大漂角为 -11.79°;十年一遇的试验组在航速为2.5m/s时,上行最大漂角为10.45°,下行最大漂角为13.15°,航速为3.0m/s时,上行最大漂角为 -11.32°,下行最大漂角为 -10.44°。

2. 下游口门区及连接段船模航行结果分析

在两年一遇、五年一遇、十年一遇3种洪峰流量下,口门区横流范围及流速大小随着流量的增大而增快,因此船模在进出口门区的时候,操纵难度也随之增大。在两年一遇的流量下,船模的舵角不大,都没有超过20°,但是航行漂角较大,2.5m/s航速上行时连接段最大航行漂角是12.59°,下行时连接段的最大航行漂角是13.37°;当湘江来流量为五年一遇,船舶航行速度为2.5m/s时,连接段处船舶上行的最大航行漂角为10.21°,连接段船舶下行的最大航行漂角为14.97°。

6.4.4　沩水河对通航条件分析

距船闸下游口门区约1km处有沩水河汇入,可能会对湘江水流产生较大影响,使船闸口门区产生较大的横向流速,对船舶进出产生不利影响。因此,需对沩水河的影响进行分析和研究。

6.4.4.1　试验工况

根据设计院的要求,分别进行了湘江流量6000m³/s、10000m³/s、13500m³/s(两年一遇)

遭遇沩水二十年一遇的试验工况。

6.4.4.2 试验结果及分析

1. 沩水对口门区的影响

试验结果表明,在流量6000m³/s、流量10000m³/s和两年一遇沩水在二十年一遇工况下,沩水河口保持原貌及加导流堤后船闸下游口门区纵、横向流速均满足规范要求。

2. 下游口门区及连接段船模航行结果分析

当沩水河口保持原貌时,这三种流量组合下,口门区的航行条件均较好;但是船舶沿左航线进出时,船模在连接段漂移比较明显,航行漂角较大。湘江6000m³/s加沩水2350m³/s流量下,上行时连接段的最大航行漂角是11.33°,下行时连接段的最大航行漂角是14.66°;湘江10000m³/s加沩水2350m³/s流量时,连接段上行的最大航行漂角是20.3°,连接段下行的最大航行漂角是14.88°;湘江13500m³/s加沩水2350m³/s流量时,连接段上行的最大航行漂角是16.73°,连接段下行的最大航行漂角是25.43°,船模漂角均大于规范允许值10°,不满足规范要求。

为了使船舶航行的漂角满足要求,提出了对沩水河口进行加直立堤的改造方案。可知:在各级流量组合下,船舶的漂角及舵角均满足要求。

6.5 其他问题研究

6.5.1 局部区域开挖回填问题研究

对于推荐枢纽布置方案,其开挖土方量较大,除蔡家洲加高需抛填部分弃渣外,其他还需专门设置场地弃渣,因此本模型试验考虑将弃渣回填至右汊右岸的边滩上。

边滩回填问题对该河段行洪能力影响问题需要通过模型试验进行研究。试验结果表明,回填边滩对行洪能力基本没有影响。

湘江长沙综合枢纽所处河段为微弯分叉河段,由于特殊的地质构造,在右汊右岸存在着两个矶头卡口,在工可阶段行洪能力分析中表明仅仅通过增加右汊泄水闸的溢流宽度来提高行洪能力的效果不明显。因此,为研究右汊右岸矶头卡口开挖是否能提高右汊的泄洪能力,本次模型试验对右汊边滩开挖前后进行了对比试验。试验结果表明,开挖后右汊上游水位降低,说明右汊壅高值降低,开挖边滩对右汊的泄洪能力改善效果明显。

6.5.2 电站进出水口水流条件研究

6.5.2.1 问题的提出

对于低水头枢纽来说,由于电站的发电水头较小,电站下游尾水水位的较小差别,将对电站发电效益影响较大。而电站导墙长短直接影响到电站进出口水流条件,从而影响发电水头。若导墙过短,其作用不明显,但导墙过长又会影响电站尾水扩散,因而有必要通过试验来优化导墙的长度。

6.5.2.2　电站进出口水流条件研究

1. 试验工况

试验考虑上游导墙长度从20m逐步加到40m;下游导墙长度分别为20m、30m、40m、50m,试验组合情况见表6-11。

试验主要对电站进口水流流态进行了观测,并测试了电站下游50m、110m处尾水渠内的水位。

试 验 组 合 情 况　　　　　　　表6-11

流量(m³/s)	泄流状况	上导墙长度(m)	下导墙长度(m)			
2327	6台机组	20~40	20	30	40	50
4000	6台机组余水左汊	20~40	20	30	40	50

注:流量2327m³/s时,按正常调度方式应为6台机组,余水经左汊1~13孔调度泄流。

2. 试验结果分析

(1)电站进口流态分析

试验结果表明:电站上游导墙分别为20m到40m不同的长度情况时,观察了上游电站进口处水流流态:当上导墙长为20m时,靠泄水闸第一台机组进口出现漩涡,流态较差,影响该台机组的正常运行,其余各台机组流态较好。随着上导墙长度不断增加,在电站进口处形成了较大的回流区,漩涡强度在减弱,最终消失。当导墙长度为40m时,漩涡基本消失。因此,上导墙长度应适当加长。

(2)电站出口流态分析

当电站满发流量为2327m³/s,即此时电站6台机组全部运行而泄水闸局部开启情况下,当电站的下游导墙越长,则对电站尾水扩散越不利。同理分析上游来流流量为4000m³/s时,即电站发电、左汊1~13孔泄水闸局部开启工作,电站导墙的长短对尾水渠水流的扩散影响较小。

电站下游导墙越长时,尾水渠水位越高,此时电站上下游的水头长越小,影响电站发电效益。因此,如果考虑正常的调度方式,电站下游导墙的长度宜短,这有利于电站尾水渠水流的扩散。

6.5.3　排污槽过污能力试验研究

6.5.3.1　试验研究目的

拟建湘江长沙综合枢纽分别在枢纽河段左汊左、右岸各设置一孔排污槽,其净宽为8m,设计排污槽顶高程为27m。排污槽的过污能力大小直接影响到电站发电运行、船闸通航,为使库区漂浮物能够较顺利通过排污槽,因此有必要对其过污能力进行研究。

6.5.3.2　试验工况

试验考虑湘江年平均流量2327m³/s,电站6台机组发电,其余水流由左汊1~10孔调度泄流。分别考虑排污槽孔口出流和排污口全开工况。对于排污槽顶高程对过污能力影响,考虑以下几个工况,试验工况见表6-12。为研究电站上游导墙长度对2号排污槽排污能力

的影响,分别进行上游导墙为20m、30m、40m、50m的试验研究。

试 验 工 况

表6-12

流量(m³/s)	试 验 状 况	排污槽顶高程(m)					
2327	6台机组余水有左汊 1~10孔调度泄流	26	26.5	27	27.5	28.0	28.5

6.5.3.3 试验结果分析

1. 不同泄流方式下排污槽过流能力分析

当湘江上游来流量为2327m³/s,排污槽顶高程为27m,通过试验观察1号排污槽(靠近船闸处)可知:当排污槽闸门开启到达一定程度时,上游漂浮物可被孔口出流形成的立轴漩涡带向下游,但过污能力较弱;当排污槽为堰流时,漂浮物会顺利地流向下游。

通过观测2号排污槽(靠近电站处)的过污能力试验可知,当电站上游导墙为20m时,由于受到电站发电泄流的影响,排污槽的排污效果不明显;而当上游导墙为40m,排污槽排污受到电站泄流的影响减小;当上游导墙长度为50m时,排污槽的过污能力增强了,但在洪峰期却影响到附近泄水闸孔的泄流能力。

2号排污槽(靠近电站处排污槽)若采用孔口出流时,库区漂浮物很难通过排污槽,闸坝上游聚集的漂浮物越来越多,影响了电站发电运行。若排污槽采用堰流时,漂浮物将随着水流留向下游。

综合分析,电站上游导墙对电站进水口水流流态、对泄水闸泄流的影响及对排污槽排污的影响,当电站导墙为40m时,不仅对电站进口水流流态、对泄水闸泄流及排污槽排污都较有利。

2. 排污槽顶高程对过污能力的影响

当湘江来流量为年平均流量2327m³/s,分别对底高程为26.5m、27m、27.5m、28m、28.5m且净宽不变的排污槽的过污能力进行研究分析。排污槽采用堰流过流。

试验结果表明:排污槽随堰顶高程增加,其泄流量逐渐减小。1号排污槽(靠近船闸处)堰顶高程为26.5m时,其泄流量为100m³/s,单宽流量为12.5m³/s,虽排污能力强,但泄流量过大,不利于水库的兴利库容;而当堰顶高程增加到28.5m时,排污槽的泄流量减少到了16m³/s,单宽流量仅为2m/s,但排污槽过污能力明显减弱。

同理分析2号(左汊右岸)排污槽,当排污槽顶高程为26.5m时,由于湘江来流主要通过电站泄流到下游,并在电站导墙处有往上的绕流,因此排污槽的过流量较小,约为89m³/s,单宽流量为11.1m³/(s·m),部分漂浮物流向电站处。随着排污槽堰顶高程的增加,排污槽的过污能力也随着减弱,当堰顶高程为28.5m时,排污槽流量为42m³/s,单宽流量为5.25m³/(s·m),闸坝上游漂浮物基本不能通过排污槽,越来越多的漂浮物将往电站方向流去。

通过排污槽过污能力试验研究可知:①排污槽采用孔口出流排污槽的过污能力很弱,建议采用堰流出流;②综合分析上游导墙对闸坝行洪、电站进口水流流态、排污槽等问题可知,当上游导墙为40m时,电站进水口水流条件较好、排污槽排污能力也较好,同时对周边泄水闸行洪能力影响相对较小;③当排污槽的堰顶高程为27m时,排污槽的排污效果较好且泄流量不是很大。

3. 消能防冲分析

排污槽下泄水流时,若下游河床底流速大于河床抗冲流速,河床将会发生冲刷,因此,排污槽下泄水流时的出池流速应当小于河床抗冲流速要求。

1号排污槽(靠近船闸处)顶高程为27m时,排污槽的出池底流速仅为1.16m/s,小于河床抗冲流速2.2m/s,这主要是由于下泄水流受到船闸导航墙的影响时,使得水流流向发生改变,部分水流流向排污槽右侧消力池中。当与出池距离为120m时,河床的断面流速仅约为0.5m/s,这主要是由于采用第3及第5闸孔泄流,水流在导航墙边界的作用下,在导航墙附近出形成了回流区,导致该处的流速较慢。

左汊右岸处排污槽的下游河床断面流速,排污槽出池最大底流速也较小,仅为1.32m/s,小于抗冲流速2.2m/s,满足要求。

通过对排污槽消能防冲试验可知,当排污槽堰顶高程为27m,排污槽出池最大底流速均小于河床抗冲流速,因此排污槽堰顶高程为27m时是合理的。

6.6 推荐方案行洪能力研究

6.6.1 初步设计枢纽布置阶段推荐方案简介

根据《水闸设计规范》(SL 265—2001)的要求:一般情况下,平原区水闸的过闸水位差可采用0.1~0.3m。由于长沙市的防洪等级较高,根据相关防洪主管部门的要求,长沙市水位壅高不能超过下限。为此,湖南省交通规划勘察设计院提出了初步设计阶段修改布置方案,修改布置方案主要建筑物从左至右依次为:预留三线船闸和双线船闸、左汊25孔泄水闸(堰形为折线使用堰,堰顶高程18.5m,净宽22m)、1孔排污槽(堰形为折线使用堰、堰顶高程27.0m,净宽8m)、电站(6台机组)、蔡家洲洲副坝、右汊20孔泄水闸(堰顶高程25.0m,净宽14m)。

船闸闸室有效尺度为280m×34m×4.5m(长×宽×门槛水深,门槛水深考虑了1.5m水位下切值,总深6m)。两线船闸共用引航道,对称布置;上、下游引航道与河道之间均用导流堤隔开,上、下游导流堤长度约为910m,并接150m的挑流墙。上游设置3个导流墩,下游设置5个导流墩,导流墩长27m,导流墩之间的距离23m;上游引航道底高程20.0m,下游引航道底高程17.5m。在沩水河口,为减少沩水汇入湘江时对船舶进出船闸的不利影响,采取了抛石修筑35.0m的直立导流堤的工程措施。

修改方案中左汊左岸滩地的引航道进出口开挖至20m高程,左汊右岸滩地也开挖至20m高程;右汊右岸开挖至高程25~26不等,同时右岸边滩回填至堤岸36m高程,沩水河口开挖至19.0m高程,并在入口处设置导流堤。而模型试验采用的初步设计阶段枢纽布置方案。

6.6.2 闸坝行洪能力研究

6.6.2.1 试验工况

模型试验工况见表6-13。

初步设计阶段方案泄流能力试验工况 表6-13

工 况	洪水频率	流量（m³/s）	尾水水位（m）	备 注
1	两年一遇	13500	32.35	
2	五年一遇	17500	33.51	
3	十年一遇	19700	34.38	
4	二十年一遇	21900	34.65	电站关，闸门全开
5	五十年一遇	24400	35.07	
6	百年一遇	26400	35.32	
7	两百年一遇	28100	36.00	

6.6.2.2 水面线及水位壅高

试验结果表明：与天然情况相比，两年一遇洪水工况下，上游水位最大壅高值为0.06m；五年一遇洪水工况下，上游水位最大壅高值为0.06m；十年一遇洪水工况下，上游水位最大壅高值为0.07m，二十年一遇洪水工况下，上游水位最大壅高值为0.08m，五十年一遇洪水工况下，上游水位最大壅高值为0.09m，百年一遇洪水工况下，上游水位最大壅高值为0.08m，两百年一遇洪水工况下，上游水位最大壅高值为0.09m，均满足要求。

6.6.3 闸坝行洪能力与初步设计阶段原方案对比（表6-14）

枢纽布置初步设计与修改方案的沿程水位壅高值对比 表6-14

工 况	修改方案枢纽平面布置方案 闸坝上游水位壅高（m）	初步设计枢纽平面布置方案 闸坝上游水位壅高（m）
两年一遇	0.06	0.11
五年一遇	0.06	0.12
十年一遇	0.07	0.13
二十年一遇	0.09	0.14
五十年一遇	0.08	0.16
百年一遇	0.09	0.15

两平面枢纽布置方案坝上的水位壅高降低较明显，分析其原因可知：推荐方案中左汊为26孔净宽22m水闸，右汊为20孔净宽14m的水闸；原方案中左汊水闸净宽为22m，闸孔数为24，右汊为18孔净宽14m的泄水闸。原方案左汊泄水闸净宽加宽了44m，右汊净宽增加了28m，整个枢纽断面泄水净宽扩宽了72m。溢流宽度的增加导致了推荐方案水位壅高的降低。

6.6.4　小结

通过对闸坝行洪能力的研究分析可知:在各典型洪峰流量下,拟建湘江长沙综合枢纽水位壅高均均能满足设计要求。对于其通航条件问题、泄水闸调度问题、电站进出水口水流条件问题、排污槽过污能力问题均可参考初步设计阶段原方案的研究成果。

6.7　结语与建议

通过对湘江长沙综合枢纽初步设计阶段整体模型试验研究可以得到以下几点结论:

(1)在各典型流量工况下,与天然情况相比,湘江长沙综合枢纽的初步设计原方案(即左汊泄水闸为24孔,净宽为22m,堰顶高程为19m;右汊泄水闸为18孔,净宽为14m,堰顶高程为25m)。在两年一遇洪水工况下,上游水位最大壅高值为0.11m;五年一遇洪水工况下,上游水位最大壅高值为0.12m;十年一遇洪水工况下,上游水位最大壅高值为0.13m;二十年一遇洪水工况下,上游水位最大壅高值为0.14m;五十年一遇洪水工况下,上游水位最大壅高值为0.16m;百年一遇洪水工况下,上游水位最大壅高值为0.15m,均小于0.3m。

(2)由于湖南省长沙市为防洪特级城市,为此提出方案修改(即左汊泄水闸26孔,净宽22m,堰顶高程为18.5m;右汊泄水闸为20孔,净宽为14m,堰顶高程为25m)。在各典型流量工况下,与天然情况相比,湘江长沙综合枢纽的初步设计推荐方案,在两年一遇洪水工况下,上游水位最大壅高值为0.06m;五年一遇洪水工况下,上游水位最大壅高值为0.06m;十年一遇洪水工况下,上游水位最大壅高值为0.07m;二十年一遇洪水工况下,上游水位最大壅高值为0.08m;五十年一遇洪水工况下,上游水位最大壅高值为0.09m;百年一遇洪水工况下,上游水位最大壅高值为0.08m;两百年一遇洪水工况下,上游水位最大壅高值为0.09m,均小于0.1m,满足设计要求。

(3)各种典型流量工况下,拟建湘江长沙综合枢纽初步设计平面布置方案船闸引航道上、下游口门区水流条件均能满足规范要求。

(4)为了提高发电效益,在满足通航条件及下游河床满足消能防冲要求时,泄水闸调度时建议优先开启左汊左岸1～13孔,随着上游来流量的增大,再逐步开启14～24孔;同时为避免在非主泄流区由于回流引起的河床冲刷问题,建议调度时采用多孔、分散开启,破除回流区。

(5)蔡家洲右岸边滩在洪水期基本为静水区,对行洪没有影响,而对右汊右岸矶头卡口河段的开挖能有效地降低枢纽上游水位壅高,因此建议对矶头卡口进行开挖。

(6)通过电站进出口水流条件研究表明:当上游导墙长度过短时,水流流态较差,甚至出现漩涡,影响电站发电效益;因此上游导墙长度宜长一些;对于电站出口水流流态而言,下游导墙越长则对尾水扩散越不利,此时电站尾水渠的水位高程也在增大。因此,在正常调度的方式下,下游导墙宜短。

(7)通过排污槽试验研究可知:当排污槽采用孔口出流时排污效果较差,而采用堰流出流时排污效果相对较好。因此,建议湘江长沙综合枢纽排污槽采用堰流出流排污;对于2号排污槽(靠近电站处)随着电站上游导墙增加,排污槽的过污能力也随之增强,仅从排污角度

考虑电站上导墙长度宜长;当排污槽的堰顶高程为 27m 时,排污槽的排污效果较好且泄流量不是很大。

(8)综合分析上游导墙对闸坝行洪、电站进口水流流态、排污槽等问题可知,当上游导墙为 40m 时,电站进水口水流条件较好、排污槽排污能力也较好,同时对周边泄水闸行洪能力影响相对较小。

参 考 文 献

[1] 中华人民共和国国家标准. GB 50139—2004　内河通航标准[S]. 北京:中国水利水电出版社,2004.

[2] 中华人民共和国行业标准. JTJ 312—2003　航道整治工程技术规范[S]. 北京:人民交通出版社,2003.

[3] 中华人民共和国行业标准. JTJ 305—2001　船闸总体设计规范[S]. 北京:人民交通出版社,2001.

[4] 中华人民共和国行业标准. SL 155—95　水工(常规)模型试验规程[S]. 北京:中国水利水电出版社,1995.

[5] 中华人民共和国行业标准. JTJ 232—98　内河航道与港口水流泥沙模拟技术规程[S]. 北京:人民交通出版社,1998.

[6] 中华人民共和国行业标准. SL 252—2000　水利水电工程等级划分及洪水标准[S]. 北京:中国水利水电出版社,2000.

[7] 张海燕. 河床演变工程学[M]. 北京:科学出版社,1990.142 – 145.

[8] 林建忠,阮晓东,陈邦国,等. 流体力学[M]. 北京:清华大学出版社,2005.

[9] 吴宋仁,陈永宽. 港口及航道工程模型试验[M]. 北京:人民交通出版社,1993.

[10] Yang CT. Minimum UnitStream Power and Fluvial Hydraulics[J]. HydrDiv, ASCE, 1976, 107(HY7): 321 – 325.

[11] 孙东坡. 河流系统能量分配耗散关系分析[J]. 水利学报,1999,(3):49 – 53.

[12] 王昌杰. 河流动力学[M]. 北京:人民交通出版社,2001.45 – 48.

[13] 鞠文昌,王义安,于广年. 松花江依兰航电枢纽坝址选择[J]. 水道港口,2007(3):194 – 197.

第7章　初步设计阶段船闸通航条件及布置方案优化模型试验研究

项目委托单位:长沙市湘江综合枢纽工程办公室
项目承担单位:交通运输部天津水运工程科学研究所
项目负责人:普晓刚　郝品正
报告撰写人:普晓刚　郝媛媛　金　辉　郝品正
项目参加人员:郝媛媛　金　辉　李君涛　李金合　王志纯
时　　　　间:2009 年 5 月至 2009 年 9 月

7.1　概述

随着长沙综合枢纽工程初步设计工作的深入展开,针对设计方案的船闸通航条件及布置方案存在以下诸多关键技术问题需要开展研究:①船闸上、下游导流堤长度及平面布置形式优化;②船闸下游枯水双线航道宽度及平面布置形式研究;③船闸下游中洪水航线选择的研究;④船闸引航道宽度、平面布置形式及船舶进出闸航行方式研究;⑤沩水不同汇流比对通航水流及船舶航行条件的影响;⑥沩水河口导流工程布置的研究。为此,长沙市湘江综合枢纽工程办公室于 2009 年 5 月委托我所开展上述相关内容的研究,为初步设计提供科学支撑。

根据上述研究内容,主要以初步设计阶段的设计方案 1-1(左汊左岸船闸、24 孔净宽 22m 泄水闸、左汊右侧电站及右汊 18 孔净宽 14m 泄水闸)和设计方案 1-2(船闸结构形式和导流堤布置与设计方案 1-1 不同,泄水闸和电站的布置与设计方案 1-1 相同)为基础,对船闸上、下游口门区及连接段的通航条件进行了试验研究,并重点进行了沩水不同汇流比对通航水流条件及船舶航行的条件的影响、沩水河口导流工程布置等内容的研究;此外,对初步设计阶段的设计方案 2(左汊左岸电站、24 孔净宽 22m 泄水闸、左汊右侧船闸及右汊 18 孔净宽 14m 泄水闸)的船闸通航水流条件进行了试验研究。项目研究成果分为通航水流条件试验研究成果和船模航行条件试验研究成果两部分。通过综合对比各方案研究成果,建议方案 1-2 修改方案作为初步设计阶段推荐方案,研究成果通过了业主单位于 2009 年 10 月组织的成果审查,为设计单位提供了相应的建议和科学依据,设计单位依据模型试验成果对设计方案进行了相应的优化和完善。

7.2 通航水流条件模型试验研究

7.2.1 试验典型流量的选择

7.2.1.1 枢纽调度方式

长沙枢纽工程为低水头径流式电站、开敞式闸坝、槽蓄型水库,不同于高坝大库。根据枢纽上下游水位、不同来水量可分为:①电站发电,泄水闸关闭;②电站与泄水闸联合调度;③电站停机,泄水闸泄洪三种情况。

7.2.1.2 典型流量的选择

长沙综合枢纽坝址位于湘江下游尾闾河段,受下游洞庭湖顶托,同一流量时下游水位存在多种组合,水位—流量关系非常复杂,典型流量选择时,需考虑洞庭湖顶托对坝址下游水位—流量关系的影响。由于本研究项目主要侧重于船闸通航条件试验研究,同时考虑满足防洪要求。在进行模型试验时,为确保防洪及通航,从最不利的角度出发,选择水位—流量关系中洪峰频率曲线进行枢纽泄流能力试验,选择水位—流量关系下线组合进行通航水流条件试验。

由于枢纽坝址下游 2km 左岸有沩水河汇入,入汇口距坝址较近,不同的汇流比将对枢纽坝址及下游模型出口水位—流量关系产生一定的影响。同时,由于工可阶段推荐枢纽平面布置方案、初步设计阶段设计方案 1-1 及设计方案 1-2 船闸均位于蔡家洲左汊左岸侧,船闸下游引航道连接段距沩水入汇口较近,当沩水与湘江干流遭遇不利组合时,将对该段航道产生诸多不利影响,因此在选择典型流量时应充分考虑沩水与湘江干流的各种组合。根据 2001~2008 年水文资料统计分析,沩水入汇流量与坝址同期湘江干流流量平均汇流比为 0.02,大部分在 0.05 以内;二者同日出现洪峰的机率占 12.5%,5 日内遭遇机率约占 25%,10 日内遭遇机率约占 37.5%。

根据枢纽运用方式及上述各种影响因素,模型试验综合选择了 24 级典型流量和多种组合水位进行试验研究,见表 7-1。其中,在进行枢纽泄流能力试验的典型流量选取时,按沩水与湘江干流遭遇相同洪峰频率进行。在进行船闸通航条件试验的典型流量选取时,分正常遭遇和不利遭遇两种情况:①常年洪水流量($Q_干=7800\text{m}^3/\text{s}$)及常年洪水流量以下时,选取沩水汇流比为 0.05 时为正常遭遇;常年洪水流量以上时,选取相同洪水频率遭遇为正常遭遇。②不利遭遇又分两种情况,一种为湘江干流的中、枯水流量遭遇沩水的洪水流量,汇流比远大于 0.05;另一种情况为湘江干流的洪水流量遭遇沩水的枯水流量时,选取汇流比为 0.01 时的流量遭遇。

模型试验典型流量表（洪峰频率水位）　　　　表 7-1a)

总流量 $Q_总$ （m^3/s）	干流流量 $Q_干$ （m^3/s）	干流流量特征	沩水流量 $Q_沩$ （m^3/s）	沩水流量特征	汇流比	枢纽运用方式	尾门水位 （m）
15080	13500	两年一遇洪水	1580	两年一遇洪水	0.12		32.42
22450	19700	十年一遇洪水	2750	十年一遇洪水	0.20		34.31
25250	21900	二十年一遇洪水	3350	十年一遇洪水	0.25	机组关闭,泄水闸敞泄	34.64
28490	24400	五十年一遇洪水	4090	五十年一遇洪水	0.30		35.18
31050	26400	百年一遇洪水	4650	百年一遇洪水	0.34		35.48

模型试验典型流量表（下线水位）　　　　　　表 7-1b)

总流量 $Q_总$ （m³/s）	干流流量 $Q_干$ （m³/s）	干流流量特征	汊水流量 $Q_汊水$ （m³/s）	汊水流量特征	汇流比	枢纽运用方式	尾门水位 （m）
404	385	设计最小通航流量	19	干流流量的5%	0.05	1台机组发电	21.41
578			193	50%	0.50		21.69
1965			1580	两年一遇洪水	4.10		23.56
1915	1824	设计6台机组 满发流量	91	5%	0.05	6台机组发电	23.50
2736			912	50%	0.50		24.39
3404			1580	两年一遇洪水	0.87		25.01
5174			3350	二十年一遇洪水	1.84		26.38
5250	5000	中洪水	250	5%	0.05	6台机组 + 10孔泄水闸	26.43
6580			1580	两年一遇洪水	0.32		27.26
8350			3350	二十年一遇洪水	0.67		28.21
7878	7800	常年洪水	78	1%	0.01	机组关闭， 泄水闸敞泄	27.97
8190			390	5%	0.05		28.13
11150			3350	二十年一遇洪水	0.43		29.49
13635	13500	两年一遇洪水	135	1%	0.01		30.44
15080			1580	两年一遇洪水	0.12		30.95
16850			3350	二十年一遇洪水	0.25		31.55
19897	19700	十年一遇洪水	197	1%	0.01		32.61
22450			2750	十年一遇洪水	0.14		33.60
23050			3350	二十年一遇洪水	0.17		33.84
22119	21900	二十年一遇洪水	219	1%	0.01		33.47
22995			1095	5%	0.05		33.82
25250			3350	二十年一遇洪水	0.15		34.56

7.2.2　初步设计方案1-1及其修改方案试验

7.2.2.1　初步设计方案1-1试验

1. 工程布置

初步设计方案1-1工程布置如图7-1所示。

与工可阶段推荐枢纽平面布置方案相比，该方案是将坝轴线向上游平移85m，左汊泄水闸由27孔减为24孔，每孔净宽由20m增为22m，闸墩厚度由3m增为3.2m，左汊泄流净宽由540m减为528m；右汊泄水闸由19孔减为18孔，每孔净宽为14m不变，闸墩厚度由2.0m增为2.6m，右汊泄流净宽由266m减为252m。

初步设计方案1-1与工可阶段推荐方案相比，船闸上闸首位置不动，闸室由200m增至280m，相应下闸首及下游导流堤下移80m。上、下游导流堤直线段长度均为850m，而后接

150m 的挑流堤。双线船闸共用引航道，船舶采用直进曲出方式进出船闸，上、下游引航道长度均为 1000m，其中直线段长度为 850m，引航道底宽为 135m，过渡段长 150m，引航道底宽由 135m 过渡至 160m。1000m 长的引航道包括 450m 导航段、400m 的停泊段及 150m 的制动段，分别在引航道内停泊段的左侧航道边和右侧导流堤内侧设置靠船设施。上、下游引航道底高程分别为 20.0m、17.5m，船闸下游口门区及连接段航道底高程为 18.7m。上游锚地位于船闸上游口门以上 1.0～1.5km 间航道左侧区域内，底高程为 25.4m；下游锚地位于船闸下游口门以下 1.5～3.0km 间航道左侧梯形区域内，底高程为 18.7m。

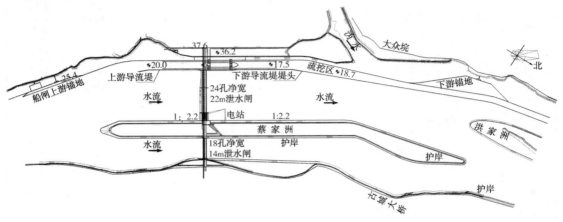

图 7-1　初步设计方案 1-1 工程布置图

2. 初步设计方案 1-1 泄流能力试验

初步设计方案 1-1 与工可阶段推荐方案相比，左汊泄水闸泄流净宽减少了 12m，右汊泄水闸泄流净宽减少了 14m，且对蔡家洲右侧汊道只进行了局部疏挖。按设计要求，同一流量下在电站关闭泄水闸全开敞泄情况下，上游壅水高度不应大于 0.30m。

在洪峰频率水位条件下，电站关闭、42 孔泄水闸全开敞泄时，进行了 5 个典型流量级的试验，分别为 $Q_干 = 13500\text{m}^3/\text{s}$（两年一遇洪水流量）、$Q_干 = 19700\text{m}^3/\text{s}$（十年一遇）、$Q_干 = 21900\text{m}^3/\text{s}$（二十年一遇）、$Q_干 = 24400\text{m}^3/\text{s}$（五十年一遇）和 $Q_干 = 26400\text{m}^3/\text{s}$（百年一遇）。

试验结果表明：在洪峰频率水位条件下，5 个流量级工程后的坝前最大水位壅高为百年一遇洪水 $Q_干 = 26400\text{m}^3/\text{s}$，其值为 0.20m，满足设计不大于 0.30m 的要求，且百年一遇流量在洪峰频率水位条件下，工程后的坝前水位未超过设计洪水位 36.03m，说明在设计洪水条件下枢纽泄流宽度满足泄洪的要求。从试验中观察到，左汊靠近船闸侧一孔泄水闸和靠近电站侧一孔泄水闸，由于导流墙的影响，其泄流能力较其他泄水闸孔要弱。

3. 湘江干流与沩水正常遭遇时通航水流条件试验成果

文中所指正常遭遇是指当湘江干流流量不大于常年洪水（$Q_干 = 7800\text{m}^3/\text{s}$）时，沩水来流量为干流的 5%；而当湘江干流流量大于常年洪水时，沩水与干流遭遇相同洪峰频率的流量，即若干流遭遇为两年一遇洪水时，沩水亦为两年一遇洪水。

该方案共进行了 $Q_干 = 385\text{m}^3/\text{s}$（设计小通航流量）、$Q_干 = 1824\text{m}^3/\text{s}$、$Q_干 = 5000\text{m}^3/\text{s}$、

$Q_{\mp}=7800\mathrm{m}^3/\mathrm{s}$、$Q_{\mp}=13500\mathrm{m}^3/\mathrm{s}$、$Q_{\mp}=19700\mathrm{m}^3/\mathrm{s}$、$Q_{\mp}=21900\mathrm{m}^3/\mathrm{s}$（二十年一遇洪水，设计最大通航流量）等 7 级典型流量的通航水流条件试验，各级流量下通航水流条件试验成果简述如下：

（1）上游引航道口门区及连接段通航水流条件

当湘江干流流量 $Q_{\mp}\leqslant1824\mathrm{m}^3/\mathrm{s}$ 时，枢纽上游为深水库区，且泄水闸全部关闭，只有左汊右侧的机组过流发电，船闸上游引航道口门区及连接段基本为静水区。

$Q_{\mp}=5000\mathrm{m}^3/\mathrm{s}$ 时，上游维持正常蓄水位，电站与泄水闸联合调度，6 台机组满负荷发电，右汊泄水闸全部关闭，左汊仅开启靠近船闸侧 10 孔泄水闸。上游口门区及连接段航道内水流平缓，水流与航线的夹角一般在 10° 以内，横向流速一般在 0.2m/s 以内；只是由于开启泄水闸为靠近船闸侧，上游引航道口门附近受挑流堤挑流影响，右半侧航道内水流与航线交角稍大，并在挑流堤外侧附近形成一椭圆形逆时针回流区，但航道内最大横流均在 0.3m/s 以内，满足规范限值要求。

$Q_{\mp}=7800\mathrm{m}^3/\mathrm{s}$ 时，电站关闭，左右汊泄水闸全部敞泄。上游口门区及连接段航道横断面上水流流速从右至左呈递减趋势，航道内水流流速一般在 1.0m/s 以内，水流横向流速一般在 0.2m/s 以内，只是在堤头上游 400～500m 右半侧航道内，受局部河床地形的影响，水流向右偏角一般在 10～20°，横向流速约在 0.25m/s，但均小于规范限值要求，通航水流条件能够满足船舶（队）航行要求。

随流量及水深的增加，上游口门区及连接段航道内水流受河床局部地形的影响逐渐减弱，航道内水流平顺。当 $Q_{\mp}=13500\mathrm{m}^3/\mathrm{s}$ 时，受引航道内静水顶托和挑流堤挑流影响，堤头上游 0～200m 左侧航道内形成一逆时针三角形回流区，最大回流流速为 0.15m/s，右侧航道内水流以向右侧约 10° 偏角绕过挑流堤堤头，并在其右侧形成一椭圆形逆时针回流区，航道内最大横流流速为 0.26m/s，位于航道右侧边线附近，小于规范限值要求；堤头上游 300～900m 口门区及连接段航道内水流与航线的夹角大都在 10° 以内，横向流速大都在 0.2m/s 以内，航道右侧边线附近最大横流流速为 0.26m/s，满足规范限值要求。

随流量增加，来流挤压带动引航道内水体，在引航道及口门附近，形成一大范围逆时针回流区，回流流速较慢。当 $Q_{\mp}=19700\mathrm{m}^3/\mathrm{s}$ 时，引航道口门区内回流流速均在 0.2m/s 以内，口门区及连接段内最大纵向流速为 1.76m/s，大部分测点横流流速在 0.3m/s 以内，只是在堤头上游 400～600m 右侧航道内，个别测点超规范限值，但横流流速均在 0.35m/s 以内，通航水流条件能够满足船舶（队）航行要求。

当 $Q_{\mp}=21900\mathrm{m}^3/\mathrm{s}$ 时，上游来流进一步挤压口门区内回流，回流范围及流速均有所减小，引航道内回流流速较上级稍有增加，但回流流速均在 0.25m 以内；口门区及连接段内最大纵向流速为 1.79m/s，大部分测点横流流速在 0.3m/s 以内，只是在堤头上游 500～700m 右侧航道内，部分测点超规范限值，但横流流速均在 0.37m/s 以内，通航水流条件能够满足船舶（队）航行要求。

（2）下游引航道口门区及连接段通航水流条件

当湘江干流流量 $Q_{\mp}=385\mathrm{m}^3/\mathrm{s}$ 时，泄水闸全部关闭，只有 1 台机组过流发电。水流出电站尾水渠后，向左扩散进入原左汊主河槽，顺深槽而下，部分水流在左汊泄水闸下游形成流

速较慢的回流区。部分水流经下游导流堤堤头附近深槽斜流进口门区航道内,而后顺航槽而下,虽然进口段水流与航线夹角较大,但由于流速较小,口门区内横流流速能够满足规范的不大于 0.3m/s 的要求。该流量下,沩水来流主要经入汇河口心滩左侧汊道斜流进入右侧湘江干流主河道内,在堤头下 1200m 附近进入连接航道,该段航道附近水流与航线夹角稍大,但最大横流小于规范限值要求,通航水流条件能够满足船舶(队)航行要求。

$Q_干 = 1824m^3/s$ 时,泄水闸全部关闭,6 台机组满发。水流出电站尾水渠后逐渐扩散,并在左汊泄水闸至下游导流堤堤头之间形成一逆时针大范围三角形回流区。部分水流经堤头附近的深槽斜流进入口门区航道内,而后顺航槽而下,堤头下 100m 附近右侧航道内个别测点横流稍大,最大为 0.31m/s,口门区其他部位横流均在 0.2m/s 以内。该流量下,沩水来流经心滩左、右两侧汊道斜流进入主河道内,左汊过流量要大于右汊,左汊水流在堤头下 1200m 附近进入连接段航道,致使航道左半侧个别测点横流稍大,最大横流为 0.33m/s,连接段其他部位水流横流流速大都在约 0.2m/s,通航水流条件能够满足要求。

$Q_干 = 5000m^3/s$ 时,电站与泄水闸联合调度,电站过流量为 1824m^3/s,泄水闸过流量为 3176m^3/s。电站出流与泄水闸出流在下游汇合后沿左汊主河道而下,部分水流在未开启的泄水下游形成涡流区。水流过下游导流堤堤头后,开始向左侧口门区航道内扩散,并在堤头下 0~300m 左侧口门区航道内形成一逆时针回流区,最大回流流速为 0.25m/s;而后水流逐渐顺下游连接段航槽方向而下,水流比较平顺,横流流速一般在 0.2m/s 以内。该流量组合下沩水来流量为 250m^3/s,相对于干流来讲,来流较小,对干流顶托作用不明显,水流出沩水河口后受干流挤压,基本顺左岸河势而下,对航道内水流影响不大。

$Q_干 = 7800m^3/s$ 时,电站关闭,泄水闸全部敞泄。左汊下泄水流过导流堤堤头后,以向左约 11°的偏角向口门区航道内扩散,横流流速一般在 0.1~0.25m/s,并在口门区左侧航道内形成一上宽下窄的三角形回流区,最大回流流速为 0.3m/s;而后水流逐渐平顺,连接段航道内水流与航线夹角一般在 7°以内,水流横向流速一般在 0.1m/s 以内,最大横流流速为 0.23m/s,小于规范限值要求。该流量下,沩水河入汇水流受干流顶托挤压后,逐渐与干流平顺,顺河势而下,并在入汇口下游侧形成一逆时针椭圆形回流区。

$Q_干 = 13500m^3/s$ 时,堤头下 100~500m 航道段,水流以向左约 11°的偏角向航道内扩散,横向流速一般在 0.25~0.35m/s,最大横流流速为 0.4m/s,扩散水流在口门区左侧航道内形成一逆时针三角形回流区,最大回流流速为 0.43m/s;而后水流与航线逐渐平顺。该流量下沩水入汇流量为 1580m^3/s,汇流比为 0.12,在沩水河口及下游航道段,由于沩水入汇水流对干流的顶托,使得航道内水流与航线夹角较小,一般在 5°以内,横向流速一般在 0.15m/s 以内,最大横流流速为 0.22m/s。

随主河道内流量增加,河道内流速及水深相应增加,当 $Q_干 = 19700m^3/s$ 时,水流过导流堤堤头后,逐渐向左侧航道内扩散,并在堤头下 100~500m 左侧航道内形成三角形回流区,右侧航道内水流与航线的夹角一般在 13°以内,横流流速一般在 0.3~0.4m/s 以内;而后由于受沩水入汇水流顶托作用,水流与航线的夹角有所减小,一般在 7°以内,横向流速一般 0.25m/s 以内,只是在堤头下 1200m 附近左侧航道内,受沩水入汇水流顶冲影响,水流与航线夹角稍大,最大为 12°,最大横向流速为 0.33m/s。

随流量增加,当 $Q_{干}=21900m^3/s$ 时,堤头下 100~500m 左侧航道内回流强度有所增加,最大回流流速为 0.52m/s;干流主河道内流速较上级流量有所增加,而由于河道水深和沩水来流量均有所增加,使水流与航线夹角有所减小,但堤头下 200~500m 右侧航道内横流流速一般在 0.25~0.35m/s,最大横流流速为 0.42m/s;在堤头下 1200m 附近左侧航道,部分测点稍大,最大横流为 0.39m/s;该流量下,下游口门区及连接段航道内最大纵向流速为 2.08m/s。

4. 湘江干流与沩水不利遭遇时通航水流条件试验成果

文中所指不利遭遇分两种情况,一种为沩水与湘江干流汇流比远大于正常遭遇时的 0.05,另一种为湘江干流为洪水流量,沩水汇流比远小于正常遭遇时的 0.05,选取汇流比为 0.01 时流量遭遇。

该方案共进行了 $Q_{干}=385m^3/s$($Q_{沩水}=193m^3/s$,汇流比 0.50)、$Q_{干}=1824m^3/s$($Q_{沩水}=912m^3/s$,汇流比 0.50)、$Q_{干}=1824m^3/s$($Q_{沩水}=3350m^3/s$,汇流比 1.84,沩水为二十年一遇洪水)、$Q_{干}=5000m^3/s$($Q_{沩水}=3350m^3/s$,汇流比 0.67,沩水为二十年一遇洪水)、$Q_{干}=13500m^3/s$($Q_{沩水}=3350m^3/s$,汇流比 0.25,沩水为二十年一遇洪水)、$Q_{干}=13500m^3/s$($Q_{沩水}=135m^3/s$,汇流比 0.01)、$Q_{干}=21900m^3/s$($Q_{沩水}=219m^3/s$,汇流比 0.01)等 7 级典型流量的通航水流条件试验,各级流量下通航水流条件试验成果简述如下:

(1)上游引航道口门区及连接段通航水流条件

本方案共选取了泄水闸敞泄时三级不利遭遇的典型流量对上游引航道口门区及连接段通航水流条件进行试验。

$Q_{干}=13500m^3/s$($Q_{沩水}=3350m^3/s$)时,与正常遭遇时相比,枢纽上游水位因下游沩水入汇流量的增加而有所增加,上游引航道口门区及连接段内水流流速有所降低,最大流速由 1.66m/s 降至 1.58m/s,航道内水流偏角及横向流速均有所减小。

$Q_{干}=13500m^3/s$($Q_{沩水}=135m^3/s$)时,与正常遭遇时相比,枢纽上游水位因下游沩水入汇流量的减小而有所降低,上游引航道口门区及连接段内水流流速有所增加,最大流速由 1.66m/s 增至 1.76m/s,航道内水流偏角及横向流速亦稍有所增加,但航道内最大横流一般在 0.3m/s 以内,最大横流流速为 0.37m/s,位于堤头上 500m 右侧航道内。

$Q_{干}=21900m^3/s$($Q_{沩水}=219m^3/s$)时,与正常遭遇时相比,枢纽上游水位因下游沩水入汇流量的减小而有所降低,上游引航道口门区及连接段内水流流速有所增加,最大流速由 1.81m/s 增至 1.97m/s,航道内水流偏角及横向流速均有所增加,堤头上游 400~700m 右侧航道内部分测点最大横流流速由 0.37m/s 增至 0.41m/s,位于航道右侧边线附近。

(2)下游引航道口门区及连接段通航水流条件

$Q_{干}=385m^3/s$($Q_{沩水}=193m^3/s$)时,由于沩水入汇流量相对于干流而言较大,沩水河来流主要经心滩左侧汊道,以约 2.5m/s 的流速斜穿连接段航道,水流与航线夹角约 50°,最大横向流速在 2.0m/s 左右;而后由于受局部河床地形影响和水流惯性作用,水流分成两股,一股向右进入右侧深槽顺势而下,另一股水流顺河槽呈"S"形流向下游,并在堤头下 1300~1700m 左侧河道内形成一长约 400m、宽约 250m 的椭圆形逆时针回流区,该段航道内回流流速一般在 0.2m/s 以内。

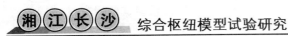

$Q_{干} = 1824\text{m}^3/\text{s}(Q_{沩水} = 912\text{m}^3/\text{s})$时,沩水河来流主要经心滩左、右两侧汊道斜冲进连接段航道内,受其影响堤头下 900~1300m 连接段航道内横流较大,最大横流流速达 2.31m/s,远大于规范限值要求;而后水流呈"S"形流向下游,并在入汇口下游的航道左侧形成长约 800m、宽约 200m 的椭圆形逆时针汇流区。

$Q_{干} = 1824\text{m}^3/\text{s}(Q_{沩水} = 3350\text{m}^3/\text{s})$时,水流仍经心滩左、右两汊向右斜穿连接段航道,由于沩水入汇流量和流速进一步增加,致使堤头下 900~1800m 段航道内水流条件均不能满足要求,其中堤头下 1200m 附近航道段水流横流流速可达约 4.0m/s;而后水流呈"S"形流向下游,水流紊动强烈,并在入汇口下游形成长约 1000m、宽约 300m 的椭圆形逆时针回流区,回流中心位于堤头下 1900m 的航道附近。另外,在左汊泄水闸下游至沩水入汇口间三角形区域内为大范围回流缓流区,堤头下 200~800m 航道内回流流速一般在 0.15m/s 以内。

$Q_{干} = 5000\text{m}^3/\text{s}(Q_{沩水} = 3350\text{m}^3/\text{s})$时,沩水河口心滩已经漫水过流,由于干流流量较上级流量有所增加,受干流挤压顶托,入汇水流与航线夹角有所减小,堤头下 1200m 左侧航道附近夹角由上级流量的约 50°减至约 30°,最大横流流速减至约 1.5m/s;由于受入汇斜流的影响,堤头下 900~1600m 航道段内,横向流流速大都在 0.3m/s 以上,一般在 0.5~1.0m/s;干流与沩水来流汇合后,呈"S"形流向下游,并形成一长约 800m、宽约 300m 的椭圆形逆时针回流区,回流中心位于堤头下 2200m 锚地附近。

$Q_{干} = 13500\text{m}^3/\text{s}(Q_{沩水} = 3350\text{m}^3/\text{s})$时,随干流来流量进一步增加,挤压顶托沩水入汇水流,入汇水流与航线夹角进一步减小,堤头下 1200m 左侧航道附近夹角减至约 20°,最大横流减至约 0.8m/s;但堤头下 1100~1500m 左侧航道内,横向流速大都大于 0.3m/s,一般在 0.3~0.7m/s;干流与沩水来流汇合后,在入汇口下游左岸侧,形成一低流速、低紊动强度、底压强的回流涡流区(分离区),水流通过分离区后,逐渐恢复为典型单一河道过流断面流态。另外,与正常遭遇时相比,由于沩水入汇流量增加,入汇口以上河道内水深有所增加,从而使流速有所减小,堤头下 0~1000m 航道内,最大流速由 1.81m/s 降至 1.73m/s,水流与航线夹角和横向流速均相应有所减小。

$Q_{干} = 13500\text{m}^3/\text{s}(Q_{沩水} = 135\text{m}^3/\text{s})$时,由于沩水入汇流量较小,入汇口及入汇口以下河段水流基本表现为单一河道特性;与正常遭遇时相比,由于入汇流量的减小,水流顶托作用相应减弱,水流过下游导流堤堤头后,在堤头下 200~700m 航道段水流以向左约 12°偏角向航道内扩散,偏角增加约 3°,右半侧航道内横向流速大都在 0.3m/s 以上,最大为 0.47m/s;堤头下 900~1800m 航道内,水流与航线的夹角和水流流速均有所增加,与正常遭遇时相比,最大流速由 1.84m/s 增至 2.07m/s。

$Q_{干} = 21900\text{m}^3/\text{s}(Q_{沩水} = 219\text{m}^3/\text{s})$时,枢纽下游河道内流态与流量 $Q_{干} = 13500\text{m}^3/\text{s}$ $(Q_{沩水} = 135\text{m}^3/\text{s})$时相似,只是随流量的增加,下游航道内斜流流速、横流超标范围及大小有所增加,堤头下 200~900m 航道内,横流流速一般在 0.2~0.4m/s,最大为 0.52m/s;下游连接段航道内最大水流流速由上级流量的 2.07m/s 增至 2.28m/s。

5. 小结

上述试验结果表明,对于上游引航道口门区及连接段航道而言,在通航流量范围内,口门区及连接段通航水流条件均能满足船舶(队)航行要求,只是随上游来流量及流速的增加,上游引航道道口门附近受挑流堤挑流影响,在挑流堤外侧附近易形成回流区,会对堤头附近河床的稳定和泄水闸泄流产生不利影响。

对于下游引航道口门区及连接段航道而言:

(1)湘江干流与沩水正常遭遇时,①当$Q_干 < 13500\text{m}^3/\text{s}$时,通航水流条件能够满足船舶(队)航行要求;②当$13500\text{m}^3/\text{s} \leq Q_干 \leq 21900\text{m}^3/\text{s}$时,受过下游导流堤堤头后扩散水流的影响,口门区右侧航道内横流较大,船舶(队)只能沿口门区左侧航线单线航行,而下游连接段通航水流条件能基本满足要求。

(2)湘江干流与沩水各种不利遭遇时,下游口门区及连接段航道内均存在不利于船舶航行的航道段,①若湘江干流的中、枯水流量遭遇沩水的洪水流量时,因沩水入汇口航道段斜流及右向横流较大而不利于船舶(队)航行;②若湘江干流的洪水流量遭遇沩水的枯水流量时,因沩水顶托作用减弱而使下游导流堤堤头至沩水入汇口航道段左向横流较大而不利于船舶(队)航行。

7.2.2.2 修改方案试验成果

初步设计方案1-1试验结果表明,主要是船闸下游口门区及连接段航道内通航水流条件不能满足船舶(队)航行要求,尤其是在湘江干流与沩水不利遭遇时,沩水入汇口及其上游航道段因横向流速较快而不能满足通航要求。针对上述问题共进行了4个修改方案研究:

修改方案1(图7-2)主要是从减小沩水来流与干流的入汇角度,采取疏浚与修筑抛石堤相结合的原则对沩水入汇河口进行整治,以改善船闸下游连接段航道通航水流条件;同时,在船闸下游引航道导流堤头以下口门区航道右侧布置导流墩,以改善沩水入汇口上游口门区及连接段航道内的通航水流条件。另外,为消除挑流堤外侧回流区,进一步优化船闸上游引航道口门区及连接段通航水流条件,将上游挑流堤实堤改为导流墩。

修改方案1的试验成果表明,在通航流量范围内,船闸上游口门区及连接段航道通航水流条件均能满足船舶(队)航行要求;而在沩水入汇口附近的下游连接段航道,在流量$Q_干 = 1824\text{m}^3/\text{s}(Q_沩水 = 3350\text{m}^3/\text{s})$时,通航水流条件仍存在一些问题;同时抛石堤对沩水的泄流有一定的影响。因此,主要对下游沩水河口附近存在的问题进行了修改方案2试验。

修改方案2(图7-3)是从沩水河口导堤结构安全和增加河道过流面积角度出发,将部分抛石堤改为直立堤,并将其顶高程由36.0m降至35.0m,让其在干流流量大于二十年一遇洪水时过流,同时为改善沩水入汇口附近连接段航道的通航水流条件,对沩水河口的挖槽做了相应修改。试验结果表明,对下游引航道口门区及连接段通航水流条件而言,主要还是当$Q_干 = 1824\text{m}^3/\text{s}(Q_沩水 = 3350\text{m}^3/\text{s})$时,沩水入汇口附近连接段航道内通航水流条件不能满足要求,主要由于直立堤下游航道左侧的边滩均疏挖至20.5m,水流出堤头后提前扩散,加大了航道内水流流速和紊动,不利于船舶(队)的航行,需将航线向右侧偏移才能使船舶(队)安全航行。

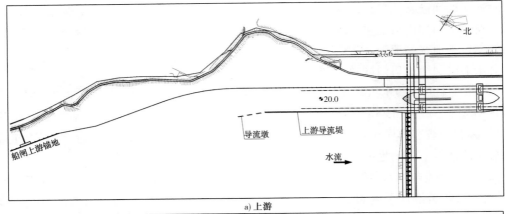

a) 上游

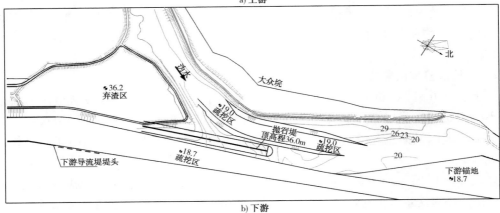

b) 下游

图 7-2　修改方案 1 工程布置图

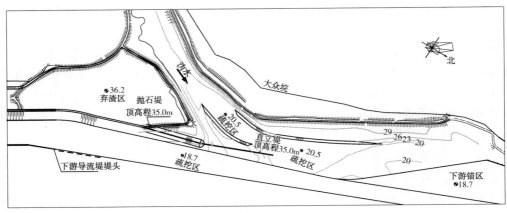

图 7-3　修改方案 2 工程布置图

修改方案 3(图 7-4)仍主要对下游沩水河口附近存在的问题进行试验,主要通过缩短沩水河口导流堤长度,并增加河口段河槽开挖深度,以加大沩水河口段过流面积,相应减小出口段水流扩散对航道内水流的影响。结果表明,沩水河口经充分疏挖后,水流直冲直立堤头部附近,由于直立堤较修改方案 2 有所缩短,其对水流调顺作用不大,过堤头后即斜冲下游连接段航道,致使堤头下 1300 ～ 1800m 连接段航道内水流流速较快,一般在 2.5 ～ 4.5m/s,而横向流速一般在 0.5 ～ 1.0m/s,最大可达 1.5m/s,远超规范限值,且航道内水流紊动强烈,通航水流条件不能满足要求。

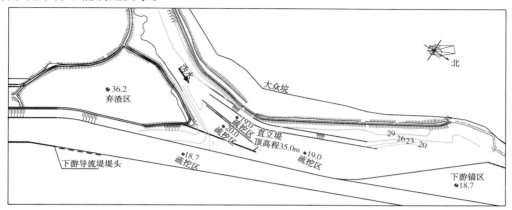

图 7-4　修改方案 3 工程布置图

由修改方案 2 和修改方案 3 试验成果可以看出,通过增加沩水河口附近疏挖范围和缩短导流堤长度,而使沩水入汇水流适度提前扩散,不利于堤头下连接段航道通航水流条件改善。因此,修改方案 4(图 7-5)又沿修改方案 1 的思路,主要对下游沩水河口附近存在的问题,在将抛石堤修改为直立堤的同时,还相应采取了调整直立堤平面位置、降低顶高程,优化沩水河口挖槽,并适当拓宽下游连接段航道等措施,以调整改善下游航道口门区及连接段通航水流条件。试验结果表明,①湘江干流与沩水正常遭遇时,各级通航流量下,下游引航道口门区及连接段通航水流条件均能满足船舶(队)航行要求;②湘江干流与沩水不利遭遇时:a. 当沩水为中、枯水流量,而湘江干流为洪水流量的不利遭遇时,下游口门区及连接段航道通航水流条件均能满足船舶(队)航行要求;b. 当沩水来流量同为 3350m³/s(沩水二十年一遇洪水)时,当干流流量 $Q_{干}$ = 1824m³/s 时,因沩水河入汇口附近连接段航道左侧边线附近水流紊动较强,左侧航线不利于船舶(队)航行,但船舶(队)可沿双线航道的右侧航线单线航行,而当干流 $Q_{干}$ ≥ 5000m³/s 时,下游口门区及连接段航道通航水流条件能够满足要求。

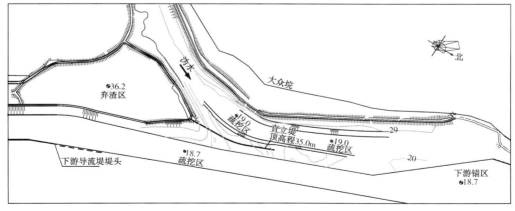

图 7-5　修改方案 4 工程布置图

7.2.3 初步设计方案1-2及其修改方案试验

7.2.3.1 初步设计方案1-2试验

1. 工程布置

初步设计方案1-2工程布置图如图7-6所示。

本设计方案与初步设计方案1-1相比,主要区别在于船闸结构形式、导流堤长度和位置有所不同,另外在左汊泄水闸左侧靠近船闸处增加一孔净宽为8m的排污闸。

该方案双线船闸共用闸室墙,船舶进出闸方式由直进曲出调整为曲进不完全直出,上、下游引航道长均为910m,其中制动段为150m,停泊段560m,导航调顺段为200m,上、下游引航道底宽均为146m,上、下游引航道底高程分别为20.0m和17.5m。船闸下游锚地位置与初步设计方案1-1相同。

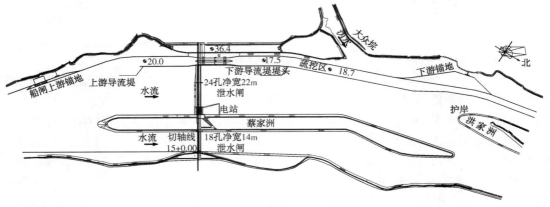

图7-6 初步设计方案1-2工程布置图

2. 泄流能力试验

在洪峰频率水位条件下,该方案共进行了5个流量级的试验,分别 $Q_干 = 13500\text{m}^3/\text{s}$(两年一遇洪水流量)、$Q_干 = 19700\text{m}^3/\text{s}$(十年一遇)、$Q_干 = 21900\text{m}^3/\text{s}$(二十年一遇)、$Q_干 = 24400\text{m}^3/\text{s}$(五十年一遇)和 $Q_干 = 26400\text{m}^3/\text{s}$(百年一遇)。试验结果表明,5个流量级工程前后坝前最大水位壅高为百年一遇洪水 $Q_干 = 26400\text{m}^3/\text{s}$,其值为0.20m,满足设计不大于0.30m的要求,说明在设计洪水流量下枢纽泄流宽度满足泄洪的要求。从试验中观察到,左汊靠近船闸侧一孔泄水闸和靠近左侧电站侧一孔泄水闸,由于导流墙的影响,其泄流能力较其他泄水闸孔要弱。

枢纽建成后上游水位壅高,水面坡降变缓,坝前水位壅高值最大,下游和天然状态基本相同。当流量为百年一遇 $Q_干 = 26400\text{m}^3/\text{s}$ 在洪峰频率水位条件下,工程后的坝前水位未超过设计洪水位36.03m。

3. 通航水流条件试验成果

本方案共进行了表7-1b)中的22级典型流量的通航水流条件试验。

各流量级的试验结果表明,对于上游口门区及连接段航道而言,在通航流量范围内,通航水流条件均能满足船舶(队)航行要求。

对于下游口门区及连接段航道而言:(1)湘江干流与沩水正常遭遇时,①当 $Q_干 <$

13500m³/s时,通航水流条件能够满足船舶(队)航行要求;②当13500m³/s≤$Q_干$≤21900m³/s时,受过下游导流堤堤头后扩散水流的影响,堤头下600m右侧航道范围内横流较大,船舶(队)只能沿左侧航线单线航行,而堤头700m以下连接段航道内通航水流条件能基本满足要求。

(2)湘江干流与沩水各种不利遭遇时,下游口门区及连接段内均存在不利于船舶航行的航道段。①若湘江干流的中、枯水流量遭遇沩水的洪水流量时,因沩水入汇口航道段右向斜流及横流较大而不利于船舶(队)航行;②若湘江干流的洪水流量遭遇沩水的枯水流量时,因沩水顶托作用减弱而使下游导流堤堤头至沩水入汇口航道段左向横流较大而不利于船舶(队)航行。

7.2.3.2 初步设计方案1-2修改方案试验

1. 方案工程布置

为进一步优化上游口门区的船舶航行条件,在导流堤堤头上游航道右侧布置2个导流墩,形式与下游相同的导流墩,间距为20m,导墩纵轴线与航线的夹角为5°。

为改善下游口门区通航水流条件,在下游导流堤堤头下布置5个楔形导流墩,导墩长30m,厚3m,导墩与堤头、导墩与导墩间距均为20m,导墩距航道右侧边线为5m。

沩水河口整治工程与设计方案1-1修改方案4相同。

初步设计方案1-2修改方案工程布置如图7-7所示。

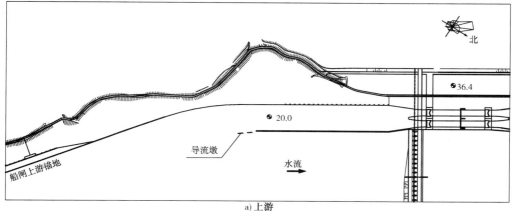

a) 上游

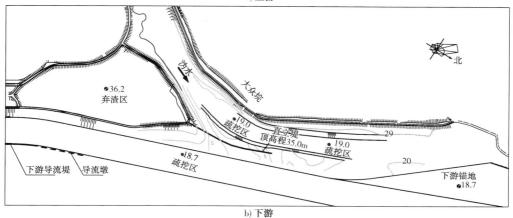

b) 下游

图7-7 初步设计方案1-2修改方案工程布置图

2. 泄流能力试验

本方案主要选取 $Q_干 = 13500\,\mathrm{m^3/s}$（两年一遇洪水流量）、$Q_干 = 19700\,\mathrm{m^3/s}$（十年一遇）、$Q_干 = 21900\,\mathrm{m^3/s}$（二十年一遇）、$Q_干 = 24400\,\mathrm{m^3/s}$（五十年一遇）和 $Q_干 = 26400\,\mathrm{m^3/s}$（百年一遇）等5级典型流量，在洪峰频率水位条件下对沩水和湘江干流的泄流能力进行了试验研究。试验结果表明：设计方案1-2修改方案下，各级洪水流量下，水位较工程前一般均有所降低，只是五十年一遇洪水流量下，水位与工程前基本相同，水位壅高 $0.01\,\mathrm{m}$，而随导流堤顶部过流量的增加，百年一遇洪水流量下，水位较工程前减小 $0.01\,\mathrm{m}$，说明修改方案对沩水河的泄流已不会产生不利影响。

在洪峰频率水位条件下，5个流量级工程前后坝前最大水位壅高为百年一遇洪水 $Q_干 = 26400\,\mathrm{m^3/s}$，其值为 $0.18\,\mathrm{m}$，满足设计不大于 $0.30\,\mathrm{m}$ 的要求。另外，与设计方案1-1相比，由于沩水河口整治工程后，沩水对湘江干流的顶托作用减弱，相应降低了枢纽上游水位壅高值，对枢纽的泄洪有利，百年一遇洪水时，坝前壅水值降低 $0.02\,\mathrm{m}$。

3. 通航水流条件试验成果

本方案共进行了表7-1（b）中的22级典型流量的通航水流条件试验，现选取 $Q_干 = 1824\,\mathrm{m^3/s}$（$Q_沩水 = 91\,\mathrm{m^3/s}$）、$Q_干 = 1824\,\mathrm{m^3/s}$（$Q_沩水 = 3350\,\mathrm{m^3/s}$）、$Q_干 = 5000\,\mathrm{m^3/s}$（$Q_沩水 = 250\,\mathrm{m^3/s}$）、$Q_干 = 5000\,\mathrm{m^3/s}$（$Q_沩水 = 3350\,\mathrm{m^3/s}$）、$Q_干 = 13500\,\mathrm{m^3/s}$（$Q_沩水 = 135\,\mathrm{m^3/s}$）、$Q_干 = 13500\,\mathrm{m^3/s}$（$Q_沩水 = 3350\,\mathrm{m^3/s}$）共6级流量为代表，进行典型流量下通航水流条件试验成果简述。

（1）上游引航道口门区及连接段通航水流条件

当 $Q_干 \leqslant 5000\,\mathrm{m^3/s}$ 时，枢纽上游为深水库区，船闸上游引航道口门区及连接段水流平缓，各级流量下最大斜流流速为 $0.71\,\mathrm{m/s}$，最大横向流速为 $0.2\,\mathrm{m/s}$，通航水流条件较优。

当 $Q_干 = 13500\,\mathrm{m^3/s}$（$Q_沩水 = 135\,\mathrm{m^3/s}$）时，由于堤头上游导流墩的提前调流，基本消除了导流堤堤头的挑流，使口门区航道内和导流堤外侧河道内水流平顺；该级流量下，上游口门区及连接段航道内水流与航线的夹角大都在 $10°$ 以内，最大斜流流速为 $1.76\,\mathrm{m/s}$，横向流速大都在 $0.2\,\mathrm{m/s}$ 以内，最大横流流速为 $0.24\,\mathrm{m/s}$，满足规范限值要求。

当 $Q_干 = 13500\,\mathrm{m^3/s}$（$Q_沩水 = 3350\,\mathrm{m^3/s}$）时，与上级流量相比，枢纽上游水位因下游沩水入汇流量的增加而有所增加，上游引航道口门区及连接段内水流流速有所降低，水流与航线偏角亦有所减小，最大斜流流速由 $1.76\,\mathrm{m/s}$ 降至 $1.53\,\mathrm{m/s}$，最大横向流速降至 $0.22\,\mathrm{m/s}$。

（2）下游引航道口门区及连接段通航水流条件

$Q_干 = 1824\,\mathrm{m^3/s}$（$Q_沩水 = 91\,\mathrm{m^3/s}$）时，泄水闸关闭，只有6台机组过流。水流出电站尾水渠后逐渐扩散，并在左汊泄水闸至下游导流堤堤头之间形成一逆时针大范围三角形回流区。部分水流过经下游导流堤堤头后逐渐流向右侧口门区航道内，虽然堤头下100m附近航道内水流与航线夹角较大，但由于斜流流速较小，横向流速一般在 $0.1\,\mathrm{m/s}$ 以内；下游连接段航道内，由于沩水河口的整治工程，使航道内水流平缓，横向流速一般在 $0.1\,\mathrm{m/s}$ 以内，最大横流仅为 $0.2\,\mathrm{m/s}$，满足规范限值要求。该流量级下，由于沩水河口直立堤和沩水河口挖槽对水流调顺，使沩水河口出流水流平缓；同时，由于堤头下游左侧沩水新挖河槽与右侧航槽间原河床并未疏挖,较两侧挖槽槽高约4m,因此受其影响水流出直立堤后仍沿沩水河口挖槽而下,至下游原河道深槽附近,与右侧来流汇合后,顺左侧凹岸侧河势而下。

$Q_干 = 1824m^3/s(Q_{沩水} = 3350m^3/s)$时,与上级流量相比,干流流量不变,沩水来流量增加较大,沩水河口河道内流速约在5.0m/s,水流过直立堤头后受惯性作用仍以较大的流速向下游直冲,至下游原干流主河道深槽附近,水流开始逐渐扩散,但主流流速仍有约4.5m/s;与设计方案1-1修改方案4相比,由于本方案下游连接段航道向右侧有所偏移,使得航道内水流受沩水扩散水流的影响进一步减弱;该段航道内最大横流由0.27m/s减为0.23m/s,最大斜流流速由1.32m/s减为0.53m/s;虽然航道左侧边线左侧附近水流仍有一定程度的紊动,但船舶可以沿双线航道上下航行。

$Q_干 = 5000m^3/s(Q_{沩水} = 250m^3/s)$时,电站与泄水闸联合调度,电站出流与泄水闸出流在下游汇合后沿左汊主河道而下,并在未开启的泄水下游形成涡流区。水流过下游导流堤堤头后,开始向左侧口门区航道内扩散,并在堤头下0~200m左侧口门区航道内形成一逆时针回流区,最大回流流速为0.22m/s;而后水流逐渐顺下游连接段航槽方向而下,水流比较平顺,横流流速一般在0.2m/s以内;该流量下沩水来流量为250m^3/s,沩水入汇口河道内水流平顺,基本顺左岸河势而下,对右侧航道内水流影响不大;直立堤下游连接段航道内,最大横向流速为0.28m/s,最大斜流流速为1.14m/s,通航水流条件能够满足要求。

$Q_干 = 5000m^3/s(Q_{沩水} = 3350m^3/s)$时,与上级流量相比,湘江干流流量不变,而沩水来流显著增加,相应直立堤头附近沩水入汇口河道内水流流速由上级流量的约0.4m/s增至约3.5m,但水流经直立导流堤调整后,基本顺下游航线方向而下。与设计方案1-1修改方案4相比,由于本方案下游连接段航道向右侧有所偏移,使得航道内水流受沩水扩散水流的影响进一步减弱,直立堤堤头以下航道水流断面流速分布相对均匀,斜流流速一般在0.5~0.8m/s,最大斜流流速由1.5m/s减为0.84m/s,最大横流流速由0.27m/s减为0.23m/s,通航水流条件能够满足要求。

$Q_干 = 13500m^3/s(Q_{沩水} = 135m^3/s)$时,由于导流堤堤头下航道右侧布置的导流墩和沩水河口直立堤对水流的调顺,使水流过下游引航道导流堤堤头后向左侧航道内扩散显著减弱;堤头下100~600m右侧航道内,水流与航线的夹角一般约在9°,横流流速大都在0.25m/s以内,个别测点横流流速大于0.3m/s,最大横流流速为0.36m/s,同时扩散水流在左侧航道内形成上宽下窄的逆时针三角形回流区,最大回流流速为0.44m/s;下游导流堤堤头下700~1200m连接段航道内,水流较平顺,水流与航线夹角一般在8°以内,横向流速一般在0.25m/s以内;下游导流堤堤头下1300~1800m连接段航道,已处于直立堤堤头下游,虽然沩水来流较小,但同样受沩水水体的顶托,湘江干流水流出直立堤堤头后,向左左侧扩散不明显,航道内横流流速大都在0.25m/s以内,最大横流流速为0.32m/s,通航水流条件能够满足要求。

$Q_干 = 13500m^3/s(Q_{沩水} = 3350m^3/s)$时,与上级流量相比,湘江干流流量不变,而沩水来流显著增加,沩水入汇口附近水流流速增至约2.5m;受沩水来流量增加,使湘江干流水位相应增加,且其对直立堤下游航道内水流顶托作用亦有所增加,近而使下游航道内通航水流条件进一步改善;该流量下,下游口门及连接段航道内横向流速一般在0.2m/s以内,最大横流

流速为 0.29m,最大斜流由上级流量的 2.14m/s 降至 1.91m/s;直立堤堤头下连接段航道内水流偏角由上级流量的为 8°降至约 6°。

(3)小结

上述各级流量试验结果表明,湘江干流与沩水正常遭遇时,各级通航流量下,上、下游引航道口门区及连接段通航水流条件均能满足船舶(队)航行要求。

湘江干流与沩水不利遭遇时,①对于上游口门区及连接段航道而言,各级通航流量下,通航水流条件均能满足船舶(队)航行要求。②对于下游引航道口门区及连接段而言,a.当沩水为中、枯水流量,而湘江干流为洪水流量的不利遭遇时,下游口门区及连接段航道通航水流条件均能满足船舶(队)航行要求;b.当沩水来流量同为 3350m³/s(沩水二十年一遇洪水)时,当干流流量 $Q_{干}\geqslant 1824$m³/s 时,下游口门区及连接段航道通航水流条件能够满足船舶(队)航行要求。

7.2.4 初步设计 1-1、1-2 方案及修改方案综合对比

初步设计方案 1-1 和初步设计方案 1-2 的船闸均位于蔡家洲左汊左岸侧,电站位于左汊右侧,两方案主要区别在于双线船闸闸室结构形式、船舶进出闸方式、上下游引航道口门区及连接段平面布置形式有所不同,近而会对枢纽泄流能力、船闸通航条件产生一定的影响。

为改善船闸下游航道的通航条件,对初步设计方案 1-1 共进行了 4 组修改方案试验,主要通过在下游引航道导流堤头下布置导流墩,以及对沩水河口采取疏浚与修筑导流堤相结合的整治措施;只是 4 组方案中沩水河口导流堤的位置、长度、形式、顶高程,以及疏挖区的范围和高程有所不同。由试验结果可以看出,通过增加沩水河口附近疏挖范围和缩短导流堤长度,而使沩水入汇水流适度提前扩散,不利于堤头下连接段航道通航水流条件改善;而初步设计方案 1-1 的修改方案 4 采取的整治措施能有效地改善船闸下游航道的通航条件,即将直立堤的平面布置形式改为直线段与圆弧段相结合,堤头向下游延伸至沩水河口左岸防洪堤凸嘴下游河段,同时控制沩水河口挖槽宽度,保留挖槽与右侧干流航道之间的原河床,并在下游引航道导流堤下游布置 5 个导流墩。

初步设计方案 1-2 修改方案与初步设计方案 1-1 修改方案 4 的思路一致,且两者对沩水河口整治工程措施是相同的,只是为改善船闸上、下游引航道口门区通航水流条件,在导流堤头所设置的导流墩的位置及个数有所不同。

主要选取初步设计方案 1-1、初步设计方案 1-1 修改方案 4、初步设计方案 1-2 及初步设计方案 1-2 修改方案共 4 组方案,从船闸上下游航道平面布置形式、枢纽泄流能力、上下游引航道口门区及连接段航道通航水流条件及下游航道冲淤定性分析等方面对上述方案进行综合对比,以选取较优的方案。

7.2.4.1 船闸上、下游航道平面布置形式对比

初步设计方案 1-1 及其修改方案 4 船闸引航道、口门区及连接段航道宽度存在多处渐变段,尤其是下游航道,沿程航道宽度呈扩散、收缩、再扩散形式,即先由引航道内的 135m 渐变至口门处的 160m,而后由口门处的 160m 渐变至连接段的 90m(修改方案 4 为 120m),再进入下游锚地的较宽的水域内。此种不规则航道平面布置形式,不利于船舶(队)的双向航行,

尤其是在水深较浅的枯水条件下,船舶(队)的舵效有所降低,不规则的航道形态会给船舶(队)操纵带来一定的困难。而初步设计方案1-2及其修改方案船闸引航道、口门区及连接段航道宽度均为146m,航道整体平面布置形式较规则,且航道距沩水河口距离较初步设计方案1-1及其修改方案4相对要远些,均有利于船舶(队)航行。

7.2.4.2 枢纽泄流能力对比

各方案坝前水位壅高值对比见表7-2。可以看出,由于泄水闸泄流宽度及堰顶高程相同,初步设计方案1-1和初步设计方案1-2两方案坝前壅水基本一致,最大壅水均为0.20m,均能满足设计要求的不大于0.3m的要求;而对于两方案的修改方案而言,由于沩水河口的整治工程,使沩水对湘江干流的顶托作用减弱,相应降低了枢纽上游水位壅高值,坝前最大壅水值均为0.18m,亦均能满足设计要求。

各方案坝前水位壅高值(单位:m)   表7-2

方案名称	流 量(m^3/s)				
	13500 (两年一遇)	19700 (十年一遇)	21900 (二十年一遇)	24400 (五十年一遇)	26400 (百年一遇)
方案1-1	0.13	0.16	0.17	0.19	0.20
方案1-1修改方案4	0.12	0.13	0.15	0.17	0.18
方案1-2	0.12	0.15	0.16	0.19	0.20
方案1-2修改方案	0.12	0.12	0.15	0.17	0.18

7.2.4.3 通航水流条件对比

就上游口门区及连接段航道而言,各方案的各级通航流量下,上游口门区及连接段航道内通航水流条件均能满足船舶(队)航行要求;另外,通过在上游导流堤堤头上游布置导流墩后,上游口门区的通航水流条件得到进一步优化。

对于下游口门区及连接段航道,分别选取 $Q_干 = 1824 m^3/s$($Q_{沩水} = 91 m^3/s$)、$Q_干 = 1824 m^3/s$($Q_{沩水} = 3350 m^3/s$)、$Q_干 = 5000 m^3/s$($Q_{沩水} = 250 m^3/s$)、$Q_干 = 5000 m^3/s$($Q_{沩水} = 3350 m^3/s$)、$Q_干 = 13500 m^3/s$($Q_{沩水} = 135 m^3/s$)、$Q_干 = 13500 m^3/s$($Q_{沩水} = 3350 m^3/s$)共6级典型流量,对各方案船闸下游引航道口门区(下游导流堤头下0~400m)及连接段的沩水河口段(下游导流堤头下1100~1300m)航道内最大横向流速进行了对比(表7-3、表7-4)。

由表可以看出,对于船闸下游引航道口门区而言,在干流流量相同条件下,各方案船闸下游口门区航道内最大横向流速随沩水入汇流量的增加而有所减小,主要由于沩水入汇流量增加使干流河道内水深增加,相应流速有所减慢;由于设计方案1-1修改方案4和设计方案1-2修改方案是在船闸引航道导流堤下游布置了导流墩,对口门区的通航水流条件有所改善,两方案口门区航道内最大横流均较设计方案有所减小;设计方案1-2修改方案与设计方案1-1修改方案4相比,由于口门区航道向河道中心有所偏移,且水流与航线夹角稍有增加,使前者口门区航道内最大横流稍大于后者。

对于船闸下游连接段的沩水入汇河口段(下游导流堤头下1100~1300m)航道而言,由于设计方案方案1-1和设计方案1-2未对沩水进行相关的整治,使沩水入汇河口段航道内横

向流速较快,且在沩水来流量同为3350m³/s时,沩水入汇河口段航道内的最大横向流速随干流来流量的减小而增快;而在对沩水河口段进行整治后的两个方案工况下,该段航道内的最大横流明显减小,通航水流条件得到显著改善;设计方案1-2修改方案与设计方案1-1修改方案4相比,由于下游连接段航道距沩水河口的距离要远些,航道内水流受沩水入汇的影响有所减小,最大横流亦稍小。

各方案船闸下游口门区(下游导流堤头下0~400m)航道内最大横向流速(单位:m/s)　　表7-3

流量(m³/s) 方案名称	$Q_干=1824$		$Q_干=5000$		$Q_沩水=13500$	
	$Q_沩水=91$	$Q_沩水=3350$	$Q_沩水=250$	$Q_干=3350$	$Q_沩水=135$	$Q_沩水=3350$
方案1-1	0.31	0.16	0.25	0.14	0.47	0.3
方案1-1 修改方案4	0.23	0.09	0.21	0.16	0.35	0.18
方案1-2	0.18	0.15	0.27	0.25	0.51	0.37
方案1-2 修改方案	0.17	0.14	0.25	0.22	0.36	0.21

各方案沩水入汇河口段(下游导流堤头下1100~1300m)航道内最大横向流速(单位:m/s)

表7-4

流量(m³/s) 方案名称	$Q_干=1824$		$Q_干=5000$		$Q_沩水=13500$	
	$Q_沩水=91$	$Q_沩水=3350$	$Q_沩水=250$	$Q_干=3350$	$Q_沩水=135$	$Q_沩水=3350$
方案1-1	0.33	4.03	0.09	1.55	0.29	0.89
方案1-1 修改方案4	0.24	0.21	0.2	0.19	0.25	0.27
方案1-2	0.35	3.73	0.09	1.71	0.30	0.84
方案1-2 修改方案	0.23	0.11	0.26	0.17	0.26	0.24

7.2.4.4 船闸下游口门区及连接段航道冲淤定性分析

初步设计1-1、1-2方案及修改方案的下游口门区及连接航道主要是在偏离原航道的左岸丁坝坝田区和沩水河口冲积扇边滩开挖出来的,且开挖深度较深。在枢纽施工期和正常运转期,下游口门区航道右侧河床的推移质泥沙会在扩散水流和左向斜流的作用下,在口门区航道内产生淤积。对于沩水入汇河口段的连接段航道,由于初步设计方案1-1、初步设计方案1-2未对沩水河口进行整治,在遭遇沩水为洪水流量,而湘江干流为中、枯水流量时,沩水出流受湘江干流的顶托后,水流流速有所降低,沩水来沙将会在河口段航道内产生淤积。而两设计方案的修改方案工况下,由于沩水入汇河口段直立导流堤的修筑和河槽的疏挖,沩水出流基本与湘江干流流向一致,在遭遇沩水为洪水流量,而湘江干流为中、枯水流量时,沩水出直立导流堤后会有所扩散,沩水来沙将会在直立堤下游附近河床及下游干流深槽附近产生淤积,部分泥沙有可能会在堤头下游水流扩散区的航道内产生淤积;但初步设计方案1-2修改方案与初步设计方案1-1修改方案4相比,由于下游连接段航道距沩水河口的距离要远些,航道的稳定性会稍好些。

7.2.4.5 小结

通过对初步设计方案1-1、初步设计方案1-1修改方案4、初步设计方案1-2及初步设计方案1-2修改方案这4组方案的上述各方面的综合对比分析,可以看出,就船闸上、下游航道平面布置形式而言,方案1-2要优于方案1-1;就枢纽泄流能力而言,各方案均能满足泄流要求,两方案的修改方案要优于设计方案;就船闸通航水流条件和下游口门区及连接段航道冲淤定性对比分析而言,方案1-2修改方案要优于方案1-1修改方案4。

综合对比各方案,方案1-2修改方案要优于其他各方案。

7.2.5 初步设计方案2试验

7.2.5.1 初步设计方案2工程布置

初步设计方案2船闸位于蔡家洲左侧,突出于下游,引航道中心线与坝轴线正交,闸室尺寸为280m×34m×4.5m(长×宽×门槛水深),双线船闸共用闸室墙,船舶进出闸方式为曲进不完全直出,上下游引航道长均为910m,其中制动段为150m,停泊段560m,导航调顺段为200m,上下游引航道底宽均为146m,上、下游引航道底高程分别为20.0m、17.5m。上游导流堤堤头的上游航道外侧布置5个导流墩。

初步设计方案2坝轴线与初步设计方案1-2相同,各建筑物工程布置从左至右依次为6台机组、鱼道、排污槽、24孔净宽22m堰顶高程19.0m主泄水闸、排污槽、双线船闸、蔡家洲副坝、右汊18孔净宽14m堰顶高程25.0m副泄水闸,如图7-8所示。

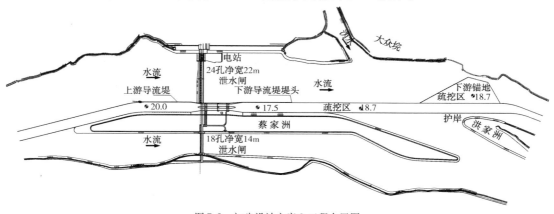

图7-8 初步设计方案2工程布置图

7.2.5.2 初步设计方案2试验成果

该方案共进行了 $Q_{干}$ = 1824m³/s、5000m³/s、7800m³/s、13500m³/s、19700m³/s、21900m³/s共6级正常遭遇时典型流量的通航水流条件试验。各级典型流量下通航水流条件试验成果表明:

(1)对于上游引航道口门区及连接段航道而言,①当 $Q_{干}$ < 19700m³/s(十年一遇洪水)时,通航水流条件基本能满足船舶(队)航行要求;②当 $Q_{干}$ = 19700m³/s、21900m³/s(二十年一遇洪水)时,船舶(队)只能沿上游口门区及连接段右侧航线单线航行。

(2)对于下游引航道口门及连接段航道而言,①当 $Q_{干}$ ≤ 7800m³/s(常年洪水)时,由于洪家洲右汊不过流或过流量较小,蔡家洲左汊主河道内水流流速及水流与航线夹角均不大,水流横向流速满足规范限值要求,通航水流条件基本能满足船舶(队)航行要求;②当 $Q_{干}$ > 7800m³/s时,由于洪家洲右汊过流量较大,水流从堤头下500m附近受蔡家洲左侧护岸走向影响,开始向右侧扩散,而由于横跨洪家洲的京珠复线高速公路桥在其右汊无通航孔,因此

下游航线只能经洪家洲左汊而下,致使水流斜穿下游连接段航道,水流横向流速远超规范限值,且无法通过工程措施予以解决,通航水流条件无法满足船舶(队)航行要求。

7.2.6 下游锚地有关问题的讨论

《船闸总体设计规范》(JTJ 305—2001)第5.7.1条规定"船闸上、下游引航道外宜设锚地。锚地应选择在风浪小、水流缓、无泡漩的水域,锚地水深不应小于引航道内最小水深"。本枢纽工程下游锚地设置在船闸下游引航道口门以下1.5~3.0km间航道左侧梯形区域内,锚地上游边界距沩水河口最近处约为500m,如图7-9所示。

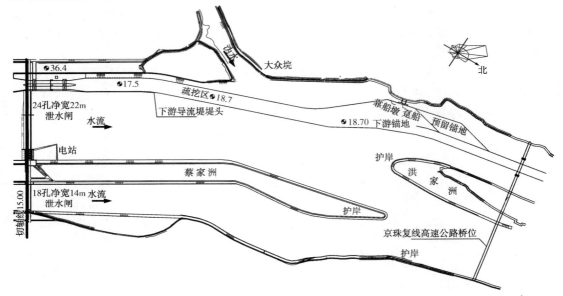

图7-9 下游锚地位置图(初步设计方案1-2工况)

初步设计方案1-1和初步设计方案1-2工况下,沩水河口维持现状,在干流与沩水正常遭遇条件下,由于受沩水入汇水流的顶托作用,位于入汇口下游的锚地内水流流速较干流河道内主流流速小,且水流流态平顺,锚地内停泊条件较好。但是在湘江干流为中、枯水而沩水为洪水流量的不利遭遇时,沩水入汇水流与干流来流交汇后,由于沩水入汇水流流速较快,使入汇后的水流呈"S"形流向下游,并在入汇口下游附近的锚地范围内形成大范围回流区。以 $Q_干 = 5000\text{m}^3/\text{s}$($Q_{沩水} = 3350\text{m}^3/\text{s}$)(图7-10)为例,沩水入汇口段水流流速约在4.0m/s,沩水与干流汇合后形成范围较大的水流紊动区,并在下游锚地附近形成一长约800m、宽约300m的椭圆形逆时针回流区,锚地内最大回流流速可达0.8m/s,且锚地范围内水流紊动强烈,水流流态不利于船舶(队)停泊。

由于在沩水河口维持现状条件下,当湘江干流与沩水出现不同的不利遭遇流量时,船闸下游引航道口门区及连接段均存在不同的不利于船舶(队)航行的航道段,而使其通航条件不能满足要求。因此需在设计方案的基础上对沩水河口进行相应的整治工程,主要采取疏浚与修筑导流堤相结合的措施对沩水河口进行整治,以减小沩水入汇水流与干流夹角。整治工程后,沩水入汇水流基本与干流水流平顺,但是在湘江干流为中、枯水而沩水为洪水流量的不利遭遇时,锚地范围内成为沩水下泄水流的主流区。以 $Q_干 = 18240\text{m}^3/\text{s}$($Q_{沩水} = 3350\text{m}^3/\text{s}$)(图 7-11)为例,锚地内水流流速一般约在 3.0m/s,同时受水流流速较大和水流交汇的影响,锚地内水流紊动强烈,不能保证船舶(队)安全停泊。

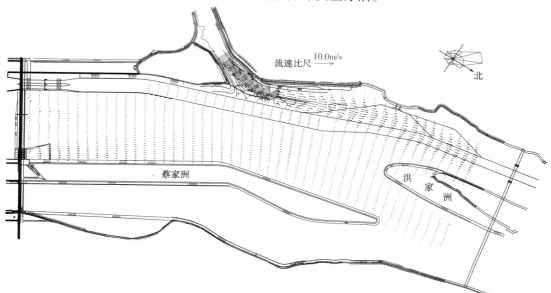

图 7-10　设计方案 1-2 工况下下游锚地附近流场

（$Q_干 = 5000\text{m}^3/\text{s}$、$Q_{沩水} = 3350\text{m}^3/\text{s}$）

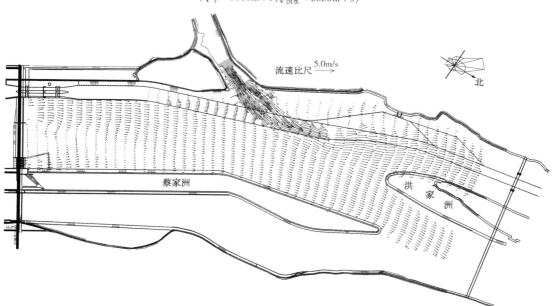

图 7-11　设计方案 1-2 修改方案工况下下游锚地附近流场

（$Q_干 = 18240\text{m}^3/\text{s}$、$Q_{沩水} = 3350\text{m}^3/\text{s}$）

因此,在沩水与湘江干流正常遭遇的流量下,规划设计的锚地位置及停泊条件可以满足要求;但是在出现湘江干流为中、枯水而沩水为洪水流量的不利遭遇时不能满足要求,需要将锚地下移或另外单独设置锚地。但是,由于受下游横跨洪家洲的京珠复线高速公路桥的影响,锚地位置不能向下游移动,因此建议设计单位考虑在对岸洪家洲左侧或公路桥下游增设锚地,以备出现上述不利遭遇时船舶(队)停泊之用。

7.2.7 关于初步设计推荐方案的补充说明

在初步设计阶段模型试验研究中间成果提供给设计单位后,设计单位根据模型试验研究成果推荐的枢纽布置方案,并根据水利部长江水利委员会对《湖南省湘江长沙综合枢纽工程防洪评价报告》的有关审查意见,从尽可能扩大泄水闸规模的角度,对工程设计方案进行了进一步的优化,形成了初步设计方案1-3,并将其作为初步设计阶段推荐方案。

初步设计方案1-3(图7-12)与初步设计方案1-2修改方案相比,主要区别有以下3个方面:①左汊泄水闸由24孔增加为26孔,堰顶高程由19.0m降至18.5m,右汊泄水闸由18孔增加为20孔,堰顶高程不变;②为利于泄洪,将长约1.5km的蔡家洲下段只进行护岸,不进行抬填,维持洲顶原高程(约30.5m);③船闸上下游导流堤、口门区及连接段航道向左侧平移8m。

可以看出,初步设计方案1-3主要是在初步设计方案1-2修改方案的基础上,从增加枢纽泄流能力、减小水位壅高的角度对工程设计方案进行了优化;方案优化后枢纽泄流效果可参见长沙理工大学编制的长沙综合枢纽泄流能力的模型试验报告。而船闸上、下游口门区及连接段航道位置基本没有变化,虽然蔡家洲下段未进行抬填,但洲顶高程仍有30.5m;在下线水位条件下,当干流来流量增至两年一遇的洪水时洲顶才漫水过流,且洲顶过流量不大,对与其相距较远的左岸侧的航道水流条件不会产生大的影响;对下游口门区及连接段通航条件影响较大的沩水河口整治工程与初步设计方案1-2修改方案相同。因此,可以认为初步设计方案1-3船闸上、下游通航水流条件与初步设计方案1-2修改方案基本一致。

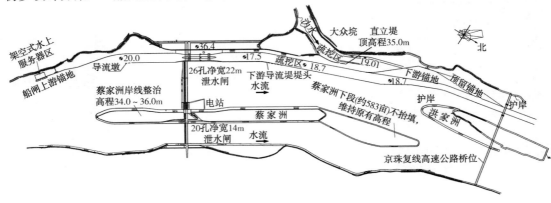

图7-12 初步设计方案1-3工程布置图

7.2.8 结语

试验研究首先以初步设计方案1-1和初步设计方案1-2为基础,对船闸上、下游口门区及连接段的通航条件进行了试验研究,并重点进行了沩水不同汇流比对通航水流条件及船舶航行条件的影响、沩水河口导流工程布置等内容的研究。其中,设计方案1-1进行了4组修改方案试验,设计方案1-2进行了1组修改方案试验;最后又对初步设计方案2的船闸通航水流条件进行了试验研究。主要结论如下:

(1)考虑到长沙综合枢纽坝址河段受下游洞庭湖顶托、沩水入汇等诸多因素影响,在进行模型试验典型流量选择时,为确保防洪及通航,从最不利的角度出发,①选择了水位—流量关系中洪峰频率曲线进行枢纽泄流能力试验,按沩水与湘江干流遭遇相同洪峰频率进行。②选择了水位—流量关系下线组合进行通航水流条件试验,分正常遭遇和不利遭遇两种情况:a. 常年洪水流量($Q_{干}=7800\mathrm{m^3/s}$)及常年洪水流量以下时,选取沩水汇流比为0.05时为正常遭遇;常年洪水流量以上时,选取相同洪水频率遭遇为正常遭遇;b. 不利遭遇又分两种情况,一种为湘江干流的中、枯水流量遭遇沩水的洪水流量,汇流比远大于0.05;另一种情况为湘江干流的洪水流量遭遇沩水的枯水流量,选取汇流比为0.01时的流量遭遇。

(2)初步设计方案1-1、初步设计方案1-2及两方案的修改方案工况下,坝前水位壅高值均小于0.30m,满足设计要求;且修改方案的泄流能力较设计方案的泄流能力稍大。

(3)初步设计方案1-1、初步设计方案1-2及两方案的修改方案的船闸上游引航道口门区及连接段,在各级通航流量下,通航水流条件均能满足船舶(队)航行要求。另外,通过在上游导流堤堤头上游布置导流墩,上游口门区的通航水流条件得到进一步优化。

(4)对于船闸下游口门区及及连接段航道而言,初步设计方案1-1和初步设计方案1-2的试验结果表明,①湘江干流与沩水正常遭遇时,a. 当$Q_{干}<13500\mathrm{m^3/s}$时,通航水流条件能够满足船舶(队)航行要求;b. 当$13500\mathrm{m^3/s}\leqslant Q_{干}\leqslant 21900\mathrm{m^3/s}$时,受过下游导流堤堤头后扩散水流的影响,导流堤堤头至沩水入汇口间部分航道段右侧航道内横流较大,船舶(队)只能沿左侧航线单线航行,而入汇口以下的连接段航道内通航水流条件能基本满足要求。②湘江干流与沩水各种不利遭遇时,下游口门区及连接段内均存在不利于船舶航行的航道段,a. 若湘江干流的中、枯水流量遭遇沩水的洪水流量时,因沩水入汇口航道段右向斜流及横流较大而不利于船舶(队)航行;b. 若湘江干流的洪水流量遭遇沩水的枯水流量时,因沩水顶托作用减弱而使下游导流堤堤头至沩水入汇口航道段左向横流较大而不利于船舶(队)航行。

(5)主要针对船闸下游口门区及连接段航道存在的通航问题,通过在下游引航道导流堤头下布置导流墩,以及对沩水河口采取疏浚与修筑导流堤相结合的整治措施对初步设计方案1-1和初步设计方案1-2进行了修改方案试验。其中设计方案1-1进行了4组修改方案试验,修改方案4为方案1-1的最优修改方案;设计方案1-2进行了1组修改方案试验。

(6)初步设计方案1-1修改方案4和初步设计方案1-2修改方案工况下,①湘江干流与沩水正常遭遇时,以及沩水为中、枯流量,而湘江干流为洪水流量的不利遭遇时,下游口门区及连接段航道通航水流条件均能满足船舶(队)航行要求。②当沩水来流量同为3350$\mathrm{m^3/s}$(沩水二十年一遇洪水)时,a. 初步设计方案1-1修改方案4工况下,当干流流量$Q_{干}=1824\mathrm{m^3/s}$时,因沩水河入汇口附近连接段航道左侧边线附近水流紊动较强,左侧航线不利于船舶(队)航行,但船舶(队)可沿双线航道的右侧航线单线航行;当干流$Q_{干}\geqslant 5000\mathrm{m^3/s}$时,下游口门区及连接段航道通航水流条件能够满足要求;b. 初步设计方案1-2修改方案工况下,当干流流量$Q_{干}\geqslant 1824\mathrm{m^3/s}$时,下游口门区及连接段航道通航水流条件能够满足船舶

（队）航行要求。

（7）初步设计方案 2 是船闸位于蔡家洲左汊右岸侧,试验结果表明:

对于上游引航道口门区及连接段航道而言,①当 $Q_干 < 19700\mathrm{m}^3/\mathrm{s}$（十年一遇洪水）时,通航水流条件能满足船舶（队）航行要求;②当 $Q_干 = 19700\mathrm{m}^3/\mathrm{s}$、$21900\mathrm{m}^3/\mathrm{s}$ 时,船舶（队）只能沿上游口门区及连接段右侧航线单线航行。

对于下游引航道口门及连接段航道而言,①当 $Q_干 \leqslant 7800\mathrm{m}^3/\mathrm{s}$ 时,口门及连接段航道通航水流条件能够满足船舶（队）航行要求;②当 $Q_干 > 7800\mathrm{m}^3/\mathrm{s}$ 时,由于横跨洪家洲的京珠复线高速公路桥在其右汊无通航孔,因此下游航线只能经洪家洲左汊而下,致使水流斜穿堤头500m 以下连接段航道,水流横向流速远超规范限值,且无法通过工程措施予以解决,通航水流条件无法满足船舶（队）航行要求。

（8）由各方案试验结果可以看出,在各级通航流量下,设计方案 1-1 修改方案 4 和设计方案 1-2 修改方案的船闸上游引航道口门及连接段、下游引航道口门区,均能满足船舶（队）安全航行的要求,船闸下游引航道连接段通航水流条件有所不同。两方案相比,由于下游连接段航道距沩水河口的距离方案 1-2 较方案 1-1 要远,从航道通航水流条件及航道稳定性考虑,方案 1-2 修改方案要优于方案 1-1 修改方案 4。综合对比各方案,方案 1-2 修改方案可作为初步设计阶段推荐方案。

（9）初步设计方案 1-3 主要是在初步设计方案 1-2 修改方案的基础上,从增加枢纽泄流能力、减小水位壅高的角度对工程设计方案进行优化。通过资料分析认为,该方案船闸上、下游通航水流条件与初步设计方案 1-2 修改方案基本一致,亦可作为初步设计阶段推荐方案。

7.3　船模航行条件试验研究

7.3.1　设计方案 1-1 船模航行试验

7.3.1.1　设计方案 1-1 上游口门区及连接段船模航行试验

1. 试验工况

该方案上游水流条件试验表明,在中、枯水流量下上游口门区及连接段的水流条件较优,因此只选择了洪水流量下进行船模航行试验,即 $Q_干 = 13500\mathrm{m}^3/\mathrm{s}$、$Q_干 = 17500\mathrm{m}^3/\mathrm{s}$、$Q_干 = 21900\mathrm{m}^3/\mathrm{s}$。

2. 船模航行试验成果

当流量 $Q_干 \leqslant 21900\mathrm{m}^3/\mathrm{s}$ 时,船模沿左、右侧航线航行均能安全进、出口门,满足安全航行要求。

7.3.1.2　设计方案 1-1 下游口门区及连接段船模航行试验

1. 试验工况

在试验流量组合中,该方案选择了其中 5 个流量级组合进行了船模航行试验,即 $Q_干 = 1824\mathrm{m}^3/\mathrm{s}$,$Q_沩水 = 91\mathrm{m}^3/\mathrm{s}$（正常遭遇）;$Q_干 = 1824\mathrm{m}^3/\mathrm{s}$,$Q_沩水 = 912\mathrm{m}^3/\mathrm{s}$（不利遭遇）;$Q_干 = 13500\mathrm{m}^3/\mathrm{s}$,$Q_沩水 = 1580\mathrm{m}^3/\mathrm{s}$（正常遭遇）;$Q_干 = 17500\mathrm{m}^3/\mathrm{s}$,$Q_沩水 = 2300\mathrm{m}^3/\mathrm{s}$（正常遭遇）;

$Q_干 = 21900 \text{m}^3/\text{s}, Q_沩水 = 3350 \text{m}^3/\text{s}$（正常遭遇）。

2. 船模航行试验成果

（1）$Q_干 = 1824 \text{m}^3/\text{s}, Q_沩水 = 91 \text{m}^3/\text{s}$（正常遭遇）

该流量组合下,下游口门区及连接段航道内,水流平顺,航行条件较优,船模沿左、右侧航线上、下航行均比较顺利。船模沿左侧航线上行时在口门区的最大舵角为 $3.5°$,最大漂角为 $6.4°$,下行时在口门区的最大舵角为 $4.0°$,最大漂角为 $-3.5°$;船模沿右侧航线上行时在口门区的最大舵角为 $-10.7°$,最大漂角为 $5.0°$,下行时在口门区的最大舵角为 $-6.6°$,最大漂角为 $-6.9°$。航行操舵角和漂角均满足要求。

（2）$Q_干 = 1824 \text{m}^3/\text{s}, Q_沩水 = 912 \text{m}^3/\text{s}$（不利遭遇）

该流量组合下,堤头下约 $900 \sim 1300 \text{m}$ 航道范围内横流较大,船模沿左、右侧航线航行至该区域时,航行控制均比较困难,船模向右侧漂移量较大,最大漂移量约在 4 倍船宽左右,航态较差,不能满足安全航行要求。

（3）$Q_干 = 13500 \text{m}^3/\text{s}, Q_沩水 = 1580 \text{m}^3/\text{s}$（正常遭遇）

该流量组合下,航行困难区段有两个:一是沩水入汇口及以下部分航道(即堤头下 $900 \sim 1600 \text{m}$),控制航向比较困难,船模航迹带较宽,航态较差。二是口门区及连接段(即堤头下 $100 \sim 700 \text{m}$),由于枢纽下泄水流在口门区扩散,该区域内有向左侧的斜流,其强度右侧航线明显大于左侧。船模沿左侧航线航行至堤头下 $100 \sim 700 \text{m}$ 区域时受斜流影响不大,航行比较顺利,船模沿右侧航线航行受斜流的影响,船位漂移比较明显,尤其是下行船模,其漂移量最大出现在堤头下约 700m,航迹带较宽,船模沿航线航行操纵比较困难。

（4）$Q_干 = 17500 \text{m}^3/\text{s}, Q_沩水 = 2300 \text{m}^3/\text{s}$（正常遭遇）

该流量组合下,航行困难区段主要在堤头下 $100 \sim 700 \text{m}$。随着下泄流量的增大,该区域的斜流强度较 $Q = 13500 \text{m}^3/\text{s}$ 有所增大,船模航迹带较宽,船模沿航线航行操纵比较困难。

（5）$Q_干 = 21900 \text{m}^3/\text{s}, Q_沩水 = 3350 \text{m}^3/\text{s}$（正常遭遇）

该流量组合下,航行困难区段和 $Q_干 = 17500 \text{m}^3/\text{s}$、$Q_沩水 = 2300 \text{m}^3/\text{s}$ 基本相同,船模受口门区及其相连的下游部分连接段斜流影响向左侧漂移,航迹带较宽,船模沿航线航行操纵比较困难。

7.3.2 设计方案 1-1 修改方案船模航行试验

初步设计方案 1-1 水流及船模航行试验结果表明,船闸下游口门区及连接段航道是航行难点。尤其是在湘江干流与沩水不利遭遇时,沩水入汇口以下航道内横向流速较大不能满足通航要求。针对这一问题,水流模型试验进行了 4 个修改方案试验,其中修改方案 4 的水流条件优于前 3 个修改方案,最后选取修改方案 4 作为初步设计方案 1-1 的最终优化方案,因此船模对修改方案 4 进行了航行试验。另外,为了进一步优化船闸上游口门区及连接段通航水流条件,对上游挑流堤进行了修改,船模对该方案上游也进行了航行试验。

7.3.2.1 修改方案 4 主要修改措施及航道平面布置

（1）主要修改措施

上游:挑流堤实堤改为导流墩,即挑流堤段以 3 个长 30m、厚 3m、间距为 20m 的导流墩代替。

下游:沩水河口修筑一条顶高程为 35.0m、长 480m 的直立堤;直立堤平面布置形式为圆弧段与直线段相结合;沩水河口心滩与边滩段开挖成底高程为 19.0m 圆弧段挖槽;并将上游调流堤段改为导流墩,下游导流堤堤头下增至 5 个等间距的导流墩;对下游航道宽度及平面布置形式进行了调整。

(2)船闸上、下游引航道、口门区及连接段长度见表 7-5,平面布置如图 7-13a)、图 7-13b)所示。

设计方案 1-1 修改方案 4 船闸上下游引航道、口门区及连接段长度一览表　　　　表 7-5

方　案	位　置	引航道(m)				口门区(m)	连接段(m)
		总　长	导航段	停泊段	制动段		
设计方案 1-1 修改方案 4	船闸上游	850	450	400	150	400	600
	船闸下游	1000	450	400	150	400	1400

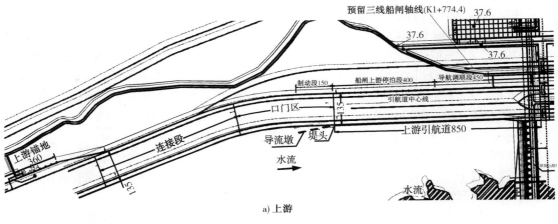

a) 上游

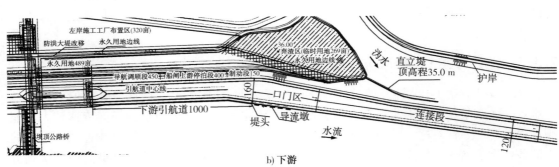

b) 下游

图 7-13　修改方案 4 船闸下游引航道、口门区及连接段平面布置图

7.3.2.2　修改方案 4 上游口门区及连接段船模航行试验

1. 试验工况

该方案上游水流条件试验表明,在中、枯水流量下上游口门区及连接段的水流条件较

优,因此只选择了洪水流量下进行船模航行试验,即 $Q_干=7800\text{m}^3/\text{s}$、$Q_干=13500\text{m}^3/\text{s}$、$Q_干=21900\text{m}^3/\text{s}$。

2. 船模航行试验成果

当流量 $Q_干\leqslant21900\text{m}^3/\text{s}$ 时,船模沿左、右侧航线航行均能安全进、出口门,满足安全航行要求。

7.3.2.3　修改方案4下游口门区及连接段船模航行试验

在试验流量组合中,该方案选择了其中 11 个流量组合进行了船模航行试验,成果如下:

1. $Q_干=1824\text{m}^3/\text{s}$,$Q_沩水=91\text{m}^3/\text{s}$(正常遭遇)

该流量组合下,下游口门区及连接段航行条件较优,船模沿左、右侧航线上、下航行均比较顺利。船模沿左侧航线上行时在口门区的最大舵角为 9.0°,最大漂角为 4.9°,下行时在口门区的最大舵角为 −7.8°,最大漂角为 5.1°;船模沿右侧航线上行时在口门区的最大舵角为 −18.7°,最大漂角为 3.0°,下行时在口门区的最大舵角为 8.4°,最大漂角为 −5.1°。航行操舵角和漂角均满足要求。

2. $Q_干=1824\text{m}^3/\text{s}$,$Q_沩水=3350\text{m}^3/\text{s}$(不利遭遇)

该流量组合下,由于沩水河口出流量较大,堤头下 1800m 以下左侧航线上向右侧的斜流稍大,船模航行至堤头下 1800m 时开始向右侧漂移,尤其是船模沿左侧航线下行漂移量较大,最大漂移量约在 4 倍船宽,航迹带较宽。

经试验得出,船模沿修改航线上、下航行比较顺利,即左、右侧航线整体向右侧移动,偏移量从口门区开始逐渐增大,具体航线布置如图 7-14 所示。

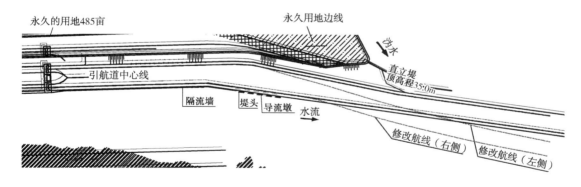

图 7-14　修改方案 4 船闸下游修改航线示意图

3. $Q_干=5000\text{m}^3/\text{s}$,$Q_沩水=250\text{m}^3/\text{s}$(正常遭遇)

该流量组合下,下游口门区及连接段航行条件较优,船模沿左、右侧航线上、下航行均比较顺利,满足安全航行要求。船模沿左侧航线上行时在口门区的最大舵角为 −16.8°,最大漂角为 −8.4°,下行时在口门区的最大舵角为 9.6°,最大漂角为 −5.6°;船模沿右侧航线上行时在口门区的最大舵角为 8.7°,最大漂角为 2.9°,下行时在口门区的最大舵角为 12.2°,最大漂角为 −4.2°。

4. $Q_干 = 5000\text{m}^3/\text{s}$, $Q_{泄水} = 3350\text{m}^3/\text{s}$(不利遭遇)

当泄水流量增至 3350m^3/s 时,入汇口流速较大,直立堤堤头以下航道内向右侧的斜流强度与泄水流量 250m^3/s 时相比明显增大,当船模沿左、右侧航线航行至该区域时均向右侧漂移,其漂移量左侧大于右侧,最大漂移量约在 3 倍船宽。该流量组合下,直立堤堤头以上航道航行条件较优,船模航行比较顺利。

5. $Q_干 = 7800\text{m}^3/\text{s}$, $Q_{泄水} = 390\text{m}^3/\text{s}$(正常遭遇)

该流量组合下,下游口门区及连接段航行条件较优,船模沿左、右侧航线上、下航行均比较顺利,满足安全航行要求。船模沿左侧航线上行时在口门区的最大舵角为 11.9°,最大漂角为 6.0°,下行时在口门区的最大舵角为 −11.4°,最大漂角为 5.5°;船模沿右侧航线上行时在口门区的最大舵角为 −14.4°,最大漂角为 2.8°,下行时在口门区的最大舵角为 5.5°,最大漂角为 −3.6°。

6. $Q_干 = 7800\text{m}^3/\text{s}$, $Q_{泄水} = 3350\text{m}^3/\text{s}$(不利遭遇)

该流量组合下,由于泄水流量的增大,使得直立堤堤头以下航道内水流较平顺,直立堤堤头以上航道内水流较平缓,航行条件较优,满足安全航行要求。船模沿左、右侧航线上、下航行均比较顺利。船模沿左侧航线上行时在口门区的最大舵角为 8.4°,最大漂角为 7.5°,下行时在口门区的最大舵角为 −5.9°,最大漂角为 4.4°;船模沿右侧航线上行时在口门区的最大舵角为 −15.8°,最大漂角为 2.5°,下行时在口门区的最大舵角为 −7.3°,最大漂角为 −3.5°。

7. $Q_干 = 13500\text{m}^3/\text{s}$, $Q_{泄水} = 135\text{m}^3/\text{s}$(不利遭遇)

该流量组合下,受下泄扩散水流的影响,直立堤堤头以上(即堤头下 100 ~ 700m)航道内,口门区向左侧斜流强度不大,船模能顺利通过该区域。从船模航行情况看,船模航行至直立堤堤头以下航道时,将船位稍偏向航线右侧航行比较顺利。

8. $Q_干 = 13500\text{m}^3/\text{s}$, $Q_{泄水} = 1580\text{m}^3/\text{s}$(正常遭遇)

该流量组合与 $Q_干 = 13500\text{m}^3/\text{s}$, $Q_{泄水} = 135\text{m}^3/\text{s}$ 相比,下游口门区及连接段的斜流流速有所降低,水流较平顺,船模沿左、右侧航线上、下航行均比较顺利,满足安全航行要求。船模沿左侧航线上行时在口门区的最大舵角为 7.4°,最大漂角为 5.5°,下行时在口门区的最大舵角为 −10.2°,最大漂角为 −3.7°;船模沿右侧航线上行时在口门区的最大舵角为 −13.9°,最大漂角为 2.3°,下行时在口门区的最大舵角为 −7.6°,最大漂角为 −3.6°。

9. $Q_干 = 13500\text{m}^3/\text{s}$, $Q_{泄水} = 3350\text{m}^3/\text{s}$(不利遭遇)

当湘江干流流量 $Q_干 = 13500\text{m}^3/\text{s}$ 时,随着泄水流量的增大,口门区及连接段的斜流流速逐渐减慢,下游航道内水流与航线夹角也进一步减小;当泄水流量 $Q_{泄水} = 3350\text{m}^3/\text{s}$ 时,下游口门区及连接段航行条件较优,船模沿左、右侧航线上、下航行均比较顺利,满足安全航行要求。船模沿左侧航线上行时在口门区的最大舵角为 6.8°,最大漂角为 −6.2°,下行时在口门区的最大舵角为 8.2°,最大漂角为 −4.3°;船模沿右侧航线上行时在口门区的最大舵角为 −8.9°,最大漂角为 2.6°,下行时在口门区的最大舵角为 5.2°,最大漂角为 −4.6°。

10. $Q_干 = 21900\,\mathrm{m^3/s}$, $Q_沩水 = 219\,\mathrm{m^3/s}$(不利遭遇)

该流量组合下,由于下泄流量的增大,直立堤堤头以上(即堤头下 100~700m)航道内,右侧航线上向左侧的斜流较 $Q_干 = 13500\,\mathrm{m^3/s}$ 有所增大,船模有一定程度的漂移,但航向比较容易控制,进出口门比较顺利。船模航行至直立堤堤头以下航道时,将船位稍偏向航线右侧航行比较顺利。船模沿左侧航线上行时在口门区的最大舵角为 $-2.8°$,最大漂角为 $-4.3°$,下行时在口门区的最大舵角为 $-4.8°$,最大漂角为 $-8.4°$;船模沿右侧航线上行时在口门区的最大舵角为 $-14.4°$,最大漂角为 $2.0°$,下行时在口门区的最大舵角为 $8.2°$,最大漂角为 $-4.0°$。

11. $Q_干 = 21900\,\mathrm{m^3/s}$, $Q_沩水 = 3350\,\mathrm{m^3/s}$(正常遭遇)

该流量组合下与 $Q_干 = 21900\,\mathrm{m^3/s} + Q_沩水 = 219\,\mathrm{m^3/s}$ 相比,由于沩水流量的增大,受其顶托的作用,口门区及连接段的斜流流速有所减慢,下游航道内水流与航线夹角也有所减小,航行条件较优,船模沿左、右侧航线上、下航行均比较顺利,满足安全航行要求。船模沿左侧航线上行时在口门区的最大舵角为 $6.8°$,最大漂角为 $6.9°$,下行时在口门区的最大舵角为 $-7.7°$,最大漂角为 $5.7°$;船模沿右侧航线上行时在口门区的最大舵角为 $-9.3°$,最大漂角为 $4.4°$,下行时在口门区的最大舵角为 $7.3°$,最大漂角为 $-5.9°$,操舵角和航行漂角均满足要求。

7.3.3 设计方案1-2 船模航行试验

7.3.3.1 设计方案1-2 上游口门区及连接段船模航行试验

1. 试验工况

该方案上游水流条件试验表明,在中、枯水流量下上游口门区及连接段的水流条件较优,因此只选择了洪水流量下进行船模航行试验,$Q_干 = 7800\,\mathrm{m^3/s}$、$Q_干 = 13500\,\mathrm{m^3/s}$、$Q_干 = 21900\,\mathrm{m^3/s}$。

2. 船模航行试验成果

当流量 $Q_干 \leqslant 21900\,\mathrm{m^3/s}$ 时,船模沿左、右侧航线航行均能安全进、出口门,满足安全航行要求。

7.3.3.2 设计方案1-2 下游口门区及连接段船模航行试验

在试验流量组合中,该方案选择了其中 10 个流量组合进行了船模航行试验,成果如下:

1. $Q_干 = 1824\,\mathrm{m^3/s}$, $Q_沩水 = 91\,\mathrm{m^3/s}$(正常遭遇)

该流量组合下,下游口门区及连接段航道内,水流平顺,航行条件较优,船模沿左、右侧航线上、下航行均比较顺利,满足安全航行要求。船模沿左侧航线上行时在口门区的最大舵角为 $-14.2°$,最大漂角为 $3.2°$,下行时在口门区的最大舵角为 $-15.7°$,最大漂角为 $4.6°$;船模沿右侧航线上行时在口门区的最大舵角为 $-17.3°$,最大漂角为 $6.4°$,下行时在口门区的最大舵角为 $-13.6°$,最大漂角为 $-4.4°$。

2. $Q_干 = 1824\,\mathrm{m^3/s}$, $Q_沩水 = 3350\,\mathrm{m^3/s}$(不利遭遇)

该流量组合下,由于沩水河口出流量较大,堤头下 900~1800m 航道内向右侧的斜流较

强,船模航行至该斜流区时开始向右侧漂移,尤其是上行船模已漂移出航道,航迹带较宽,航态较差,操纵比较困难,不能满足安全航行要求。船模沿左侧航线上行、右侧航线下航行和船模沿左侧航线下行、右侧航线上航行的航态图如图7-15a)、b)所示。

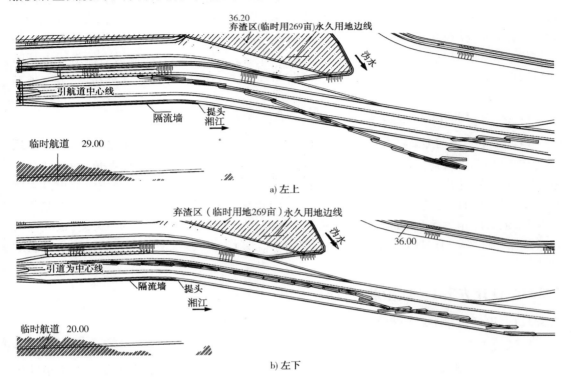

a) 左上

b) 左下

图7-15 设计方案1-2 船闸下游口门区及连接段船模航行状态图

($Q_{干}=1824\text{m}^3/\text{s}, Q_{沩水}=3350\text{m}^3/\text{s}$)

3. $Q_{干}=5000\text{m}^3/\text{s}, Q_{沩水}=250\text{m}^3/\text{s}$(正常遭遇)

该流量组合下,下游口门区及连接段水流基本平顺,航行条件较优,船模沿左、右侧航线上、下航行均比较顺利,满足安全航行要求。船模沿左侧航线上行时在口门区的最大舵角为$-14.9°$,最大漂角为$-2.7°$,下行时在口门区的最大舵角为$2.8°$,最大漂角为$4.7°$;船模沿右侧航线上行时在口门区的最大舵角为$-11.3°$,最大漂角为$9.1°$,下行时在口门区的最大舵角为$8.6°$,最大漂角为$-8.1°$。

4. $Q_{干}=5000\text{m}^3/\text{s}, Q_{沩水}=3350\text{m}^3/\text{s}$(不利遭遇)

该流量组合下,由于沩水河口出流量较大,堤头下1000~1700m航道内向右侧的斜流较强,船模沿左、右侧航线上、下航行至斜流较强的区域时开始向右侧漂移,其漂移量左侧航线大于右侧航线,最大漂移量约100m,航迹带较宽,航态较差,不能满足安全航行要求。

5. $Q_{干}=7800\text{m}^3/\text{s}, Q_{沩水}=390\text{m}^3/\text{s}$(正常遭遇)

该流量组合下,下游口门区及连接段航道内,水流平顺,航行条件较优,船模沿左、右侧航线上、下航行均比较顺利,满足安全航行要求。船模沿左侧航线上行时在口门区的最大舵角为6.8°,最大漂角为3.8°,下行时在口门区的最大舵角为8.4°,最大漂角为4.0°;船模沿右侧航线上行时在口门区的最大舵角为 −7.7°,最大漂角为9.7°,下行时在口门区的最大舵角为6.0°,最大漂角为 −5.0°。

6. $Q_{干} = 7800\text{m}^3/\text{s}$,$Q_{沩水} = 3350\text{m}^3/\text{s}$(不利遭遇)

该流量组合下,由于沩水入汇流量较大,堤头下 1000～1700m 航道内向右侧的斜流较强,但强度相对流量组合 $Q_{干} = 5000\text{m}^3/\text{s}$,$Q_{沩水} = 3350\text{m}^3/\text{s}$ 要弱些,船模沿左、右侧航线上、下航行至斜流区时开始向右侧漂移,其漂移量左侧航线大于右侧航线,最大漂移量约 60m,航迹带较宽,不能满足安全航行要求。

7. $Q_{干} = 13500\text{m}^3/\text{s}$,$Q_{沩水} = 1580\text{m}^3/\text{s}$(正常遭遇)

该流量组合下,下游口门区及连接段航道内的水流基本平顺,只是在口门区存在向左侧的斜流,船模沿左侧航线上、下航行比较顺利,航态较好;船模沿右侧航线上、下航行至口门区时,均有一定程度的漂移,操纵稍有难度,需随时注意调整航态。船模沿左侧航线上行时在口门区的最大舵角为 −9.4°,最大漂角为3.7°,下行时在口门区的最大舵角为8.8°,最大漂角为3.6°;船模沿右侧航线上行时在口门区的最大舵角为 −6.5°,最大漂角为8.9°,下行时在口门区的最大舵角为5.8°,最大漂角为 −5.7°。

8. $Q_{干} = 13500\text{m}^3/\text{s}$,$Q_{沩水} = 3350\text{m}^3/\text{s}$(不利遭遇)

该流量组合下,由于沩水入汇流量较大,堤头下 1200～1600m 航道内左侧航行上向右侧的斜流强度稍大,船模沿左侧航线航行至斜流区时开始向右侧漂移,其漂移量左侧航线大于右侧航线,最大漂移量约 2 个船位。船模沿右侧航线航行至口门区时,需随时注意调整航态。

9. $Q_{干} = 21900\text{m}^3/\text{s}$,$Q_{沩水} = 219\text{m}^3/\text{s}$(不利遭遇)

该流量组合下,由于下游口门区及连接航道内存在向左侧的斜流,船模沿左、右侧航线上、下航行均有一定程度的漂移,需随时注意调整航态,航迹带略宽。

10. $Q_{干} = 21900\text{m}^3/\text{s}$,$3350\text{m}^3/\text{s}$(正常遭遇)

该流量组合与 $Q_{干} = 21900\text{m}^3/\text{s}$,$Q_{沩水} = 219\text{m}^3/\text{s}$ 相比,由于沩水流量的增加,口门区向左侧的斜流有所减小,船模的漂移量有所减小,但仍需谨慎驾驶,随时注意调整航态,其他区域水流较平顺,航行比较顺利。

7.3.4 设计方案1-2修改方案船模航行试验

7.3.4.1 修改方案船闸上、下游主要修改措施及航道平面布置

1. 主要修改措施

上游:在导流堤堤头上游航道右侧增加 2 个导流墩。

下游:沩水河口修筑一条顶高程为 35.0m、长 480m 的直立堤;沩水河口心滩与边滩段开挖成底高程为 19.0m 圆弧段挖槽;下游导流堤堤头下增加 5 个等间距的导流墩。

2. 航道平面布置

本方案上、下游引航道、口门区及连接段航道平面布置与设计方案 1-2 完全相同。设计方案 1-1 修改方案上、下游平面布置如图 7-16a)、b)所示。

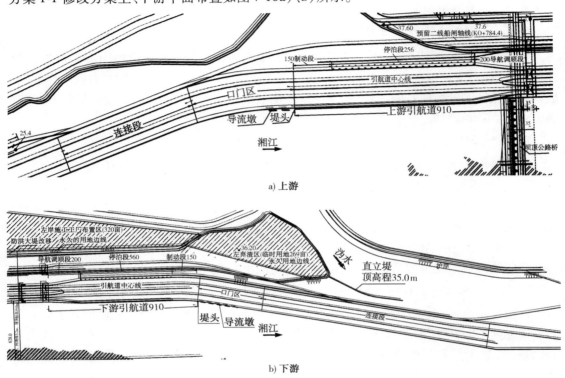

a) 上游

b) 下游

图 7-16 设计方案 1-2 修改方案船闸下游引航道、口门区及连接段平面布置图

7.3.4.2 修改方案上游口门区及连接段船模航行试验

1. 试验工况

该方案上游水流条件试验表明,在中、枯水流量下上游口门区及连接段的水流条件较优,因此只选择了洪水流量下进行船模航行试验,$Q_{干} = 7800\,\mathrm{m^3/s}$、$Q_{干} = 13500\,\mathrm{m^3/s}$、$21900\,\mathrm{m^3/s}$。

2. 船模航行试验成果

当流量 $Q_{干} \leqslant 21900\,\mathrm{m^3/s}$ 时,船模沿左、右侧航线航行均能安全进、出口门,满足安全航行要求。

7.3.4.3 修改方案下游口门区及连接段船模航行试验

在试验流量组合中,该方案选择了其中 10 个流量组合进行了船模航行试验,成果如下:

1. $Q_{干} = 1824\,\mathrm{m^3/s}$,$Q_{沩水} = 91\,\mathrm{m^3/s}$(正常遭遇)

该流量组合下,下游口门区及连接段航行条件较优,船模沿左、右侧航线上、下航行均比较顺利,满足安全航行要求。船模沿左侧航线上行时在口门区的最大舵角为 $-14.4°$,最大漂角为3.6°,下行时在口门区的最大舵角为 −9.4°,最大漂角为 −2.9°;船模沿右侧航线上行时在口门区的最大舵角为 −17.5°,最大漂角为7.6°,下行时在口门区的最大舵角为 −6.8°,最大漂角为 −5.6°。

2. $Q_干 = 1824\text{m}^3/\text{s}, Q_洪水 3350\text{m}^3/\text{s}(不利遭遇)$

该流量组合下,下游口门区及连接段航行条件与设计方案1-2相比有了明显的改善,水流比较平顺。船模沿左、右侧航线上、下航行均比较顺利,航态较好,满足安全航行要求。船模沿左侧航线上行时在口门区的最大舵角为 −9.4°,最大漂角为2.7°,下行时在口门区的最大舵角为 −4.3°,最大漂角为3.5°;船模沿右侧航线上行时在口门区的最大舵角为 −13.8°,最大漂角为3.9°,下行时在口门区的最大舵角为 −5.8°,最大漂角为 −8.5°。

3. $Q_干 = 5000\text{m}^3/\text{s}, Q_洪水 = 250\text{m}^3/\text{s}(正常遭遇)$

该流量组合下,下游口门区及连接段航行条件较优,船模沿左、右侧航线上、下航行均比较顺利,满足安全航行要求。船模沿左侧航线上行时在口门区的最大舵角为 −17.2°,最大漂角为4.5°,下行时在口门区的最大舵角为 −14.8°,最大漂角为3.3°;船模沿右侧航线上行时在口门区的最大舵角为 −14.7°,最大漂角为6.4°,下行时在口门区的最大舵角为 −9.5°,最大漂角为 −4.4°。

4. $Q_干 = 5000\text{m}^3/\text{s}, Q_洪水 = 3350\text{m}^3/\text{s}(正常遭遇)$

该流量组合下,下游口门区及连接段航行条件较优,船模沿左、右侧航线上、下航行均比较顺利,满足安全航行要求。船模沿左侧航线上行时在口门区的最大舵角为11.7°,最大漂角为4.6°,下行时在口门区的最大舵角为9.6°,最大漂角为5.1°;船模沿右侧航线上行时在口门区的最大舵角为 −18.5°,最大漂角为6.6°,下行时在口门区的最大舵角为 −5.7°,最大漂角为 −5.8°。

5. $Q_干 = 7800\text{m}^3/\text{s}, Q_洪水 = 390\text{m}^3/\text{s}(正常遭遇)$

该流量组合下,下游口门区及连接段航行条件较优,水流比较平顺,船模沿左、右侧航线上、下航行均比较顺利,满足安全航行要求。船模沿左侧航线上行时在口门区的最大舵角为 −15.5°,最大漂角为4.9°,下行时在口门区的最大舵角为7.6°,最大漂角为2.5°;船模沿右侧航线上行时在口门区的最大舵角为 −16.1°,最大漂角为6.7°,下行时在口门区的最大舵角为 −12.1°,最大漂角为 −6.8°。

6. $Q_干 = 7800\text{m}^3/\text{s}, Q_洪水 = 3350\text{m}^3/\text{s}(正常遭遇)$

该流量组合下,下游口门区及连接段航行条件较优,水流比较平顺,船模沿左、右侧航线上、下航行均比较顺利,满足安全航行要求。船模沿左侧航线上行时在口门区的最大舵角为 −15.2°,最大漂角为5.7°,下行时在口门区的最大舵角为 −8.4°,最大漂角为6.0°;船模沿右侧航线上行时在口门区的最大舵角为 −14.0°,最大漂角为5.9°,下行时在口门区的最大舵角为 −10.6°,最大漂角为 −6.6°。

7. $Q_干 = 13500\text{m}^3/\text{s}, Q_洪水 = 135\text{m}^3/\text{s}(不利遭遇)$

该流量组合下,由于下泄流量的增大,在堤头下 100~600m 航道内,右侧航线上存在向左侧的斜流,但其强度不大,水流与航线的夹角一般约在9°,横流流速大都在 0.25m/s 以内;

直立堤堤头以下航道内水流也比较平顺,船模沿左、右侧航线上、下航行均比较顺利,满足安全航行要求。船模沿左侧航线上行时在口门区的最大舵角为 -5.8°,最大漂角为4.6°,下行时在口门区的最大舵角为 -11.6°,最大漂角为4.4°;船模沿右侧航线上行时在口门区的最大舵角为 -17.9°,最大漂角为6.1°,下行时在口门区的最大舵角为 -2.4°,最大漂角为 -4.8°。

8. $Q_{干} = 13500\text{m}^3/\text{s}$,$Q_{沩水} = 3350\text{m}^3/\text{s}$(不利遭遇)

该流量组合下,口门区及连接段航道内水流较 $Q_{沩水} = 135\text{m}^3/\text{s}$ 有进一步改善,斜流流速及水流偏角均有减小,船模沿航线航行比较顺利,满足安全航行要求。船模沿左侧航线上行时在口门区的最大舵角为 -4.3°,最大漂角为4.3°,下行时在口门区的最大舵角为 -9.5°,最大漂角为4.5°;船模沿右侧航线上行时在口门区的最大舵角为 -14.3°,最大漂角为7.1°,下行时在口门区的最大舵角为 -11.1°,最大漂角为 -7.6°。

9. $Q_{干} = 21900\text{m}^3/\text{s}$,$Q_{沩水} = 219\text{m}^3/\text{s}$(不利遭遇)

该流量组合下,由于下泄流量的增大,在堤头下100～700m航道内,右侧航线上向左侧的斜流较 $Q_{干} = 13500\text{m}^3/\text{s}$ 有所增大,船模有一定程度的漂移,但航向比较容易控制,进出口门比较顺利。船模沿左侧航线上行时在口门区的最大舵角为 -14.9°,最大漂角为4.4°,下行时在口门区的最大舵角为 -10.8°,最大漂角为3.9°;船模沿右侧航线上行时在口门区的最大舵角为 -18.6°,最大漂角为4.7°,下行时在口门区的最大舵角为 -10.3°,最大漂角为 -7.4°。

10. $Q_{干} = 21900\text{m}^3/\text{s}$,$Q_{沩水} = 3350\text{m}^3/\text{s}$(正常遭遇)

该流量组合下,在堤头下100～700m航道内,右侧航线上向左侧的斜流较 $Q_{沩水} = 219\text{m}^3/\text{s}$ 有所减小,船模沿航线上、下航行均比较顺利,满足安全航行要求。船模沿左侧航线上行时在口门区的最大舵角为 -16.6°,最大漂角为2.9°,下行时在口门区的最大舵角为 -11.3°,最大漂角为4.2°;船模沿右侧航线上行时在口门区的最大舵角为 -15.3°,最大漂角为5.3°,下行时在口门区的最大舵角为 -4.9°,最大漂角为 -5.6°。

7.3.5 结语

从船模航行试验结果,可以得出以下结论:

(1)设计方案1-1

上游口门区及连接段:当流量 $Q_{干} \leqslant 21900\text{m}^3/\text{s}$ 时,船模沿左、右侧航线航行比较顺利,满足安全航行要求。

下游口门区及连接段:①在正常遭遇下:湘江干流为中、枯水流量时,船模沿左、右侧航线基本能顺利航行,由于下游航道航宽仅为90m,不利于上、下船舶的避让;湘江干流为洪水流量时,口门至沩水入汇口以上航道内存在向左侧的斜流,沩水入汇口以下航道内流态较乱,航态较差,航向控制有些困难。②在不利遭遇下:湘江干流为中、枯水流量时,沩水入汇流量越大,沩水入汇口以下0～800m航道内的横流强度越大,船模无法正常沿航线航行,操纵难度较大。

（2）设计方案1-1 修改方案4

上游口门区及连接段：当流量 $Q_干 \leqslant 21900\mathrm{m}^3/\mathrm{s}$ 时，船模沿左、右侧航线航行比较顺利，满足安全航行要求。

下游口门区及连接段：①在正常遭遇下，各级通航流量下，下游引航道口门区及连接段航行条件均满足船模安全航行要求。②在不利遭遇下：湘江干流为中、枯水流量时，而沩水为洪水流量，在这种组合下，下游连接段航道内（直立堤堤头以下航道）向右侧的斜流对船舶航行不利，尤其是 $Q_干 = 1824\mathrm{m}^3/\mathrm{s}$ 与 $Q_{沩水} = 3350\mathrm{m}^3/\mathrm{s}$ 组合时，船模受斜流的影响，漂移量较大，船舶沿航线航行操纵难度较大，若将航线向右侧便宜（修改航线），航行相对要容易一些；湘江干流为洪水流量时，下游口门区及连接段的航行条件受沩水影响不大，由于下游引航道口门区航道右侧边线附近增设了5个导流墩，有效改善了口门区的航行条件，船模能顺利进、出口门，满足安全航行要求。

（3）设计方案1-2

上游口门区及连接段：当流量 $Q_干 \leqslant 21900\mathrm{m}^3/\mathrm{s}$ 时，船模沿左、右侧航线航行比较顺利，满足安全航行要求。

下游口门区及连接段：①在正常遭遇下，湘江干流为中、枯水流量时，下游引航道口门区及连接段航行条件满足船模安全航行要求；湘江干流为洪水流量时，口门至沩水入汇口航道内向左侧的斜流强度随着枢纽下泄流量的增大而增大，船模航行至该区域时均有一定程度的漂移，操纵稍有难度，需随时注意调整航态。②在不利遭遇下：湘江干流为中、枯水流量时，而沩水为洪水流量，在这种组合下，沩水入汇口以下航道内向右侧的斜流强度较大，船模受斜流的影响，漂移量较大，尤其是 $Q_干 = 1824\mathrm{m}^3/\mathrm{s}$ 与 $Q_{沩水} = 3350\mathrm{m}^3/\mathrm{s}$ 组合时，船模航态难于控制，无法正常沿航线航行；湘江干流为洪水流量时，沩水入汇口以下航道内向右侧的斜流对船模航行有一定的影响，漂移量不大，操纵比较容易。口门至沩水入汇口航道内的斜流，随着枢纽下泄流量的增大而增大，需谨慎驾驶，随时注意调整航态。

（4）设计方案1-2 修改方案

上游口门区及连接段：当流量 $Q_干 \leqslant 21900\mathrm{m}^3/\mathrm{s}$ 时，船模沿左、右侧航线航行比较顺利，满足安全航行要求。

下游口门区及连接段：①在正常遭遇下，湘江干流为中、枯水流量时，下游引航道口门区及连接段航行条件较优，能够满足船模安全航行要求；湘江干流为洪水流量时，由于口门区增设5个导流墩，有效改善了口门区的航行条件，船模能顺利进、出口门，满足安全航行要求。②在不利遭遇下：湘江干流为中、枯水流量，沩水为洪水流量时，沩水入汇口以下航道内向右侧的斜流强度不大，船模向右侧的漂移量较小，船模航行比较顺利；湘江干流为洪水流量时，下游口门区及连接段的航行条件受沩水影响不大，口门区的水流条件较设计方案1-2有明显改善，满足船模安全航行要求。

（5）沩水河口增加直立堤，使沩水入汇口以下航道内水流趋于平顺，有效降低了航道内的横向流速，航行条件得到了明显改善。

（6）从下游航道平面布置看，设计方案1-2 修改方案与设计方案1-1 修改方案相比，下游航线向右侧偏移使得航道内水流受沩水扩散水流的影响减弱；另外航道底宽由120m增至

146m,有利于船舶(队)航行和会船。

(7)比较各方案的船模航行情况,方案1-2修改方案可作为初步设计阶段推荐方案。

参 考 文 献

[1] 中华人民共和国行业标准.JTJ/T 232—98 内河航道与港口水流泥沙模拟技术规程[S].北京:人民交通出版社,1998.

[2] 中华人民共和国行业标准.JTJ 305—2001 船闸总体设计规范[S].北京:人民交通出版社,2001.

[3] 中华人民共和国行业标准.JTJ/T 235—2003 通航建筑物水力学模拟技术规程[S].北京:人民交通出版社,2003.

[4] 湘江长沙综合枢纽工程建设方案比选报告[R].湖南省交通勘察设计院,2008.

[5] 湘江长沙综合枢纽工程可行性研究报告[R].湖南省交通勘察设计院,2008.

[6] 湘江大源渡航运枢纽通航条件试验研究[R].交通部天津水运工程科学研究所,1993.

[7] 湘江航运开发株洲航电枢纽通航条件试验研究[R].交通部天津水运工程科学研究所,1999.

[8] 湘江长沙综合枢纽平面布置及通航条件模型试验研究成果汇编[R].交通部天津水运工程科学研究所,2004.

[9] 夏毓常,张黎明.水工水力学原型观测与模型试验[M].北京:中国电力出版社,1999.

[10] 松花江依兰航电枢纽平面布置船模航行条件试验研究报告[R].交通部天津水运工程科学研究所,2006.

第 3 篇

施工阶段模型试验研究

综　　述

　　湘江长沙综合枢纽工程施工分 3 期进行,施工期长达 72 个月,其中施工导流工程是整个枢纽工程建设中一个重要和关键的环节。在施工图设计阶段,为验证和优化设计提出的施工导流方案,确保导流工程和枢纽工程安全施工,确保施工期通航安全、防洪度汛能力和枢纽的施工进度,须对施工导流方案进行深入研究,优化其布置和结构,以指导设计和施工。

　　此外,湘江长沙综合枢纽地处分汊河段和沩水汇流河段,又是洞庭湖顶托河段,水流、泥沙、地形地貌和地质等条件均十分复杂。枢纽工程分 3 期导流施工,人为改变了水流边界条件和水沙过程,加上河段滥采滥挖砂卵石的影响,河段河床的变形和冲淤变化很大。为预测各施工阶段及营运初期河段河床和河岸的冲淤变化,评估这些变化对河床及河岸稳定和枢纽工程安全的影响,有必要进行动床试验研究,模拟并定量分析这些变化过程,提出解决不利影响的措施,为设计、施工和工程管理提供科学依据。

　　综上所述,湘江长沙综合工程施工图设计阶段进行了"施工导流及通航整体定床模型试验研究"、"坝区河段施工期及正常运行期动床模型试验研究"两项主要研究。

一、施工导流及通航整体定床模型试验研究

　　本课题采用定床物理模型与流场实时测量系统相结合的研究方法,对施工导流方案、围堰布置及水流特性、施工期通航条件等问题进行试验和研究。

　　在对工程设计和枢纽河段地形、水文、河床质等资料详细分析的基础上,根据试验研究内容、模型试验规程、试验场地条件及试验供水能力等多方面因素,确定采用正态模型。模型设计范围上起坝轴线上游约 4.3km,下至坝轴线下游约 7.4km,全长约 11.7km,宽度应超过河流两岸防洪堤范围,并考虑沩水汇入的影响,宽度取 1.0~2.5km。经试验验证,模型与天然水流及运动达到相似,满足相关规程规范要求。模型最终确定的主要比尺为:平面比尺 =100;流速比尺 =10;阻力系数比尺 =2.15;流量比尺 =100000;水流运动时间比尺 =10。

1. 模型试验研究采用的枢纽工程布置方案和闸坝规模、施工导流方案

(1)枢纽工程布置方案和闸坝规模

　　湘江长沙综合枢纽工程可行性研究报告于 2009 年 4 月完成送审稿,同时交叉进行的初步设计报告初步成果推荐采用工程可行性研究报告的枢纽建设方案和闸坝规模,即:左汊左岸双线单级 2000 吨级船闸,闸室平面尺寸为 280m×34m×4.5m(长×宽×槛上水深);左汊河床 27 孔×20m 净宽低堰泄水闸,堰顶高程为 19.0m(56 黄海高程,下同);左汊右岸 6 台×0.95MW 灯泡贯流式机组电站;右汊河床 19 孔×14m 净宽高堰泄水闸,堰顶高程为 25.0m。设计计划当年 10 月围堰开始施工。

　　按常规,施工图设计阶段模型试验研究应以初步设计批复的方案为基础进行,但因本项目工程可行性研究及相关专题报告正在审批之中,初步设计报告还未送审,若待初步设计批

复后再进行施工图阶段的模型试验研究,则无法达成2009年开始主体工程施工的计划,项目建设将推迟约一年。为确保施工导流方案的验证和优化工作能在2009年计划的围堰施工前完成,本模型试验研究工作以初步设计报告初步成果推荐的总平面布置方案和施工导流方案为依据,于2009年4月提前启动,并于2009年8月完成模型试验研究工作。

模型试验研究过程中,在满足防洪度汛、施工期临时航道通航等要求前提下,从节省工程量的角度提出了闸坝布置的优化方案,即:左汊河床低堰泄水闸改为24孔×22m净宽,右汊河床高堰泄水闸改为18孔×14m净宽,其余规模和布置均未变化,并对优化方案进行了各工况条件下的试验研究。

随着各相关部门审查意见的确定,最终批复的初步设计报告中枢纽船闸和泄水闸工程的规模为:左汊左岸双线单级2000吨级船闸,闸室平面尺寸为280m×34m×4.5m(长×宽×槛上水深);左汊河床26孔×22m净宽低堰泄水闸,堰顶高程为18.5m;左汊右岸6台×0.95MW灯泡贯流式机组电站;右汊河床20孔×14m净宽高堰泄水闸,堰顶高程为25.0m。但因时间关系,最终确定的规模没有在本模型试验研究中再次进行试验和研究。

(2)施工导流方案

基于前述同样的原因,本模型试验研究工作以初步设计报告初步推荐的施工导流方案为依据进行。初步设计报告初步推荐枢纽工程分两期导流;一期工程围左汊船闸和左汊左边10.5孔泄水闸,第二年的施工期洪水由左汊束窄河床和右汊联合过流,第二年枯水期围右汊泄水闸,并计划用一个枯水期完成右汊高堰泄水闸的施工,第三年的施工期洪水由左汊束窄河床和右汊泄水闸联合过流,一期由左汊束窄河床临时航道通航;二期工程围左汊剩余16.5孔泄水闸和电站,船闸通航,由左汊左侧10孔泄水闸和右汊泄水闸联合过流。总工期60个月。

由于项目审批进度的滞后,2009年10月开始围左汊船闸和左汊泄水闸的计划已经不具备条件。经多方共同研究,确定枢纽工程分3期进行导流和施工:一期围右汊泄水闸,同时进行蔡家洲护岸工程施工,围堰于2009年12月底合龙,至2011年3月拆除,第二年汛期由左汊过流和通航,枯期由左汊束窄河床过流和临时航道通航;二期围左汊左岸船闸和11.5孔泄水闸,围堰于2010年10月合龙,由左汊束窄河床及右汊已建20孔泄水闸过流,左汊临时航道通航;三期围左汊右侧14.5孔泄水闸和电站,由左汊已建泄水闸和右汊已建泄水闸联合过流,已建船闸通航。总工期72个月。

由于时间关系,本模型试验研究未再进行分3期导流方案的试验研究。分3期导流方案中的一期导流和二期导流实施内容,实质上就是原分2期导流方案中的一期导流的实施内容,仅是施工顺序有变化。因此分3期导流方案与原来的分2期导流方案并无本质上的区别,本模型试验研究得出的主要结论基本适用于实际实施的分3期导流方案。

2. 施工导流期模型试验研究的目的和主要内容

本课题研究的目的是针对设计提出的施工导流方案,对围堰布置及结构形式、水流特性、对泄洪和临时通航的影响等进行试验研究,提出相应的优化方案并进行验证,为设计提供相应参数和科学依据。研究的主要内容为:

(1)一期施工导流期左汊束窄河床临时航道及二期施工导流期船闸引航道口门区的通

航水流条件,并进行船模试验。

(2)各施工导流期挡水工况及过水工况下的水位—流量关系曲线。

(3)各施工导流期枢纽河段行洪能力和围堰区水流特征。

(4)对围堰平面布置、围堰断面形式、围堰及岸坡抗冲防护措施等提出建议优化方案并进行验证。

3.施工导流期模型试验研究的主要结论和建议

经过对设计方案和优化方案的一期导流、二期导流的围堰布置方案、河段水流特性、临时航道通航条件的研究,得出以下主要结论和建议:

(1)一期施工导流设计方案上游水位最大壅高值满足设计的要求;但临时航道有较大的回流区域和横向流速,通航水流不满足要求,需要对围堰的布置形式进行优化。二期施工导流设计方案上游河段水位壅高不满足设计要求,需对围堰平面布置及结构形式进行优化。

(2)通过试验研究和优化,提出一期和二期施工导流布置推荐方案,围堰上游水位壅高值可满足设计要求。但在导流期将使右汊的分流比和流速增加较多,对右汊河床会有一定的冲刷,其冲刷影响程度建议在动床模型试验中进一步研究。

(3)研究推荐的施工导流布置方案在过水工况下,一期上游横向过水围堰和二期下游横向过水围堰阻水作用较大,形成较大落差,是过水围堰防冲的重点。纵向围堰上游端部横向流速均在3m/s以上,须重视对纵向围堰上游端部的冲刷保护。

(4)一期施工导流期的临时航道设计方案受左汊束窄河床回流的影响较大,靠近围堰侧通航水流条件较差;中洪水靠近蔡家洲边坡附近河道的通航水流条件较好;建议中枯水临时航道设在距纵向围堰160m处,以避开邻近纵向围堰水流横向流速较大的区域;建议洪水期临时航道中心线设置在距纵向围堰310m处。临时航道流量大于6000m³/s时建议采取助航措施。

(5)推荐导流方案的二期施工导流期,在各级洪水流量情况下,船闸下游引航道口门区回流区的回流流速不满足《船闸总体设计规范》要求,采取挑流墙和隔流墩等措施后,回流区及回流流速减慢,水流条件满足通航要求。建议下游引航道设置挑流墙和隔流墩等措施。

(6)一期施工导流期增加20m溢流宽度,上游水位壅高可降低2cm;二期施工导流期增加20m溢流宽度,上游水位壅高可降低5cm。建议适当增加溢流宽度。

4.主要研究成果应用

(1)根据试验成果调整了纵向围堰的平面布置形式:左汊一期纵向围堰上游端以弧线方式向上游延长100m;左汊二期围堰上游端向右岸上游横向围堰方向移动30m。

(2)结合水利防洪部门要求增加了泄水闸闸孔数,增加了蔡家洲右侧的疏挖量,相应调整了纵向围堰的位置,降低了施工期上游水位壅高值。

(3)加强了左汊横向围堰的堰面保护,对纵向围堰上游端部进行了重点防护。

(4)调整了左汊临时航道布置方案,并分中枯水和洪水分别布置临时航道。

(5)下游引航道口门区右侧设置了导流墩。

二、坝区河段施工期及正常运行期动床模型试验研究

本课题采用全沙动床物理模型与流场实时测量系统相结合的研究方法,对长沙综合枢纽工程施工期和正常运行期坝区河段的泥沙运动规律、河床变形特征、航道减淤工程措施及通航条件等进行研究。

在对工程设计和枢纽河段地形、水沙、河床质等资料详细分析的基础上,根据相似理论及研究重点,按全沙设计,制作了坝区河段动床模型。经试验验证模型与天然水流及泥沙运动达到相似,满足相关规程规范要求。模型最终确定的主要比尺为水平 $\lambda_L = 160$、垂直比尺 $\lambda_H = 80$、冲淤时间比尺 $\lambda_t = 90$、含沙量比尺 $\lambda_s = 0.4$、输沙率比尺 $\lambda_{gb} = 284$。模型试验范围包括长约 16km 的湘江干流段和长约 0.8km 的沩水河段,其中干流段上起坝址上游约 5km 的丁字湾狭口上游,下至坝址下游约 11km 的铜官滩下的深槽河段。

1. 模型采用的枢纽布置方案和闸坝规模、施工导流方案

本模型试验采用的枢纽布置方案和闸坝规模与批复的初步设计报告一致,即:左汊左岸双线单级 2000 吨级船闸,闸室平面尺寸为 280m×34m×4.5m(长×宽×槛上水深);左汊河床 26 孔×22m 净宽低堰泄水闸,堰顶高程为 18.5m;左汊右岸 6 台×0.95MW 灯泡贯流式机组电站;右汊河床 20 孔×14m 净宽高堰泄水闸,堰顶高程为 25.0m。

本模型试验采用实际实施的分 3 期导流施工方案,即:一期围右汊泄水闸,同时进行蔡家洲护岸工程施工;二期围左汊左岸船闸和 11.5 孔泄水闸;三期围左汊右侧 14.5 孔泄水闸和电站,由左汊已建泄水闸和右汊已建泄水闸联合过流,已建船闸通航。总工期 72 个月。

2. 本动床模型试验研究的目的和主要内容

本动床模型试验研究的目的主要是预报枢纽施工期和枢纽建成正常运行初期坝区河段的河床变形,以及研究河床变形对通航的影响,并采取相应治理措施以减少航道内的泥沙淤积,为枢纽平面布置及其他有关技术方案提供科学依据。主要研究内容如下:

(1)一期施工导流期蔡家洲左汊及其上、下游近坝段河床变形试验研究。

(2)二期施工导流期蔡家洲右汊河段、左汊束窄河段及上、下游近坝段河床变形,以及河床变形对左汊临时航道通航的影响。

(3)三期施工导流期及机组安装调试期坝区河段河床变形及对船闸上、下游引航道口门区、连接段通航的影响。

(4)枢纽正常运行期典型年(丰水丰沙、中水中沙)坝区河段河床变形预报试验研究。

(5)沩水河口整治方案。

3. 本动床模型试验研究的主要成果

模型试验主要对一~三期施工期坝区河段的河床变形特征、河床冲淤变化平面分布、冲刷极限深度、通航条件、近岸流速变化等内容,以及枢纽建成后正常运行期坝区河段的河床冲淤变化、船闸上下游口门区及连接段航道稳定性、沩水河口整治方案等进行了研究。主要成果如下:

(1)右汊一期围堰挡水后,沩水入汇口以上蔡家洲左汊主河槽以冲刷为主,靠近左岸侧

坝田区稍有淤积;沩水入汇口以下至洪家洲洲头间靠近入汇口的左侧河道以淤积为主;靠近蔡家洲侧的右侧河道以冲刷为主。

（2）二期导流期围堰经过中水＋丰水两个典型年水沙过程作用后,坝区河段河床变形剧烈;左汊纵向围堰束窄河段冲刷深度一般在 $2.0 \sim 4.0m$,其中纵向围堰上游弧形延长段迎水面右侧附近最大局部冲刷深度达 $4.8m$。冲刷的泥沙主要在下游横向围堰下水流扩散区及下游河道内淤积。

（3）三期导流期经过丰水年的水沙过程作用后,纵向围堰束窄段及其上、下游附近河段冲刷范围及冲刷量均较大,其中上游纵向围堰端部迎水面左侧部分河床已冲刷至全风化岩层,冲刷深度约达 $7.0m$;右汊河床亦以冲刷为主,冲刷的泥沙主要在坝轴线以下 $1500m$ 的蔡家洲右岸侧及右汊出口段河床内淤积。

（4）电站机组安装调试期间,在经过中水年的水沙过程作用后,坝区河段河床变形多为冲淤相间,且冲淤变化幅度较小。

（5）枢纽建成正常运行期,中水年与丰水年水沙过程作用后,枢纽上游库区稍有淤积;枢纽下游近坝段冲刷深度较大。冲刷的泥沙主要在下游附近河床淤积,随枢纽运行时间延长,该段河床的淤沙逐渐向下游输移。

（6）枢纽施工期及正常运行期航道通航条件:①一期导流期由左汊原主航道通航,基本同天然状况。②二期导流期当流量 $Q > 11500 m^3/s$ 时,船舶上行需助航才能通过左汊束窄段临时航道。③三期导流期、机组安装调试期及枢纽正常运行期由左岸船闸通航,船闸上、下游引航道口门区及连接段通航条件能够满足要求。

（7）主要建议

①建议在蔡家洲洲头圆弧段护底外侧沿天然河床岸坡增加抛石护脚。

②二期纵向围堰上游弧形延河床冲刷较为严重,对附近围堰的稳定有较大的潜在威胁,建议加强该段河床的防护处理。

③左汊三期施工导流闸孔上下游河床变形较大,建议增强泄水闸上下游及船闸右侧附近河床的防护。

④为保证导流墩附近河床稳定,建议采取相应的护底措施。

⑤建议对右岸坝线上游 $400m$ 至坝线下游 $2600m$ 段、左岸坝线下游 $3800 \sim 5200m$ 段防洪堤堤脚进行加固处理。

⑥洪家洲洲头至下游 $700m$ 的左侧洲边以冲刷为主,该段岸坡较陡,建议对该段护坡坡底附近进行加固防冲处理。

⑦沩水与湘江干流正常遭遇期,河口附近河床滩槽相对比较稳定,附近航道水深及通航水流条件均能满足要求;在极不利工况下,沩水河口通过局部疏浚措施可保证通航。建议沩水河口的整治工程可适当缓建。

4. 主要研究成果应用

（1）除洪家洲护岸工程待实际观测后再确定是否实施外,其余建议的防护或加固工程均按建议实施。

（2）沩水河口整治工程结构复杂,工程量大,工程投资较多,一旦实施难以复原,同意暂缓实施。

第8章 施工导流及通航整体
定床模型试验研究

项目委托单位:长沙市湘江综合枢纽工程办公室
项目承担单位:长沙理工大学
项目负责人:刘晓平
报告撰写人:刘晓平 曹周红 王能贝 方森松
项目参加人员:陈亚娇 潘宣何 林积大 侯 斌 邹开明 刘 洋 叶雅思
　　　　　　　卢 陈 唐杰文 黎 峰 吴国君 周千凯
时　　　　间:2009年4月至2009年10月

8.1 枢纽工程概述

　　长沙综合枢纽位于蔡家洲,是湘江规划的最下游的一个枢纽工程。它与已建的株洲枢纽和大源渡枢纽一起整体发挥渠化河流水运能力大的优势,提高湘江黄金水道的航运能力,并保障在全年各时段均有足够的水量,有较高的、稳定宽阔的清澈水面,以确保满足长株潭湘江河段及滨水带的开发建设要求,是一个具有改善环境、通航、发电、给水、灌溉、旅游等综合效益的水利枢纽工程。

8.1.1 施工导流方案

　　施工导流是指在水利工程整个施工过程中的水流控制,解决施工与水流蓄泄之间的矛盾,避免水流对水工建筑施工的不利影响,把水流全部或部分导向下游或拦蓄起来,以保证水工建筑物的干地施工和在施工期内不影响或尽可能少影响水资源的综合利用。

　　施工导流设计的主要任务是:周密分析研究水文、地形、地质、枢纽布置及施工条件等基本资料,在保证上述要求的前提下,选定导流标准,划分导流时段,确定导流设计流量;选择导流方案及导流建筑物的型式;确定导流建筑物的布置、构造及尺寸;拟定建筑物的修建、拆除、堵塞的施工方法及截断河床水流、拦洪度汛和基坑排水等措施。

　　湘江长沙综合枢纽施工导流设计方案采用分段围堰法和淹没基坑法相互结合的施工导流方式。

8.1.2 试验目的和内容

　　对于施工期中的施工导流方案、围堰高程确定、围堰断面形式、施工期通航条件和河床冲刷等问题,需要通过模型试验进行验证和分析,并对设计方案中不满足设计要求的提出相应的优化意见及建议,从而为设计提供相应参数和科学依据。

根据湘江长沙综合枢纽施工导流设计方案分析,模型试验研究的主要内容为:

(1)观测施工导流期的通航水流条件。

(2)观测一、二期施工导流期洪水期枢纽河段行洪能力。

(3)测定一、二期围堰挡水工况及过水工况下的水位—流量关系曲线。

(4)观测各特征流量下一、二期导流期围堰上、下游水流特征。

(5)观测围堰过水工况围堰顶部的流速分布情况,基坑内水面线。

(6)结合泄流能力和水力特性观测成果,对围堰平面布置、围堰断面形式、围堰及岸坡抗冲防护措施等提出优化建议。

8.2 施工导流设计方案模型试验研究

8.2.1 施工导流设计方案及工程布置

湘江长沙综合枢纽设计施工导流工程采用分段围堰法与淹没基坑法相互结合的施工导流方式,按全年两年一遇洪水标准($Q=13500\text{m}^3/\text{s}$)设计围堰,围堰由混凝土护面的母堰和自溃土石子堰组成。

设计围堰挡水工况下(试验以流量小于等于两年一遇洪水流量$Q=13500\text{m}^3/\text{s}$为试验挡水工况),由母堰和子堰共同挡水,过水工况下,即当围堰上游水位超过设计围堰高程时(试验以流量大于等于五年一遇洪水流量$Q=17500\text{m}^3/\text{s}$为试验挡水工况),围堰开始过水,由于子堰为土石围堰,在水流的作用下子堰自动溃决,由母堰堰顶过流。湘江长沙综合枢纽施工导流设计方案分两期进行。

(1)湘江长沙综合枢纽一期施工导流设计方案共有3种试验工况:

①工况一(2009年10月~2010年9月期间),围左汊船闸和10.5孔泄水闸(图8-1):挡水工况(试验研究过程中以流量$Q=7000\text{m}^3/\text{s}$、$10000\text{m}^3/\text{s}$、$13500\text{m}^3/\text{s}$为试验工况,下同)时,由左汊束窄河床及右汊河床过流,左汊束窄河床通航;过水工况(试验研究过程中以流量$Q=17500\text{m}^3/\text{s}$、$19700\text{m}^3/\text{s}$、$21900\text{m}^3/\text{s}$为试验工况,下同)时,由左汊束窄河床、右汊河床及左汊一期过水围堰联合泄流,左汊束窄河床通航。

②工况二(2010年10月~2011年4月期间),加围右汊19孔泄水闸(图8-2):挡水工况时,由左汊束窄河床过流和通航;过水工况时,由左汊束窄河床、左汊一期过水围堰及右汊一期过水围堰联合泄流。

③工况三(2011年5月~2011年9月期间),拆除左汊围堰(图8-3):挡水工况时,由左汊束窄河床与已建左汊10孔泄水闸泄流;过水工况时,由左汊束窄河床、已建左汊10孔泄水闸及右汊一期过水围堰联合泄流。

(2)二期施工导流设计方案按全年两年一遇标准设计围堰,围左汊剩余16.5孔泄水闸和厂房(图8-4):挡水工况时,由左汊已建10孔泄水闸和右汊19孔高堰闸坝联合过流,已建船闸通航;过水工况时,由已建左汊10孔闸坝、右汊19孔闸坝与左汊二期过水围堰联合泄流。

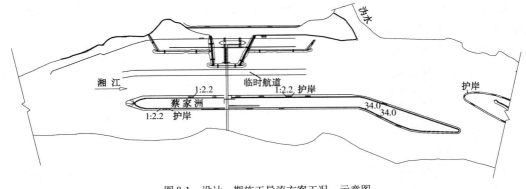

图 8-1 设计一期施工导流方案工况一示意图

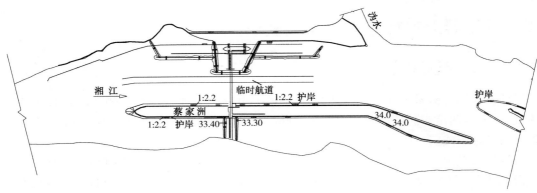

图 8-2 设计一期施工导流方案工况二示意图

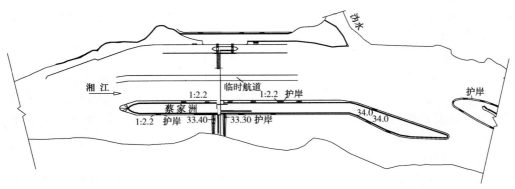

图 8-3 一期施工导流设计方案工况三示意图

8.2.2 施工导流设计方案试验主要内容

对上述湘江长沙综合枢纽设计施工导流方案及工况分析知，施工导流期重点研究以下问题：

（1）一期施工导流设计方案主要研究水位壅高、临时航道的通航水流条件是否满足设计要求等问题。

（2）二期施工导流设计方案主要研究水位壅高、下游口门区通航水流条件是否满足要求等问题。

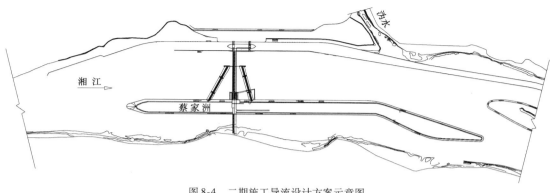

图 8-4　二期施工导流设计方案示意图

物理模型试验将分别对设计一期、二期施工导流设计方案进行研究。

8.2.3　施工导流设计方案试验结果分析

8.2.3.1　一期施工导流方案试验结果分析

一期施工导流设计方案中有 3 种工况,其中工况二下只有左汊束窄河段过流,其溢流宽度在 3 种工况中最小,对上游壅高及通航水流条件也最不利,因此将工况二视为最不利工况(表8-1)。研究一期施工导流设计方案工况二情况下的水位壅高和通航水流条件是否满足要求。

一期设计方案(工况二)束窄河段水流特性　　　　表 8-1

工　　　　况	流量(m³/s)	回流区长/宽(m)	局部平均横向流速(m/s)	壅高值(m)
工况二	两年一遇(13500)	391/125	1.12	0.36

一期施工导流束窄河段流场图,如图 8-5 所示。从图中可以看出,在一期纵向围堰附近存在较大的回流区。由于临时航道位于回流区内,这种不良流态会对船舶的航行水流条件造成不利影响。在天然情况下,左汊河道的主流靠近左岸,但是由于一期施工导流围堰的阻挡作用,改变了水流的方向,使水流向束窄河段过渡,在束窄河段(靠近上游纵向围堰)区域产生较大的横流区域,局部平均横向流速约在 1.12m/s。

同时,由于存在回流,束窄河道的实际过流能力减小,对上游水位壅高不利。从数值上看,壅高值达到了 36cm,但仍在设计要求控制的 45cm 范围之内。这也表明一期围堰施工后,存在回流区的束窄河道水位壅高值仍有一定的富余,可以满足设计要求。

8.2.3.2　二期施工导流方案试验结果分析

1. 上、下游围堰水位与流量关系分析

该试验的目的是通过多组流量工况时围堰上下游水位测定,验证挡水围堰(母堰＋子堰)高程设计的合理性。

根据试验所得到的二期上游围堰水位—流量关系,分析可知:在设计洪峰流量(两年一遇洪水流量 $Q = 13500\text{m}^3/\text{s}$)时,即上游围堰的挡水设计标准,上游围堰堰前水位为 33.19m;若加上设计院提供的上游横向围堰设计超高 0.74m,则 33.83m 的高程比设计围堰挡水高程 33.70m 略高 0.13m,说明下上游围堰设计高程略显不足。

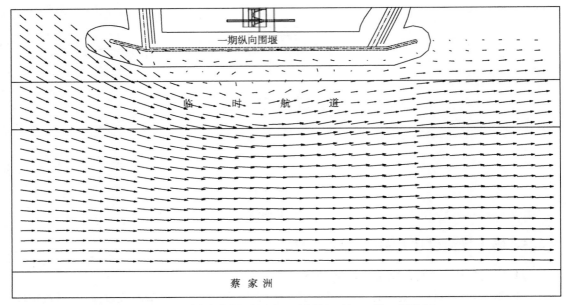

一期纵向围堰

临 时 航 道

蔡 家 洲

图8-5 设计方案束窄河段回流区示意图(工况二,两年一遇洪水)

根据试验所得到的二期下游围堰下游水位—流量关系分析,在设计洪峰(两年一遇洪水流量 $Q = 13500 \text{m}^3/\text{s}$)时,下游横向围堰挡水水位32.36m,加上设计院提供的下游横向围堰设计超高为0.73m,则33.09m的高程比设计的下游横向围堰33.40m高程低0.31m,说明下游围堰设计高程略有富余。

2. 泄流能力分析

试验结果表明:二期围堰在设计标准(两年一遇洪水流量 $Q = 13500 \text{m}^3/\text{s}$)时,围堰上游最大壅高为62cm,不满足小于45cm的设计要求,说明二期施工导流的设计方案壅高值较大,泄流能力不足。初步分析原因为:其一是二期施工导流期的溢流宽度不够,其二是现有的溢流宽度未充分发挥溢流作用。通过观察二期上游围堰处流场发现,受上游围堰的影响,左汊泄水闸前存在回流区(图8-6),较大程度地影响了靠近围堰的两孔泄水闸泄流能力。第十孔泄水闸受到回流区的影响严重,不仅没有泄流,甚至产生了倒流,使得泄水闸实际过流能力减小。鉴于以上分析需要对设计方案的围堰布置方式和溢流宽度进行优化,降低二期施工导流期的壅高值。

3. 围堰的冲刷分析

通过试验观测,两年一遇洪水流量($Q = 13500 \text{m}^3/\text{s}$)时,上游横向围堰近岸流速最大达到1.8m/s,纵向围堰上游端部最大流速达到3.6m/s,对围堰的冲刷不利。

8.2.4 小结

由湘江长沙综合枢纽施工导流试验结果可知,施工导流设计方案主要存在以下问题:

(1)一期施工导流设计方案上游最大壅高值为36cm,满足小于45cm的设计要求,说明溢流宽度还有一定的富余;但是由于左汊上游纵向围堰造成较大的回流区域,在临时航道的局部范围内平均横向流速达到1.12m/s,对临时航道的通航水流条件不利,建议对围堰的布置形式进行优化,以减少回流区的影响范围和横向流速,同时也需要根据一期束窄河段的流场分布特征,合理地选择临时航道线。

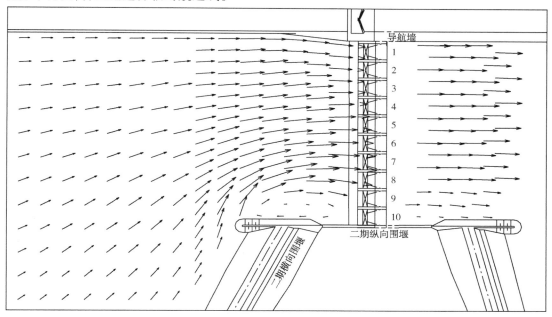

图 8-6　左汊十孔泄水闸前流场示意图

(2)二期施工导流设计方案,由于左汊上游围堰造成的回流区和溢流宽度不足影响了泄水闸的过流能力,导致二期施工导流期围堰上游河段水位壅高较高,设计洪峰(两年一遇洪水流量 $Q=13500\text{m}^3/\text{s}$)时壅高为62cm,不满足小于45cm的设计要求,建议对围堰平面布置进行优化,降低上游水位壅高值。

(3)通过比较一期和二期的施工导流期上游水位壅高可知:一期施工导流期最高水位壅高为36cm,二期施工导流期最高水位壅高为62cm,两者之间的水位壅高差较大,说明一期、二期施工导流期的溢流宽度分配不尽合理,建议对一期、二期的溢流宽度进行调整优化。

(4)施工导流期左汊上游纵向围堰端部流速较大,其中一期施工导流期上游纵向围堰端部最大流速达到3.41m/s,二期的最大流速为3.6m/s,对围堰的稳定不利,需要采取必要的防冲措施。

8.3　施工导流优化方案模型试验研究

8.3.1　一期施工导流优化方案简介

针对一期施工导流设计方案溢流宽度有富余及窄河段临时航道处通航水流条件不满足

设计要求,提出两项改善措施:①纵向围堰向右移动20m(以二期施工导流试验为依据),以增加二期施工导流的溢流宽度,减少上游水位壅高;②在第一项的基础上,纵向围堰以弧线方式向上游延长100m,该措施从调顺水流方向的角度出发,试图减少回流区的范围及横向流速,以改善水流条件。按设计标准(两年一遇洪水流量$Q = 13500\mathrm{m}^3/\mathrm{s}$)对优化方案进行试验研究。

8.3.2 二期施工导流优化方案简介

针对二期施工导流设计方案存在水位壅高较高的情况,按设计标准(两年一遇洪水流量$Q = 13500\mathrm{m}^3/\mathrm{s}$)对围堰的平面布置进行优化。初步拟定的优化方案如下:

(1)优化方案1:增加溢流宽度20m(增加一孔泄水闸,由原设计方案的10孔改成11孔),纵向围堰形式不变;该方案从增加溢流宽度角度出发,增大过流面积以降低上游的水位壅高。图8-7为该方案示意图。

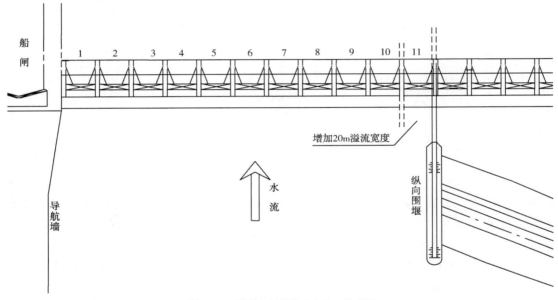

图8-7 二期施工导流优化方案1示意图

(2)优化方案2:增加溢流宽度20m,且上游纵向围堰端部向右岸上游横向围堰方向移动20m;该方案从增加溢流宽度角度出发,增大过流面积,并通过调整围堰与水流的夹角平顺水流,减少回流区域,以降低上游的水位壅高。图8-8为该方案示意图。

(3)优化方案3:增加溢流宽度20m,且上游纵向围堰端部向右岸上游横向围堰方向移动30m。图8-9为该方案示意图。

(4)优化方案4:增加溢流宽度40m(增加两孔泄水闸,由原设计方案的10孔变成12孔,下同),纵向围堰形式不变。图8-10为该方案示意图。

(5)优化方案5:增加溢流宽度40m,且上游纵向围堰端部向右岸上游横向围堰方向移动20m。图8-11为该方案示意图。

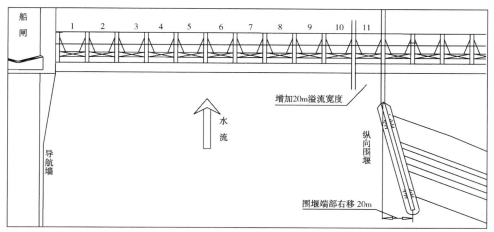

图 8-8　二期施工导流优化方案 2 示意图

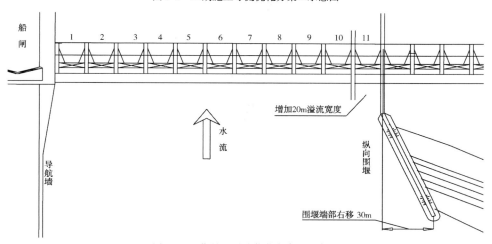

图 8-9　二期施工导流优化方案 3 示意图

8.3.3　施工导流优化方案试验结果分析

8.3.3.1　一期施工导流优化方案试验结果分析

一期施工导流优化方案调顺了水流的方向,如图 8-12 所示。整个束窄河段的水流较平顺,仅在纵向围堰中间附近存在小范围的回流,较设计方案的回流区域有明显的减小;临时航道横流区域的平均横流流速(束窄河段靠近上游纵向围堰区域)减小到 0.96m/s;同时由于回流区的减小,束窄河道有效溢流宽度的增加,对河道泄洪能力有较大提高。

因此,一期施工导流优化方案对施工导流期的通航水流条件和泄洪能力都是有利的。

一期优化方案最大横流和壅高如表 8-2 所示。

一期优化方案最大横流和壅高　　　　　表 8-2

工　　况	流量(m³/s)	回流区长/宽(m)	平均横向流速(m/s)	壅高值(m)
工况二	两年一遇(13500)	47/30	0.96	0.28

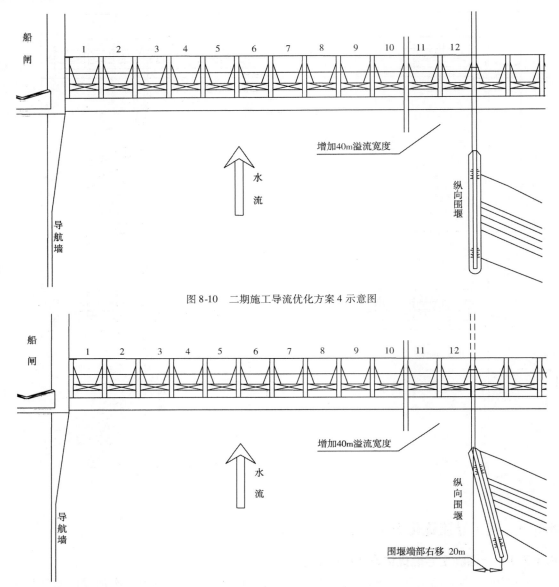

图 8-10　二期施工导流优化方案 4 示意图

图 8-11　二期施工导流优化方案 5 示意图

8.3.3.2　二期施工导流优化方案试验结果分析

　　二期施工导流优化方案主要从改变纵向围堰布置形式和增加溢流宽度两个方面进行优化，对二期施工导流优化方案重点分析研究了围堰上游的水位壅高值，各优化方案在两年一遇洪水流量（$Q = 13500\text{m}^3/\text{s}$）工况下，在采取各种措施后围堰上游的最大壅高值，见表 8-3。

各优化方案围堰上游最大壅高值（两年一遇洪水流量）　　　表 8-3

方　案	原方案	优化 1	优化 2	优化 3	优化 4	优化 5
最大壅高（cm）	62	57	47	43	52	42

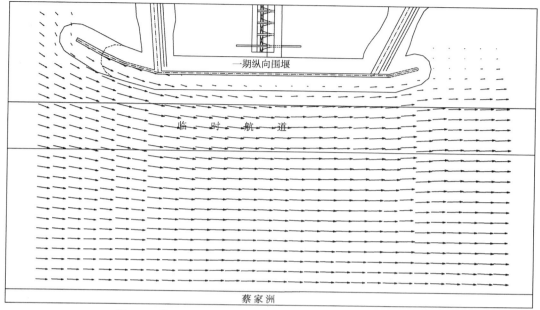

图8-12 优化方案束窄河段回流区示意图(工况二,两年一遇洪水)

从优化方案2、3的水位壅高值分析可知:优化方案2较优化方案1的纵向围堰端部右移20m,水位壅高值减小了10cm;优化方案3较优化方案1的纵向围堰端部右移30m,水位壅高值减小了14cm,说明"调整纵向围堰与水流方向平顺"方法对降低水位壅高更有效。

综合分析各优化方案可知:优化方案1、2、4的水位壅高不满足要求,优化方案3、5满足要求,但是由于优化方案3的溢流宽度较优化方案5减少20m,相应的水位壅高只增加1cm,而且对一期施工导流期的围堰布置和泄水有利,故推荐优化方案3作为二期施工导流的推荐方案。

8.3.4 小结

通过对各优化方案的试验结果进行分析,得到以下结论:

(1)一期优化方案的上游壅高值降低到28cm,回流区区域减少为47m×30m(长×宽),临时航道通航水流条件均有所改善,推荐一期施工导流采用优化方案。

(2)二期优化方案1、2、4上游壅高值仍然较高,大于45cm,不满足设计壅高要求;二期优化方案3、5上游壅高值小于45cm,满足设计壅高要求。

(3)二期优化方案5比优化方案3增加的总宽度大,而两优化方案围堰上游壅高基本一致,考虑到优化方案3对一期施工导流期左汊围堰布置及行洪有利,推荐二期施工导流采用优化方案3。

根据上述试验结果,业主单位及相关设计研究单位对优化方案试验结果进行讨论与研究,同意一期优化方案"纵向围堰以弧线方式向上游延长100m"和二期优化方案3"增加溢流宽度20m,且上游纵向围堰端部向右岸上游横向围堰方向移动30m"作为湘江长沙枢纽的

施工导流推荐方案。设计单位对泄水闸的宽度及孔数进行了调整（表 8-4），得到湘江长沙综合枢纽施工导流推荐方案。其具体施工导流方案布置及试验将在以下章节进一步阐述。

设计方案与优化方案对比 表 8-4

		设 计 方 案	推 荐 方 案
左汊泄水闸	闸孔单宽(m)	20	22
	闸孔孔数(孔)	27	24
	闸墩厚度(m)	3.0	3.2
右汊泄水闸	闸孔单宽(m)	14	14
	闸孔孔数(孔)	19	18
	闸墩厚度(m)	2.0	2.2

8.4 一期施工导流推荐方案模型试验研究

8.4.1 一期施工导流推荐方案工程布置

根据已确定的湘江长沙综合枢纽施工导流推荐方案，一期施工导流共有 3 种工况，具体试验方案见 8.2.1 节施工导流设计方案及工程布置。

一期施工导流推荐方案基坑水位测针布置，如图 8-13 所示。

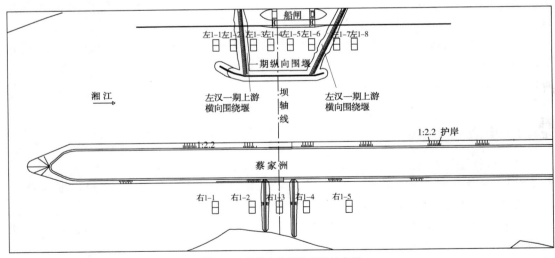

图 8-13 基坑水位测针布置示意图

8.4.2 一期施工导流推荐方案试验主要内容

湘江长沙综合枢纽一期施工导流推荐方案对以下内容进行试验研究：

（1）观测一期围堰挡水工况及过水工况下的泄流能力、水面线、水流流态及分布。

（2）观测一期左汊束窄河床通航水流条件，确定一期左汊束窄河床最小、最大通航流量、助航及断航流量,并利用船模试验确定临时航道航线。

(3)观察和观测围堰堰顶过流时的流态、流场、围堰堰面流速分布及基坑水面线。

8.4.3 一期施工导流推荐方案试验结果分析

8.4.3.1 一期施工导流推荐方案上、下游围堰处水位—流量关系分析

根据观测到的一期施工导流围堰各工况上、下游水位—流量关系曲线,验证挡水围堰(母堰+子堰)高程设计的合理性。该试验共安排从 7000~21900m³/s 的 6 个流量级 12 场次的试验,具体试验结果分析如下。

1. 左汊挡水围堰高程确定

(1)左汊上游围堰在两年一遇洪水流量($Q = 13500\text{m}^3/\text{s}$)时,工况一围堰上游水位为32.72m,比上游横向围堰设计挡水高程33.40m 低 0.68m,工况二围堰上游水位为32.85m,比上游横向围堰设计挡水高程低 0.55m,设计院提供的上游横向围堰设计超高为0.65m,说明上游围堰设计高程较为合理。

(2)左汊下游围堰在两年一遇洪水流量($Q = 13500\text{m}^3/\text{s}$)时,工况一围堰下游水位为32.39m,比下游横向围堰设计挡水高程33.30m 低 0.91m,工况二围堰下游水位为32.35m,比下游横向围堰设计挡水高程低 0.87m,设计院提供的下游设计围堰超高为0.73m,说明下游围堰设计高程较为合理。

2. 右汊挡水围堰高程相关试验

(1)右汊上游围堰在两年一遇洪水流量($Q = 13500\text{m}^3/\text{s}$)时,工况二下围堰上游水位为32.88m,比右汊上游横向围堰设计挡水高程33.40m 低 0.52m,工况三下围堰上游水位为32.73m,比右汊上游横向围堰设计挡水高程低 0.67m,设计院提供的右汊上游设计围堰超高为0.67m,说明设计围堰高程较为合理。

(2)右汊下游围堰在两年一遇洪水流量($Q = 13500\text{m}^3/\text{s}$)时,工况二下围堰下游水位为32.37m,比右汊下游横向围堰设计挡水水位33.3m 低 0.93m,工况三下围堰下游水位为32.44m,比右汊下游横向围堰设计挡水高程低 0.86m,设计院提供的右汊下游设计围堰超高为0.73m,说明设计围堰高程较为合理。

8.4.3.2 一期施工导流推荐方案过水工况基坑水面线分析

通过对一期施工导流推荐方案过水工况基坑水面线进行试验研究,分析堰面过水时的水流特性。

当洪峰流量大于等于五年一遇洪水流量($Q = 17500\text{m}^3/\text{s}$)时,为围堰过水工况。过水工况各级典型流量基坑水面线如图 8-14 ~ 图 8-16 所示。其中,左汊上游横向围堰距坝轴线上游约 214m,左汊下游横向围堰距坝轴线下游约 312m;右汊上游横向围堰距坝轴线上游约89m,右汊下游横向围堰距坝轴线下游89m。

由以上试验数据可知:上游横向过水围堰阻水作用较下游过水围堰强,形成的水位落差较大,此时堰面的流速也较大,是过水围堰防冲的重点。

8.4.3.3 一期施工导流推荐方案泄流能力分析

试验观测得到的各级特征洪水流量壅高值(如表 8-5 所示)和沿程水位。

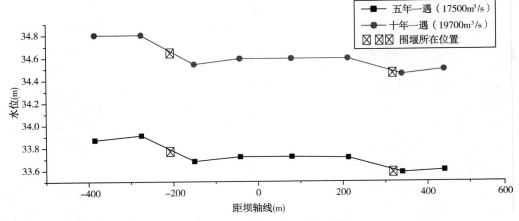

图 8-14　过水工况一左汊基坑水面线

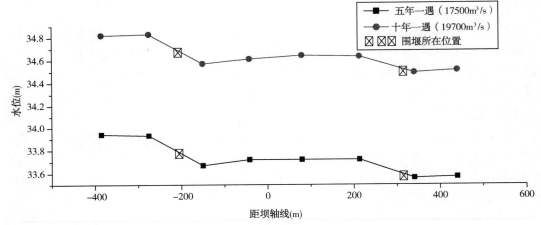

图 8-15　过水工况二左汊基坑水面线

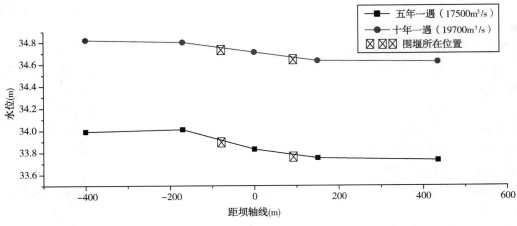

图 8-16　过水工况二右汊基坑水面线

一期施工导流期各级流量下最大壅高值　表8-5

流量(m³/s)			7000	10000	13500	17500	19700	21900
壅高(m)	工况一	左汊	0.06	0.11	0.16	0.20	0.16	0.14
		右汊	0.07	0.14	0.18	0.21	0.18	0.12
	工况二	左汊	0.07	0.17	0.29	0.21	0.21	0.16
		右汊	0.17	0.21	0.31	0.27	0.22	0.13
	工况三	左汊	-0.05	0.02	0.07	0.06	0.03	0.09
		右汊	0.06	0.12	0.16	0.11	0.10	0.07

试验结果表明:

(1)一期施工导流期3种工况下,各级典型流量的壅高值均小于45cm。

(2)工况三当中水流量$Q=7000\text{m}^3/\text{s}$时,左岸施工导流期水位比天然情况低0.05m。初步分析原因为工况三情况下,由左汊束窄河床与已建左汊10孔闸坝泄流,且左汊河床已开挖至20m高程,河床高程降低,河道泄流能力增强,从而使中枯水时施工期束窄河段水位比天然情况低。

8.4.3.4　一期施工导流推荐方案船模航行试验与临时航道确定

湘江长沙综合枢纽河段通航现状为Ⅲ级航道,左汊河床为主河道,最小通航流量为385m³/s(保证率98%),最大通航流量为19700m³/s(十年一遇全年洪水)。为保证一期施工期湘江正常通航,首先进行了流量为10000m³/s、13500m³/s、17500m³/s、19700m³/s的不同试验工况的船模试验,研究束窄河段的通航水流条件;然后综合考虑束窄河段水流流态、施工进度、施工期各阶段水文特点及临时航道与上下游主航道的衔接等问题,对临时航道的选线进行研究。

1.束窄河段船模试验

通过分析一期施工导流期左汊束窄河段洪水期流场图可知,工况二两年一遇洪水期,设计临时航道在靠近上游纵向围堰处横向流速较大(表8-6),平均横向流速不满足小于0.3m/s的设计要求;设计临时航道所处的束窄河段纵向流速较大(图8-17),最大值为3.36m/s,通航水流条件不够理想。根据流场图分析将设计临时航道线向右岸方向平移200m,作为模型试验的洪水临时航道线,洪水临时航道的横向流速较小,在工况二时局部横向流速大于0.3m/s,纵向最大流速为3.19m/s。分别观测10000m³/s、13500m³/s两级流量下的船模航行试验,分析临时航道通航水流条件,确定符合要求的临时航道线。

一期施工导流左汊束窄河段横向流速表　表8-6

工况	流量(m³/s)	平均横向流速(m/s)	
		设计临时航道	洪水临时航道
工况一	10000	0.56	0.25
	13500	0.59	0.28
工况二	10000	0.86	0.34
	13500	0.98	0.41

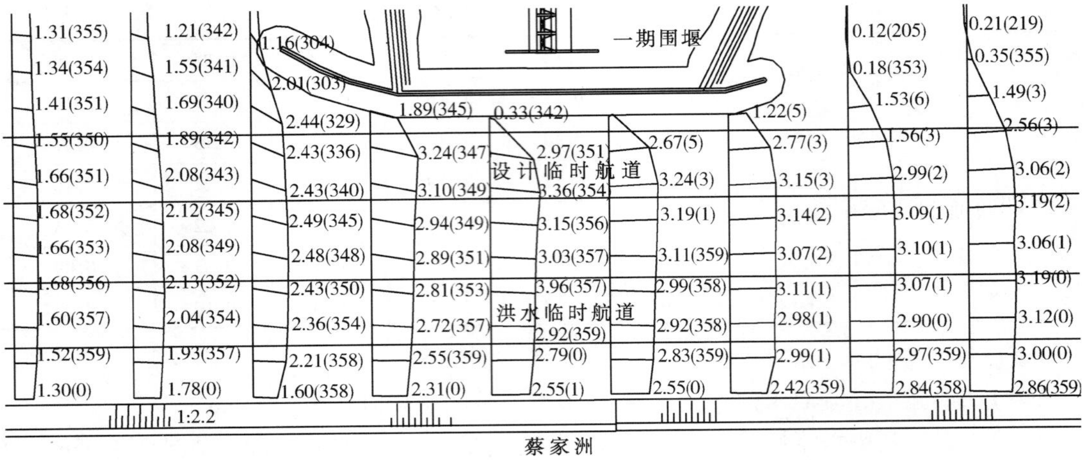

图 8-17 设计临时航道与洪水临时航道示意图（工况二 两年一遇洪水流量）

试验结果表明：

（1）当船模按设计临时航道行驶时，在上游纵向围堰附近受回流区及横流影响，漂角及漂距都比较大，上行时最大漂角达到21.20°，下行时最大漂角达到19.62°。当船模按洪水临时航道行驶时，上行时最大漂角达到8.44°，下行时最大漂角达到10.87°。洪水临时航道水流条件要优于设计临时航道且满足《三峡工程通航船队船模操纵性率定试验研究》规范要求。

（2）工况二情况下，流量为13500m^3/s时，由于束窄河段流速过大，船模静水航速率定为3m/s时无法上行。此时，将船模静水航速率定为3.5m/s，船模能够上行。

2. 临时航道选择分析

通过分析施工组织设计方案，施工初期河床开挖工作主要在10月至次年4月进行，但由于蔡家洲左汊开挖量大，不能在短期内疏挖至设计20m高程，对洪水临时航道选择不便。鉴于该时段为湘江枯水期，以中、枯水流量为主，汛期流量重现几率较小，为保证通航，在蔡家洲开挖完成前（枯水期）选择一条枯水期临时航道。在蔡家洲开挖完成后，再根据船模试验及流场分布等因素确定洪水临时航道。

根据模型试验成果，再综合考虑施工进度、施工期各阶段水文特点及临时航道与上下游主航道的衔接等因素，对一期施工导流期间临时航道进行分析及确定，主要结论如下。

（1）中枯水临时航道选择

中枯水航道选择主要根据最小通航流量时的航道水深、中枯水束窄河段的流态，蔡家洲边滩开挖及护坡工程的进度等因素来确定。综合以上条件，确定中枯水临时航道中心线距离纵向围堰中心线160m处。中枯水临时航道长2810m，宽90m。航道的底高程需要通过试验来确定。

①中枯水临时航道挖槽深度。

根据设计院提供的资料，通航保证率为98%的最小通航流量$Q = 385m^3/s$。在模型试验中，测得相应流量下中枯水航道的沿程水位，可知枯水临时航道开挖末端（约在左6水尺处）

最低水位为21.78m。为保证中枯水临时航道满足最小通航水深2m的要求,建议在施工初期对该临时航道进行开挖,开挖高程应在19.78m以下。

②中枯水临时航道的适应条件。

随着湘江流量的增加,束窄河段的水位和流速也相应地增大,中枯水临时航道局部范围横向流速较大,不满足通航水流条件。为保证中枯水临时航道的通航安全,需通过模型试验确定其通航的适应条件。

在工况一情况,当流量到达5000m³/s时,中枯水航道局部的横向流速大于0.3m/s,不满足通航水流要求,在工况二情况:当流量到达3500m³/s时,中枯水航道局部的横向流速大于0.3m/s。在以上两种情况下,中枯水航道必须向蔡家洲方向移动。

(2)洪水临时航道选择

①洪水临时航道位置确定。

随着湘江流量的增加,束窄河段的水位和流速也相应地增大,中枯水临时航道局部范围横向流速较大,不满足通航水流条件。此时应考虑另外选择一条满足通航水流条件的洪水期临时航道。

洪水航道选择主要根据各级洪水流量下束窄河段的水流流态来确定。在该阶段,模型试验主要进行了各流量的束窄河段的流场测量与分析。根据流场图分析可知:在流量为13500m³/s时,束窄河段的横向水流分布最广,横向流速最大。因此,确定流量为13500m³/s为最不利工况。该流量束窄河段流场图如图8-18所示。

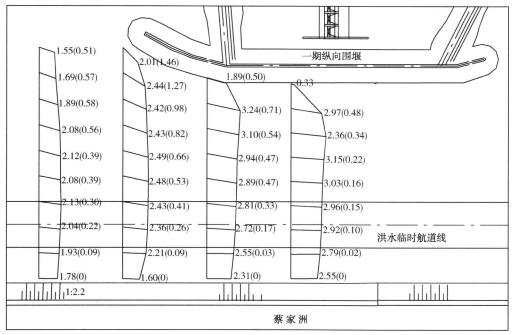

图8-18 13500m³/s流量工况二洪水临时航道流场图

根据流场图分析可知:将洪水临时航道中心线移动到距离纵向围堰中心线310m处,航道内的横向流速小于0.3m/s,能满足通航水流条件。

②助航及断航流量确定。

根据设计提供的资料,一期施工期间拟定通航参数为:当水深小于2.0m时,河流断航;当水深大于或等于2.0m且河道断面平均流速小于2.0m/s时,船舶自航;当水深大于或等于2.0m且河道断面平均流速为2.0~3.5m/s时,拖轮助航;当河道断面平均流速大于3.5m/s或河道流量大于19700m³/s时,河流断航。

从模型试验结果分析:工况一情况下,流量为7000m³/s时,洪水临时航道所处的左汊束窄河段水流流速约为1.90m/s,船舶可以自航;洪水流量为10000m³/s及13500m³/s(两年一遇)时,围堰挡水,此时洪水临时航道所处的左汊束窄河段水流流速分别约为2.2m/s和2.5m/s;洪水流量为17500m³/s(五年一遇)及19700m³/s(十年一遇)时,围堰过水,洪水临时航道所处的左汊束窄河段水流流速约为2.5m/s。根据以上分析,在工况一流量达到7000m³/s以上时采取助航措施。

工况二情况下,在流量为6000m³/s时,洪水临时航道所处的左汊束窄河段水流流速约为1.9m/s;在流量为10000m³/s及13500m³/s(两年一遇)时,洪水临时航道所处的左汊束窄河段水流流速约为2.5m/s和3.0m/s;在洪水流量为17500m³/s(五年一遇)及19700m³/s(十年一遇)时,围堰过水,洪水临时航道所处的左汊束窄河段水流流速约为3.0m/s。根据以上分析,在工况二流量达到6000m³/s以上时需要采取助航措施。

通过分析流量 $Q \leqslant 19700$ m³/s 各典型流量的左汊束窄河段流场可知,各级流量下束窄河段洪水临时航道内流速均小于3.5m/s。从通航水流条件角度分析,洪水临时航道可不断航。

8.4.4　小结

根据一期施工导流推荐方案试验结果,得到以下主要结论:

(1)一期施工导流推荐方案的3种工况在各级流量下的最大水位壅高发生在工况二(两年一遇洪水流量 $Q = 13500$ m³/s)情况下,其壅高值为31cm,满足小于45cm的设计要求。

(2)一期施工导流推荐方案过水工况下,上游横向过水围堰阻水作用较下游过水围堰强,形成的水位落差较大,此时堰面的流速也较大,是过水围堰防冲的重点;为使过水围堰过水水流平顺,可适当降低下游围堰的高程。

(3)一期施工导流推荐方案施工期,纵向围堰的上游端部的最大横向流速达到3.14m/s,建议对其进行防护。

(4)船模试验表明:设计临时航道受左汊束窄河床回流区的影响,通航水流条件较差,船模上行时最大漂角达到21.20°,下行时最大漂角达到19.62°;当船模按优化航道线(距纵向围堰中心线300m)上行时最大漂角达到8.44°,下行时最大漂角达到10.87°,说明在靠近蔡家洲边坡附近河道的水流条件对通航有利。

(5)中枯水期临时航道中心线设置在距纵向围堰160m处,在枯水期流量($Q = 385$ m³/s)时,中枯水临时航道开挖末端最低水位为21.78m,为保证中枯水临时航道满足2m水深,建议将临时航道高程开挖至19.78m以下。

(6)在工况一流量到达5000m³/s及工况二流量到达3500m³/s时,中枯水航道局部的横向流速大于 0.3m/s,不满足通航水流要求,中枯水航道必须向蔡家洲方向移动。

（7）通过分析最不利工况（工况二,流量为 13500m³/s）的水流条件,当洪水临时航道中心线设置在距纵向围堰 310m 处,横向流向均小于 0.3m/s,故建议洪水临时航道中心线设置在距纵向围堰 310m 处。

（8）一期施工导流推荐方案在工况一情况下,流量为 7000m³/s 时,左汊束窄河床临时航道流速约达到 1.90m/s,建议在工况一流量大于 7000m³/s 时采取助航措施;工况二情况下,流量为 6000m³/s 时,左汊束窄河床临时航道流速约达到 1.90m/s,建议工况二流量大于 6000m³/s 时采取助航措施。

8.5 二期施工导流推荐方案模型试验研究

8.5.1 二期施工导流推荐方案工程布置

根据已确定的湘江长沙综合枢纽施工导流推荐方案可知,二期施工导流推荐试验方案具体如下:

2011 年 9 月—2013 年 8 月围左汊右岸 13.5 孔泄水闸和水电站厂房:挡水工况时,由左汊已建 10 孔泄水闸和右汊 18 孔高堰泄水闸联合泄流,已建船闸通航;过水工况时,由左汊已建 10 孔泄水闸、右汊 18 孔高堰泄水闸与左汊二期过水围堰联合泄流,已建船闸通航。

二期施工导流推荐方案的基坑水位测针布置,如图 8-19 所示。

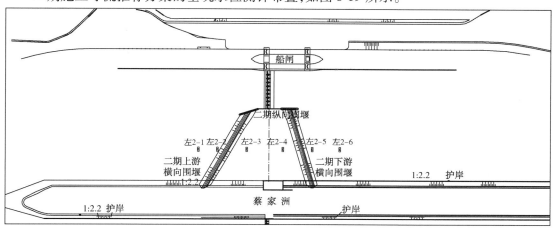

图 8-19 基坑水位测针布置示意图

8.5.2 二期施工导流推荐方案试验主要内容

湘江长沙综合枢纽施工导流推荐方案二期施工导流对以下各项内容进行试验研究:

（1）观测二期围堰挡水工况及过水工况下的泄流能力、水面线、水流流态及分布。

（2）观察和观测围堰堰顶过流时的流态、流场、围堰堰面流速分布及基坑水面线。

（3）观测引航道口门区的通航水流条件。

8.5.3 二期施工导流推荐方案试验结果分析

8.5.3.1 二期施工导流推荐方案上、下游围堰处水位流量关系分析

根据观测到的二期施工导流围堰各工况上、下游水位—流量关系曲线,验证挡水围堰（母堰＋子堰）高程设计的合理性。具体试验结果分析如下:

二期上游围堰上游水位—流量关系分析,在两年一遇洪峰流量（$Q = 13500\text{m}^3/\text{s}$）时,上游围堰前水位为33.00m,比设计单位设计的上游横向围堰33.70m高程低0.70m;设计院提供的上游围堰设计超高为0.74m,说明上游围堰设计高程合理。

二期下游围堰下游水位—流量关系分析,在两年一遇洪峰流量（$Q = 13500\text{m}^3/\text{s}$）时,下游横向围堰挡水水位为32.28m,比设计院设计的下游横向围堰33.40m高程低1.12m;设计院提供的下游围堰设计超高为0.73m,说明上游围堰设计高程略有富余。

8.5.3.2 二期施工导流推荐方案过水工况基坑水面线分析

当流量大于等于五年一遇洪水流量（$Q = 17500\text{m}^3/\text{s}$）时,为二期围堰过水工况。过水工况各级典型流量基坑水面线如图8-20所示。试验结果表明:下游横向过水围堰阻水作用较上游过水围堰强,形成的水位落差较大,此时堰面的流速也较大,是过水围堰防冲的重点。

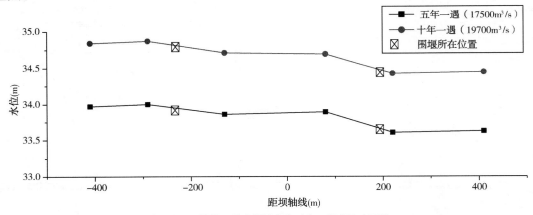

图8-20 二期施工导流设计方案过水工况基坑水面线

8.5.3.3 二期施工导流推荐方案泄流能力分析

各级特征洪水流量壅高值及沿程水位见表8-7。试验结果表明:设计洪峰水位工况下,二期施工导流推荐方案各级典型流量的壅高值均小于45cm。

二期施工导流期各级流量下最大壅高值　　　　　　　　　表8-7

流量（m³/s）		10000	13500	17500	19700	21900
壅高	左汊	0.36	0.43	0.31	0.27	0.27
	右汊	0.34	0.38	0.35	0.25	0.24

通过试验研究可知:设计方案一期、二期的施工导流期的溢流宽度分配不尽合理,一期、二期的最大水位壅高值分别为 36cm、62cm,相差 26cm;推荐方案一期、二期的施工导流期的最大水位壅高分别为 31cm、43cm,均能满足设计要求,相差 12cm,较设计方案明显地减小,说明推荐方案一期、二期施工导流期的溢流宽度分配比较合理。

8.5.3.4 二期施工导流推荐方案通航水流条件分析

二期施工导流期左汊左岸永久船闸已建设完工,根据《船闸总体设计规范》(JTJ 305—2001),对船闸口门区通航水流有如下要求,见表 8-8。

口门区水面最大极限流速   表 8-8

船闸级别	纵向流速(m/s)	横向流速(m/s)	回流流速(m/s)
I ~ IV	≤2.0	≤0.30	≤0.4
V ~ VII	≤1.5	≤0.25	

试验结果表明:二期施工导流推荐方案上游口门区在各级典型特征工况流量下,通航水流条件均满足《船闸总体设计规范》要求(表 8-9)。下游口门区在流量大于两年一遇洪水流量($Q = 13500\text{m}^3/\text{s}$)时最大回流流速不满足规范要求,且下游口门区存在一直径相当于口门区宽度的逆时针回流,不利于船舶的正常航行。

二期施工导流推荐方案口门区通航水流条件   表 8-9

流量(m³/s)	上游口门区			下游口门区		
	平均纵向流速(m/s)	平均横向流速(m/s)	最大回流流速(m/s)	平均纵向流速(m/s)	平均横向流速(m/s)	平均回流流速(m/s)
13500	0.4	0.10	0	1.72	0.25	0.45
17500	0.6	0.14	0	1.50	0.29	0.43
19700	0.72	0.22	0	1.34	0.21	0.43

针对引航道下游口门区的通航水流条件不满足规范要求,对下游引航道口门区采取了工程措施:设置 150m 挑流墙方案或设置 150m 挑流墙与 6 个间隔 20m 导流墩组合方案。试验结果见表 8-10。

二期施工导流推荐方案口门区通航水流条件(下游加设挑流墙及导流墩)   表 8-10

流量(m³/s)		下游口门区		
		最大纵向流速(m/s)	平均横向流速(m/s)	最大回流流速(m/s)
设挑流墙	13500	1.39	0.23	0.36
	17500	1.11	0.23	0.30
	19700	1.30	0.20	0.36
设挑流墙及导流墩	13500	1.07	0.16	0.28
	17500	0.91	0.14	0.23
	19700	0.96	0.17	0.12

试验结果表明:下游口门区设置挑流墙及隔流墩后,回流流速均满足规范要求;同时,加设隔流墩后口门区逆时针回流范围得到减小。

8.5.4　小结

根据二期施工导流推荐方案试验结果,得到以下主要结论:

(1)二期施工导流期推荐方案在各级典型特征流量下最大水位壅高发生在两年一遇情况下,其壅高值为43cm,满足小于45cm的设计要求。

(2)二期施工导流推荐方案过水工况下,下游横向过水围堰阻水作用较上游过水围堰强,形成的水位落差较大,此时堰面的流速也较大,是过水围堰防冲的重点;为使过水围堰过水水流平顺,可适当降低上游围堰的的高程。

(3)二期施工导流推荐方案挡水工况下,上游纵向围堰端部最大流速达3.14m/s,过水工况下,纵向围堰的上游端部的最大横向流速达到3.24m/s,建议对其进行防护。

(4)二期施工导流推荐方案船闸下游引航道口门区通航水流条件不能达到规范要求,主要是口门区存在较大范围的回流,且回流流速较快。采取挑流墙和隔流墩等措施后,回流区及回流流速得到减慢,可以使水流条件满足通航要求。

8.6　结语及建议

本试验对长沙综合枢纽施工导流期河段水力特性,围堰结构形式,一、二期通航水流条件,泄水建筑物消能防冲,护岸及围堰冲刷情况等方面进行了广泛而深入的研究,通过上述内容的研究,主要得到以下结论及建议。

8.6.1　结语

1.关于施工导流设计方案

(1)湘江长沙综合枢纽一期施工导流设计方案,上游水位最大壅高值为36cm,满足小于45cm设计的要求;但是由于左汊上游纵向围堰造成较大的回流区域,横向流速达到1.12m/s,导致临时航道的通航水流不满足要求,需要对围堰的布置形式进行优化,以减少回流区的影响范围和横向流速。

(2)湘江长沙综合枢纽二期施工导流设计方案,由于左汊上游围堰造成的回流区影响了泄水闸的过流能力,导致二期施工导流围堰上游河段水位壅高较高,设计洪峰(两年一遇洪水流量 $Q=13500\text{m}^3/\text{s}$)时壅高为62cm,不满足小于45cm的设计要求,需对围堰平面布置及结构形式进行优化,降低上游水位壅高值。

2.关于施工导流推荐方案

(1)针对湘江长沙综合枢纽施工导流设计方案存在的上述问题,业主单位、相关设计单位及试验研究单位共同提出了优化方案,并通过试验研究湘江长沙综合枢纽的一期施工导流推荐方案采用"纵向围堰以弧线方式向上游延长100m"的方案,二期施工导流推荐方案采用"增加溢流宽度20m,且上游纵向围堰端部向右岸上游横向围堰方向移动30m"的方案。

（2）一期施工导流推荐方案试验结果表明,该推荐方案不仅可以降低上游壅高,而且可以有效地减少回流的影响范围,回流区长度减小到约 47m,宽度减小到约 30m,对船舶通航有利。

（3）二期施工导流推荐方案试验结果表明,该推荐方案可以有效地减少回流区的范围和降低上游水位壅高,最大壅高值为 43cm,满足小于 45cm 的设计要求。

8.6.2 建议

（1）建议采用优化方案"纵向围堰以弧线方式向上游延长 100m"和"增加溢流宽度 20m,且上游纵向围堰端部向右岸上游横向围堰方向移动 30m"分别作为湘江长沙枢纽的施工导流一期和二期的推荐方案。

（2）施工导流推荐方案过水工况下,一期上游横向过水围堰阻水作用较下游过水围堰强、二期下游横向过水围堰阻水作用较上游过水围堰强,形成的水位落差较大,此时堰面的流速也较大,是过水围堰防冲的重点;为使过水围堰过水水流平顺,可适当降低下游围堰的的高程;二期下游横向过水围堰阻水作用较上游过水围堰强,形成的水位落差较大,此时堰面的流速也较大,是过水围堰防冲的重点;为使过水围堰过水水流平顺,可适当降低上游围堰的的高程。

（3）湘江长沙综合枢纽施工导流推荐方案的一期施工导流期,船模试验表明:设计临时航道受左汊束窄河床回流的影响,洪水期通航水流条件较差,在船模上行时最大漂角达到 21.20°,下行时最大漂角达到 19.62°;当船模按优化航道线上行时最大漂角达到 8.44°,下行时最大漂角达到 10.87°,说明洪水期靠近蔡家洲边坡附近河道的水流条件对通航有利。

（4）中枯水期临时航道中心线根据束窄河段的流态、最小通航流量时的航道水深、蔡家洲边滩开挖及护坡工程的进度等因素设置在距纵向围堰 160m 处;在通航保证率为 98% 的最小通航流量($Q = 385\text{m}^3/\text{s}$)时,中枯水临时航道开挖末端最低水位为 21.78m,为保证中枯水临时航道满足 2m 水深,建议在施工初期对该临时航道进行开挖,开挖高程应在 19.78m 以下。

（5）在蔡家洲左汊右岸开挖至 20m 高程的前提下,在工况一流量到达 5000m³/s 及工况二流量到达 3500m³/s 时,中枯水航道局部的横向流速大于 0.3m/s,不满足通航水流要求,在以上两种情况下,中枯水航道必须向蔡家洲方向移动。

（6）洪水航道选择主要根据各级洪水流量下束窄河段的水流流态来确定。通过分析最不利工况(工况二,流量为 13500m³/s)的水流条件,洪水临时航道中心线设置在距纵向围堰 310m 处横向流速均小于 0.3m/s,建议洪水临时航道中心线设置在距纵向围堰 310m 处;一期施工导流推荐方案在工况一情况下,流量为 7000m³/s 时,左汊束窄河床临时航道流速接近 2.0m/s,建议在工况一流量大于 7000m³/s 时采取助航措施;在工况二情况下,流量为 6000m³/s 时,左汊束窄河床临时航道流速接近 2.0m/s,建议工况二流量大于 6000m³/s 时采取助航措施。

（7）湘江长沙综合枢纽施工导流推荐方案的二期施工导流期,在洪水流量情况下,船闸下游引航道口门区回流区的回流流速较大,其中平均回流流速为 0.43m/s,不满足《船闸总

体设计规范》小于 0.4m/s 的要求;采取挑流墙和隔流墩等措施后,回流区及回流流速得到减小,水流条件满足通航要求。建议下游引航道设置挑流墙和隔流墩等,以满足口门区通航水流条件要求。

参 考 文 献

[1] 中华人民共和国行业标准.JTJ 305—2001　船闸总体设计规范[S].北京:人民交通出版社,2001.

[2] 中华人民共和国行业标准.SL 163—2010　水利水电工程施工导流和截流模型试验规程[S].北京:中国水利水电出版社,2010.

[3] 中华人民共和国行业标准.JTJ/T 232—98　内河航道与港口水流泥沙模拟技术规程[S].北京:人民交通出版社,1998.

[4] 中华人民共和国国家标准.GB 50139—2004　内河通航标准[S].北京:中国计划出版社,2004.

[5] 吴宋仁,陈永宽.港口及航道工程模型试验[M].北京:人民交通出版社,1993.

[6] Reiro A A. Criteria for the construction diversion floods and cofferdams [M]. ICOLD. 1988,Q. 63. R. 7:69 – 78.

[7] 郑守仁,王世华,夏仲平,等.导流截流及围堰工程(上、下册)[M].北京:中国水利水电出版社,2005.

[8] 株洲航电枢纽工程施工导流模型试验研究[R].长沙交通学院,2001.

[9] Thompson K D,Stedinger J R,Health D C. Evaluation and presentation of dam failure and flood risks[J]. J of Water Resources Planning and Management. 1997,(4):216 – 227.

[10] 熊雄.亭子口水利枢纽施工总布置综述[J].水利发电,2009,35(10):8 – 10,47.

[11] 李军.株洲航电枢纽施工导流及水流控制[J].水运工程,2007(6):56 – 61.

[12] 陈海全,仝伟,周作付.试论疏浚整治航道对增加河道行洪能力的作用[J].珠江水运,2006(7).

[13] 李炎,周华兴,郑宝友.那吉航运枢纽施工导流模型试验研究[J].水道港口,2004,25(3):145 – 149.

[14] 谭志明.关于如何选择施工导流方法的探讨[J].中国高新技术企业,2009(5).

[15] 陈伟锋,彭战旗,薛宝臣,白宇.汉江旬阳水电站施工导流方案研究[J].水力发电,2009,35(8).

第9章　坝区河段施工期及正常运行期动床模型试验研究

项目委托单位:长沙市湘江综合枢纽开发有限责任公司

项目承担单位:交通运输部天津水运工程科学研究所

项目负责人:普晓刚　郝品正

报告撰写人:普晓刚　李君涛　金　辉

项目参加人员:金　辉　李君涛　郝媛媛　王志纯

时　　　间:2009 年 8 月至 2010 年 9 月

9.1　概述

长沙综合枢纽所处河段为湘北丘陵与洞庭湖平原的过渡区,坝区河段河床质主要由粉质黏土、粉细砂、中砂、圆砾组成;覆盖层厚度较不均匀,自上游丁字湾狭口至下游铜官滩滩尾,覆盖层由约 3m 变厚至为 26m,且蔡家洲及洪家洲覆盖层厚度较河道内明显变深。

由于长沙综合枢纽所处河段及枢纽通航技术的复杂性,需开展枢纽坝区动床模型试验研究,技术目标是以初步设计阶段优化的枢纽平面布置方案为基础,研究枢纽施工期和建成后正常运行期坝区河段泥沙运动规律、河床变形特征、对通航的影响及减淤工程措施。

主要研究内容如下:

(1)枢纽坝区河段河床变形动床模型验证试验。

(2)一期施工导流期蔡家洲左汊及其上、下游近坝段河床变形试验研究。

(3)二期施工导流期蔡家洲右汊河段、左汊束窄河段及上、下游近坝段河床变形,以及河床变形对左汊临时航道通航的影响。

(4)三期施工导流期及机组安装调试期坝区河段河床变形及对船闸上、下游引航道口门区、连接段通航的影响。

(5)枢纽正常运行期典型年(丰水丰沙、中水中沙)坝区河段河床变形预报试验研究。

本项目动床模型试验研究于 2009 年 10 月开始,2010 年 9 月通过了业主单位组织的成果审查,通过对一、二、三期施工期坝区河段河床变形特征、河床冲淤变化平面分布、冲刷极限深度、通航条件、近岸流速变化等内容研究,对工程安全防护措施等提出了建议;并对枢纽建成后正常运行期坝区河段的河床冲淤变化、船闸上下游口门区及连接段航道稳定性、沩水河口整治方案等内容的研究,并提出了相关建议,可供设计及相关单位参考。

9.2 河段自然条件

9.2.1 径流特征

坝址 1952~2008 年多年平均流量为 2237 m^3/s,多年年平均来水量为 705 亿 m^3。每年 4~9 月为汛期,10 月至次年 2 月为枯水期。年内水位变幅较大,达 9.5~13m。

9.2.2 来沙特征

湘江河流所挟带的泥沙,主要来自降水(尤其是暴雨)对表土的侵蚀。因此来沙绝大部分集中在汛期。根据衡阳、湘潭两站实测资料分析计算,坝址多年平均悬移质输沙量为 1142 万 t;多年平均含沙量 0.164kg/m^3;多年悬移质平均粒径小于 0.037mm。

9.2.3 河床质特征

坝区河段河床质泥沙级配较宽,粒径范围为 0.005~40mm,主要有粉质黏土、粉细砂、中砂、圆砾组成;其中,粉质黏土、粉细砂主要分布在左、右岸边,以及蔡家洲、洪家洲边附近河漫滩上,中砂主要分布在蔡家洲和洪家洲的左、右汊河道内,圆砾主要分布在蔡家洲左汊主河道深槽及河道左侧坝田区内。

9.2.4 覆盖层特征

自上游丁字湾狭口至下游铜官滩滩尾,第四系覆盖层厚度由约 3m 变厚至约 26m;从上游至下游方向,左侧覆盖层厚度较右侧大;蔡家洲及洪家洲覆盖层厚度较河道亦有明显的增加。

9.3 模型设计与验证

9.3.1 模型设计

模型试验范围包括长约 16km 的湘江干流段和长约 0.8km 的浏水河段,其中干流段上起坝址上游约 5km 的丁字湾狭口上游,下至坝址下游约 11km 的铜官滩下的深槽河段。

根据枢纽坝区河段来水、来沙的特点、河床组成、枢纽运行调度方式及修建枢纽后枢纽上下游水流泥沙运动等特点,本动床模型按全沙模型设计,依据试验研究的内容、河道特征、试验场地等条件,确定 $\lambda_l = 160$;为保证模型水流基本上处于阻力平方区,水深比尺取 $\lambda_h = 80$,相应地模型的变率 $\eta = 2$,满足模型水流为紊流($Re_m > 1000~2000$)及表面张力不受水流干扰运动($H_m > 1.5cm$)这两个限制条件。动床模型满足水流运动的相似,主要有重力相似 $\lambda_u = \lambda_h^{\frac{1}{2}} = 8.94$,阻力相似 $\lambda_n = \lambda_h^{\frac{2}{3}}/\lambda_l^{\frac{1}{2}} = 1.47$ 以及水流连续性相似 $\lambda_Q = \lambda_l \lambda_h^{\frac{3}{2}} = 114487$。

泥沙运动的相似包括推移质运动相似、悬移质运动相似及河床冲淤变形相似。推移质泥沙运动的相似主要是要求泥沙起动相似和输沙率的相似。悬移质运动的相似主要是要求悬移质运动过程中泥沙悬浮和沉降的相似(包括含沙量垂线分布的相似和含沙量沿程沉降变化的相似)、起动相似和水流挟沙能力的相似。泥沙悬移相似是指悬移质沿垂线分布和沿程变化相似,只有当悬浮相似和沉降相似这两个条件同时得到满足时,泥沙悬移相似才能严格实现。悬浮相似条件和沉降相似条件可以统一写成 $\lambda_\omega = \lambda_u (\lambda_h / \lambda_L)^m$。当 $m = 0.5$ 时,为悬浮相似条件;当 $m = 1$ 时,为沉降相似条件。显然在变态模型中,悬浮相似和沉降相似这两个条件不可能同时满足。m 究竟选取何值,目前尚有不同意见。由于枢纽兴建后改变了泥沙运动的特性,即枢纽上游一般情况下将产生淤积,而枢纽下游将产生冲刷;因此,两者均需兼顾,本试验取 $m = 0.75$,做到近似相似。

天然和实验室实验观测表明,泥沙粒径不同,运动所遵循的力学规律不同。作为定量估算,可认为:$d \geq 1\text{mm}$ 时,重力占支配地位,粘结力可以忽略不计;$d \leq 0.01\text{mm}$ 时,粘结力占支配地位,重力可以忽略不计;而 $0.01 < d < 1\text{mm}$ 时,两者都占一定的比重。当 $d = 0.1\text{mm}$ 时,两者的作用接近相等。在坝区河段河床粒径大于 0.1mm 的推移质泥中,粒径介于 0.1 ~ 0.5mm 的细颗粒泥沙所占比重较大,且分布范围较广,因此模型设计时,将该部分泥沙按细颗粒沙质推移质进行设计;对于粒径 $d \geq 10\text{mm}$ 的粗颗粒泥沙按砾石推移质来处理;为保证泥沙级配的连续性,避免出现粒径比尺重迭现象,对于粒径介于 0.5 ~ 10mm 间的推移质泥沙粒径采用内插的方法给出相应的粒径比尺。另外,将粒径 $d \leq 0.1\text{mm}$ 的泥沙按悬移质进行设计。

通过分析计算,得到模型设计主要比尺结果见表 9-1。

模型设计主要比尺表

表 9-1

比尺名称	悬移质($d \leq 0.1\text{mm}$)	沙质推移质($0.1 < d \leq 0.5\text{mm}$)	砾石推移质($d \geq 10\text{mm}$)
水平比尺	160		
垂直比尺	80		
流速比尺	8.94		
流量比尺	114487		
糙率比尺	1.47		
沉速比尺	5.32		
粒径比尺	1.14	1.25	9.55
起动流速比尺	6.98 ~ 8.35	7.25 ~ 8.43	8.94
含沙量或输沙率比尺	0.46	276	276
冲淤时间比尺	93	93	93
输沙量比尺	4897754	4106880	4106880

根据确定的粒径比尺,确定河床质模型沙粒配曲线如图 9-1 所示,模型河床模型沙铺设厚度根据坝区河段物探报告所提供的覆盖层厚度进行,并根据工程地质勘察报告中浅层钻孔所揭露的工程地质断面图分层铺设。由于坝区河段缺少推移质输沙率实测资料,选用窦国仁单宽输沙率公式 $g_b = \dfrac{K_0}{C_0^2} \dfrac{\gamma_s \gamma}{\gamma_s - \gamma} (U - U_c') \dfrac{U^3}{g\omega}$,计算原体河道推移质输沙量,并根据输沙量比尺相应计算模型加沙量。悬移质模型沙级配曲线如图 9-1 右图所示。由于坝区河段缺少

悬移质输沙率实测资料,选用原武汉水利电力学院悬移质输沙率公式 $S_* = K\left(\dfrac{U^3}{gR\omega}\right)^m$,计算原体河床悬移质输沙量,并根据输沙量比尺相应计算模型加沙量。

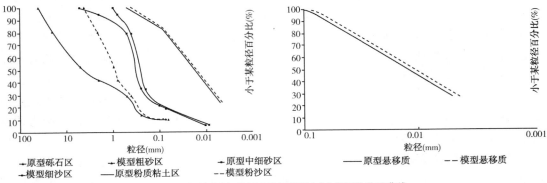

图9-1　原型与河床质(左)和悬移质(右)模型沙粒配曲线

9.3.2　模型验证

以2008年3月实测1:2000测图作为起始地形,2009年10月实测1:1000测图作为验证地形,选取此期间坝址水沙过程,经验证试验对输沙率比尺及冲淤时间比尺微调,各级概化流量下模型水面线与原型水面线基本吻合,最大水位差 <0.1m;坝址河段表面流态及断面流速分布与天然基本一致,模型与天然流速差值不大;坝区验证河段模型冲淤量与天然基本相似。模型验证基本满足《内河航道与港口水流泥沙模拟技术规程》(JTJ/T 232—2001)、《水电水利工程施工导截流模型试验规程》(DL/T 5361—2006)的要求,模型与天然水流及泥沙运动达到相似要求,模型最终确定的悬移质含沙量比尺为0.46、冲淤时间比尺为90、输沙量比尺为4739762,推移质输沙率比尺284、冲淤时间比尺为90、输沙量比尺为4089600。

9.4　施工期间坝区河段河床变形预报

9.4.1　一期导流期间坝区河段河床变形预报

为保证一期导流期间安全度汛,确保蔡家洲洲顶及护坡的稳定,并为施工图设计和防洪预案的制定提供技术支撑,在设计确定的洲顶防护与河道疏挖方案条件下,对坝区河段河床变形进行预报试验研究。

9.4.1.1　一期导流期间施工工况

根据设计单位提供的施工组织设计,①右汊一期围堰采用全年不过水围堰的方案,围堰挡水标准为全年十年一遇洪水 19700m³/s;②上、下游横向围堰及纵向围堰均采用土石围堰,上、下游横向围堰堰顶高程分别为35.7m、35.5m,堰顶宽10m,围堰堰体及基础覆盖层采用黏土心墙接高喷灌浆防渗,戗堤及堰壳料为粉细砂,迎水面边坡采用1m厚块石护坡,迎水面、背水面边坡坡比均为1:3.0;③2009年12月底右汊一期围堰合龙,2011年3月右汊一期围堰拆除,期间进行右汊泄水闸施工、蔡家洲护岸工程施工、蔡家洲左侧河道及临时引航道疏挖。

一期导流期间坝区河段河床变形预报以 2009 年 10 月实测地形为起始地形,工程布置如图 9-2 所示,主要护坡和河床疏挖进度情况为:①L5 +300 以上蔡家洲两侧护坡顶高程护至 35.0m,L5 +300 ~ L5 +2200 蔡家洲两侧护坡顶高程护至 31.0m;②蔡家洲左侧 L5 +300、右侧 L5 −940 以上洲头部分已完成护坡工程,护底已护至 25.0m 高程(设计永久护底高程为 25.0m),护底宽度为 24m,洲头左侧附近河床疏挖至 25.0m 高程,右侧附近河床疏挖至 26.0m高程;③蔡家洲左侧 L5 +300 至 L5 +1600 段护坡的护底已护至 25.0m 高程(设计护底高程为 20.0m),护底宽度为 8 ~ 24m 不等,左侧河床未疏挖,仍为天然状态;④蔡家洲左侧 L5 +1600 ~ L5 +2200 段护坡的护底已护至 23.0m(设计永久护底高程为 23.0m),靠近洲侧河床未疏挖。

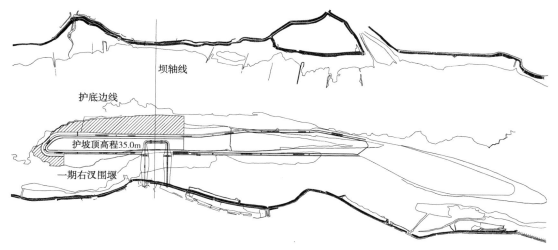

图 9-2　一期导流坝区河段河床变形预报试验起始工程布置图

9.4.1.2　一期导流期间典型洪水过程选择

由于右汊一期围堰采用全年不过水围堰的方案,围堰挡水标准为十年一遇洪水 19700m³/s,而一期导流期间主要研究枢纽坝区河段河床变形及蔡家洲近岸河床、护坡、护底的稳定性问题。因此,从不利角度出发,选取 1994 年(丰水年)的流量过程为典型洪水过程。根据施工进度,由于右汊一期围堰于 2009 年 12 月合龙,左汊二期围堰于 2010 年 10 月合龙,因此一期导流期间河床变形水沙过程时间段为 2010 年 1 月至 9 月,将干流流量概化为 22 级流量梯级,最大概化流量为 19700m³/s,并由此计算各级流量下原体悬移质、推移质沙量和模型加沙量。由于支流沩水 1994 年无实测日均流量过程资料,根据定床模型试验时分析的沩水汇流比资料,选取干流流量的 2% 为沩水来流量,相应沩水来流量可概化为 22 级流量。

9.4.1.3　坝区河段河床冲淤变化特征

一期导流期间经过一个丰水年的水沙过程作用后,坝区河段河床冲淤变化如图 9-3 所示。由图可以看出坝区河段地形冲淤变化有如下特征:

(1)坝区蔡家洲以上河段的主河道内以冲刷为主,冲刷深度一般在 0.2 ~ 0.5m,冲刷量约为 28.4 万 m³;靠近左岸侧的滩地处在丁字湾狭口下游河道扩展段,水流流速较小,河床

以淤积为主,淤积厚度一般在 0.1~0.2m,淤积量约为 6.1 万 m³;河道右侧滩地及相邻的一期围堰上游右汊河道,由于围堰的挡水作用,水流流态主要为缓流及回流区,因此该区域河床以淤积为主,淤积厚度一般在 0.1~0.3m,淤积量约为 13.8 万 m³。

(2)蔡家洲洲头至沩水入汇口段的左汊主河道内以冲刷为主,主要由于一期导流期间右汊围堰挡水,上游来流全部经左汊通过,洪水期左汊河道内的过流量及流速与天然条件下相比均有所增加。其中左汊河道中部及靠近蔡家洲侧河床冲刷深度一般在 0.3~0.6m,局部冲刷深度约在 1.0m,该河段冲刷量约为 76.3 万 m³;靠近左岸侧的坝田区域稍有淤积,淤积厚度一般在 0.1~0.4m,淤积量约为 21.3 万 m³。

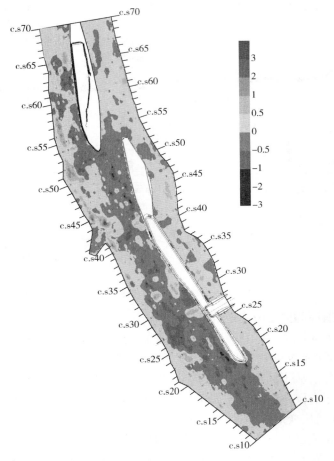

图9-3 一期导流坝区河段冲淤变化平面图

(3)蔡家洲洲头及左侧疏挖区以冲刷为主,其中洲头上游附近疏挖区冲刷深度约在 0.5m;L5－700(c.s22)以上蔡家洲左侧疏挖区内冲刷深度一般在 0.6~1.1m;L5－600 至坝轴线附近蔡家洲左侧疏挖区内冲刷深度一般在 0.4~0.7m;L5＋300(c.s28)以上蔡家洲左侧滩地河床均疏挖至 25.0m 高程,而其下游仍为天然滩地和洲顶,高程一般在 25.0~31.0m。由于局部地形突然抬高而阻流,其上游附近疏挖区内稍有淤积;下游附近滩地和洲顶以冲刷为主,冲刷范围在 c.s29 ~ c.s31 断面,冲刷深度在 0.5 ~ 0.8m;冲刷的泥沙主要在滩地下游附近主河槽内淤积,淤积范围在 c.s30 ~ c.s35,厚度在 0.2 ~ 0.5m。

(4)沩水入汇口以下至洪家洲洲头间蔡家洲左汊河道内,受上游左岸侧丁坝群影响,靠近入汇口的左侧河道及靠近左岸防洪堤堤脚附近处于缓流淤积区,淤积厚度一般在 0.2 ~ 0.7m,淤积量约为 31.2 万 m^3;靠近蔡家洲侧的右侧河床以冲刷为主,冲刷深度一般 0.2 ~ 0.5m,冲刷量约为 27.3 万 m^3。

(5)一期围堰下游蔡家洲右汊河道内以悬移质淤积为主,淤积厚度一般在 0.1 ~ 0.2m,淤积量约为 14.7 万 m^3。

(6)洪家洲洲头上游附近河床及靠近洪家洲洲头侧的左侧河床稍有冲刷,冲刷深度一般在 0.2 ~ 0.4m,洪家洲左汊河床有冲有淤,变化幅度一般在 0.3m 以内,该段河道淤积量约为 13.4 万 m^3;洪家洲右汊除靠近洲头附近的河床稍有冲刷外,其他区域以淤积为主,淤积厚度一般在 0.1 ~ 0.3m,淤积量约为 22.5 万 m^3。

综上所述,一期导流期间经过丰水年的水沙过程作用后,蔡家洲洲头上游靠近右岸侧河道和右汊围堰上、下游河道内均以淤积为主,淤积量约为 28.5 万 m^3;蔡家洲左汊河道内以冲刷为主,冲刷量约为 103.5 万 m^3,靠近左岸侧坝田区及沩水入汇口下游附近河段以淤积为主,淤积量约为 52.5 万 m^3;洪家洲河段淤积 35.9 万 m^3。

9.4.2 二期导流期间坝区河段河床变形预报

9.4.2.1 试验概况

依据设计单位提供的施工组织设计,①二期围堰围左汊左岸船闸 +11.5 孔泄水闸,由左汊束窄河床及右汊已建 20 孔泄水闸过流,左汊临时航道通航。②二期上、下游横向围堰、纵向围堰均采用土石围堰,围堰挡水标准为两年一遇洪水 $13500m^3/s$,上、下游横向围堰堰顶高程分别为 33.4m、33.3m,纵向围堰堰顶高程为 33.4 ~ 33.3m;横向围堰采用主坝加子坝的形式,子坝高度控制在 3m 以下,顶宽 1.0m,主坝坝顶宽度 16.0 ~ 22.0m,主坝体表面采用 30cm 厚膜袋混凝土护面,围堰堰体及基础覆盖层采用黏土斜墙接高喷灌浆防渗;土石纵向围堰不设子坝,堰顶宽 12m,堰体表面上部采用 30cm 厚膜袋混凝土护面,下部采用堆(抛)石护坡护脚,围堰堰体及基础覆盖层采用黏土斜心墙接高喷灌浆防渗。③2010 年 10 月底二期围堰合龙,2012 年 10 月围堰拆除,需经历 2011 年汛期和 2012 年汛期,期间进行左岸船闸和左汊左侧 11.5 孔泄水闸施工。

二期围堰试验水沙过程选取中水年 + 丰水年系列组合,重点研究左汊二期围堰后坝区及上、下游附近河段河床变形情况。

9.4.2.2 二期导流第一年(中水年)坝区河段河床变形预报

二期导流第一年(中水年)河床变形预报以一期围堰后经过一个丰水年水沙过程后的地形为起始地形,并将蔡家洲左、右汊疏挖区按设计分别疏挖至 20.0m 和 26.0m;同时,右汊 20 孔高堰泄水闸已建成,一期围堰已拆除。

二期导流第一年初期起始工况如图 9-4 所示。

经多年水沙过程统计分析,选取 2005 年的水沙过程为中水中沙典型年。由于左汊二期围堰

于 2010 年 10 月截流,因此二期导流第一年(中水年)河床变形水沙过程时间段为 2010 年 11、12 月至次年 1～12 月,将中水年典型年相应时间段的来水过程进行概化,共概化为 41 级流量梯级,最大概化流量为 11500m³/s,并由此计算各级流量下原体悬移质、推移质沙量和模型加沙量。

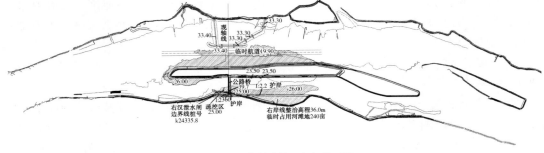

图 9-4　二期导流第一年起始工况

二期导流期间经过第一年(中水年)的水沙过程作用后,坝区河段河床冲淤变化如图 9-5 所示。由图可以看出坝区河段地形冲淤变化有如下特征:

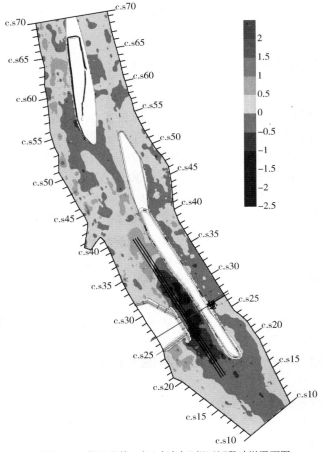

图 9-5　二期导流第一年(中水年)坝区河段冲淤平面图

（1）蔡家洲上游主河道河床以冲刷为主,冲刷深度一般在 0.2 ~ 0.4m,冲刷量约为 24.4 万 m³;左、右两岸侧边滩附近稍有淤积,淤积厚度一般在 0.1 ~ 0.3m,淤积量约为 9.6 万 m³。

（2）二期导流期间右汊 20 孔已建泄水闸泄流,由于左汊主河道内二期围堰的修筑挡水,使得右汊河道过流量较天然条件下明显增加,河床以冲刷为主。其中,坝轴线以上河床冲淤相间,洲头附近的进口段河床以冲刷为主,泄水闸附近河床稍有淤积,冲淤变化幅度一般约在 0.3m,冲刷量约为 6.3 万 m³;坝轴线至坝下 1500m 河段冲刷深度一般在 0.4m 以内,冲刷量约为 22.2 万 m³;坝轴线下 1500m 至蔡家洲右汊出口河段河床有冲有淤,其中靠近蔡家洲侧河床以冲刷为主,冲刷深度一般在 0.2 ~ 0.4m,靠近右岸侧及右汊出口段河床以淤积为主,淤积厚度一般在 0.2 ~ 0.6m,该河段总体淤积量约为 13.2 万 m³。

（3）蔡家洲洲头至上游横向围堰间左汊河道,靠近蔡家洲侧河道为主流冲刷区,河床冲刷深度一般在 0.3 ~ 1.0m,冲刷量约为 30.3 万 m³;靠近左岸侧河道由于围堰挡水,为缓流淤积区,淤积厚度为 0.1 ~ 0.4m,淤积量约为 12.4 万 m³。

（4）坝轴线上游 400m 附近至坝轴线下游 350m 附近的左汊纵向围堰束窄河段流速与天然条件下相比显著增加,该河段范围内河床冲刷深度一般在 1.0 ~ 1.8m,其中纵向围堰上游弧形延长段右侧附近河床局部冲刷深度可达 2.2m,整体冲刷量约为 49.6 万 m³。

（5）左汊河道坝轴线下游 350 ~ 1200m 河段,靠近蔡家洲侧河床仍以冲刷为主,冲刷深度一般在 0.5 ~ 1.5m,冲刷量约为 26.8 万 m³;围堰下游的水流扩散区以淤积为主,淤积厚度一般在 0.4 ~ 1.2m,淤积量约为 29.5 万 m³。

（6）左汊河道坝轴线下游 1200m 至沩水入汇口河段处于水流扩散区,流速减缓,上游围堰束窄段冲刷的泥沙大部分在该河段淤积,淤积厚度一般在 0.4 ~ 1.0m,靠近左岸侧丁坝区淤积厚度一般在 0.2 ~ 0.5m,该区域淤积总量约为 35 万 m³。

（7）沩水河口下游至洪家洲洲头间的左汊河道冲淤相间,其中入汇口下游左岸侧为缓流淤积区,淤积厚度一般在 0.2 ~ 0.3m,淤积量约为 12 万 m³。该段河床受河道内无序采砂影响,靠近河道中间的河床地形高低起伏较大,主流区河床及上游围堰束窄段冲刷的部分泥沙在附近深槽内淤积,河床地形逐渐坦化。该河段淤积量约为 19.9 万 m³。

（8）洪家洲左汊深槽以淤积为主,右汊河床冲淤相间。洪家洲河段淤积量约为 26.6 万 m³。

综上所述,二期导流第一年经过中水年的水沙过程作用后,纵向围堰束窄段及其上、下游附近河段均以冲刷为主,冲刷量约为 131.1 万 m³/s,冲刷的泥沙主要在下游横向围堰至沩水河口间的水流扩散区内淤积,淤积量约为 96.4 万 m³/s,部分泥沙在沩水入汇口河段及洪家洲左汊河道内淤积;右汊河床亦以冲刷为主,冲刷的泥沙主要在坝轴线 1500m 以下蔡家洲右岸侧及右汊出口段河床内淤积。

9.4.2.3　二期导流第二年（丰水年）坝区河段河床变形预报

二期导流第二年（丰水年）坝区河段河床变形预报是在二期导流第一年经过一个中水中沙过程后的地形为起始地形,并将坝区河道左岸的丁坝群拆除,船闸上、下游口门区及连接段航道均疏挖至设计底高程。

二期导流第二年起始工况如图 9-6 所示。

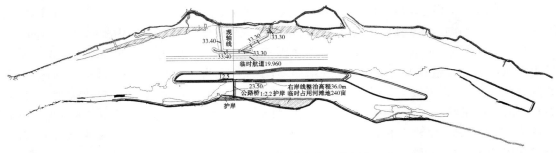

图9-6　二期导流第二年初期工程布置

　　选取1994年的水沙过程为丰水丰沙典型年。由于左汊二期围堰于2012年9月拆除，左汊三期围堰于2012年9月开始修建，因此二期导流第二年（丰水条件下）河床变形水沙过程时间段为1~9月，丰水年典型年相应时间段的来水过程概化与一期导流期间相同，并由此计算各级流量下原体悬移质、推移质沙量和模型加沙量。

　　二期导流期间经过第二年（丰水年）的水沙过程作用后，相对于第一年（中水年）水沙过程作用后，坝区河段河床冲淤变化如图9-7所示。

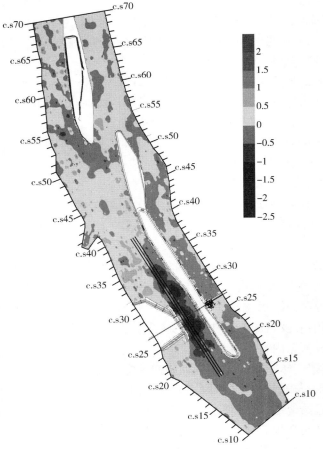

图9-7　二期导流第二年（丰水年）坝区河段冲淤平面图

由图可以看出坝区河段在丰水年水沙过程作用下地形冲淤变化有如下特征：

(1)蔡家洲上游主河道河床以冲刷为主,冲刷深度一般在0.2~0.6m,冲刷量约为31.6万 m³;左、右两岸侧边滩附近稍有淤积,淤积厚度一般在0.1~0.4m,淤积量约为13.1万 m³。

(2)由于二期右汊已建20孔泄水闸过流,右汊河道过流量较天然条件下显著增加,河床以冲刷为主。其中,坝轴线上游以冲刷为主,冲刷深度一般在0.2~0.5m;泄水闸上游附近由于局部地形较低及泄水闸底堰拦沙,河床稍有淤积,淤积厚度为0.2~0.6m,该区域总体冲刷量为8.1万 m³。坝轴线至坝下1500m河段冲刷深度在0.8m以内,冲刷量约为44万 m³;坝轴线下1500m至蔡家洲右汊出口河段河床冲淤相间,其中靠近蔡家洲侧河床以冲刷为主,冲刷深度一般在0.3~0.5m,靠近右岸侧及右汊出口段河床以淤积为主,淤积厚度一般在0.3~0.8m,该河段总体淤积量约为17.5万 m³。

(3)蔡家洲洲头至上游横向围堰间左汊河道,靠近左岸侧河道内由于围堰挡水,为缓流淤积区,随着距离围堰越近,河床淤厚有所增加,该区域河床淤积厚度一般在0.2~0.5m,淤积量约为13.2万 m³;靠近蔡家洲侧的右侧河道为主流冲刷区,河床冲刷深度一般在0.5~1.2m,冲刷量约为40.6m万 m³。

(4)坝轴线上游400m至坝轴线下游350m附近的左汊纵向围堰束窄河段水流流速与天然条件下相比显著增加,河床冲刷幅度较大,在中水年冲刷的基础上,该河段河床又冲刷1.5~2.5m,河底高程一般在15.0~18.0m,其中纵向围堰上游弧形延长段迎水面右侧河道内局部冲刷深度可达2.6m,河底高程冲至14.6m,整体冲刷量约为65.5万 m³。

(5)坝轴线下游350~1600m左汊束窄河段,靠近蔡家洲侧河床仍以冲刷为主,冲刷深度一般在0.6~1.8m,局部最大冲深达2.0m,冲刷量为54.7万 m³;横向围堰下游的水流扩散区及坝轴线1600m以下至沩水入汇口附近左汊河道内,水流流速减缓,上游附近围堰束窄段冲刷的泥沙大部分在该河段淤积,淤积厚度一般在0.5~1.5m,淤积量约97.8万 m³。

(6)左汊河道,沩水入汇口至洪家洲洲头河段,坝轴线下3200m(c.s49)以上淤积为主,淤积厚度一般在0.2~0.5m,淤积量约34.8万 m³;坝轴线3200m(c.s49)以下冲淤相间,靠近河道中间的主流区、洪家洲洲头上游稍有冲刷,而靠近左岸侧及蔡家洲侧的河床稍有淤积,冲淤变化幅度一般在0.4m以内,该河段总体淤积18.5万 m³。

(7)洪家洲左汊深槽冲淤相间,总体淤积量约25.7万 m³;洪家洲右汊河道有冲有淤,冲淤幅度一般在0.3m以内,总体以淤积为主,淤积总量约为28.9万 m³。

综上所述,二期导流第二年经过丰水年的水沙过程作用后,纵向围堰束窄段及其上、下游附近河段仍以冲刷为主,冲刷范围及冲刷量要大于中水年,冲刷量约为192.4万 m³/s,冲刷的泥沙主要在下游横向围堰至洪家洲洲头间的水流扩散区内淤积,淤积量约151.2万 m³/s;右汊河床亦以冲刷为主,冲刷的泥沙主要在坝轴线1500m以下蔡家洲右岸侧及右汊出口段河床内淤积。

9.4.2.4 二期导流中水年+丰水年坝区河段河床变形预报小结

二期导流期间在经过中水+丰水两年的水沙过程作用后,坝区河段河床变形及左汊束窄河段临时航道通航条件具有以下特征：

(1)长沙综合枢纽二期围堰位于左汊左侧主河槽内,占据原左汊约2/3的河宽,二期导流经过两个典型年(中水年+丰水年)水沙过程作用后,坝区河段河床变形剧烈,横向围堰上

游靠近左岸侧河道为缓流淤积区;纵向围堰束窄河段河床冲刷变化幅度较大,冲刷深度一般在 2.0 ~ 4.0m,河底高程一般在 15.0 ~ 18.0m,冲刷的泥沙主要在横向围堰下游水流扩散区及下游河道内淤积。

(2)二期导流期间,纵向围堰上游弧形延长段迎水面右侧附近由于河段束窄流速突然增快,加之绕流影响,该处河床冲刷较为严重。在经过两个水文年后,最大局部冲深达 4.8m,对附近围堰的稳定有较大的潜在威胁,因此应加强该段河床的防护处理。

(3)由于天然坝区河段无序采砂,使蔡家洲左汊及洪家洲左汊河道内河床底部起伏不平,河底高程变化幅度可达约 10m,且浅滩、小沙丘零星分布,蔡家洲及洪家洲左汊航道底高程一般在 12.0 ~ 17.0m,二期围堰期间左汊束窄河段临时航道内河床均以冲刷为主,航道底高程能够满足要求;束窄段下游(坝轴线下 1200m 以下)临时航道内稍有淤积,但淤积量不大,加之原有航道底高程较低,在枯水流量下航道内水深能够满足船舶航行要求。

9.4.3 三期导流期间坝区河段河床变形预报

9.4.3.1 试验概况

依据设计单位提供的施工组织设计,①三期围左汊右岸电站厂房及剩余的 15 孔泄水闸,由已建左汊 11 孔泄水闸和右汊 20 孔高堰泄水闸联合过流,已建船闸通航,船闸上、下游引航道长均为 910m,上、下游引航道底宽均为 146m,上、下游引航道底高程分别为 20.0m、17.5m。船闸下游导流堤堤头下布置 5 个楔形导流墩,导流墩长 30m,厚 3m,导流墩与堤头、导流墩与导流墩间距均为 20m,导流墩距航道右侧边线为 5m;上游导流堤堤头以上航道右侧布置 2 个导流墩,形式与下游相同的导流墩,间距为 20m,导流墩纵轴线与航线的夹角为 5°。②三期上、下游横向围堰采用为土石围堰,纵向围堰采用混凝土围堰,围堰挡水标准为两年一遇洪水 13500m³/s,上、下游横向围堰堰顶高程分别为 33.7m、33.3m,纵向围堰堰顶高程为 33.7 ~ 33.3m;横向围堰采用主堰加子堰的形式,子堰高度控制在 3m 以下,顶宽 1.0m,主堰堰顶宽度 16.0 ~ 22.0m;三期混凝土纵向围堰中间段利用闸墩和导墙,上下游连接段采用梯形断面,建基面高程约为 14.0 ~ 8.0m,顶宽 2m,为了减少围堰混凝土工程量,迎水面为垂直,背水面为 1:0.5,背水面设石渣反压帮助保持稳定,并要求围堰基础挖至中风化花岗岩岩基。③2012 年 10 月底三期围堰合龙,2014 年 3 月围堰拆除,需经历 2013 年汛期,期间进行左汊剩余泄水闸和电站厂房施工。

9.4.3.2 三期导流坝区河段河床变形预报

1.试验条件

三期导流坝区河段河床变形预报以二期围堰后经过中水年 + 丰水年水沙过程后的地形为起始地形。为满足枯水时船闸上闸首最小门槛水深 3.5m 要求,三期导流期枢纽上游维持水位不低于 24.0m。

三期导流工程布置图如图 9-8 所示。

从不利角度出发,选取丰水年水沙过程进行进行三期导流期间坝区河段河床变形预报试验。由于三期围堰于 2012 年 10 月截流,并于 2014 年 3 月拆除,因此三期导流期间水沙过程时间段为 2012 年 11 月至 2014 年 2 月,将丰水年典型年相应时间段的来水过程进行概化,共概化为 34 级流量梯级,最大概化流量为 19700m³/s,并由此计算各级流量下原体悬移质、推移质沙量和模型加沙量。

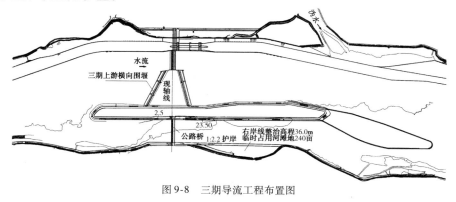

图 9-8　三期导流工程布置图

2. 坝区河段河床冲淤变化

三期导流期间经过丰水年的水沙过程作用后,坝区河段河床冲淤变化平面图如图 9-9 所示。

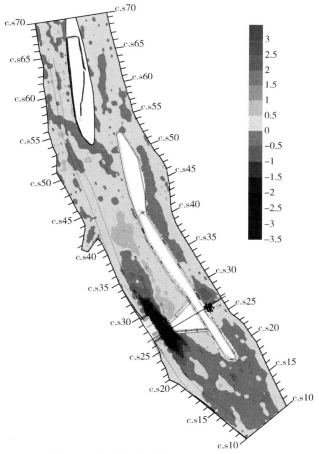

图 9-9　三期导流(丰水年)坝区河段冲淤平面图

由图可以看出三期导流期间坝区河段在丰水年水沙过程作用下地形冲淤变化有如下特征：

（1）蔡家洲上游河段，主河道内河床以冲刷为主，冲刷深度一般在0.2～0.5m；左、右两侧为缓流淤积区，淤积厚度一般在0.1～0.4m；该河段总体冲刷量约为23.3万 m³。

（2）经过二期导流期洪水对右汊河床的冲刷塑造，右汊河道内深槽偏于左侧，同时右汊出口段河床高程有所增加。三期导流期间采取已建的右汊20孔高堰泄水闸及左汊11孔底堰泄水闸共同泄流。由于左汊主河道内三期围堰的修筑，右汊河道过流量明显增加，河床平面变化主要表现为冲刷。其中枢纽上游河段，近坝段由于局部地形较低及泄水闸底堰拦沙，河床稍有淤积，淤积厚度为0.2～0.4m；其他区域河床冲刷深度一般在0.3～0.6m；该河段总体冲刷量约为12.5万 m³。右汊泄水闸下游河道仍以冲刷为主，右汊出口附近河床稍有淤积，冲淤变化幅度一般在0.7m以内；该河段冲刷量约为16.4万 m³。

（3）蔡家洲洲头至坝线上游400m（c.s18～c.s24）间蔡家洲左汊主河道河床以冲刷为主，冲刷深度一般在0.4～1.5m，且越向下游冲刷深度越大；受横向围堰阻流影响，横向围堰上游靠近蔡家洲侧河床稍有淤积，淤积厚度一般在0.4m以内；该河段冲刷量约为54.6万 m³。

（4）坝线上游400m至坝线下游750m（c.s24～c.s32）的纵向围堰束窄段及上、下游附近河段，由于河道有效过流宽度较天然明显减小，水流流速较快，河床冲刷较深，一般在2～6m，三期导流后河底高程一般在9.0～13.0m；而坝区河段地质勘测资料表明，该河段覆盖层厚度一般在2～8m，全风化岩层顶高程一般在8.0～11.0m，部分河段已冲刷至全风化岩层。其中，坝线上游段河床冲刷深度一般在2.5～6m，冲刷量约为50.7万 m³，尤其是在束窄段上游进口段河道内，由于纵向围堰上游端部挑流在进口段形成的回流及涡流区，水流紊乱，对河床底部泥沙扰动较大，局部冲刷深度可达7.0m；坝线下游段河床冲刷深度一般在2～5m，冲刷量约为58.5万 m³。

（5）坝线下游750～1700m（c.s32～c.s38）附近左汊束窄河段下游至靠近船闸侧河道内，由于水流出束窄段后受水流惯性作用及围堰下游回流区挤压影响，流速仍然较快，河床仍以冲刷为主，冲刷深度一般在0.6～2m，冲刷量约为40.3万 m³。

（6）纵向围堰束窄段及其上、下游附近河床冲刷的泥沙主要在横向围堰下游回流区及坝线下游1700～2400m（c.s38）附近的水流扩散区内淤积，淤积厚度一般在0.3～1.5m，淤积量约为93.6万 m³，其中围堰下游回流区内淤积量约为44.2万 m³，坝线下游1700～2400m（c.s38）附近的水流扩散区内淤积量约为49.4万 m³。

（7）沩水入汇口以下至洪家洲洲头间的左汊河道（c.s43～c.s52）冲淤相间，总体表现为淤积，其中洪家洲洲头上游稍有冲刷，冲淤幅度一般在0.5m以内，该河段总体淤积60.8万 m³。

（8）洪家洲左汊河道冲淤相间，总体表现为淤积，其中洪家洲洲头上游附近河床以冲刷为主，左汊深槽有冲有淤，总体冲淤量约为39.1万 m³。

（9）洪家洲右汊河道有冲有淤，总体以淤积为主，冲淤幅度一般在0.4m以内，该河段总体冲淤量约为36.6万 m³。

综上所述，三期导流期间经过丰水年的水沙过程作用后，纵向围堰束窄段及其上、下游附近河段以冲刷为主。由于左汊过流宽度与天然相比显著减小,该河段冲刷范围及冲刷量均较大,上游纵向围堰段迎水面左侧部分河床已冲刷至全风化岩层,冲刷量约为 204.1 万 m^3/s,冲刷的泥沙主要在横向围堰下游回流区及坝线下 1700m 以下的水流扩散区内淤积,淤积总量约为 154.5 万 m^3/s。

由于三期导流期间船闸、左汊左侧 11 孔泄水闸均已建成,三期纵向围堰束窄河段河床冲刷深度过大,会威胁船闸、泄水闸、围堰等建筑物的安全。因此,建议应增强船闸右侧、泄水闸上下游、纵向围堰迎水侧附近河床的防护。其中,船闸闸室墙右侧及纵向围堰迎水侧附近河床需采用石笼护底,护底宽度应大于 25m;为防止水流淘刷泄水闸上、下游附近河床,泄水闸上游防冲槽底高程应疏挖至基岩层,槽内块石重量不小于 150kg,泄水闸下游海漫应延长约 90m,至下游纵向围堰尾部附近。

9.5　电站机组安装调试期坝区河段河床变形预报

9.5.1　试验条件

由于三期围堰于 2014 年 3 月拆除,而后进入电站机组安装调试期,并于 2014 年 12 月首台机组发电,因此电站机组安装调试期坝区河床变形预报时间段为 2014 年 3 月至 2014 年 12 月。选取中水典型年,并将相应时间段的来水来沙过程进行概化,共概化为 31 级流量梯级,并由此计算各级流量下原体悬移质、推移质沙量和模型加沙量。

9.5.2　坝区河段河床冲淤变化

电站机组安装调试期经过中水年的水沙过程作用后,坝区河段河床冲淤变化平面图如图 9-10 所示。

由图可以看出机组安装调试期间坝区河段在中水年水沙过程作用下地形冲淤变化有如下特征:

(1)坝区蔡家洲上游河道冲淤相间,总体表现为冲刷,冲刷深度一般在 0.1 ~ 0.3m/s,冲刷总量约为 12.2 万 m^3。

(2)枢纽上游蔡家洲左汊河道,上游导流堤右侧附近河床因三期导流期间冲深较大,在机组调试阶段深槽内产生回淤,尤其是近坝河段淤积厚度较大,最大达 2.0m;该区域总体淤积量约为 10.3 万 m^3;右侧 15 孔泄水闸及电站上游河道内,河床冲淤相间,冲淤变化幅度一般在 0.3m 以内。其中,靠近河道中部的主流区内以冲刷为主,电站上游靠近蔡家洲侧河床稍有淤积,该区域整体表现为冲刷,冲刷量约为 7.5 万 m^3。

(3)蔡家洲左汊枢纽下游 600m 河道内,靠近船闸侧泄水闸下游因三期导流期河床冲深较大而有所回淤,淤积厚度一般在 0.2 ~ 0.4m,淤积量约为 4 万 m^3;电站下游附近河床为回流淤积区,淤积厚度一般在 0.1 ~ 0.3m,淤积量约为 2.3 万 m^3;两者中间的主流区所处河段,在三期导流期为围堰下游回流淤积区,在机组调试期则以冲刷为主,冲刷深度 0.5 ~ 1.0m,冲刷量约为 14.8 万 m^3。

(4)枢纽下游 600m 以下至洪家洲洲头间蔡家洲左汊河道内冲淤相间,总体表现为冲

刷,冲淤变化幅度在 0.4m 以内,整体冲刷量约为 33.4 万 m³。

(5)蔡家洲右汊河道,河床变化为有冲有淤,其中坝线上游河段以淤积为主,淤积厚度一般在 0.2m 以内,淤积量约为 4.4 万 m³;坝下 2100m 河段,冲淤相间,冲淤变化幅度一般在 0.3m 以内,整体稍有冲刷,冲刷量约为 11.8 万 m³;坝线 2100m 以下至右汊出口段河床稍有淤积,淤积厚度一般在 0.1~0.2m,淤积量约为 7.8 万 m³/s。

(6)洪家洲左汊河道冲淤相间,总体表现为淤积,其中洪家洲洲头上游附近河床以冲刷为主,左汊深槽有冲有淤,冲淤幅度一般在 0.3m 以内,总体淤积量为 13 万 m³;洪家洲右汊河道有冲有淤,总体以淤积为主,冲淤量为 8.8 万 m³。

综上所述,电站厂房安装调试期在经过中水年的水沙过程作用后,坝区河段河床变形多为冲淤相间,且冲淤变化幅度较小。其中,枢纽左侧 11 孔泄水闸上下游在三期导流期形成的深槽区有所回淤,右侧电站未过流发电,其上下游附近河床为回流或缓流淤积区;枢纽下游 600m 以下河段亦稍有冲刷。

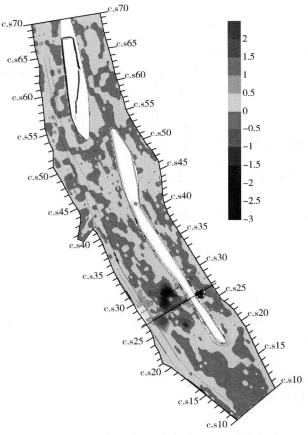

图 9-10　机组安装调试期(中水年)坝区河段冲淤平面图

9.6　枢纽施工期坝区河段河床变形预报小结

枢纽施工期经过一期导流丰水年、二期导流中水 + 丰水年、三期导流丰水年及机组调试期的中水年共 5 个典型年水沙过程作用,以及坝区河段基建性疏挖之后,坝区河段河床变化平面图如图 9-11 所示。

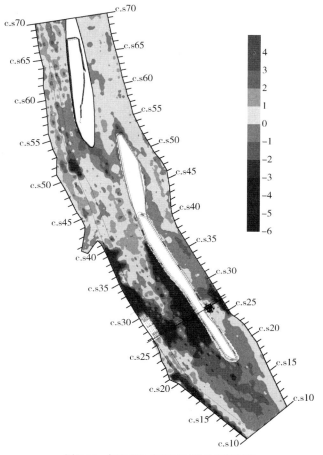

图 9-11　枢纽施工期坝区河段冲淤平面图

由图可以看出坝区河段河床变化有如下特征:

(1)枢纽施工期间大范围的基建性疏挖部位主要为船闸上下游引航道、口门区、连接段及锚地,蔡家洲左侧部分洲体及边滩,以及蔡家洲右汊部分滩地。其中,一期导流期间坝轴线下 300m 以上的蔡家洲左侧洲体及边滩由 21.0～25.0m 疏挖至 20.0m,坝轴线下 300m 以下蔡家洲左侧洲体及边滩由 21.0～31.0m 疏挖至 20.0m,该区域基建性疏挖量约为 225.7 万 m³;蔡家洲右汊部分滩地疏挖至 25.0～26.0m,该区域基建性疏挖量约为 38.3 万 m³。二期导流期间船闸上游引航道、口门区及连接段航道范围内河底高程由 21.0～27.0m 疏挖至 20.0m,锚地范围内疏挖至 25.4m,该区域基建性疏挖量约为 47.1 万 m³;船闸下游引航道范围内河底高程由 22.0～25.0m 疏挖至 17.5m,下游口门区及连接段航道范围内疏挖至18.7m,该区域基建性疏挖量约为 80 万 m³。

(2)蔡家洲上游河段,主河槽内河床以冲刷为主,累计冲刷深度一般在 0.6～1.8m,冲刷量约为 118.1 万 m³;右岸侧缓流区内累计淤积厚度一般在 0.4～0.8m,淤积量约为

13.1万m³;船闸上游口门区、连接段及锚地基建性疏挖区,以及其右侧附近河床累计淤积厚度一般在0.3~0.8m,淤积量约为25万m³。

(3)枢纽上游蔡家洲左汊左岸侧河床以淤积为主,累计淤积厚度一般在0.4~1.5m,淤积量约为27.4万m³;而枢纽上游蔡家洲左汊主河槽及靠近蔡家洲侧河床以冲刷为主,累计冲刷量约为242.1万m³,冲刷深度一般在1~3m,其中枢纽上游二期纵向围堰、三期纵向围堰束窄河段冲刷深度较大,一般在2~4m。

(4)枢纽至枢纽下游600m蔡家洲左汊左侧河床变形主要由于三期导流期冲刷所至,该河段累计冲刷深度一般在1~4m,冲刷量约为52.6万m³;枢纽下游600~1100m蔡家洲左汊左侧原二期导流围堰下游附近河床,在枢纽施工期冲淤相间,总体表现为冲刷,其中在二期导流期以淤积为主,而在三期导流期以冲刷为主,该河段冲淤变化幅度一般在1.5m以内,累计冲刷量约为26万m³;枢纽下游1100~2000m蔡家洲左汊主河槽内以淤积为主,累计淤积厚度一般在0.8~2.8m,淤积量约为122.3万m³。

(5)枢纽至枢纽下游1600m蔡家洲左汊靠近洲侧疏挖区以冲刷为主,累计冲刷深度一般在0.5~2m,冲刷量约为73.2万m³。

(6)沩水入汇口以下至枢纽下游3300m附近蔡家洲左汊河道内以淤积为主,累计淤积厚度一般在0.5~2.1m,淤积量约为189.4万m³。

(7)洪家洲洲头至洲头上游500m附近的蔡家家洲左汊河道、洪家洲洲头至洲头下游700m附近洪家洲左汊靠近洲侧河道稍有冲刷,冲刷深度一般在0.5~1.2m,冲刷量约为52.2万m³。

(8)枢纽上游蔡家洲右汊河床有冲有淤,冲刷的平面范围大于淤积的平面范围,累计冲刷深度一般在0.5~1.0m,冲刷量约为19.5万m³;枢纽至枢纽下游2000m附近蔡家洲右汊河道内以冲刷为主,累计冲刷深度一般在2m以内,冲刷量约为95.2万m³;冲刷的泥沙主要在右汊下游靠近右岸侧河床及出口段河道内淤积,淤积厚度一般在0.5~1.8m,累计淤积量约为58.4万m³。

(9)洪家洲左汊河道冲淤相间,总体表现为淤积,累计淤积厚度一般在0.5~1.3m,淤积量约为102.6万m³;洪家洲右汊河道以淤积为主,淤积厚度一般在1.0m以内,淤积量约为107.9万m³。

综上所述,枢纽施工期经过5个典型年水沙过程作用后,坝区蔡家洲上游附近河道及左汊河道内累计冲刷量约为572.4万m³,冲刷的泥沙主要在枢纽下游1100~3300间蔡家洲左汊及洪家洲左汊河道内淤积,部分在洪家洲右汊河道内淤积,累计淤积量约为544.4万m³;蔡家洲右汊河道累计冲刷量约为114.7万m³,主要在枢纽下游2000m以下蔡家洲右汊下游靠近右岸侧河床、右汊出口段及下游洪家洲右汊河道内淤积,累计淤积量约为101.6万m³。另外,试验结果表明,由于枢纽施工期坝区河段河床冲刷的泥沙主要在洪家洲上游河段及洪家洲左右汊河道内淤积,对洪家洲下游河床及航道变化影响不大。

9.7 枢纽正常运行期坝区河段河床变形预报

为了解枢纽建成后在不同典型年水沙过程作用下坝区河段河床变形特征,以及河床变形对船闸上下游引航道口门区及连接段航道的影响,分别进行了中水中沙典型年和丰水丰沙典型年条件下坝区河段河床变形预报。

经综合比选,分别选取2005年、1994年为模型试验典型水文年。其中,2005年作为中水中沙典型年,共概化为41级流量梯级,最大概化流量为11500m³/s;1994年作为丰水丰沙典型年,共概化为29级流量梯级,最大概化流量为19700m³/s。

9.7.1　枢纽正常运行期中水中沙典型年河床变形预报

枢纽正常运行初期中水中沙典型年坝区河床变形预报以机组调试期后的地形为起始地形,该地形为枢纽施工期河床变形预报试验成果,由于篇幅所限未对此部分成果进行介绍。选取2005年为中水中沙典型年,并将相应时间段的来水来沙过程进行概化,并由此计算各级流量下原体悬移质、推移质沙量和模型加沙量。

枢纽正常运行期经过中水年的水沙过程作用后,坝区河段河床平面冲淤变化如图9-12左图所示。可以得出蔡家洲上游河道冲淤相间,冲刷深度一般在0.1~0.2m,淤积厚度一般在0.1~0.3m,该河段淤积量约为7.8万m³。枢纽上游左汊河道,从河床平面变化来看有冲有淤,冲刷区主要位于蔡家洲洲边附近,冲刷深度一般在0.4m以内;淤积区主要位于近坝段,其中枢纽最左侧11孔泄水闸上游附近河床,淤积厚度在0.6m以内,右侧电站上游附近河床,淤积厚度在0.2m以内。该河段整体表现为淤积,淤积量为12.5万m³。坝线下游蔡家洲左汊河道近坝段(c.s27~c.s29)由于水库蓄水上游来沙量减少,清水下泄加之上下游水头差导致坝下近坝段流速加大,河床冲刷幅度较大,一般在0.4~1.0m,总体冲刷量约为18.7万m³;近坝段河床冲刷的泥沙部分在c.s29~c.s35附近河道内淤积,淤积厚度一般在0.2~0.6m,淤积量约为15.6万m³。c.s35以下至洪家洲洲头间蔡家洲左汊河道内以冲刷为主,冲淤幅度一般在0.3m以内;下游引航道口门区连接段表现为淤积,淤积厚度一般在0.2m以内;该河段总体冲刷量约29.5万m³。

蔡家洲右汊河道内冲淤相间,其中坝线上游河段以淤积为主,淤积厚度一般在0.2m以内,淤积量约为6.1万m³;坝轴线至坝线下游330m河段以冲刷为主,冲刷深度一般在0.2~0.4m,冲刷量约为3.2万m³;坝线下游330m至右汊出口段,河床以淤积为主,冲淤变化幅度一般在0.2m以内,淤积量约为5.7万m³。

洪家洲左汊河道冲淤相间,总体表现为淤积,左汊深槽有冲有淤,冲淤幅度一般在0.2m以内,总体淤积量为11.7万m³;洪家洲右汊河道有冲有淤,总体以淤积为主,淤积量约为13.2万m³。

研究表明:枢纽正常运行期在经过中水年的水沙过程作用后,枢纽上游近坝段冲淤相间,总体稍有淤积;枢纽下游近坝段冲刷深度相对较大,冲刷的泥沙主要在下游附近河床淤积。

9.7.2　枢纽正常运行期丰水丰沙典型年河床变形预报

枢纽正常运行期丰水丰沙典型年坝区河床变形预报中水典型年水沙过程作用后的地形为起始地形,选取1994年为丰水丰沙典型年,并将相应时间段的来水来沙过程进行概化,并

由此计算各级流量下原体悬移质、推移质沙量和模型加沙量。

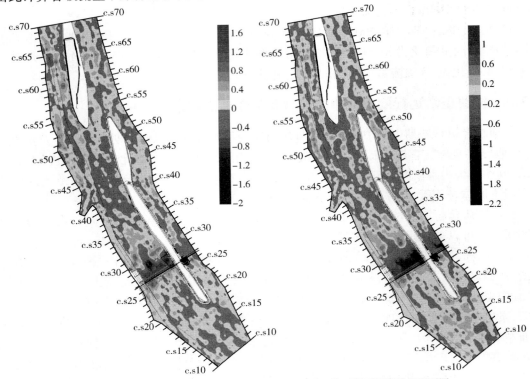

图9-12　正常运行期中水(左图)和丰水(右图)典型年后坝区河段冲淤平面图

枢纽正常运行期经过丰水年的水沙过程作用后,坝区河段河床平面冲淤变化如图9-12右图所示。可见坝区河段蔡家洲上游河道冲淤相间,冲刷深度一般在0.1～0.2m,淤积厚度一般在0.1～0.4m,该河段淤积量约为12.6万 m^3。枢纽上游左汊河道,该河段从平面变化来看为有冲有淤,冲刷区只在上游导航墙右侧附近及河道中部零星分布,其余均为淤积区,尤其是近坝段河床淤积较为明显。其中枢纽最左侧11孔泄水闸上游附近河床淤积厚度在0.2～0.8m,右侧电站上游附近河床淤积厚度在0.3m以内。总体来看该河段表现为淤积,淤积量为18.6万 m^3。坝线下游蔡家洲左汊河道近坝段(c.s27～c.s31)由于水库蓄水上游来沙量减少,清水下泄加之上下游水头差导致坝下近坝段流速加快,河床冲刷幅度较大,一般在0.4～1.4m,总体冲刷量约为38.9万 m^3;近坝段河床冲刷的泥沙部分在 c.s31～c.s37 附近河道内淤积,淤积厚度一般在0.3～0.8m,淤积量约为26.2万 m^3。c.s37以下至洪家洲洲头间蔡家洲左汊河道内以冲刷为主,冲淤变化幅度一般在0.4m以内;下游引航道口门区连接段冲淤相间,冲淤变化幅度一般在0.3m以内;该河段总体冲刷量约为36.8万 m^3。

蔡家洲右汊河道内冲淤相间,其中坝线上游冲淤变化幅度一般在0.2m以内,总体淤积量约为2.1万 m^3;坝轴线至坝线下游550m附近以冲刷为主,冲刷深度一般在0.4～1.0m,冲刷量约为12.7万 m^3/s;坝线550m以下至右汊出口段,总体表现淤积,冲淤变化幅度一般在0.4m以内,淤积量约为17.2万 m^3。

洪家洲左汊河道冲淤相间,总体稍有淤积,总体淤积量为6.5万 m^3;洪家洲右汊河道有冲有淤,总体稍有淤积,淤积量约为 8.8 万 m³。

研究表明:枢纽正常运行期在经过丰水年的水沙过程作用后,坝区河段河床冲淤变化与中水年相似,但冲淤变化幅度要大于中水年。枢纽上游库区稍有淤积,枢纽下游近坝段冲刷深度相对较大,冲刷的泥沙主要下游附近河床淤积。随着枢纽运行时间的延长,该段河床的淤沙逐渐向下游输移。

9.8 船闸上下游口门区及连接段航道稳定性预报分析

根据枢纽施工进度计划安排,船闸上下游口门区及连接段航道的疏挖工作需在二期导流期间完成,其中船闸上游口门区航道底高程疏挖至 20.0m,锚地底高程疏挖至 25.4m;船闸下游口门区及连接段航道底高程疏挖至 18.7m。结合枢纽施工期及正常运行期坝区河段河床变形预报试验,对开挖后的航道在分别经历二期导流期的丰水年、三期丰水年、机组安装调试期、正常运行中水年和正常运行丰水年等不同工况及不同典型水文年后的冲淤变形情况进行了试验研究。

试验结果表明,上游口门区及连接段航道以淤积为主,但淤积总量不大,主要由于其处在丁字湾狭口下游河道逐渐变宽段,航道位于水流扩散段的缓流及回流区;另外从断面形态来看,上游航道是在左岸边滩边缘附近疏挖而成,开挖后的航道断面形态呈左高右低的台阶状,且高差较大;左侧高台处为新开航道,右侧低处逐渐与主河槽衔接,航道内淤沙主要为悬移质泥沙落淤。5 个不同时期的典型水文年之后,航道总的淤积厚度一般在 0.5m 以内,就不同典型年断面淤积厚度而言,丰水年淤积厚度大于中水年,新开挖后的二期丰水年期间淤积厚度最大。

由于河道内无序采砂,沩水入汇口下游连接段航道所处河段河底高程一般在 11.0 ~ 15.0m,均低于设计的 18.7m 高程,能够满足航深要求,且富余量较大;而入汇口上游部分航道底高程高于 18.7m,需进行疏挖。

在二、三期施工导流期,由于上游来沙量较大,下游口门区及连接段航道以淤积为主。其中,①沩水入汇口上游新开挖航道累计淤积厚度一般在 0.3 ~ 1.0m,主要是引航道及口门区右侧原坝田区未疏挖的泥沙在扩散水流的作用下向航道内输移造成淤积;②各导流墩间河床受扰流作用产生局部淘刷,为保证导流墩附近河床的稳定,需采取相应的护底措施;③沩水入汇口下游连接段航道位于深槽区,施工期航道淤积厚度相对较大,一般在 1 ~ 3m,沙源主要来自于右侧河底高程稍高的河床推移质泥沙,但淤积后的航道底高程仍低于 18.7m,航深能够满足船舶航行要求。

枢纽正常运行期间,由于上游来沙量相对较小,沩水入汇口上游航道内淤积量不大,正常运行中水年 + 正常运行丰水年两个典型年水沙过程作用后,航道内淤积厚度在 0.4m 以内。沩水入汇河口下游连接段航道内,由于在施工期深槽回淤,航道底高程与右侧河床河底高程相差不多;另外由于上游左岸侧丁坝群的拆除,在正常运行期航道内水流流速较天然条件下相比有所增加,航道内稍有冲刷,有利于航槽的稳定。

综上所述,船闸上游口门区及连接段航道处在丁字湾狭口下游因河道扩展而形成的缓流及回流区内,航道内淤沙主要为悬移质泥沙落淤,淤积厚度不大。由于上游锚地附近航道底高程仅疏挖至25.4m,考虑泥沙的淤积,为减少枢纽建成后的维护工作量,建议该段航道疏挖时,可进行适度超挖。对下游口门区及连接段航道而言,为减小下游口门区航道淤积,建议在丁坝拆除的同时对坝田区按照口门区设计底高程进行疏挖,以减少下游口门区内泥沙来源,并将丁坝拆除、航道疏挖时间后延至二期导流的第二年(2012年);为保证导流墩附近河床稳定,建议采取相应的护底措施。

9.9 坝区河段防洪堤及洲边附近河床冲淤变化

9.9.1 防洪堤堤脚附近流速及河床冲淤变化

长沙综合枢纽工程需分三期导流施工,每个施工导流期修筑的围堰均占据了一定的原河道宽度,改变了坝区河段蔡家洲左、右汊河道分流比及过流量,进而改变坝区河段两岸防洪堤堤脚附近的流速分布;另外,枢纽工程的修建也会对坝区河段河道内流速分布产生影响,从而使两岸防洪堤堤脚附近水流流速发生变化。因此,动床模型试验对枢纽施工期及正常运行期坝区左、右两岸防洪堤堤脚附近的流速及河床变形情况进行了研究。

主要选取了十年一遇洪水流量($Q=19700\mathrm{m^3/s}$),分别对天然情况下、不同施工导流期及正常运行期堤脚附近的表面水流流速进行了测量,测点上起坝线上游2000m处,下至坝线下游5200m,每隔200m选取一个测点,测点位于防洪堤堤脚内50m附近。

由不同时期左岸防洪堤堤脚内侧50m附近沿程流速变化图(图9-13)可以看出:

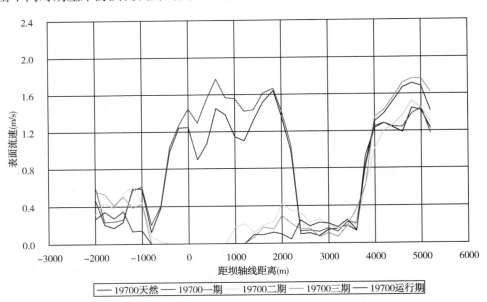

图9-13 左岸防洪堤堤脚内50m附近沿程流速变化

(1)受丁字湾狭口下游河道逐渐变宽的影响,河道左岸坝线上游2000m至800m段防洪堤堤脚附近为缓流和回流区,该河段在枢纽施工期及正常运行期堤脚附近河床以悬移质淤积为主,累计淤积厚度一般在0.1~0.3m,堤脚比较稳定。

（2）坝线上游800m至坝线下游2200m段防洪堤,在一期导流期间,由于左汊河道内过流量及流速与天然相比均有所增加,堤脚附近流速亦稍有增加,流速增加值一般在0.3m/s以内,但由于靠近左岸侧河床一般为坝田淤积区,且坝田内河床质以圆砾为主,抗冲性较好,因此一期导流期间该段防洪堤堤脚附近河床冲淤变化幅度不大,一般在0.2m以内;在二期导流期间,该段位于围堰内及横向围堰上下游附近,堤脚附近水流流速较小,堤脚较稳定;在三期导流及枢纽正常运行期,坝线上游800m至坝线下游1200m,位于船闸引航道内,堤脚基本为静水区,堤脚不存在冲刷问题,坝线下游1400m至2200m段位于船闸下游引航道口门区及连接段内,受船闸下游导流堤及导流墩的影响,堤脚附近流速不大,在0.4m/s以内,堤脚也较为稳定。

（3）坝线下游2600m至3600m段防洪堤,不同时期均位于汊水入汇口下游左岸侧缓流区内,堤脚附近河床以淤积为主,累计淤积厚度在0.5m以内,堤脚较稳定。

（4）坝线下游3800m至5200m段位于左岸突嘴及洪家洲左汊内,天然条件下流速就较大,汊水上游左岸侧丁坝群的拆除,汊水入汇口段主流向左岸移动,在三期导流及枢纽正常运行期,堤脚附近流速均有所增加,增加幅度在0.3m/s以内;该段堤脚附近河床稍有冲刷,累计冲刷深度一般在0.1～0.3m,建议对该段防洪堤堤脚进行加固处理。

由不同时期右岸防洪堤堤脚内侧50m附近沿程流速变化图(图9-14)可以看出:

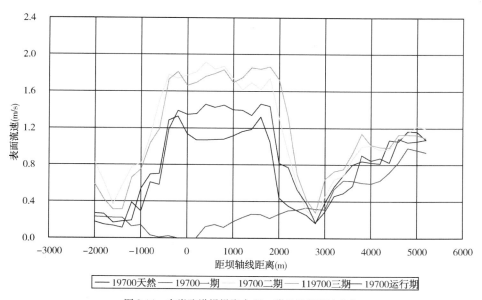

图9-14 右岸防洪堤堤脚内50m附近沿程流速变化

（1）由于右汊一期围堰的挡水,蔡家洲右汊河道内基本为静水或缓流区,研究河段右岸防洪堤堤脚附近水流流速与天然相比均有所减小,因此一期导流期间右岸防洪堤堤脚附近河床较稳定。

（2）二期导流与三期导流期间,由于左汊河道束窄,右汊河道过流量及流速均有所增加,尤其是坝线上游400m至坝线下游2000m范围内,由于蔡家洲洲顶的加高及右侧防洪堤岸线的内移,使得该段河道内及堤脚附近水流流速显著增加,流速增加值约在0.7m/s,达到约

1.8m/s,而右汊河道内河床质主要为中细沙,抗冲能力较弱,使该河段在二、三期导流期堤脚附近河床冲刷明显,累计冲刷深度一般在 1~2m,建议必须采取有效的防护措施确保施工期防洪堤的安全。

(3)枢纽正常运行期,由于左、右汊泄水闸全部过流,右汊河道过流量基本恢复至天然水平,坝线上游 400m 以上及坝线 2600m 以下,堤脚附近水流流速与天然情况下相近,且流速值不大;但两者之间河段,由于蔡家洲的抬填及右岸部分防洪堤的内移,堤脚附近流速仍较天然条件下有所增加,增加值约在 0.3m/s,流速约在 1.4m/s;堤脚附近河床仍稍有冲刷,建议对该段防洪堤堤脚进行加固处理。

9.9.2 蔡家洲下部(未抬填段)洲边流速及附近河床冲淤变化

为了解蔡家洲下部未抬填段洲边河床稳定情况,动床模型试验对枢纽施工期及正常运行期蔡家洲洲边的流速及附近河床冲淤变化进行了研究。主要选取了十年一遇洪水流量($Q=19700\text{m}^3/\text{s}$),分别对天然情况下、不同施工导流期及正常运行期蔡家洲未抬填段左、右两边护坡附近的水流表面流速进行了测量,测点上起坝线下游2200m处(蔡家洲下部未抬填段起点),下至坝线下游3800m(蔡家洲洲尾),每隔200m选取一个测点,且测点位于护坡坡脚外10m附近。

由不同时期蔡家洲未抬填段左、右两侧洲边护坡坡脚附近沿程流速变化图(图9-15、图9-16)可以看出:

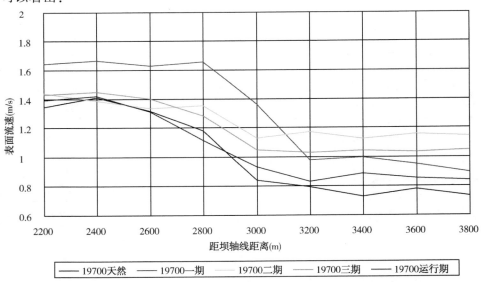

图 9-15 蔡家洲下部未抬填段左侧洲边附近沿程流速变化

(1)一期导流期间蔡家洲左汊河道内水流漫洲顶后斜向右偏进入右汊河道内。与天然相比,未抬填段蔡家洲左侧洲边流速增加 0.1~0.5m/s,流速一般在 1.0~1.6m/s;而右侧洲边流速减小 0.1~0.6m/s,流速一般在 0.4~0.7m/s。一期导流期间左侧洲边附近河床以冲刷为主,冲刷深度一般在 0.2~0.5m,而右侧洲边冲淤变化不明显。

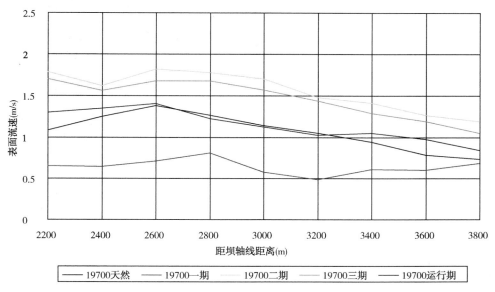

图 9-16　蔡家洲下部未抬填段右侧洲边附近沿程流速变化

（2）二期导流与三期导流期间,由于左汉河道束窄,右汉河道过流量及流速与天然相比均有所增加,未抬填段蔡家洲右侧洲边流速增加 0.3 ~ 0.7m/s,流速一般在 1.0 ~ 1.8m/s;右汉水流漫洲顶后与左汉水流相汇后顺势而下,蔡家洲未抬填部分上半段洲边流速与天然相比相差不大,而下半段流速增加 0.2 ~ 0.4m/s,流速一般约在 1.0m/s。二期导流与三期导流期间,蔡家洲未抬填段右侧洲边附近河床累计冲刷深度一般在 0.5 ~ 1.5m;左侧洲边附近河床冲淤相间,冲淤变化幅度一般在 1.0m 以内。

（3）枢纽正常运行期左、右汉河道过流量基本恢复至天然水平,坝轴线下游 2.2 ~ 3.0km蔡家洲未抬填段左、右洲边附近河床均有冲刷,左侧年均冲刷深度约在 0.2m,右侧年均冲刷深度约在 0.3m;坝轴线下游 3.0km 至洲尾左、右洲边附近河床稍有淤积。

9.9.3　洪家洲洲边附近河床冲淤变化

通过对枢纽施工前地形与枢纽建成后并经过两个典型年水沙过程作用后地形对比,洪家洲洲头至下游 700m 附近左侧洲边附近河床以冲刷为主,累计冲刷深度约在 1.0m,主要由于该段处于蔡家洲左汉较宽河道向洪家洲左汉较窄河道收缩河段,洲边流速逐渐增加,致使洲边护坡坡脚附近河床冲刷;另外,由于洪家洲左汉河道内无序采砂,使该段洲边坡脚与坡顶高差较大(护坡坡脚附近天然河床底高程一般在 15.0 ~ 18.0m,而坡顶高程一般在 30.0 ~ 32.0m),坡度较陡,对边坡稳定不利。

洪家洲洲头以下 700 ~ 2200m 左侧洲边已建有防洪堤,堤顶高程约在 35.0m,堤脚高程约在 25.0m。该段处于洪家洲左汉微弯河道凸岸侧,洲边附近河床以淤积为主,淤积厚度一般在 0.4 ~ 0.8m。

洪家洲洲头 2200m 以下至洲尾的左侧洲边仍为天然边坡,未进行防护,洲边坡度较缓;洲边河床冲淤相间,但冲淤变化幅度不大。

洪家洲洲头上游附近滩地及洪家洲右侧洲边河床泥沙以中细沙为主,起动流速及沉速均较小。洲头至洲头下1300m附近右侧洲边以冲刷为主,累计冲刷深度一般在0.5～1.2m。由于该段洲边为坡度较缓的天然边坡,但由于坡度较缓,河床冲刷对边坡稳定性影响不大。

洪家洲洲头1300m以下至洲尾的右侧洲边以淤积为主,淤积厚度一般在0.5～0.8m。

综上所述,洪家洲洲头至下游700m的左侧洲边以冲刷为主,考虑到该段护坡较陡,不利于边坡稳定,建议对该段护坡底附近进行加固防冲处理;洲头至下游1300m右侧洲边虽仍以冲刷为主,但该段边坡主要为坡度较缓的天然边坡,河床冲刷对边坡稳定性影响不大,不需进行防护,建议保持其现状条件;其他部位洲边主要表现为淤积或冲淤变形不明显,不需进行防护。

9.10　沩水河口整治方案研究

9.10.1　试验概况

在初步设计阶段的《船闸通航条件及布置方案优化模型试验研究》报告中已经对沩水河口的整治方案进行过详细的研究,并推荐采取疏浚与修筑导流堤相结合的方案对沩水河口进行整治,但当时主要采用定床水流试验的方法研究分析,而对沩水河口段河床变形及泥沙运动规律未进行研究,因此在湘江长沙综合枢纽坝区河段动床模型试验研究阶段,针对沩水河口段进行了相关整治方案的补充研究。主要研究沩水与湘江干流正常遭遇时沩水河口现状条件下的河床变形情况,以及沩水与湘江干流正常遭遇时沩水河口现状条件下与采取定床推荐整治方案两种工况下的河床冲淤变形情况,同时综合考虑其他因素,推荐沩水河口的整治方案。

9.10.2　枢纽施工期及正常运行初期沩水河口河床冲淤变化

枢纽施工期及正常运行初期沩水河口河床变形预报试验工况为沩水河口保持现状条件,即未按定床推荐方案进行整治。

根据设计单位提供的施工组织设计,枢纽施工期总工期为72个月,第一台机组发电工期60个月,2009年12月为施工准备期,共1个月;2010年1月至2014年11月为主体工程施工期,共59个月,2014年12月至2015年12月为工程扫尾期,共12个月。右汊一期围堰需经历1个汛期,左汊二期围堰需经历2个汛期,左汊三期围堰需经历1个汛期,三期围堰拆除后至第一台机组发电需经历1个汛期,即主体工程施工期需经历5个汛期,按照经历5个典型年的水沙过程进行模拟。而枢纽正常运行初期又选取了2个典型年水沙过程。因此,枢纽施工期及正常运行初期沩水河口河床变形预报试验的河床变形情况是在经过7个典型年水沙过程作用前后的地形对比。

根据2001～2008年水文资料统计分析,沩水入汇流量与坝址同期湘江干流流量平均汇流比为0.02,因此在进行沩水河口河床变形预报试验时,沩水来流量按同期干流来流量的2%选取。

试验结果表明,在沩水与湘江干流正常遭遇时,由于沩水来流量较小及受湘江干流顶托,沩水河口段水流流速较缓,枢纽施工期及正常运行初期入汇口心滩以上的沩水河道内河床变形不明显,冲淤变化幅度一般在0.5m以内。由于心滩下游湘江干流左侧河道内无序采砂,使该段河床底高程较低,现状条件下河底高程一般在11.0~15.0m,枢纽施工期淤积厚度相对较大,一般在1~3m,沙源主要来自于右侧河底高程稍高的河床推移质泥沙;枢纽建成后的正常运行期稍有冲刷。

由于坝址处湘江河段通航现状为Ⅲ级航道,设计最小通航流量为385m³/s(保证率98%),最大通航流量为19700m³/s(十年一遇洪水),根据选定的施工导流及相应的施工期通航方案,三期导流期间将由已建船闸通航,船闸下游口门区连接段位于沩水入汇口下游附近。三期导流期间船闸下游航道内通航水流条件试验结果表明,当沩水与湘江干流正常遭遇时,沩水河口保持现状条件下,船闸下游引航道口门区及连接段通航水流条件能够满足要求。正常运行期通航水流条件试验结果亦表明,当沩水与湘江干流正常遭遇时,沩水河口保持现状条件下,沩水河口附近连接段航道通航水流条件亦能够满足要求。

9.10.3 沩水与湘江干流不利遭遇流量下入汇口段河床冲淤变化

由于在沩水与湘江干流正常遭遇时,沩水河口段河床冲淤变化不大,为了解在出现不利遭遇时不同整治方案下沩水河口段泥沙运动规律,选取了湘江干流两年一遇洪水(13500m³/s)遭遇沩水二十年一遇洪水(3350m³/s)典型流量,拟定原体洪水历时3天,分别对沩水河口保持现状条件与按定床推荐方案整治两种工况下入汇口段河床冲淤变化进行了研究。

9.10.3.1 沩水河口保持现状条件下

该不利组合流量下,入汇口上游沩水河道内水流流速一般在2.2~2.8m/s,受沩水来流较大的影响,入汇口下游船闸下游导流堤堤头下1100~1400m左侧航道内,右向横流大都大于0.3m/s,一般在0.3~0.7m/s,而右侧航道内横流均在0.3m/s以内。干流与沩水来流汇合后,在入汇口下游左岸侧,形成一回流涡流区(分离区),水流通过分离区后,逐渐恢复为典型单一河道过流断面流态。船闸下游导流堤堤头下0~1000m航道内,水流流速均在1.72m/s以内,水流与航线夹角一般在6°~10°,左向横向流速均在0.3m/s以内。

试验结果表明,由于沩水来流量较大,沩水河口心滩及心滩上游附近河床以冲刷为主,冲刷深度一般在1~2m;至c.s+7断面附近,由于沩水来流与下游干流交汇,交汇区内水流紊动掺混作用强烈,能量损失较大,部分泥沙逐渐在右侧河道流速相对较缓的区域淤积,左侧主流区仍以冲刷为主;受沩水入汇口下游主河道内河床底高程较低及干流顶托影响,沩水冲刷的泥沙主要以成型淤积体的形式在入汇口左下方深槽内淤积,淤积厚度一般在0.5~2m,而靠右侧的航道内淤积厚度一般在0.3~1.0m,淤积厚度从左至右递减;由于上游推移质泥沙主要在干支流汇流区内淤积,汇流区下游河床内泥沙淤积厚度较小,一般在0.3m以内。

9.10.3.2 沩水河口采取疏浚与修筑直立堤相结合的整治方案

由于沩水入汇口河段河道疏浚与直立堤的修筑,使沩水来流出直立堤后,基本顺下游航

线方向而下,直立堤所处沩水河段水流流速一般在 2.1～2.6m/s,出直立堤后,受下游河底高程较低的影响,流速约在 1.8m/s。由于沩水河口入汇水流基本与干流来流平行,对干流顶托作用较小,与沩水河口不进行整治方案相比,该组合流量下船闸下游引航道口门区内水流流速有所增加,最大流速为 1.81m/s;堤头下 500～1800m 连接段航道内,水流与航线夹角由约 11°逐渐减至约 4°,左向横流一般在 0.3m/s 以内,右侧航道边线附近个别测点稍大,最大为 0.33m/s。

试验结果表明,由于沩水河口直立堤的修筑,使沩水河口成为一右侧为凹岸的弯道段,弯道内左侧凸岸侧冲刷深度小于靠近直立堤侧的凹岸冲刷深度,加之左侧凸岸侧河床已提前疏浚至 19.0m,河床累计冲刷深度一般在 1.0m 以内,右侧凹岸侧河床冲刷深度一般在 0.5～1.5m;受弯道河势及直立堤出口段扩散水流的影响,沩水上游冲刷的泥沙在 c.s＋8 断面附近的左侧凸岸侧逐渐开始淤积,至直立堤堤头下游100m 附近淤积厚度达到最大值,淤积厚度一般约在 1.5m,而后泥沙淤积厚度递减,直立堤堤头下游 400m 以下河道左岸侧河床及附近航道内冲淤变化幅度均在 0.2m 以内;由于受直立堤的导流导沙作用,直立堤右侧及下游附近航道内冲淤变化亦不明显,变化幅度均在 0.3m 以内。

9.10.4　沩水河口整治方案试验小结

(1)由于沩水与湘江干流正常遭遇时,沩水来流量较小,枢纽施工期及正常运行初期,沩水河口心滩及上游附近河道内冲淤变形不明显,心滩下游附近主河道深槽内虽以淤积为主,但淤积的泥沙主要来自于上游靠近左岸侧滩地及右侧河底高程稍高河床内的推移质泥沙,由于现状条件下深槽底高程较低,部分泥沙淤积后,附近航道内的水深仍能满足船舶航行要求。沩水河口保持现状条件下,当沩水与湘江干流正常遭遇时,三期导流期间与枢纽正常运行期沩水河口附近船闸下游连接段航道内通航水流条件均能够满足要求。

(2)在相同不利遭遇流量下,沩水河口采取疏浚与修筑直立堤相结合的整治方案。与保持现状相比,由于整治方案工况下沩水河口内河床提前疏浚,使沩水河口段河床冲淤变化幅度及冲淤量均小于保持现状条件下的数量,同时由于直立堤的导流导沙作用,使沩水河口出流相对较平顺,上游冲刷的泥沙主要淤积在直立堤下游附近靠近左岸侧的河床内,右侧航道内泥沙淤积量较小。考虑到沩水与干流出现不利遭遇的几率较小,且在保持沩水河口现状条件下,若出现不利遭遇时,沩水来沙仍主要淤积在沩水河口心滩左下方深槽内,部分会在航道内淤积,但淤积量不大,可通过局部疏浚方法予以清除来保证通航。

(3)考虑到若在沩水河口疏浚和修筑直立堤后对河口形态改变较大,且其导流导沙功能主要是在沩水与干流出现极不利遭遇时才能显现。若保持沩水河口现状条件,在沩水与湘江干流正常遭遇期,河口附近河床滩槽相对比较稳定,附近航道水深及通航水流条件均能满足要求,只有在极不利工况下,沩水河口会有较大的冲淤变形,附近航道产生局部淤积区,且淤积量不大,可通过局部疏浚方法予以清除来保证通航。鉴于上述研究成果,建议沩水河口的整治工程可适当缓建,近期以管理措施为主,必要时可辅以局部的疏浚以维持航道的稳定。

9.11 结语与建议

9.11.1 主要结语

（1）长沙综合枢纽所处河段为湘北丘陵与洞庭湖平原的过渡区，坝区河段覆盖层厚度较不均匀，自上游丁字湾狭口至下游铜官滩滩尾，覆盖层由约3m变厚至约26m，且蔡家洲及洪家洲覆盖层厚度较河道内明显变深。坝区河段河床质泥沙级配较宽，粒径范围为0.005～40mm，主要有粉质黏土、粉细砂、中砂、圆砾组成。其中，粉质黏土、粉细砂主要分布在左、右岸边，以及蔡家洲、洪家洲边附近河漫滩上；中砂主要分布在蔡家洲和洪家洲的左、右汊河道内；圆砾主要分布在蔡家洲左汊主河道深槽及河道左侧坝田区内。

（2）根据相似理论及研究重点，本模型按全沙模型设计，模型验证采用2008年3月实测河道图为起始地形，2009年10月实测河道图作为验证地形，通过水位、流速分布及河床冲淤变化验证试验，模型与天然水流及泥沙运动达到相似要求。确定的模型比尺为 $\lambda_L = 160$、$\lambda_H = 80$、$\lambda_t = 90$、$\lambda_s = 0.4$、$\lambda_{gb} = 284$，在此基础上可以进行方案试验。

（3）一期导流期间施工蔡家洲右汊（副汊）20孔泄水闸，由蔡家洲左汊（主汊）过流和通航，由于右汊围堰挡水，左汊过流量虽有增加，但由于左汊河道较宽，河床冲淤变化幅度不是很大。坝区河段河床变形特征如下：①蔡家洲洲头上游靠近右岸侧河道内和右汊围堰上、下游河道内均以淤积为主；②蔡家洲洲头上游左侧主河道内和沩水入汇口以上的蔡家洲左侧主河道河床以冲刷为主，靠近左岸侧坝田区稍有淤积；③沩水入汇口以下至洪家洲洲头间靠近入汇口的左侧河道以淤积为主；④洪家洲洲头上游附近河床稍有冲刷，洪家洲左汊河道冲淤相间，洪家洲右汊河道以淤积为主。

（4）二期导流期间围左汊左岸船闸 +11.5 孔泄水闸，由左汊束窄河床及右汊已建20孔泄水闸过流，左汊临时航道通航。在经过中水 + 丰水两年的水沙过程作用后，坝区河段河床变形及左汊束窄河段临时航道通航条件具有以下特征：①二期围堰位于左汊左侧主河槽内，占据原左汊约2/3的河宽，二期导流经过两个典型年水沙过程作用后，坝区河段河床变形剧烈，上游横向围堰以上靠近左岸侧的左侧河道内为缓流淤积区；纵向围堰束窄河段河床冲刷变化幅度较大，冲刷深度一般在2.0～4.0m，其中纵向围堰上游弧形延长段迎水面右侧附近河床冲刷较为严重，最大局部冲深达4.8m，冲刷的泥沙主要在横向围堰下游水流扩散区及下游河道内淤积。②右汊河床亦以冲刷为主，冲刷的泥沙主要在坝轴线下1500m附近的蔡家洲右岸侧及右汊出口段河床内淤积。

（5）三期导流期间围左汊右岸厂房及剩余的14.5孔泄水闸，由已建左汊11孔泄水闸和右汊20孔高堰泄水闸联合过流，已建船闸通航。在典型丰水年的水沙过程作用后，坝区河段河床变形具有以下特征：①纵向围堰束窄段及其上、下游附近河段以冲刷为主，由于左汊过流宽度与天然相比显著减小，该河段冲刷范围及冲刷量均较大，上游纵向围堰段迎水面左侧部分河床冲刷深度达7.0m，已冲刷至全风化岩层；②右汊河床亦以冲刷为主，冲刷的泥沙主要在坝轴线下1500m附近的蔡家洲右岸侧及右汊出口段河床内淤积。

（6）电站机组安装调试期间枢纽上游维持水位不低于24.0m，在经过中水年的水沙过程作用后，坝区河段河床变形多为冲淤相间，且冲淤变化幅度较小。其中，枢纽左侧11孔泄水

闸上下游在三期导流期形成的深槽区有所回淤;该期间电站未过流发电,其上下游附近河床为回流和缓流淤积区。

(7)枢纽建成正常运行后,中水年与丰水年坝区河段河床冲淤变化规律相似,但变化幅度要小。坝上河床冲淤相间,总体稍有淤积;坝下近坝段冲刷深度较大,冲刷的泥沙主要在下游附近河床淤积,随着枢纽运行时间的延长,该段河床的淤沙逐渐向下游输移。

(8)就枢纽施工期及正常运行期航道通航条件而言,①一期导流期由左汊原主航道通航,施工期通航情况基本同天然状况。②二期导流期由左汊河段的临时航道通航,当流量 $Q>11500\text{m}^3/\text{s}$ 时,船舶上行需采用拖轮助航才能通过左汊束窄段临时航道;二期围堰期间左汊束窄河段临时航道内河床均以冲刷为主,航道底高程能够满足要求,在束窄段下游(坝轴线下 1200m 以下)航道内虽有泥沙淤积,但淤积量不大,加之原有航道底高程较低(一般在 12.0 ~ 17.0m),在枯水流量下航道内水深能够满足船舶航行要求。③三期导流期、机组安装调试期及枢纽正常运行期由左岸船闸通航,船闸上、下游引航道口门区及连接段通航条件能够满足要求;船闸上游口门区及连接段航道处在丁字湾狭口下游水流扩散而形成缓流及回流淤积区,主要为悬移质泥沙落淤,淤积量及淤积厚度均不大;下游口门区及连接段航道河床多为由无序采砂造成的深槽,水深较大,虽然在枢纽施工期有所淤积,但航深仍能满足要求;枢纽正常运行期间,由于上游来沙量减小,沩水入汇口上游口门区及连接段航道内淤积量不大,同时由于上游左岸侧丁坝群的拆除,正常运行期沩水入汇口下游连接段航道内流速较天然条件下相比有所增加,河床稍有冲刷,有利于航槽的稳定。

(9)通过对沩水河口整治方案的研究表明,现状条件下,当沩水与湘江干流正常遭遇时,河口心滩及附近河床冲淤变形不明显;若出现不利遭遇时,沩水来沙仍主要淤积在沩水河口心滩左下方深槽内,部分会在航道内淤积,但淤积量不大,可通过局部疏浚方法予以清除来保证通航。沩水河口采取定床推荐的疏浚与修筑直立堤相结的整治方案条件下,由于沩水河口内河床提前疏浚,因此在出现不利遭遇时,沩水河口段河床冲淤变化幅度及冲淤量均较现状条件下要小,同时由于直立堤的导流导沙作用,沩水河口出流相对较平顺,上游冲刷的泥沙主要淤积在直立堤下游附近靠近左岸侧的河床内,右侧航道内泥沙淤积量也较小。

9.11.2 建议

(1)一期导流期间,考虑到蔡家洲洲头左侧圆弧段护岸附近天然河床底高程远低于护底高程,自然岸坡较陡,对附近护底和护坡的稳定性有潜在的威胁,特别是随着围堰施工的推进,威胁会加剧。因此,为安全起见,建议在护底外侧沿天然河床岸坡增加抛石护脚。

(2)二期导流期间,纵向围堰上游弧形延长段迎水面右侧附近由于河段束窄流速突然增大,加之绕流影响,该处河床冲刷较为严重,在经过两个水文年后,最大局部冲深达 4.8m,对附近围堰的稳定有较大的潜在威胁,因此应加强该段河床的防护处理。

(3)二期导流期间,蔡家洲下半段未抬填部分在中洪水期漫滩过流,在两年一遇洪水流量下,洲顶流速超过 1.4m/s,因此应注重该段洲顶的防冲处理。

(4)由于三期施工导流期间,枢纽最左侧 11 孔泄水闸上下游河床变形较大,因此为了保障枢纽及船闸等建筑物的安全,建议增强泄水闸上下游及船闸右侧附近河床的防护。

（5）考虑到航道内的泥沙淤积，为减少枢纽建成维护工作量，建议进行上游锚地附近航道疏挖时，可进行适度超挖。对下游口门区及连接段航道而言，为减小下游航道内淤积，建议在丁坝拆除的同时对坝田区按照口门区设计底高程进行疏挖，以减少下游口门区内泥沙来源，并将丁坝拆除、航道疏挖时间后延至二期导流第二年（2012年）；为保证导流墩附近河床稳定，建议采取相应的护底措施。

（6）依据坝区河段两岸防洪堤堤脚附近河床冲淤变化试验成果，建议对右岸坝线上游400m至坝线下游2600m段、左岸坝线下游3800m至5200m段防洪堤堤脚进行加固处理。

（7）由枢纽施工期及正常运行初期洪家洲洲边河床冲淤变化情况可知，洲头至下游700m的左侧洲边以冲刷为主，考虑到该段护坡较陡，不利于边坡稳定，建议对该段护坡坡底附近进行加固防冲处理；洲头至下游1300m右侧洲边虽仍以冲刷为主，但该段边坡主要为坡度较缓的天然边坡，河床冲刷对边坡稳定性影响不大，不需进行防护，建议保持其现状条件；其他部位洲边主要表现为淤积或冲淤变形不明显，不需进行防护。

（8）考虑到若在沩水河口疏浚和修筑直立堤后对河口形态改变较大，且其导流导沙功能主要是在沩水与干流出现极不利遭遇时才能显现，若保持沩水河口现状条件，在沩水与湘江干流正常遭遇期，河口附近河床滩槽相对比较稳定，附近航道水深及通航水流条件均能满足要求，只有在极不利工况下，沩水河口会有较大的冲淤变形，附近航道产生局部淤积区，且淤积量不大，可通过局部疏浚方法予以清除来保证通航。鉴于上述研究成果，建议沩水河口的整治工程可适当缓建，近期以管理措施为主，必要时可辅以局部的疏浚以维持航道的稳定。

（9）由于枢纽施工期近坝段河势及水流条件与天然相比改变较大，致使枢纽施工期坝区河段河床变形较大，尤其是在三期导流期蔡家洲左汊左侧11孔泄水闸及船闸等永久性建筑物已建成，较大的水流流速及河床变形对建筑物的稳定不利；而枢纽建成后的正常运行期又改变了其上、下游河道的水流泥沙运动过程。因此，为保证枢纽施工期安全和枢纽正常运行期的安全稳定运行，建议应加强坝区河段水文泥沙和河道地形等原型资料的观测分析，并定期对枢纽水工建筑物进行水下摄像检查、坝区及上下游两岸边坡稳定性检查。

参 考 文 献

[1] 中华人民共和国行业标准. DL/T 5361—2006 水电水利工程施工导截流模型试验规程[S].北京:中国水利水电出版社,2006.

[2] 中华人民共和国行业标准. JTJ/T 232—98 内河航道与港口水流泥沙模拟技术规程[S].北京:人民交通出版社,1998.

[3] 湘江长沙综合枢纽初步设计报告[R].湖南省交通勘察设计院,2009.

[4] 大顶子山航电枢纽坝区河段河床变形预报试验研究[R].交通部天津水运工程科学研究所,2004.

[5] 湘江株洲航电枢纽坝区河段河床变形模型试验研究[R].交通部天津水运工程科学研究所,2004.

[6] 武汉水利电力学院.河流泥沙工程学[M].北京:水利电力出版社,1983.

第 4 篇

专题研究

综　述

为了解决湘江长沙综合枢纽存在的诸多关键技术问题,以保障枢纽通航能力、泄流和过沙能力及流域水生态环境平衡等,充分发挥长沙枢纽的经济效益、社会效益和生态效益,对长沙枢纽这些技术问题进行了专题研究,主要包括"船闸输水系统布置和水力计算分析"、"泄水闸断面水工模型试验"、"鱼道水工水力学模型试验"、"双线船闸共用引航道非恒定流问题研究"。

一、船闸输水系统布置和水力计算分析

长沙船闸有效尺寸为 280.0m × 34.0m × 4.5m(长 × 宽 × 门槛水深),通航净高为 10m,引航道宽度 146m,上游引航道底高程 20.0m,下游引航道底高程 16.4m(近期 17.5m),引航道最小水深 4.0m。

长沙枢纽船闸的主要特点为:①对湘江航运至关重要,且规模巨大,设计通航船队排水量大于 15600t(通航船队规模仅次于我国最大的长江葛洲坝和三峡船闸);②船闸双线并列、共用上下游引航道[我国三峡船闸和京杭运河船闸双线共用引航道都进行引航道内水流条件研究,江苏苏北双(三)线船闸共用引航道曾出现相互影响造成下游人字门启闭设备破坏];③要求输水时间较短、水力指标较高(要求充、泄水时间≤8min);④如采用闸墙长廊道短支孔输水形式,则是国内规模最大的这一形式的船闸。因此,根据总体布置与船闸输水系统设计规范的有关规定及要求,对船闸输水系统和引航道水流条件进行水力分析,提出改进意见和确定输水系统布置形式及各部位细部尺寸,以确保输水系统运行安全及船舶安全快速过闸不仅是必要的,而且具有十分重要的意义。

1. 研究的目的和研究内容

长沙综合枢纽船闸对湘江航运至关重要,且船闸规模巨大,双线并列共用上下游引航道,设计输水时间较短、水力指标较高。因此,根据总体布置与《船闸输水系统设计规范》的有关规定及要求,对船闸输水系统和引航道水流条件进行水力分析,提出改进意见和确定输水系统布置形式及各部位细部尺寸,以确保输水系统运行安全及船舶安全快速过闸具有十分重要的意义。主要研究内容如下:

(1)选择合适的输水形式。

(2)输水系统布置及各部位尺寸的确定,包括输水阀门处廊道断面面积、主廊道和闸室出水孔段布置和进出口布置。

(3)确定输水系统基本水力参数,包括阻力系数及流量系数和输水系统廊道换算长度及船闸超高和超降。

(4)选择合适的输水阀门开启速度。

(5)建立数学模型计算船闸输水水力特性,验证其是否符合要求。

2. 主要研究结论和建议

根据国内外已有研究成果,在大量工程实例基础上,通过细致深入的分析计算和论证,对长沙综合枢纽船闸输水系统从选型、布置和各部位尺寸的确定以及相应的水力特性计算等方面,提出了较为全面的研究成果。主要结论和建议如下:

(1)长沙综合枢纽船闸确定采用闸墙长廊道短支孔输水系统形式是合适的。该形式输水系统对该船闸的水力指标范围(水头、输水时间及过闸船队)具有较佳的性能价格比;通过详细的分析计算和论证,提出的输水系统各部分尺寸以及右线船闸一支廊道采用旁侧泄水的布置适合船闸的具体条件,可供设计参考。

(2)根据输水系统具体布置,通过计算和分析论证,得出了该船闸输水系统阻力系数、流量系数、廊道换算长度等水力参数;综合考虑多种因素确定充、泄水阀门开启时间分别为5min和4min,并在此基础上计算分析了船闸输水水力特性、阀门后廊道顶压力特性、引航道流速及船舶停泊条件。计算结果表明,提出的输水系统布置能满足设计输水时间、船舶在上下游引航道和闸室的停泊和航行安全以及船闸输水阀门安全运转的要求。

(3)为给船闸运行提供较大的调整余地,建议在输水阀门启闭系统设计时,使其具备在推荐阀门开启时间上下1min浮动范围内可任意调节的能力,且两侧阀门应保持同步开启。

(4)考虑到:①长沙综合枢纽船闸规模巨大、水力指标较高,采用的输水系统未进行物理模型试验,有一定的不确定因素;②该形式输水系统对阀门单边开启适应性较差,而水力计算无法分析阀门单边开启时闸室内船舶的停泊条件。因此,建议船闸建成运行后进行相应的船闸水力学原型调试,提出阀门单边开启方式,同时调整其他工况阀门开启速度,并根据原型参数优化船闸运行方式,以充分发挥船闸的营运效益,并保证船闸及过闸船舶的安全。

3. 主要研究成果应用

(1)长沙综合枢纽船闸采用闸墙长廊道支孔输水系统。

(2)确定了充、泄水阀门开启时间。

(3)在输水阀门启闭系统设计时,使其具备了在推荐阀门开启时间上下1min浮动范围内可任意调节的能力,且两侧阀门应保持同步开启。

二、泄水闸断面水工模型试验

本课题采用断面水工模型试验主要对长沙枢纽泄水闸的泄流能力、消能效果及河床冲刷等问题进行研究。模型为正态模型,按重力和阻力相似准则设计,长度比尺为45,试验用水槽上游接供水系统,下游跌入回水池,水流循环流入地下蓄水池,水槽长20m、宽0.8m,设计安装泄水闸约1孔半,包括1个完整的泄水孔、两侧闸墩和两侧部分泄水闸。

为满足泄流能力的要求,长沙枢纽泄水闸设计方案采用WES实用堰。试验中发现虽然这种堰形的泄流能力较好,但其堰前底流速较小,泥沙淤积严重。课题组通过对同样采用这种堰形且运行多年的大源渡航电枢纽进行实地调查,发现在9号闸孔门槽内出现较多块石、10~23号闸孔底板中间有大面积泥沙淤积现象,根据这一情况对大源渡枢纽进行泄水闸堰前冲沙试验,研究其堰前过沙能力,并与长沙枢纽作类比,分析长沙枢纽堰前泥沙淤积的原因,并提出优化方案。最后提出长沙枢纽堰形采用折线形实用堰,并选取 3 种不同的折线堰方案进行对比试验,结合过流和过沙能力,将折线形实用堰方案 1(堰顶高程 19.00m,堰前高程 16.00m)作为泄水闸推荐方案。

1. 研究的目的和主要研究内容

本课题主要为了解决该枢纽在施工期与正常运行期泄水闸过流能力、过沙能力,以及研究正常运行期消能设施的消能效果和下游河床的冲刷问题,避免水流对水工建筑物和下游河床产生不利影响,对保证枢纽泄水建筑物的安全正常运作起着重要的作用。主要研究内容如下:

(1)研究设计方案泄水闸水力特性。

(2)参考类似工程过沙情况,通过试验进行简要分析,对长沙枢纽泄水闸堰面和消力池进行相应的优化,并研究其过沙能力和消能情况。

(3)在设计方案试验的基础之上,提出泄水闸的优化方案。

(4)研究泄水闸优化方案堰形泄流能力,分析其综合流量系数和特征洪水流量下的水位壅高值,观测水流流态分布,并对优化方案堰前和消力池内过沙能力进行研究。

(5)根据长江水利委员会提出应将枢纽洪水重现期壅高值控制 10cm 以下的要求,研究增加总过流面积后枢纽的过流能力,验证其特征洪水流量下泄流能力是否满足行洪能力要求。

2. 主要研究结论和建议

(1)设计方案下各级洪水流量时试验测得库水位均小于相应重现期洪水的设计库水位,试验所得的壅高值均小于设计壅高值,说明该枢纽能够满足洪水期泄流能力要求。洪水流量越大,上下游水位差也越大,相应的综合流量系数越大。

(2)在洪水期敞泄和正常使用期闸孔出流时,WES 实用堰堰前底流流速较小,堰前泥沙淤积严重,影响检修闸门正常工作。而折线形实用堰在正常运行期,堰上底流流速较大,堰前水流扰动较大,泥沙容易起动,堰顶检修门槽处无淤积,建议采用折线形实用堰。

(3)设计方案消力池后部水流分布均匀,水流底流速较小,过沙能力较弱,泥沙淤积明显。改变尾槛斜坡坡度、加长尾槛,不仅能解决消力池内过沙问题,而且还能增加消能设施的消能效果。

(4)优化方案闸前水位壅高的变化趋势与设计方案一致,随下泄流量的增加而增大。设计方案和优化方案在各级流量洪水时,壅高水位均未超过设计,都能满足设计要求。但同种工况时,优化方案比设计方案的壅高值高。

(5)为尽量减小湘江长沙综合枢纽建成后对库区的淹没影响,减小长沙市的城市防洪压力,本初步设计修改方案通过增加总过流面积,减小各洪水重现期闸孔单宽流量,使枢纽的泄流能力满足行洪能力要求。

3. 主要研究成果应用

(1)改变了泄水闸堰形:将 WES 实用堰改成了折线形实用堰。

(2)左汉增设 2 孔宽 22m 的泄水闸,并降低堰顶高程至 18.5m,右汉增设 2 孔宽 14m 的泄水闸。

(3)将消力池尾槛坡度修改成1:2.5的坡度,并加长尾槛至坡脚。

三、鱼道水工水力学模型试验

湖南省地方重点保护野生动物名录中一共列出了4目11科27种保护鱼类,这些鱼类几乎在湘江水系都有分布。而长沙枢纽鱼道承担着沟通鱼类洄游通道、保证湘江流域水生态环境的重任,其设计的好坏直接影响到鱼类能否顺利通过大坝,因此开展鱼道水力学模型试验研究是十分必要的。

本课题以物理模型研究为主,采用物理模型、数学模型和理论计算相结合的方法进行研究。通过模型比尺分别为1:8和1:15的鱼道池室局部物理模型和鱼道整体物理模型,分别研究鱼道池室局部水力学及鱼道整体水力学特性;分别建立鱼道池室及集鱼系统的三维数值模拟数学模型,研究鱼道池室及基于系统的三维水流流场结构。

1. 研究目的和内容

(1)针对长沙枢纽鱼道布置方案、设计特点,对长沙枢纽鱼道现布置进行进一步的优化和理论分析计算,确定鱼道的主要布置和相关尺寸。

(2)通过局部模型和三维数值模拟对长沙枢纽鱼道进行3~4种隔板形式的模型试验,论证与研究各种横隔板形式、过鱼孔及水池内的流速分布,论证水池的流线、流态,消能效果和消能工尺寸的合理性,并提出修改建议和措施,通过研究提出推荐的横隔板形式。

(3)对优化后的隔板形式进行模型试验,测定相关的水力学参数,并加设上游出口闸门,进行出鱼口的数量和高程水力条件观测,确定安全开度。

(4)利用整体模型,观测水流的能量累积问题,并用水力计算加以验证。

(5)结合整体物理模型和三维数值模拟对长沙鱼道的集鱼和补水系统的水流条件进行研究,提出最优的布置方案。

2. 主要结论与建议

本课题对鱼道池室水流条件、鱼道整体水力特性以及集鱼和补水系统布置进行了详细研究,主要结论及建议如下:

(1)通过2种底坡、5种隔板形式共7种组合的鱼道水力学局部模型试验和鱼道池身三维流场计算分析,提出了经济合理、满足流速流态过鱼要求的隔板形式——E形隔板及合适的鱼道底坡(1:69),由此确定的长沙鱼道水池数量为102个(不含休息池),隔板数为103个。

(2)鱼道水力学整体物理模型试验结果表明:经过调整后的鱼道能够适应长沙枢纽的上下游水位变化,且各种水力条件已经满足要求。

(3)鱼道集鱼和补水系统局部模型试验成果表明:最终推荐的集鱼和补水系统布置方案能够满足相关要求,并推荐了不同下游水位下的补水流量,为鱼道实际运行提供了依据。

(4)由于枢纽布置的需要,厂区防洪门与鱼道存在交叉,使得该处鱼道池室内水流为有压流。根据模型试验成果,该段池室水流条件无法满足鱼类上溯要求,因此建议该处原布置池室调整为休息池。

（5）由于长沙鱼道总体长度相对较短，因此可适当减少休息池的数量。

3. 主要研究成果应用

（1）鱼道底坡采用1:69，隔板选用E形，隔板数为103个，鱼道水池数为102个。

（2）鱼道设置2个进口，1个出口。

（3）鱼道集鱼和补水系统按推荐方案设计。

四、双线船闸共用引航道非恒定流问题研究

引航道是船闸的重要组成部分，它直接影响船舶（队）过闸的安全和船闸的通过能力。由于本枢纽双线船闸并列共用引航道，且两船闸轴线距离仅为62m，运行中互相干扰较大，受两线船闸灌（泄）水流相互作用影响，船闸上（下）游引航道非恒定流流态十分复杂，对船舶航行和停泊安全影响较大。另外，引航道受边界限制，上游引航道断面逐渐收缩，下游引航道断面逐渐扩展，从而使水流弯曲变形，产生流速梯度，形成斜向水流。由于斜向水流作用，产生回流和分离型小漩涡，横流和回流使航行船舶产生横漂和扭转，严重时会出现失控，以致发生事故，影响通航。因此有必要实施数模计算，对引航道内复杂非恒定流进行深入研究，分析复杂水流形成机理、产生及发展过程。

1. 研究目的和内容

针对引航道在船闸灌（泄）水过程中生成的非恒定流对船只航行和靠泊产生的不利影响，双线船闸运行的相互影响，以及可能产生回流、横流、涌浪或斜向水流等不良流态的问题，本课题采用三维数值模拟，研究船闸灌、泄水过程中引航道内的水力特性，包括流速、流向、流态、水面线及比降变化规律，评估引航道内的通航条件和靠泊条件，提出改善措施。具体研究内容为。

（1）船闸在灌、泄水时，上、下游引航道内非恒定流水力特性研究。

（2）船闸采用旁侧（单支廊道）泄水时，下游引航道内非恒定流水力特性研究。

（3）以上内容的计算工况分别为：①船舶单线进出闸；②船舶双线错位进出闸；③船舶双线同步进出闸。

2. 主要结论与建议

（1）结论

①建立了引航道三维数值模型，成功运用于长沙综合枢纽双线船闸共用引航道非恒定流水力特性研究。船闸灌、泄水非恒定流引起引航道长波运动，比较了数模计算结果与理论计算结果，两者吻合良好。采用水槽试验对数模进行验证，水面线和流速分布是基本吻合的，说明数模计算结果是基本正确的、可信的，用该模型模拟引航道非恒定流运动是可行的。

②获得了非恒定流在双线船闸共用引航道边界条件下的传播特性和水流特征。与普通单线船闸水位变化规律相似，船闸灌水时，上游引航道内水位跌落，生成跌水波并向上游传递，使得整个引航道水位逐渐下降；当达到最大灌水流量时，闸首处水位下降到最低；随后灌水流量减小，由于水流惯性作用，闸首处水位开始壅高，又生成壅水波传向上游，引航道内流

速减小。相反当船闸泄水时,随着下泄流量不断增大,下游引航道内水流从静水到流速逐渐增大,水位上升,生成涨水波传向下游并引起下游引航道整体水位上升。当泄水流量达到最大时,闸首处水位达到最高,而后随泄流量减小,水位开始跌落,最后回复到下游库水位。受水库影响,上游引航道水深较大;而无论是近、远期水位组合工况,下游引航道内水深均较浅。

③双线船闸共用引航道非恒定流条件下船舶航行和停泊段安全等研究成果,为设计提供了技术支撑。研究涵盖了双线船闸共用引航道运行管理中的所有工况,获得了所有工况的波高、流速、比降、系缆力等水力要素,引航道停泊段内的水流条件基本能满足船只靠泊要求,双线船闸其中一线进行灌(泄)水时,另一线引航道内水位波动、纵向流速、横向流速、比降等水流条件均满足船舶进出闸的规范要求。

④研究结合依托工程的实际情况,提出的双线船闸错峰运行和下游增加旁侧泄水等技术措施,对设计和运行管理具有指导作用。

(2)建议

①隔流墙透水有助于降低上引航道跌水波幅,减小流速。但由于汛期库区洪水波可通过隔流墙传导到上引航道内,从而影响航道内水流条件。故建议进一步对此方案进行研究。

②一线和二线船闸右支双旁泄可有效降低下游引航道涨水波高,降低航道内流速,故建议将此方案作为推荐方案。

③当下游出现超低水位时段,一、二线船闸应错位1/4水波动周期运行,利用船闸泄流波动峰幅与谷幅发生错位,而形成相互抵消,减小水位降低,确保引航道内的水深满足规定要求;或者延长阀门开启时间,减小最大泄水流量,降低谷幅值,实现引航道水深符合规定的目的。

④船闸灌泄水过程中非恒定流在上、下游引航道产生长波运动在引航道中形成推进波、纵向水面坡降与流速。当其与航向一致时,会影响航行船舶的操纵性及舵效;当其与航向相反时,会增大航行阻力,影响航速。因此引航道(尤其是下引航道)内船只航行时应谨慎操纵,严格按规定航速行驶,保持匀速航行,避免猛然加速出现船体下潜发生触底事故。

⑤船闸灌泄水过程中非恒定流在上下游引航道产生长波运动,对引航道中等待过闸船舶(队)产生动水作用力,动水作用力会增加船舶系缆力和船舶停靠系缆难度。建议船舶在停靠过程中注意安全,加强系缆,避免船舶失控而危及船舶或靠船建筑物的安全事故。

⑥下游引航道内出现淤积现象后须立即清淤,特别是左侧泄洪闸开启泄洪后,容易在船闸下游引航道口门区出现碍航的泥沙淤积,因此泄洪后应立即观测航道状况,出现淤积必需予以清除。

⑦船闸灌泄水非恒定流的长波运动,会对人字闸门产生有害的反向水头,会影响人字闸门启闭机械结构及其安全,建议加强监测。

3. 主要研究成果应用

(1)隔流墙透水有助于降低上引航道跌水波幅,减小流速。但由于汛期库区洪水波可通过隔流墙传导到上引航道内,从而影响航道内水流条件。采用建议进一步对此方案进行了研究,发现隔流墙透水引航道水流条件不满足通航要求。

（2）一线和二线船闸右支双旁泄可有效降低下游引航道涨水波高,将此方案作为了推荐方案。

（3）下游引航道内出现淤积现象后须立即清淤,特别是左侧泄洪闸开启泄洪后,容易在船闸下游引航道口门区出现碍航的泥沙淤积;泄洪后加强了对航道状况的观测,出现淤积予以清除。

（4）船闸灌泄水非恒定流的长波运动,会对人字闸门产生有害的反向水头,会影响及其安全,加强了对人字闸门启闭机械结构的监测。

第10章 船闸输水系统布置和水力计算分析

项目委托单位:长沙市湘江综合枢纽开发有限责任公司

项目承担单位:南京水利科学研究院

项目负责人:宣国祥

报告撰写人:宣国祥 黄 岳 李 君 李中华 王晓刚

项目参加人员:金 英 宗慕伟 黄 岳 李 君 李中华 王晓刚

时 间:2009年8月至2010年12月

10.1 前言

湘江长沙综合枢纽船闸有效尺寸为 $280.0m \times 34.0m \times 4.5m$(长×宽×门槛水深),通航净高为10m,引航道宽度146m,上游引航道底高程20.0m,下游引航道底高程16.4m(近期17.5m),引航道最小水深4.0m。

考虑到该船闸:①对湘江航运至关重要,且规模巨大,设计通航船队排水量大于15600t(通航船队规模仅次于我国最大的长江葛洲坝和三峡船闸);②船闸双线并列、共用上下游引航道(我国三峡船闸和京杭运河船闸双线共用引航道都进行过引航道内水流条件研究,江苏苏北双线船闸共用引航道曾出现相互影响造成下游人字门启闭设备破坏);③要求输水时间较短、水力指标较高(要求充、泄水时间≤8min);④如采用闸墙长廊道短支孔输水形式,则是国内规模最大的这一形式的船闸。

因此,根据总体布置与船闸输水系统设计规范的有关规定及要求,对船闸输水系统和引航道水流条件进行水力分析,提出改进意见和确定输水系统布置形式及各部位细部尺寸,以确保输水系统运行安全及船舶安全快速过闸不仅是必要的,而且具有十分重要的意义。

10.2 基本资料

10.2.1 上下游特征水位

湘江长沙综合枢纽通航水位和组合见表10-1、表10-2。表中上游最低水位25.0m是出现非正常条件的水位,无对应的下游水位,这里按下游出现最低水位考虑;上游最低水位24.0m是施工通航水位,不在船闸运行水位组合内。

在进行输水系统布置时,设计部门提供的上游最低通航水位为24.0m;完成输水系统布置及相应的水力计算分析后,根据设计要求,上游最低通航水位由24.0m调整为25.0m。由于水位增加1.0m后对输水系统进水口水流条件及上游引航道通航条件均是有利的,因此不再对上闸首输水系统重新布置和水力特性计算。

通航水位一览表　　　　　　　　　　　　　表 10-1

特 征 值	水位(m)	流量(m³/s)	频率(保证率)(%)
上游最高	35.06	21900	5
上游最低	25.0(24.0)	1500(572)	>98(90)
下游最高	34.88	21900	5
下游最低	21.90(远期20.4m)	385	98

水 位 组 合 表　　　　　　　　　　　　　表 10-2

上　游	下　游	水 位 差
正常挡水位29.7m	下游最低通航水位21.9(近期)	7.8
正常挡水位29.7m	下游最低通航水位20.4(远期)	9.3
正常挡水位29.7m	下游平均水位26.02	3.68
上游最低25.0m	下游最低通航水位20.4(远期)	3.60

10.2.2　设计船型、船队尺度

设计船型和船队尺度分别为:1顶2艘2000t级船队,船队尺度182.0m×16.2m×2.6m(长×宽×吃水);1顶4艘1000t级船队,船队尺度167.0m×21.6m×2.0m(长×宽×吃水)。

10.3　输水系统形式选择

根据《船闸输水系统设计规范》(JTJ 306—2001)的输水系统类型选择公式

$$m = \frac{T}{\sqrt{H}}$$

式中,T为输水时间(min),$T=8\min$;H为最大水头(m),$H=9.3m$。可得

$$m = \frac{8.0}{\sqrt{9.3}} = \frac{8.0}{3.05} = 2.62$$

根据《船闸输水系统设计规范》,m值在2.5~3.5,方案可采用集中输水系统,也可采用分散输水系统。鉴于长沙综合枢纽对湘江航运至关重要,且规模巨大,通航保证率要求较高,对集中输水系统来说,该船闸的水头显然较高,因此考虑采用分散输水系统方案。其m值大于2.4,因此选择第一类分散输水系统——闸墙长廊道短支孔方案。

10.4　闸墙长廊道短支孔输水系统发展概况和设计原则

船闸闸墙长廊道短(侧)支孔输水系统由布置在闸墙中贯通上、下游,并附带有一系列短(侧)支孔所组成。充、泄水时水流由闸墙长廊道短(侧)支孔输水的水流是分散进出闸室的,因此它的输水水力性能比集中输水系统有较大的提高,而它的结构由于在闸室底部没有

廊道因此比其他分散输水系统要简单。与集中输水系统相比,虽然闸墙工程量因有廊道而有所增大,但由于它可以不设镇静段,缩短了闸室长度,工程量的增加并不显著;尤其当船闸水头达约10m时,其价格性能比将明显优于集中输水系统。因此,它是一种适合中等水头、重力式闸墙的较优船闸输水系统形式。但该输水系统形式对阀门单边运行的适应性较差,阀门单边运行时一侧完全无水出流,另一侧即进水侧出水支孔的水流经消力槛消去部分能量后继续冲至对面闸墙,在闸室内形成水面横向坡降,使船舶所受的横向力较大。考虑到长沙船闸为双线船闸,一线船闸阀门出现故障检修时,另一线船闸仍能正常运行,因此双线船闸同时出现单边运行的可能性极小,即便出现此种情况仍可以通过改变阀门开启方式,适当延长输水时间来解决单边运行时闸室内船舶横向力较大的问题。

10.4.1 闸墙长廊道短(侧)支孔输水系统发展概况

二十世纪初美国在建设纽约州驳船运河上的船闸时首先开始使用这种输水系统形式,尤其在30年代开始得到广泛应用。据1984年的统计资料,在美国运转的263座船闸中有139座是采用这种形式,占总数的53%,其建成年代,应用水头情况见表10-3。

美国采用闸墙长廊道短(侧)支孔输水系统船闸概况 表10-3

建成年代	水头(m)								总 计
	<3	3~6	6~9	9~12	12~15	15~18	18~21	21~24	
1900	SP2								SP2
1910	SP1	SP1	SP2	SP1					SP5
1920	SP1	SP11		SP1	SP1				SP14
1930	SP10、MP1	SP26	SP10	SP4	SP1	SP1			SP52、MP1
1940		SP1	SP2	SP1	SP1			SP2、MP1	SP7、MP1
1950	SP2	SP3	SP1	SP2			MP1		SP8、MP1
1960	SP1	SP9	SP10	SP5	SP2	MP1			SP27、MP1
1970		SP1	SP11	SP3		MP1			SP15、MP1
1980			SP5	SP4					SP9
总计	SP17、MP1	SP52	SP41	SP21	SP5	SP1、MP2	MP1	SP2、MP1	SP139、MP5

注:SP为闸墙长廊道侧(短)支孔输水系统;MP为闸墙长廊道多支管输水系统。

由表10-3可见:①在美国,这种输水系统形式广泛应用于各种水头,但鉴于水头超过12m时其性能已难以适应大型船队的通航要求,因此美国在船闸设计手册中对水头大于12m的船闸已不推荐使用。对大型船闸(闸室长达366m)仅推荐应用于水头小于9.2m。因此,从20世纪70年代开始已没有水头大于12m的船闸采用这种形式。②由于美国对船闸输水系统性能要求较高,在水头小于6m的低水头船闸中也广泛采用这种形式。③该种输水系统形式在美国应用最广泛的水头范围为3~12m,达114座,约占总数82%。美国对闸墙长廊道短(侧)支孔输水系统有较多的研究、设计和运行的经验,在其船闸设计手册中对支孔的面积、数量、间距、消能措施等均有较详细的规定。与该形式类似的另一种形式为美国田纳西河流域管理局首创使用的闸墙长廊道多支管输水系统,它采用面积较小而数量较多可分成数排排列的支管代替上述数量较少的短（侧）支孔。这种形式在消能措施上与短（侧）支孔不同,因此对支管间距、排列、闸室水深等无严格要求。对这两种类似形式,美国陆军工程兵团认为后者在水力条件及投资上的好处并不大,而维修费用则因支管数较多而增加,故不建议采用。因此,在美国的船闸建设中仅有5座是这种形式,约为短（侧）支孔型的3%。

美国采用这种形式规模最大的船闸为瓦里尔河上的肯纳基船闸,平面尺度达 33.5m ×387m,水头为7.93m。

我国对闸墙长廊道短（侧）支孔输水系统的研究及应用始于20世纪70年代,首先投入运转的是1973年建成的安徽省涡阳船闸,它采用的为多支管型,每侧布置了175根直径为15cm的直管。随后为80年代初的四川莲花寺船闸,该船闸在设计中曾研究了上述多支管及短（侧）支孔两种形式,最后采用了多支管的布置。第一座通过试验研究采用短（侧）支孔形式的为稍后建成的广西西江桂平船闸,这也是我国第一座在干流航道上采用该形式的大型船闸。该船闸的建成及其良好的运行水力特性,开始引起我国水运界的注意,并陆续建成了广西西江贵港和长洲等20座船闸。我国已建成和正在设计及建设的采用闸墙长廊道短（侧）支孔及多支管输水系统形式的部分船闸情况见表10-4。

我国采用闸墙长廊道短（侧）支孔及多支管输水系统船闸资料　　　　表10-4

序号	船闸名称	闸室有效尺寸（m）	水头(m)	T(min)	m	阀门面积(m²)开启时间(min)	支孔数/总面积(m²)单孔平均面积(m²)	$n\%$	消能形式及尺度(m)
1	涡阳	100×7.5	6.5			2×1.9	$2 \times 175/6.18$ 0.018		消能箱
2	莲花寺	$100 \times 12 \times 2.5$	15.6	10.3	2.61	$2 - 2 \times 2$ $t_v = 5$	$2 \times 40/10.0$ 0.126	64	明沟 1.2 × 1.2
3	桂平一线	$190 \times 23 \times 3.5$	11.69	9.0	2.63	$2 \times 3.5 \times 3.5$ $t_v = 8$	$2 \times 27/30.24$ 0.56	66	消力槛 $h = 0.5$ $b = 0.75$
4	贵港	$190 \times 23 \times 3.5$	13.1	9.55	2.64	$2 \times 3.5 \times 3.5$ $t_v = 8$	$2 \times 32/40$ 0.625	67	消能室 $2 \times 2 \times 2.6$
5	大源渡	$180 \times 23 \times 3.5$	11.2	8.7	2.60	$2 \times 3.5 \times 3.5$ $t_v = 8$	$2 \times 27/26.46$ 0.49	75	明沟 $h = 0.48$ $b = 1.0$
6	沈丘	$130 \times 12 \times 2.5$	12.0	8.5	2.45	$2 \times 2 \times 2$ $t_v = 5$	$2 \times 30/9.6$ 0.16	67	消力槛 $h = 0.35$ $b = 0.6$
7	沙集	$160 \times 16 \times 2.7$	11.0	8.7	2.62	$2 \times 2.4 \times 2.4$ $t_v = 6$	$2 \times 32/11.98$ 0.187	80	消力槛 $h = 0.3$ $b = 1.5$
8	红岩子	$120 \times 16 \times 3.0$	13.8	13.1	3.53	$2 \times 2 \times 2$	$2 \times 20/9.8$ 0.246	67	明沟 2×1.5

序号	船闸名称	闸室有效尺寸(m)	水头(m)	T(min)	m	阀门面积(m^2) 开启时间(min)	支孔数/总面积(m^2) 单孔平均面积(m^2)	$n\%$	消能形式及尺度(m)
9	桐子壕	120×16×3.0	14.55			2.2×2			
10	白石窑	140×14×2.5	12.0	8.5	2.43	2×2.2×2.5 $t_v=6$	2×24/12.5 0.26	61.1	无
11	九里沟(中间级)	100×13×2.0	12.75	8.17	2.29	2×1.5×18 $t_v=7$	2×59/5.8 0.049	77	明沟 0.6×0.7
12	长洲2号	190×23×4.5	15.55	9.72	2.46	2×3.5×3.5 $t_v=8$	2×24/30.19 0.629	70	消力槛 $h=0.5$ $b=1.0$
13	那吉	190×12×3.5	13.91	8.92	2.39	2×2.4×2.7 $t_v=7$	2×36/15.12 0.21	73	消力槛 $h=0.35$ $b=1.2$
14	金鸡滩	190×12×3.5	13.80	8.57	2.31	2×2.4×2.7 $t_v=7$	2×36/15.12 0.21	73	消力槛 $h=0.35$ $b=1.2$
15	彭水	60×12×2.5	15.0	7.41	1.91	2×1.6×2.0 $t_v=6$	2×15/7.78 0.26	67	消力槛 $h=0.25$ $b=1.2$
16	刘山二线(设计方案)	230×23×5.0	7.0	7.75	2.93	2×3×3.7 $t_v=3$	2×31/23.6 0.38	78	消力池 2.5×2.0×0.3
17	大顶子山	180×28×3.5	8.0	8.0	2.83	2×3.5×3.5 $t_v=5$	2×20/27.96 0.70	78	消力槛 $h=0.4$ $b=1.8$
18	依兰△	180×28×3.5	9.5	8.0	2.59	2×3.5×3.5	2×20/31.2 0.78	78	消力槛
19	桂平二线(设计方案)	280×34×5.6	10.5	9.0	2.78	2×5.0×5.5	2×24/54.0 1.125	73	消力槛 $h=0.5$
20	崔家营	180×23×3.5	8.82	8.0	2.69	2×3.5×3.0	2×22/22.9 0.52		

注:1. h为消力槛高度,b为消力槛距支孔出口的距离,T为充水时间,$m=T/\sqrt{H}$,$n=$支孔段长度/闸室有效长度。

2. △为正在设计中。

由表10-4可知,我国船闸采用闸墙长廊道短(侧)支孔及多支管输水系统形式的还不多,自20世纪80年代至今40余年仅建成十多座,且应用水头几乎都在10m以上,最高的达

15.55m。这是因为我国船闸尺寸较小,过闸船舶(队)尺寸也不大,货运量不多,对船闸输水性能要求不高。上述资料可见,长沙综合枢纽船闸是目前国内外采用闸墙长廊道短支孔输水形式规模最大的船闸之一。

10.4.2　水力特点及设计原则

10.4.2.1　水力特点

(1)闸墙长廊道侧支孔输水系统的水流是沿闸室长度方向分散进入闸室的,闸室充水时,闸室中水流的长波运动较集中输水系统有较大的减小,同时它又是单区段进水的分散输水系统,仍具有明显的各支孔次第出水现象,它的波浪力系数根据其支孔布置的不同大约为0.1~0.3(对于大船),较之集中输水系统的1.0及以上有较大幅度的减少,这是它能适应较高水头和较大型船闸的主要原因。

(2)由于水流是从闸墙的两侧进入闸室,水流的消能空间较小,它主要利用船底水体进行扩散消能,这是它具有较好投资优势的主要原因。它的缺点是当阀门单边开启或两侧阀门开启不同步时,出水较多的一侧支孔水流将在对侧闸墙壅高形成较大横向水面比降,恶化闸室流态,影响船舶停泊安全。

10.4.2.2　设计原则

为了充分利用其水力特点,尤其是消能特点,我国船闸设计规范吸收了美国已有的研究成果,并结合我国的实际情况对该输水系统形式提出了以下主要设计原则:①闸墙长廊道短(侧)支孔输水系统适用于输水系统选型系数 m 值大于2.4的情况;②闸墙长廊道短(侧)支孔输水系统的支孔段宜设置在闸室中部,长度为闸室长度的50%~70%;③短(侧)支孔的间距宜为闸室宽度的1/4,且两侧支孔应相互交错布置;④支孔出口应布置在下游最低通航水位时设计船舶吃水深度以下,以保证支孔出流不直射船体。当船底富余水深小于支孔间距的1/2倍时,支孔出流将影响船体,此时应在全部出水支孔出口外设置消力槛,当水头较高时还应设置消力塘或四面出水的分流罩;⑤支孔沿水流方向的长度不宜小于其断面宽度或直径的2~4倍,支孔的进出口宜修圆扩大,支孔喉部后的出口扩大角宜小于3°。

10.5　输水系统布置及各部位尺寸的确定

10.5.1　输水阀门处廊道断面面积

长沙综合枢纽船闸闸墙廊道短(侧)支孔输水系统的具体布置,可参考国内外已有的研究成果,确定输水系统各部分的尺寸,首先需要确定输水阀门处廊道断面的尺寸,这可根据船闸《输水系统设计规范》JTJ 305 – 2001(以下简称《规范》),并在对比参照已建船闸的基础上进行水力计算。

根据《规范》,输水阀门处廊道断面面积可按以下公式进行计算

$$\omega = \frac{2C \cdot (\sqrt{H + d} - \sqrt{d})}{\mu T \sqrt{2g}[1 - (1 - \alpha)k_v]}$$

式中, ω 为输水阀门处廊道断面面积(m^2); C 为闸室水域面积(m^2); H 为设计水头

(m),d 为惯性水头(m),μ 为阀门全开时输水系统的流量系数,可取 $0.6 \sim 0.8$;T 为闸室输水时间(s);α 为系数(可查表);k_v 可取 $0.6 \sim 0.8$;g 为重力加速度(m/s^2)。

对于长沙船闸,$C = 310.0 \times 34.0 = 10540.0\text{m}^2$,$H = 9.3\text{m}$,$d$ 值根据长洲船闸资料取 0.35m,$\mu = 0.75 \sim 0.80$,$\alpha = 0.54$,$T = 8.0\text{min} = 480\text{s}$,$k_v = 0.7$。则

$$\omega = \frac{2 \times 10540 \times (\sqrt{9.3 + 0.35} - \sqrt{0.35})}{(0.75 \sim 0.80) \times 480 \times \sqrt{2 \times 9.81} \times [1 - (1 - 0.54) \times 0.7]} = 45.97 \sim 49.03\text{m}^2$$

初步确定输水阀门尺寸(宽×高)为 $4.5\text{m} \times 5.0\text{m}$,总面积为 45.0m^2。

10.5.2 输水系统主廊道和闸室出水孔段布置

输水阀门廊道断面面积确定后,在选择主廊道断面面积及短支孔断面面积时,有两个比值必须加以注意,即

$$\alpha = \frac{\text{主廊道断面面积}}{\text{阀门处廊道断面面积}},\beta = \frac{\text{短支孔断面总面积}}{\text{主廊道断面面积}}$$

原则上,α 值越大,输水系统出水孔段的损失越小;β 值越小,越有利于前后支孔出水均匀,但将增加出水孔段水头损失,根据美国陆军工程兵团的经验,一般取 $\beta = 0.95$。表 10-5 给出了部分船闸 α、β 的统计值。

由表 10-6 可见,所有船闸出水段长度约为闸室有效长度的 $0.67 \sim 0.78$,α 值均大于 1.0;β 值除贵港船闸外基本上均为美国陆军工程兵团 WES 推荐的约 0.95(贵港船闸值较大,是由于其短支孔出水口消能采用了特殊的消能布置形式)。经比较,取主廊道断面(宽×高)为 $2 \times 5.0 \times 5.5 = 55.0\text{m}^2$,闸墙每侧设 24 个短支孔,分为 3 组,上游至下游孔口尺寸(宽×高)分别为 $1.00 \times 1.25\text{m}^2$(8 孔)、$0.90 \times 1.25\text{m}^2$(8 孔)、$0.80 \times 1.25\text{m}^2$(8 孔),总面积为 54.0m^2,这样 α、β 值分别为 1.22 和 0.98,出水段顺水流方向首末出水孔分段面积比为 1.25。

部分闸墙长廊道短支孔输水系统尺寸统计表　　表 10-5

序号	船闸名称	阀门处廊道断面面积(m^2)	主廊道断面面积(m^2)	短支孔总面积(m^2)	出水段长度(m)	出水段长度／闸室有效长度	α 值	β 值
1	桂平一线船闸	24.5	32.0	30.24	145.6	0.78	1.31	0.945
2	长洲 2 号船闸	18.0	22.8	22.12	136.5	0.72	1.27	0.97
3	贵港	24.5	31.5	32.00	127.2	0.67	1.29	1.02
4	大源渡	24.5	28.0	26.48	153.9	0.75	1.14	0.945
5	沙颖	8.0	10.0	9.60	87.0	0.67	1.25	0.96
6	桂平二线船闸	43.2	55.0	54.0	204.0	0.73	1.27	0.98

我国《船闸输水系统设计规范》规定出水孔间距宜为闸室宽度的 $1/4$,因此确定出水支孔间距为 $34 \times 1/4 = 8.50\text{m}$,每侧布置 24 个出水孔,这样出水孔总长为 $24 \times 8.50 = 204.0\text{m}$,约占闸室有效长度的 72.9%。

按《规范》要求,短支孔长度 $L \geq 2 \sim 4D$,D 为出水支孔直径或断面宽度。若取支孔断面最大宽度 $D = 1.0\text{m}$,则 $L \geq 2.0 \sim 4.0\text{m}$,取 $L = 4.0\text{m}$;支孔断面采用标准的与闸墙垂直的水平

布置。为减少水力损失,支孔进口断面采用四面修圆,圆弧半径为0.30m,出口断面三面修圆,圆弧半径也采用0.30m,水平方向按不大于3.0°角扩散。

多座船闸的实验研究表明,出水短支孔出口设置消力槛对调整闸室水流条件作用明显,尤其对船闸单侧输水情况效果更佳。表10-6给出了部分闸墙长廊道短支孔输水船闸消力槛布置形式及相应的数据。由表可见:消力槛高度在0.25~0.5m变化,消力槛距出水口距离差别较大。根据宽度相同的桂平二线船闸试验成果,选择槛高0.5m,距出水口1.2m。

部分闸墙长廊道短支孔输水系统消力槛布置 表10-6

序 号	船闸名称	出水支孔高度 (m)	闸室宽度 (m)	消力槛距支孔 出口距离(m)	消力槛高度 (m)	出水孔高度 消力槛高度
1	长洲一线	0.55	15	2.00	0.50	2.00
2	大源渡	0.70	23	1.00	0.25	2.00
3	桂平一线	0.80	23	0.75	0.50	1.60
4	沙 颖	0.50	12	0.60	0.35	1.43
5	桂平二线	1.25	34	1.20	0.50	2.50

注:大源渡船闸出水支孔以1:14向闸底倾斜。

表10-7给出了我国已经建成的几座闸墙长廊道短支孔输水系统闸墙廊道的淹没水深。由表可见,闸墙廊道淹没水深在0.30~2.0m范围(淹没水深与水头比在0.02~0.25范围)。长沙船闸取闸墙廊道底高程14.50m,加上闸墙廊道的高度5.5m,下游为远期最低通航水位时廊道淹没水深0.40m,与水头比为0.043,在表10-7的范围内,可满足要求。

部分闸墙长廊道短支孔输水系统船闸闸墙主廊道的淹没水深 表10-7

船闸	桂平一线	大顶子山	大源渡	金鸡滩	那吉	长洲2号	彭水	沙集
水头(m)	11.69	8.08	11.20	13.80	13.91	15.55	15.00	11.00
淹没水深(m)	1.00	2.00	0.30	1.30	1.85	1.00	0.30	0.40
与水头比	0.09	0.25	0.03	0.09	0.13	0.06	0.02	0.04

10.5.3 进、出水口布置

长沙综合枢纽船闸双线并列共用引航道,上游引航道总宽度为146.0m,最大设计水头9.3m(对应上游正常挡水位29.7m)及上游为最低通航水位(对应下游远期最低通航水位20.4m)时引航道水深分别为9.7m和4.0m。输水最大流量可以按下式估计

$$Q_{max} = \frac{8}{3\sqrt{3}} \times \frac{CH}{T\sqrt{(2-k_v)k_v}}$$

若取阀门开启时间 $t_v = 5min$,$k_v = 0.625$,初步估计最大水头及上游最低通航水位时对应的单线船闸充水最大流量分别约为339.16m³/s和131.29m³/s。如全部在引航道内取水,最大流速分别为0.48m/s和0.45m/s,引航道水流流速条件满足规范要求,不必考虑旁侧取水。

按《规范》要求的分散输水系统进口流速不宜大于2.5m/s,长沙船闸进水口面积需大于

$135.66m^2$。显然，对于如此大的流量和进水口面积要求，采用槛上多支孔进水口布置较为困难，进水口考虑采用闸墙垂直多支孔布置形式。取进水口（宽×高）为 $2×6×2.5×5.0m^2$，总面积 $150m^2$，这时进水口最大断面平均流速约为 $2.26m/s$。

表 10-8 给出了部分船闸输水系统进水口的淹没水深。由表可见，进水口淹没水深都满足规范的大于 0.4 倍水头的要求。取输水系统进水口顶高程 22.5m（相应的底高程 17.5m），在上游常水位和最低通航水位时淹没水深分别为 7.2m 和 1.5m，分别对应水头的 0.77 和 0.42 倍，满足规范要求。

进水口与闸室出水段廊道通过垂直及水平转弯相连接，工作阀门淹没在垂直转弯以下，通过水平转弯将输水廊道宽度由 4.5m 扩大至 5.0m，高度也由 5.0m 调整至 5.5m。

部分闸墙长廊道短支孔输水系统船闸进水口的淹没水深　　　　表 10-8

船闸	桂平一线	大顶子山	大源渡	金鸡滩	那吉	长洲 2 号	彭水	沙集
水头（m）	11.69	8.08	11.20	13.80	13.91	15.55	15.00	11.00
淹没水深(m)	7.00(4.00)	10.00(7.00)	5.00(2.80)	11.60(6.55)	12.40(6.80)	9.10(7.10)	16.50	5.70
与水头比	0.60(0.46)	1.23(1.40)	0.45(0.31)	0.84(0.75)	0.89(0.82)	0.58(0.52)	1.10	0.52

注：括号为上游最低通航水位时的值。

表 10-9 给出了我国已经建成的几座闸墙长廊道短支孔输水系统船闸充水阀门的淹没水深。由表可见，充水阀门的淹没水深在 2.50～5.50m 范围（淹没水深与水头比在 0.21～0.35 范围），取充水阀门处廊道底高程 13.00m，加上阀门廊道高度 5.00m，下游为远期最低通航水位时阀门处廊道顶淹没水深 2.4m，与水头比为 0.26，在表 10-9 的范围内，估计可满足要求（待进行水力计算后，如不满足再进行调整）。

部分闸墙长廊道短支孔输水系统船闸充水阀门的淹没水深　　　　表 10-9

船闸	桂平一线	大顶子山	大源渡	金鸡滩	那吉	长洲 2 号	彭水	沙集
水头（m）	11.69	8.08	11.20	13.80	13.91	15.55	15.00	11.00
淹没水深(m)	2.50	2.50	2.80	3.30	4.49	5.50	4.50	2.70
与水头比	0.21	0.31	0.25	0.24	0.32	0.35	0.30	0.24

长沙综合枢纽双线船闸下游也为共用引航道，引航道总宽 146.0m，对应的近期及远期引航道底高程分别为 17.5m 和 16.4m，下游为近期及远期最低通航水位时的引航道水深，分别为 4.4m 和 4.0m。如最大流量按充水最大流量 $339.16m^3/s$ 计，对应下游引航道水位为远期最低通航水位，此时双线船闸同时泄水时引航道平均最大流速达到 $1.16m/s$，超出规范允许的最大值 $0.8～1.0m/s$，因此下闸首输水系统宜采用旁侧泄水布置或部分旁侧泄水布置，即将船闸泄水口设置在船闸右侧水闸一侧。考虑到右侧水闸水位与船闸下游引航道水位可能不一致，因此采用部分旁侧泄水方案。具体布置为将双线中右侧一线船闸右侧一支泄水廊道旁侧泄水，另一支布置在该船闸的下闸首；左侧一线船闸两支廊道都布置在该船闸的下闸首。这样如双线船闸运行则 25% 流量旁侧，另 75% 流量下游引航道，此时双线船闸同时泄水最大流量按 $339.16m^3/s$ 计，估算引航道平均最大流速为 $0.87m/s$。

下闸首泄水阀门段廊道通过垂直转弯和水平转弯与闸室出水廊道相连接，垂直转弯将廊道高度由5.5m调整为5.0m,水平转弯将廊道宽度由5.0m调整至4.5m;泄水阀门后再通过一次水平转弯与下闸首出水口消能室相连接,出水口断面面积取阀门处廊道断面面积的2倍,即$2×4.5×5.0m^2$。为使出水口水流尽可能均匀,在泄水阀门后水平转弯设中间隔墩,隔墩的起点略偏向弯段外侧;消能室内设挑流槛,以调整出水支孔的出流分配,并解决单侧输水时出水支孔均匀出流问题;消能室设顶面和正面出水孔,出水孔外布置消能明沟进一步消能。

表10-10为在我国已经建成的几座闸墙长廊道短支孔输水系统船闸泄水阀门的淹没水深。由表可见,泄水阀门的淹没水深在2.50~4.50m范围(淹没水深与水头比在0.13~0.32范围),考虑出水口消能室顶部高程与下闸首底高程一致,这样泄水阀门处廊道底高程为9.40m,顶高程为14.4m,阀门处廊道顶淹没水深为6.0m,与水头比为0.65,淹没水深已经大于表10-10所有船闸,估计可满足要求。

输水系统各部分特征尺寸见表10-11,各部位布置如图10-1所示。

部分闸墙长廊道短支孔输水系统船闸泄水阀门的淹没水深　　　　表10-10

船闸	桂平一线	大顶子山	大源渡	金鸡滩	那吉	长洲2号	彭水	沙集
水头(m)	11.69	8.08	11.20	13.80	13.91	15.55	15.00	11.00
淹没水深(m)	4.17	2.50	1.50	4.30	4.49	4.50	3.50	2.70
与水头比	0.36	0.31	0.13	0.31	0.32	0.29	0.23	0.24

闸墙长廊道短支孔输水系统特征尺寸　　　　表10-11

序号	部　位	描　述	面积(m^2)	与输水阀门面积比
1	进水口	导墙上垂直6支孔进水,喉部高度不变、宽度分级收缩	$2×6×2.5×5.0=150.0$ $2×(2.1+1.87+1.66+1.47+1.26+1.09)×5.0=94.5$	3.33 2.10
2	充水阀门段廊道	充水阀门处廊道顶淹没水深2.4m,阀门后廊道顶1:8向上扩大,以调整廊道高度,水平转弯调整廊道宽度,通过转弯与闸室出水廊道相连接	$2×4.5×5.0=45.0$	1.00
3	闸室出水段廊道	通过水平和垂直转弯,上与充水阀门段廊道、下与泄水阀门段廊道相连接	$2×5.0×5.5=55.0$	1.22
4	闸室出水支孔	自上游向下游分3组,每组8孔,孔口尺寸分别为:1.0m×1.25m、0.9m×1.25m、0.8m×1.25m,间隔8.5m,总长204.0m,占闸室有效长度72.9%	$2×8×1.25×(1.0+0.9+0.8)=54.0$	1.20
5	消力槛	闸室内距离闸墙边1.2m处各设一消力槛,槛高及宽均为0.5m	——	——

序号	部　位	描　述	面积(m²)	与输水阀门面积比
6	泄水阀门段廊道	通过水平和垂直转弯与闸室出水廊道相连接,以水平转弯调整廊道宽度,以垂直转弯调整廊道高度;泄水阀门后廊道顶淹没水深6.0m	2×4.5×5.0＝45.0	1.00
7	出水口	将廊道出口面积放大一倍,与消能室相连,消能室内设挑流坎,顶部和正面各布置10个出水孔,顶部孔口尺寸为9.5m×0.8m,正面孔口尺寸为2.3m×5.0m,正面出水孔外布置消能明沟	10×9.5×0.8＝76.0 10×2.3×5.0＝115.0	1.69 2.56

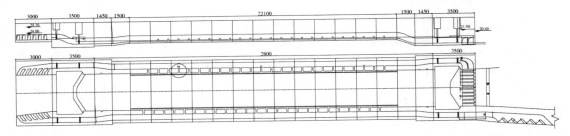

图 10-1　输水系统布置(尺寸单位:cm)

10.6　输水系统基本水力参数的确定

　　输水系统布置完成后即可进行输水系统基本水力参数的计算。分散输水系统的基本水力参数有:阀门全开后输水系统的阻力系数及流量系数、输水系统换算长度和闸室惯性超高及超降。

10.6.1　阻力系数及流量系数

　　正确计算输水系统的阻力系数及流量系数较为困难,本报告采用计算及与已有试验研究成果相比较的方法予以确定。计算依据船闸设计规范的规定,计算结果见表10-12及表10-13。表10-14列出了几座船闸输水系统充、泄水的分段阻力系数,表10-15列出了这几座船闸输水系统布置的特征值。

建议输水系统布置的计算充水阻力系数及流量系数　　　表 10-12

序　号	部　位	说　明	阻力系数
1	进口段	含进口损失及水平转弯损失	0.150
2	阀门门槽	检修门槽及工作门槽	0.200
3	阀门后主廊道	水平转弯和垂直转弯	0.065
4	闸室出水孔段	出水孔修圆,出水孔与主廊道面积比0.98,主廊道与阀门面积比1.22	0.922

续上表

序 号	部 位	说 明	阻力系数
5	摩阻损失	阀门前0.025,阀门后0.088	0.113
6	总阻力系数	阀门前0.375,阀门后1.075	1.450
7	流量系数	—	0.83

建议输水系统布置的计算泄水阻力系数及流量系数　　表10-13

序 号	部 位	说 明	阻 力 系 数
1	进口段	泄水进口为闸室出水孔段,其阻力系数取充水时的值	0.922
2	阀门前主廊道	水平转弯和垂直转弯	0.065
3	阀门门槽	检修门槽及工作门槽	0.200
4	出口段	含扩大、出口及水平转弯损失	0.640
5	摩阻损失	阀门前0.078,阀门后0.030	0.108
6	总阻力系数	阀门前1.265,阀门后0.670	1.935
7	流量系数		0.72

几座船闸输水系统充泄水的分段阻力系数　　表10-14

输水系统	船闸名称	桂平一线	桂平二线	那吉	长洲2号	彭水	金鸡滩	大源渡
充水系统	充水廊道总阻力	1.35	1.43	1.28	1.49	1.678	1.31	1.53
	流量系数	0.86	0.836	0.88	0.82	0.77	0.87	0.81
泄水系统	泄水廊道总阻力	1.87	1.86	1.93	2.01	2.763	1.81	2.10
	流量系数	0.73	0.733	0.72	0.71	0.60	0.744	0.59

几座船闸输水系统布置的特征值　　表10-15

与阀门处廊道的横截面积比	桂平一线	那吉	长洲2号	金鸡滩	彭水	桂平二线	大源渡
上闸首进水口	2.10	4.00	3.66	3.89	2.6	3.33	2.49
主廊道	1.31	1.08	1.30	1.25	1.31	1.27	1.14
闸室出水孔	1.23	1.21	1.23	1.17	1.22	1.21	1.08
下闸首出水口	—	2.89	3.41	4.40	—	4.00	1.63

　　由表可见,充水阻力系数及流量系数与各船闸均较为接近,说明计算值较为准确,与本报告在确定输水系统布置时取 $\mu = 0.75 \sim 0.80$ 相差不大,因此所确定的输水系统布置及尺寸是合适的。泄水阻力系数略偏小,但由于泄水时闸室水流条件十分平稳,下游引航道停泊段距下闸首距离又较远,泄水水力特性可调整余地较大,不是设计的控制条件。因此,在进行水力特性计算时均可取计算的流量系数值。

10.6.2　输水系统廊道换算长度及闸室超高和超降

　　闸墙廊道侧支孔输水系统的每侧廊道为独立的串联系统,输水系统廊道换算长度可按

规范公式进行计算

$$l_{np} = \sum_{i=1}^{n} \frac{v_i}{v} l_i = \sum_{i=1}^{n} \frac{\omega}{\omega_i} l_i$$

式中，ω、v 为阀门计算断面的面积及流速；ω_i 及 v_i 为各段廊道断面的面积及流速；l_i 为各段的长度，对出水段可取该长度的 $1/2$。充水时按断面面积的不同，大致可分为 $(4.5 \times 5.0)\,m^2$ 及 $(5.0 \times 5.5)\,m^2$ 两种断面段分别进行计算，可得充水时输水系统的廊道换算长度为 147m。按相同方法可得泄水时的廊道换算长度为 150m。闸室水面超高（降）值可按下式计算

$$d = \frac{\mu^2 \omega l_{np}}{C}$$

由此可得闸室水面超高及超降值分别约为 0.43m 及 0.33m，对此可采用动水关阀及平水开启人字闸门的方式予以解决。

10.7　输水阀门开启速度选择

在进行输水水力特性计算之前，必须先确定输水阀门开启速度，确定输水阀门开启速度应考虑下列几个条件：

（1）闸室内船舶停泊条件：充水时阀门开启速度由闸室内船舶所受的初始波浪力所决定，在充水流量最大时还应考虑局部水流作用力，其中前者可用公式估算，而后者只能由试验，或与现有工程水力特性值比较分析确定；对于分散输水系统，可以不考虑闸室停泊条件对泄水阀门开启速度的影响。满足闸室内船舶所受的初始波浪力不大于设计规范的允许系缆力要求，输水阀门的开启时间应大于

$$t_v = \frac{k_r \omega D W \sqrt{2gH}}{P_L(\omega_c - \chi)}$$

式中，k_r 为系数，对平面阀门 $k_r = 0.725$；ω 为廊道断面面积，$\omega = 45.0\,m^2$；D 为波浪力系数，对第一类分散输水系统取 0.3；W 为船舶排水量，对于 $2 \times 2000t$ 船队，$W = 2 \times 2600t = 5200t$；$H$ 为最大水头 $H = 9.3\,m$；P_L 为船舶允许纵向系缆力，对 2000t 船型，$P_L = 40\,kN$；ω_c 为初始水位闸室横断面面积，$\omega_c = 34 \times 4.5 = 153.0\,m^2$；$\chi$ 为船舶浸水横断面面积，对于双列船队 $\chi = 2 \times 16.2 \times 2.6 = 84.24\,m^2$。

计算可得 $t_v = 250s$，即输水阀门开启时间大于 250s 就可满足船舶初始波浪力的要求。

（2）引航道停泊条件：充水时应考虑上游引航道内船舶的停泊与航行条件；泄水时则要考虑下游引航道内船舶的停泊与航行条件。

（3）阀门工作条件：阀门工作条件与输水阀门开启速度也密切相关，对于开敞式阀门应计算阀门后的水跃情况，对密封式阀门应计算阀门后的最低压力及阀门的工作空化数，应避免开敞式阀门后的远驱式水跃，或密封式阀门后过低的压力及工作空化数。

（4）输水时间：应满足设计对输水时间的要求。

结合长沙综合枢纽船闸的具体情况，综合以上 4 点考虑，分析确定船闸输水阀门开启方式。先根据初始波浪力条件确定充水阀门匀速开启时间 $t_v = 240 \sim 300s$、泄水阀门匀速开启时间 $t_v = 180 \sim 300s$，待水力计算后再核算其他 3 项条件。

10.8 数学模型

10.8.1 数学模型、计算方法和验证计算

根据 Bernoulli 方程,可以写出描述单级船闸输水时的非恒定流方程组,即

$$H_1 - H = (\zeta_1 + \zeta_{v1}) \frac{Q_1 |Q_1|}{2g\omega_1^2} + \frac{L_1}{g\omega_1} \frac{dQ_1}{dt}$$

$$H - H_2 = (\zeta_2 + \zeta_{v2}) \frac{Q_2 |Q_2|}{2g\omega_2^2} + \frac{L_2}{g\omega_2} \frac{dQ_2}{dt}$$

$$Q_1(t) = S \frac{dH(t)}{dt}$$

$$Q_2(t) = -S \frac{dH(t)}{dt}$$

式中:H_1、H、H_2——分别为上游水位、闸室水位和下游水位,m;

ζ、ζ_v——分别为输水廊道阻力系数和阀门阻力系数;

ω——输水阀门处廊道断面面积,m^2;

Q——闸室输水流量,m^3/s;

S——闸室水域面积,m^2;

L——廊道换算长度,m;

下标 1、2 分别代表充水和泄水。

用差分和迭代法求解上述方程组,就可得到船闸输水过程的水力特征值,如流量过程线、水位过程线等。

为验证船闸输水数学模型,采用那吉船闸 1:25 船闸整体物理模型实测的充泄水力特性曲线对数学模型进行验证,成果比较见表 10-16。由表可见,数学模型计算的船闸输水时间、最大输水流量与模型实测的最大误差分别仅为 2.97% 和 1.42%,因此采用该数学模型进行船闸输水水力特性分析是准确、可靠的。

数学模型计算值与模型实测值比较表   表 10-16

运行情况	阀门开启时间 t_v(min)	输水时间(s)			最大流量(m^3/s)		
		实测	计算	误差(%)	实测	计算	误差(%)
充水	6	558	544	2.51	115.63	115.72	−0.08
	7	590	580	1.69	107.83	108.26	−0.40
泄水	6	639	620	2.97	102.25	101.94	0.30
	7	660	658	0.30	97.38	96.00	1.42

10.8.2 系数处理

船闸各部分的阻力系数采用第 10.6.1 节估算的阻力系数,各段廊道惯性长度、计算断面面积可以根据输水系统的具体布置计算得到,见 10.6.2 节。

输水阀门启闭采用下式计算

$$A_k = t/t_v$$

式中,A_k 为阀门开度;t 为时间;t_v 为阀门开启时间。

10.9 输水水力特性计算分析

10.9.1 计算工况

根据长沙综合枢纽船闸的水位组合、输水阀门运行方式,充水水力特性计算需考虑近期最大水头、远期最大水头、常水头及上游最低水位(分析上游引航道通航条件)等 4 种工况;而泄水仅需考虑近期最大水头、远期最大水头、常水头等 3 种工况,见表 10-17。

长沙综合枢纽船闸水力计算工况表　　　　　　　　　　表 10-17

上游水位 (m)	下游水位 (m)	水头 (m)	输水方式	阀门开启时间 (s)	工况编号	备　注
29.7	21.9	7.8	充水	240～300	F01～F02	近期最大水头
29.7	20.4	9.3			F11～F12	远期最大水头
29.7	26.02	3.68			F21～F22	常水头
24.0	20.4	3.6			F31～F32	上游最低水位
29.7	21.9	7.8	泄水	180～300	E01～E03	近期最大水头
29.7	20.4	9.3			E11～E13	远期最大水头
29.7	26.02	3.68			E21～E23	常水头

10.9.2 输水水力特性

计算所得的船闸充泄水输水时间、最大流量、最大闸室水位上升(下降)速度等水力特征值见表 10-18。由表可见,最大设计水头 9.3m 时,充水阀门开启时间 5min 对应的闸室充水时间为 7.77min,闸室充水最大流量为 338.26m³/s,泄水阀门开启时间 4min 对应的闸室泄水时间为 8.10min,闸室泄水最大流量为 326.98m³/s,充泄水平均时间满足不大于 8min 的设计要求。经计算,此时充水相应的闸墙廊道最大断面平均流速为 6.15m/s,充水廊道进水口平均流速为 2.26m/s;泄水相应的闸墙廊道最大断面平均流速为 5.95m/s,下闸首出口处断面最大平均流速为 2.14m/s。

闸室输水水力特征值　　　　　　　　　　表 10-18

工　况	编　号	t_v(s)	T(min)	Q_{max}(m³/s)	u(m/min)	d(m)
充水	F01	240	6.77	325.07	1.85	0.43
	F02	300	7.25	299.33	1.70	0.43
	F11	240	7.27	365.30	2.08	0.43
	F12	300	7.77	338.26	1.93	0.43
	F21	240	5.12	192.53	1.10	0.43
	F22	300	5.63	173.21	0.99	0.43
	F31	240	5.08	189.48	1.08	0.43
	F32	300	5.60	170.36	0.97	0.43

工　况	编　　号	$t_v(s)$	$T(min)$	$Q_{max}(m^3/s)$	$u(m/min)$	$d(m)$
泄水	E01	180	7.03	314.66	1.79	−0.33
	E02	240	7.50	291.98	1.66	−0.33
	E03	300	7.95	271.42	1.55	−0.33
	E11	180	7.65	350.47	2.00	−0.33
	E12	240	8.10	326.98	1.86	−0.33
	E13	300	8.55	305.44	1.74	−0.33
	E21	180	5.03	194.66	1.11	−0.33
	E22	240	5.52	176.15	1.00	−0.33
	E23	300	6.00	160.37	0.91	−0.33

注:t_v 为阀门开启时间,T 为输水时间,Q_{max} 为输水最大流量,u 为最大闸室水位上升(下降)速度,d 为惯性超高(降),其中"+"表示超高,"−"表示超降。

根据上述分析结果,推荐长沙船闸充、泄水阀门开启时间分别采用5min 和4min,相应的最大水头情况下的输水水力特性曲线如图 10-2 ~ 图 10-5 所示。闸室充水时的惯性超高值为 0.43m,泄水时的超降值为 0.33m,超高(降)值均略超过规范要求,原型中可采用提前关闭阀门及平水时打开人字门的方法减小超高(降)值。

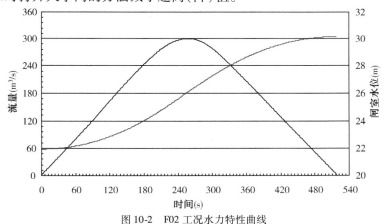

图 10-2　F02 工况水力特性曲线

(水位组合 29.7 ~ 21.9m;H = 7.8m;充水 t_v = 5min)

由上述计算结果可知:充、泄水阀门开启时间分别为5min 和4min 时,最大设计水头时的闸室充、泄水平均时间可满足不大于 8min 的设计要求,闸墙输水廊道最大平均流速为6.15m/s,进口最大平均流速2.26m/s,下闸首出口处断面最大平均流速2.14m/s,均符合规范要求。上游为最低通航水位 24.0m(对应下游为远期最低通航水位 20.4m)充水时的最大流量为170.36m³/s,双线船闸同时充水运行对应的上游引航道最大断面平均流速为0.58m/s,满足规范规定的不大于 0.5 ~ 0.8m/s 的要求。下闸首右侧一线船闸的一支廊道采取旁侧泄水后,双线船闸以 t_v =4min 同时泄水时下游引航道断面最大平均流速为 0.84m/s,满足规范不大于 0.8 ~ 1.0m/s 的要求。

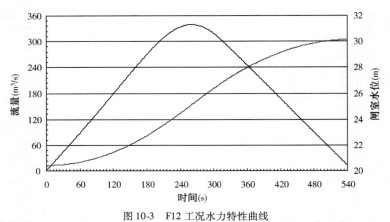

图 10-3　F12 工况水力特性曲线
（水位组合 29.7～20.4m；$H=9.3$m；充水 $t_v=5$min）

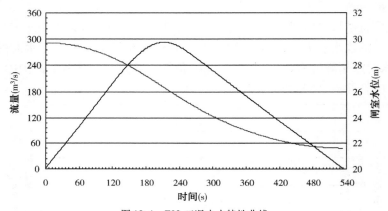

图 10-4　E02 工况水力特性曲线
（水位组合 29.7～21.9m；$H=7.8$m；泄水 $t_v=4$min）

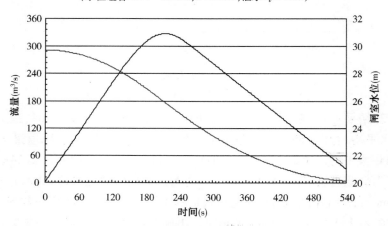

图 10-5　E12 工况水力特性曲线
（水位组合 29.7～20.4m；$H=9.3$m；泄水 $t_v=4$min）

10.9.3 闸室船舶停泊条件分析

对于闸室船舶停泊条件,现还无法进行理论分析和计算,这里采用与类似的桂平二线船闸研究方案进行类比分析,见表10-19(表中长沙综合枢纽船闸闸室水位平均上升速度和闸室水位最大上升速度采用 $t_v = 5\min$ 的数值)。由表可见:①长沙综合枢纽船闸船舶吃水与闸室初始水深比值小于桂平二线船闸,表明前者水体紊动能量对船舶的作用小于后者;②长沙综合枢纽船闸闸室水位平均上升速度和闸室水位最大上升速度略小于桂平二线船闸,表明水流出流引起的动水作用力小于后者;③桂平二线船闸船舶试验最大系缆力小于规范允许值,并有一定的富余,特别是纵向系缆力,仅约为规范允许值的 $1/3$。

闸室船舶停泊条件分析   表10-19

船 闸 名 称	桂 平 二 线	长沙综合枢纽船闸
规模(长×宽×槛上水深)(m)	$280.0 \times 34.0 \times 5.6$	$280.0 \times 34.0 \times 4.5$
最大船舶(队)	$1 + 2 \times 3000t$	$1 + 2 \times 2000t$
设计水头(m)	10.5	9.3
船舶吃水/闸室初始水深	0.63	0.58
闸室水位平均上升速度(m/min)	1.22	1.20
闸室水位最大上升速度(m/min)	1.94	1.93
试验最大纵向力(kN)	15.6	—
试验最大横向力(kN)	21.6	—
试验最大纵向力/允许纵向力	0.34	—
试验最大横向力/允许横向力	0.90	—

因此,长沙综合枢纽船闸船舶系缆力与规范允许值的比值将小于桂平二线船闸,可认为长沙综合枢纽船闸闸室内船舶停泊条件是满足要求的。

10.9.4 阀门工作条件计算分析

根据输水水力特性曲线可计算得推荐阀门开启方式下充、泄水阀门后水流收缩断面处的廊道顶压力值见表10-20,典型工况压力过程线如图10-6、图10-7所示。

典型工况各开度下阀门后水流收缩断面廊道顶压力(m 水柱)   表10-20

工 况	编号	0.1	0.2	0.3	0.4	0.5	0.6	0.7	0.8	0.9	1.0
充水	F02	3.29	2.44	1.82	1.49	1.54	2.12	3.31	5.08	7.11	9.08
	F12	1.63	0.58	−0.21	−0.66	−0.68	−0.08	1.26	3.33	5.80	8.24
泄水	E02	6.55	5.50	4.55	3.76	3.22	3.08	3.45	4.32	5.52	6.83
	E12	4.85	3.58	2.43	1.46	0.78	0.58	0.99	2.05	3.52	5.15

由图表可知,仅最大设计水头9.3m充水时在 $0.3 \sim 0.6$ 开度范围阀门后存在较小负压,最低压力值为 $-0.68m$ 水柱,其余情况下门后压力均为正压,因此符合规范要求,并有一定余地。由于该船闸未进行模型试验,计算有不确定因素,留有余地是合适的。

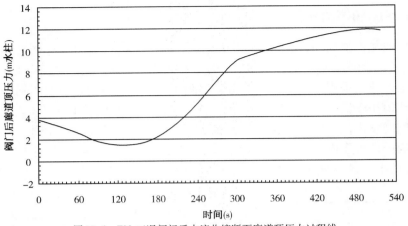

图 10-6　F02 工况阀门后水流收缩断面廊道顶压力过程线
（水位组合 29.7~21.9m；$H = 7.8$m；充水 $t_v = 5$min）

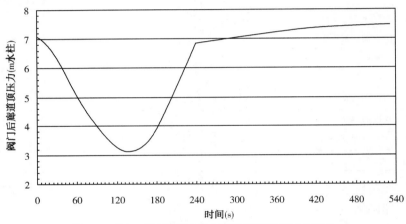

图 10-7　E02 工况阀门后水流收缩断面廊道顶压力过程线
（水位组合 29.7~21.9m；$H = 7.8$m；泄水 $t_v = 4$min）

10.9.5　引航道船舶停泊及航行条件计算分析

　　根据充、泄水水力特性计算结果可知，上游引航道断面最大平均流速 0.58m/s，下游引航道断面最大平均流速 0.84m/s，基本符合规范要求。

　　引航道停泊条件可采用下列简化公式进行估算

$$P = \frac{k_r \beta \omega W \sqrt{2gH}}{t_v(\omega_n - \chi)}$$

式中，β 为经验系数，根据已有船闸的研究成果，β 值随阀门开度及流量增加而由 1.0 变化到 1.6；ω_n 为引航道过水断面面积，其余符号意义同前。

　　经计算，不同水位组合下双线船闸同时运行时引航道内 2×2000t 设计船队的系缆力见表 10-21。由表可见，上、下游引航道内 2×2000t 设计船队系缆力的最大计算值分别为

28.07kN和42.29kN,分别出现在上游最低通航水位和最大设计水头(对应下游最低通航水位)时的水位组合。

不同水位组合双线船闸同时运行时引航道内2×2000t设计船队的系缆力(单位:kN)

表10-21

水位组合(m)	上游引航道系缆力	下游引航道系缆力	备 注
29.7~21.9	10.18~16.29	21.85~34.96	下游近期最低水位
29.7~20.4	11.12~17.79	26.43~42.29	下游远期最低水位
29.7~26.02	6.99~11.19	7.50~11.99	常水头
24.0~20.4	17.54~28.07	—	上游最低水位

由上可知,在最大设计水头下计算所得的下游引航道船舶最大系缆力已超过了规范允许值(2000t船舶的允许系缆力值为40kN),但考虑到计算时采用的是简化公式,其中的系数 β 为经验值,故为更精确地计算船舶的系缆力,以下将采用船闸输水系统设计规范中的推荐公式对最不利工况进行重新计算。

规范中规定船舶(队)在上下游引航道内的停泊条件可按下列公式核算

$$P_2 = P'_B + P'_v$$

$$P'_B = \frac{\Delta Q}{\Delta t} \cdot \frac{W\sqrt{\alpha}}{(\omega_n - \chi)} + \frac{2Q_2 W(1 - \sqrt{\alpha})\sqrt{g}}{l_c \sqrt{(\omega_n - \chi)B_n}}$$

$$P'_v = \left(\delta\varphi m_c \chi + fO + \frac{W}{C^2 R}\right)\frac{gQ^2}{(\omega - \chi)^2}$$

其中:$\dfrac{\Delta Q}{\Delta t} = \dfrac{Q_2 - Q_1}{t_c}$,$t_c = \dfrac{l_c \sqrt{B_n}}{\sqrt{g(\omega_n - \chi)}}$,$\alpha = \dfrac{\omega_n - \chi}{\omega_n}$。

上式中,P_2 为船舶(队)在上下游引航道内受到的水流作用力(kN);P'_B 为充泄水时引航道内的波浪作用力(kN);P'_v 为闸室内的流速力(kN);$\dfrac{\Delta Q}{\Delta t}$ 为波浪沿船舶、船队行进时段内的平均流量增率(m³/s²);t_c 为行进时段(s);Q_1 为时段开始的流量(m³/s);Q_2 为时段末了的流量(m³/s);α 为系数;ω_n 为引航道过水断面面积(m²);B_n 为引航道水面的宽度(m);l_c 为船舶、船队换算长度(m);δ 为船舶、船队排水量方形系数;φ 为剩余阻力系数,非自航楔形木船和金属船取 10.5×10^{-3},非自航勺形铁壳船取 8.0×10^{-3};m_c 为船前流速不均匀系数,闸室泄水及引航道取 1.0;f 为摩擦系数,金属船取 0.17×10^{-3},木船取 0.25×10^{-3};O 为船舶浸水表面积(m²);R 为水力半径;C 为谢才系数;Q 为流量(m³/s)。

根据上述公式计算所得最大设计水头推荐开启式双线船闸同时泄水下的下游引航道船舶受到的水流作用力过程如图10-8所示。

由图可知,重新计算得到的船舶最大系缆力约为29.5kN,小于规范允许值且有一定的富余。与简化公式计算结果相比,用规范中的公式计算所得的系缆力值相当于简化公式中 β 值取1.14,这说明下游引航道停船处水流对船舶的作用力较小,因而下游引航道的船舶停泊条件是偏于安全的。对于其他工况上下游引航道内的船舶停泊条件,由于简化公式的计算结果已满足了规范要求,故在此不再用规范中的公式进行核算。

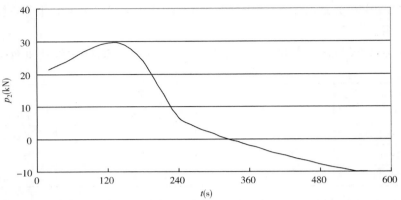

图 10-8 双线船闸同时泄水时船舶在下游引航道内的系缆力过程

（水位组合 29.7 ~ 20.4m；H = 9.3m；泄水 t_v = 4min）

10.10 结语

长沙综合枢纽船闸对湘江航运至关重要，且船闸规模巨大，双线并列共用上下游引航道；设计输水时间较短、水力指标较高。因此，根据总体布置与《船闸输水系统设计规范》的有关规定及要求，对船闸输水系统和引航道水流条件进行水力分析，提出改进意见和确定输水系统布置形式及各部位细部尺寸，以确保输水系统运行安全及船舶安全快速过闸具有十分重要的意义。

根据国内外已有研究成果，在大量工程实例基础上，通过细致深入的分析计算和论证，对长沙综合枢纽船闸输水系统从选型、布置和各部位尺寸的确定及相应的水力特性计算等方面，提出了较为全面的研究成果。主要结论如下：

（1）长沙综合枢纽船闸确定采用闸墙长廊道短支孔输水系统形式是合适的。该形式输水系统对此船闸的水力指标范围（水头、输水时间及过闸船队）具有较佳的性能价格比。通过详细的分析计算和论证，提出的输水系统各部分尺寸以及右线船闸一支廊道采用旁侧泄水的布置适合船闸的具体条件，可供设计参考。

（2）根据输水系统具体布置，通过计算和分析论证，得出了该船闸输水系统阻力系数、流量系数、廊道换算长度等水力参数；综合考虑多种因素确定充、泄水阀门开启时间分别为5min 和 4min，并在此基础上计算分析船闸输水水力特性、阀门后廊道顶压力特性、引航道流速以及船舶停泊条件。计算结果表明，提出的输水系统布置能满足设计输水时间、船舶在上下游引航道和闸室的停泊和航行安全以及船闸输水阀门安全运转的要求。

（3）为给船闸运行提供较大的调整余地，建议在输水阀门启闭系统设计时，使其具备在推荐阀门开启时间上下 1min 浮动范围内可任意调节的能力，且两侧阀门应保持同步开启。

（4）考虑到：①长沙综合枢纽船闸规模巨大、水力指标较高，采用的输水系统未进行物理模型试验，有一定的不确定因素；②该形式输水系统对阀门单边开启适应性较差，而水力计算无法分析阀门单边开启时闸室内船舶的停泊条件。因此，建议船闸建成运行后进行相应的船闸水力学原型调试，提出阀门单边开启方式，同时调整其他工况阀门开启速度，并根据原型参数优化船闸运行方式,以充分发挥船闸的营运效益,并保证船闸及过闸船舶的安全。

参 考 文 献

[1] 中华人民共和国行业标准.JTJ306—2001　船闸输水系统设计规范[S].北京:人民交通出版社,2001.

[2] 中华人民共和国国家标准.GB 50139—2004　内河通航标准[S].北京:中国计划出版社,2004

[3] 宣国祥,黄岳,等.西江航运干线桂平航运枢纽二线船闸输水系统水力学模型试验研究[R].南京水利科学研究院,2005.

[4] 宣国祥,李中华.广西长洲水利枢纽船闸输水系统模型试验研究[R].南京水利科学研究院,2003.

[5] 宗慕伟,宣国祥.汉江崔家营航电枢纽工程船闸输水系统布置和水力计算分析报告[R].南京水利科学研究院,2006.

[6] 黄岳,宣国祥.广西右江那吉航运枢纽通航船闸输水系统关键技术研究——闸墙长廊道短支孔出水输水系统水力学模型试验研究[R].南京水利科学研究院,2003.

[7] 宣国祥,李中华.广西右江金鸡滩水利枢纽船闸输水系统模型试验研究报告[R].南京水利科学研究院,2003.

[8] 宣国祥,宁子秋.广西右江那吉航运枢纽通航船闸输水系统关键技术研究——输水系统布置及水力特性分析[R].南京水利科学研究院,2002.

[9] 宗慕伟,徐新敏.广西西江桂平船闸输水系统方案选择水工模型试验报告[R].南京水利科学研究所,1983.

[10] 乔文荃,等.船闸侧墙廊道多短支管输水系统试验研究[R].西南水运科学研究所,1984.

[11] 张桂芬,宗慕伟.湖南省湘江大源渡枢纽船闸水力学模型试验报告[R].南京水利科学研究院水工所,1995.

[12] 乔文荃,董凤林.广西长州水电枢纽船闸水力学试验研究[R].南京水利科学研究院水工所,1993.

[13] 宗慕伟.安徽省沛淮航道九里沟船闸水力学分析报告[R].九三学社南京水利科学研究院支社,1989.

[14] 刘本芹,宣国祥.引江济汉通航工程进口船闸输水系统布置形式水力计算分析[R].南京水利科学研究院,2008.

[15] 宣国祥,黄岳,李君.西江航运干线桂平航运枢纽二线船闸闸底长廊道输水系统方案布置、水力特性分析和水力学模型试验研究[R].南京水利科学研究院,2007.

[16] 宣国祥,刘本芹.富春江船闸扩建改造工程船闸输水系统布置和水力特性计算分析[R].南京水利科学研究院,2008.

第11章 湘江长沙综合枢纽泄水闸 断面水工模型试验研究

项目委托单位：长沙市湘江综合枢纽工程办公室

项目承担单位：长沙理工大学水利学院

项目负责人：张春财

报告撰写人：刘晓平　张春财　侯　斌　吴国君

项目参加人员：黎　峰　周千凯　陈亚娇　綦中原　王能贝　潘宣何　刘　洋
　　　　　　　卢　陈　叶雅思　唐杰文　邹开明　方森松　任启明

11.1　主要研究内容

　　湘江长沙综合枢纽泄水闸断面水工模型试验是解决该枢纽在施工期与正常运行期泄水闸过流能力、过沙能力，以及研究正常运行期消能设施的消能效果和下游河床的冲刷问题，避免水流对水工建筑物和下游河床产生不利影响，对保证枢纽泄水建筑物的安全正常运作起着重要的作用。本次泄水闸断面水工模型试验研究主要内容为：

　　(1)设计方案泄水闸水力特性研究。根据设计方提供的工程资料，制作泄水闸断面水工模型，对其进行泄流能力试验研究，分析综合流量系数和特征洪水流量下的水位壅高值，观测水流流态及沿程流速的分布，并对泄水闸堰前和消力池过沙能力进行研究。

　　(2)参考类似工程过沙情况，并通过试验进行简要分析，对长沙综合枢纽泄水闸堰面和消力池进行相应的优化，并通过物理模型试验分析其过沙能力和消能情况。

　　(3)在设计方案试验的基础之上，提出泄水闸的优化方案。

　　(4)制作泄水闸优化方案断面水工模型，对泄水闸优化方案堰型进行泄流能力研究，分析其综合流量系数和特征洪水流量下的水位壅高值，观测水流流态分布，并对优化方案堰前和消力池内过沙能力进行研究。

　　(5)进行优化方案泄流能力及消能防冲试验研究，分析特征流量下消力池的消能效果。

　　(6)根据长江水利委员会提出应将枢纽洪水重现期壅高值控制在10cm以下的要求，研究增加总过流面积后枢纽的过流能力，并分析其特征洪水流量下的水位壅高值，验证枢纽的泄流能力是否满足行洪能力要求。

11.2　模型设计与制作

　　枢纽断面水工模型试验方案的研究主要是考虑泄水闸前后的水力特性，而要使模型能反映泄水闸的泄流能力、消能效果及河床冲刷水力特性,预演未来的变化规律,最重要的是要保证河道原型与模型的水力相似。水力相似包括几何相似、运动相似和动力相似。根据重力相似准则和阻力相似准则,此次模型试验满足几何相似和运动相似。

11.2.1 模型制作

设计方案泄水闸断面水工模型示意图如图 11-1、图 11-2 所示。设计试验水槽长 20m,上游接供水系统,下游跌入回水池,水流循环流入地下蓄水池。模型上游地形及铺盖长 8m,闸室与消力池段模型长度 1.24m,其下游设计海漫及地形,长度约 8m。闸室段上下游各布置一测针用来测量上下游水位,回水渠道下游流速分布均匀稳定,水面平稳,布置矩形量水堰。试验水槽宽 0.8m,设计安装泄水闸约 1 孔半,包括 1 个完整泄水闸孔(0.490m),两侧闸墩(2×0.071m)及两侧部分泄水闸孔(2×0.084m)。

图 11-1　左汊泄水闸模型制作过程图

根据试验任务,物理模型需模拟施工期及运行期泄水闸泄洪消能,应对拟建的左汊 10 孔泄水闸模型进行试验,其底部高程均小于 20m。因此,本模型选择上下游地形与堰顶高程相同的 19.00m 进行模拟,闸室底板及消力池底板高程均为 16.00m。

11.2.2 量测

用宽 0.45m、高 0.17m 的矩形薄壁堰量测流量,利用测针控制量水堰水位,流量误差小于 ±1%;采用水位测针量测上下游水位,精度控制在 0.1mm;采用 LS‒9901 直读式旋浆流速仪(图 11-3)和直径为 8mm 的毕托管(图 11-4)测量水流流速,误差控制在 1%~2%;用水准仪和活动测针按静水面法确定冲刷坑等高线、最大冲坑、沙丘位置及高程等冲刷后地形,测量精度小于 1mm;水流出闸流态、泥沙过堰及过池、消能过程的观测采用数码摄像。

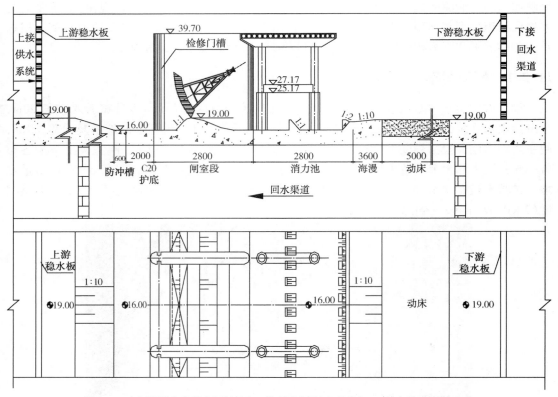

图 11-2　左汉设计方案泄水闸断面水工模型示意图(高程单位:m,其余尺寸单位:mm)

图 11-3　LS－9901 直读式旋浆流速仪

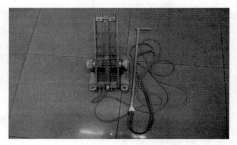

图 11-4　毕托管

11.3　设计方案泄流及过沙能力试验研究

11.3.1　试验原理与方法

在天然河床中修建泄水闸,河床的束窄将起到一定的阻水作用,将引起上游水位的壅高。在工程运行期,当洪水来临时,如果壅高值过大,将导致上游较大的淹没损失,从而不能满足行洪能力的要求。另外,对于大型工程,施工期泄水闸的泄洪能力也至关重要,以确保洪水期的行洪安全,避免延误工期、超出预算等造成不必要的损失。因此,洪水期泄水闸的泄流能力是闸坝设计的一个重要指标,是验证闸坝堰型的合理性及确定枢纽溢流宽度的重要参数。本章将对泄水闸设计方案的泄流能力进行试验研究。

11.3.2 泄流能力试验研究

11.3.2.1 试验场次安排

洪水期设计方案在左汉泄水闸试验场次安排见表11-1。

洪水期设计方案左汉泄水闸试验场次安排表 表11-1

试 验 场 次	1	2	3	4	5	6	7
洪水重现期(a)	2	5	10	20	50	100	500
下游水位(m)	32.57	33.73	34.51	34.88	35.40	35.73	36.80
洪水流量(m³/s)	13500	17500	19700	21900	24400	26400	30200
左汉分流比(%)	89.2	86.9	81.7	81.7	81.7	81.7	81.7
左汉流量(m³/s)	12042	15208	16095	17892	19935	21569	24673
单宽流量[m³/(s·m)]	22.81	28.80	30.48	33.89	37.76	40.85	46.73
备注	运行期	运行期	运行期	运行期	运行期	设计洪水	校核洪水

11.3.2.2 试验结果及分析

1. 洪水期泄流能力(表11-2)

洪水期上游水位设计值及上下游水位差表 表11-2

洪水重现期(a)	洪水流量(m³/s)	左汉泄水闸流量(m³/s)	单宽流量[m³/(s·m)]	上游水位(m)	下游水位(m)	壅高(cm)	综合流量系数
2	13500	12042	22.99	32.66	32.57	9.22	0.099
5	17500	15208	28.90	33.83	33.73	10.35	0.114
10	19700	16095	30.43	34.64	34.51	13.05	0.107
20	21900	17892	34.26	34.98	34.88	10.35	0.119
50	24400	19935	37.87	35.53	35.40	12.60	0.122
100	26400	21569	42.33	35.88	35.73	14.65	0.132
500	30200	24673	47.15	36.95	36.80	15.25	0.132

各级洪水流量试验测得库水位均小于相应重现期洪水的设计库水位,试验所得的壅高值均小于设计计算壅高值3~9cm,说明该枢纽洪水期泄流能力能满足设计要求,并有足够富余(按25cm控制)。

2. 泄水闸最大过流能力试验

最大下泄单宽流量试验的目的是进一步了解左汉泄水闸正常运行期的泄洪能力,以便为优化方案提供依据。

最大下泄单宽流量是根据正常运行期两年、十年一遇洪水期单宽流量,在保证上游壅高不超过设计壅高值,下游水位控制在两年、十年一遇洪水期的水位,逐步加大单宽流量,直至试验壅高值达到设计壅高值时的单宽流量为最大的单宽流量,如表11-3和表11-4所示。

两年一遇洪水期左汊泄水闸水位—流量关系表　　　　　　　　表11-3

两年一遇单宽流量倍数	1	1.1	1.2	1.3	1.4	1.5
设计单宽流量[(m³/(s·m)]	22.81	25.09	27.37	29.65	31.93	34.22
壅高值(cm)	9.22	10.35	10.80	12.60	13.50	15.75

十年一遇洪水期左汊泄水闸水位—流量关系表　　　　　　　　表11-4

十年一遇流量倍数	1	1.3	1.4	1.45	1.5
设计单宽流量[m³/(s·m)]	30.48	39.63	42.68	44.20	45.72
壅高值(cm)	13.05	15.95	17.65	17.90	18.55

由表11-3、表11-4可知,在两年、十年一遇洪水期保持下游水位不变情况下,逐步加大单宽流量,泄水闸上游壅高呈逐渐加大的趋势。当试验单宽流量达到设计值的1.3～1.4倍时,实测壅高值达到计算壅高值,也就说明在两年、十年一遇洪水期闸门全开时,控制各洪水重现期的下游库水位,泄水闸最大下泄单宽流量能够达到设计单宽流量的1.3～1.4倍。通过计算,得出单宽流量与综合流量系数的关系曲线,即洪水期流量越大,上下游水位差也越大,相应的综合流量系数也越大。

11.3.3　泄水闸区域沙石滞留情况分析

1. 问题的提出

在长沙综合枢纽泄水闸设计方案试验时发现,堰前底流速较小,泥沙淤积严重,这将导致检修闸门无法正常工作;并且消力池内也出现不同程度的沙石淤积,将会导致消能效率降低,泥沙与消能设施的碰撞也会导致消能设施的磨损破坏等问题,因此有必要对设计方案的堰前过沙能力和消力池的过沙能力做详细的观测和研究。

2. 试验安排

针对设计方案堰前和消力池的过沙问题,分别选取洪水期敞泄和正常运行期闸孔出流较为典型的工况作为试验工况进行试验,以观察其过沙能力。过沙能力试验场次安排见表11-5。

设计方案过沙能力试验场次安排表　　　　　　　　表11-5

组次	总流量 (m³/s)	电站流量 (m³/s)	开启孔数	泄水闸单宽流量 [m³/(s·m)]	上游水位 (m)	下游水位 (m)	备　注
1	13500	0	全开	22.81	32.66	32.57	两年一遇洪水期
2	2100	1824	1	12.55	29.70	24.11	正常运行期

3. 试验结果分析

从图 11-5、图 11-6 中可以看出,无论是两年一遇洪水期还是正常运行期闸孔出流,设计方案堰前底部流速都较小,很难使河床推移质起动,堰前检修门槽处泥沙淤积严重,会影响到检修闸门正常工作,应提出优化方案以解决过沙问题。

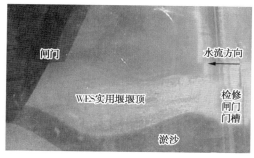

图 11-5 洪水期堰前过沙情况

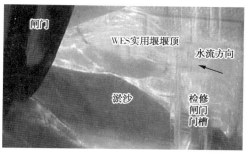

图 11-6 局部开启堰前过沙情况

正常运行期闸孔出流消力池内过沙试验如图 11-7 所示,泥沙在消力池内尾槛处淤积,呈缓坡状。这说明设计方案消能设施布置方式,不易使消力池内泥沙顺利出池,应对消力池尾槛处加以优化,以解决消力池过沙问题。

11.3.4 类似工程调查及试验

11.3.4.1 大源渡航电枢纽上游淤沙情况简介

大源渡航电枢纽运行多年,上游推移质在闸前逐渐淤积。另外,由于泄水闸施工结束进行围堰拆除时,遗留下来的碎石并未完全清除,也在闸前堆积,导致部分闸孔检修闸门不能正常工作。为此,江苏神龙海洋工程有限公司于 2008年 12 月对大源渡航电枢纽进行了水下水工建筑

图 11-7 局部开启消力池过沙情况

物摄像检查,对泄水闸 1 ~ 23 号闸孔上游淤积情况进行了检查,1 ~ 8 号闸孔低堰上游无淤积,而在 9 号闸孔门槽内出现较多块石,约 3m 高,在 10 ~ 23 号闸孔门槽底板中间,出现较大面积的泥沙淤积,厚度为 0.3 ~ 2m 不等。

11.3.4.2 大源渡航电枢纽泄水闸过沙能力试验研究目的

根据《大源渡航电枢纽水下水工建筑物摄像检查竣工报告》检查结果,通过模型试验,研究大源渡航电枢纽Ⅰ区、Ⅱ区和Ⅲ区堰前过沙能力,分析其产生泥沙淤积的原因,并以此与长沙综合枢纽进行类比,分析长沙综合枢纽堰前泥沙淤积的原因,为长沙综合枢纽泄水闸设计提供合理的建议。

11.3.4.3 大源渡航电枢纽过沙能力试验场次安排

按照大源渡航电枢纽的调度方式,进行泄水闸堰前冲沙试验,试验工况的选择根据上述调度的控制条件,选择较为不利的工况,见表 11-6:

表 11-6

大源渡航电枢纽闸孔出流试验场次一览表

工 况	总流量 （m³/s）	电站流量 （m³/s）	上游水位 （m）	下游水位 （m）	开启 孔数	单宽流量 ［m³/(s·m)］
1	2539	1912	50.00	40.7	1	28.5

11.3.4.4 大源渡航电枢纽过沙能力试验结果分析

试验对大源渡航电枢纽低堰闸前过沙能力进行模拟,试验结果如图 11-8、图 11-9 所示:

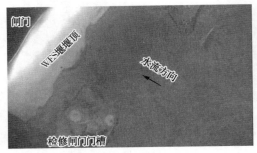

图 11-8　闸坝上游冲沙试验前泥沙分布图

图 11-9　闸坝上游冲沙试验后泥沙分布图

图 11-8、图 11-9 表明:

(1)大源渡航电枢纽在这种调度方式下［开启孔数 1 孔,单宽流量为 28.5m³/(s·m)］Ⅰ 区堰前底流速较大,泥沙较易起动;而在大源渡航电枢纽实际运行当中,低堰前不存在淤沙。

(2)Ⅱ区和Ⅲ区下游仅设计简单的消能设施,随着泄流流量的增加,下游水位较高时,才 会逐渐增开Ⅱ区和Ⅲ区的泄水闸,Ⅱ区局部开启时控制单宽流量 15m³/(s·m),堰上水头较 小(11.0m),与长沙综合枢纽堰前情况较为类似,泥沙淤积较为严重。

长沙综合枢纽考虑到地质情况和枢纽的重要性,局部开启时单宽流量一般不超过 15m³/(s·m),且堰上水头为 10.7m。类比分析可知,此时情况与大源渡航电枢纽泄水闸Ⅱ 区的运行状态相似,闸前淤积是必然的。

11.3.5　小结

通过对长沙综合枢纽设计方案的泄流能力试验及过沙能力试验研究分析,以及对大源 渡航电枢纽泄水闸的对比试验研究,可得出如下结论:

(1)各级洪水流量时试验测得库水位均小于相应重现期洪水的设计库水位,试验所得的 壅高值均小于计算壅高值,说明该枢纽能够满足洪水期泄流能力要求。

(2)无论是两年一遇洪水期还是正常运行期闸孔出流情况,设计方案堰前底部流速都较 小,易导致堰前泥沙淤积停留,影响检修闸门正常工作,应对堰型提出相应的优化措施,以解 决堰前泥沙淤积问题。

(3)正常运行调度情况下,设计方案消能设施的布置方式很难造成消力池内的泥沙顺利 出池,易导致消力池内泥沙淤积停留,泥沙对消能设施的摩擦也会严重影响消能设施的使用 寿命,应对消力池尾槛处加以优化,以解决消力池过沙问题。

11.4 泄水闸优化试验研究

11.4.1 堰形优化方案试验研究

通过本文 11.3.3 节对设计方案(WES 实用堰)进行过沙能力试验研究,发现堰前底流速都较小,很难使河床推移质起动,堰前泥沙淤积严重,严重影响检修闸门正常工作,有必要对堰形进行优化,以解决检修门槽处泥沙淤积问题。通过对目前低水头水利枢纽中应用比较广泛的堰形进行调查得知,折线形实用堰堰面过沙能力相对较强,施工期滞留的残余碎石大都只在堰前淤积,不会影响检修闸门正常工作。本节将对折线形实用堰堰面的过沙能力进行试验研究,观测其过沙情况。

11.4.1.1 试验安排

根据本文 11.3.3 节,同样选择与表 11-5 相同的工况,进行折线形实用堰 1 方案(堰前河床高程为 16.0m)、折线形实用堰 2 方案(堰前河床高程为 17.5m)、折线形实用堰 3 方案(堰前河床高程为 19.0m)过沙能力试验,以便进行比较分析。

11.4.1.2 试验结果分析

1. 洪水期试验结果分析

本试验采用两年一遇洪水作为堰型优化的基本试验工况,见表 11-5。试验壅高值见表11-7,淤积情况如图 11-10、图 11-11 所示。

各堰面优化方案两年一遇壅高值　　　　表 11-7

组次	总流量 (m³/s)	电站流量 (m³/s)	开启孔数	泄水闸单宽流量 [m³/(s·m)]	上游水位 (m)	下游水位 (m)	壅高值 (cm)	备 注
1	13500	0	全开	22.81	32.67	32.57	10.35	折线形实用堰 1 方案
2	13500	0	全开	22.81	32.68	32.57	11.25	折线形实用堰 2 方案
3	13500	0	全开	22.81	32.69	32.57	11.7	折线形实用堰 3 方案
4	13500	0	全开	22.81	32.66	32.57	9.22	设计方案

图 11-10　洪水期 1 方案泥沙淤积结果图

图 11-11　洪水期 2 方案泥沙淤积结果图

各优化方案的壅高值见表 11-7：在两年一遇洪水期闸孔全开泄流，折线形实用堰 1 方案、折线形实用堰 2 方案和折线形实用堰 3 方案上游水位壅高值较设计方案略有增加，其中折线形实用堰 3 壅高变化最大，达到 11.7cm。

折线形实用堰 1 方案、折线形实用堰 2 方案泥沙淤积情况如图 11-10、图 11-11 所示：泥沙主要在堰顶后部中间位置淤积，而前部及两侧泥沙淤积较少。在堰顶两侧，由于水流收缩，在检修门槽附近，有一水流紊乱区域，泥沙较易起动。而在堰顶前部，由于堰底附近存在一个反向水流（图 11-12），形成漩涡不断对堰顶进行淘刷，造成泥沙起动，尤其以折线形实用堰 1 方案最明显，泥沙淤积比折线形实用堰 2 方案要少。而在堰顶后部，水流趋于平顺，底流速较小，水流紊动较弱，易导致堰面泥沙淤积停留。

折线形实用堰 3 堰上泥沙淤积情况如图 11-13 所示，两年一遇洪水期泄流时，水流较为平顺，折线形实用堰 3 底部流速较小，泥沙起动困难，易导致泥沙淤积停留。在两年一遇洪水期泄流时，3 个优化方案堰面底流速很小，堰面部分区域存在泥沙淤积。折线形实用堰 1 方案由于堰面前部存在明显的漩涡区域，对堰底进行淘刷，泥沙淤积较其他方案少。

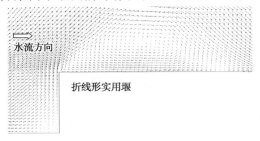

图 11-12　折线堰堰上流场分布示意图（局部）　　　图 11-13　洪水期折线堰 3 方案泥沙淤积图

2. 正常运行期试验结果分析

正常运行期闸门局部开启采用较为典型工况进行试验，具体见表 11-5 工况 2。试验结果如图 11-14、图 11-15 所示。

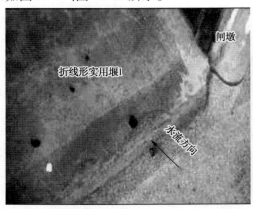

图 11-14　折线形实用堰 1 方案泥沙淤积示意图

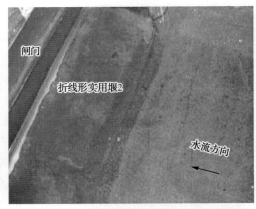

图 11-15　折线形实用堰 2 方案泥沙淤积示意图

正常运行期折线形实用堰闸孔出流时泥沙淤积情况如图 11-14、图 11-15 所示。试验表明：在正常运行期闸门部分开启时，折线形实用堰 1 方案基本没有淤积，折线形实用堰 2 方案堰面前部略有淤积。由于堰上底部流速从堰前至堰后逐渐增加,尤其堰后底部流速较大,可将泥沙带向下游,而堰面底部流速较小的位置无法使泥沙起动,致使泥沙淤积。另外,由于堰上存在小范围的反向流速的漩涡区域,水流的淘刷作用也能导致部分泥沙起动。折线形实用堰1方案由于形成的旋涡区域和强度大于折线形实用堰2方案,不存在泥沙淤积情况,而折线形实用堰2方案存在小范围泥沙淤积。

折线形实用堰3正常运行期时泥沙淤积情况如图11-16所示,堰上底部流速从堰前至堰后逐渐增加,尤其堰后底部流速非常大,砂石无法滞留,而堰前底部流速较小的位置无法使泥沙起动,致使泥沙淤积,将影响检修闸门正常工作。

综上所述,3个方案在正常运行期,折线形实用堰1方案堰顶无泥沙淤积,折线形实用堰2方案有少量泥沙淤积,折线形实用堰3方案有大量的泥沙淤积。考虑到堰上过沙问题,为保证检修闸门正常运行,本文推荐采用折线形实用堰方案1(堰顶高程19.00m,堰前高程16.00m)。

图11-16 折线形实用堰3方案泥沙淤积示意图

11.4.2 消力池优化方案试验研究

11.4.2.1 试验工况的选择

洪水期间,消力池内底流速较小,水流无法将泥沙带走,故本试验工况将选择实际调度中经常使用到的调度方式进行试验。试验工况见表11-8。

消力池优化方案试验场次安排表　　　　　　　　表11-8

组次	总流量 (m³/s)	电站流量 (m³/s)	开启 孔数	泄水闸单宽流量 [m³/(s·m)]	上游水位 (m)	下游水位 (m)	备 注
1	2200	1824	2	8.55	29.70	24.21	正常运行期

试验先将消力墩以后尾槛以前部位全部填上模型沙,高程19.0m,冲刷1h后观测其自然形成的坡度,试验结果在消力池后形成了1:2.7的淤沙坡度。随后将模型尾槛斜坡处制做成为1:2.7坡度的消力池优化方案1,如图11-17所示。由于在消力池优化方案1试验中消能设施的摩擦碰撞较弱,消能设施的消能效果不明显,故在消力池优化方案1基础之上进行一定的修改,将坡度改为1:2.5,并将加长尾槛至坡脚,成为消力池优化方案2,如图11-18所示。

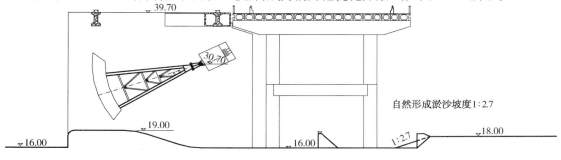

图11-17 消力池优化方案1模型示意图

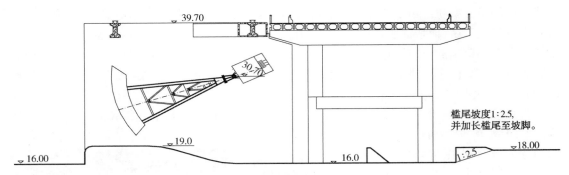

图 11-18　消力池优化方案 2 模型示意图

11.4.2.2　试验成果分析

消力池优化后,从消力池内流速分布可知,池内底流速较大,砂石无法停留,消力池内过沙能力明显增强,但消力池优化方案 1 底流速较大,消能设施承受的水流冲击力也会随之增大,水中含沙较大易导致消能设施破损。方案 2 消力池内底流速相对较小,水流出池流速略有增加,而海漫末端底流速变化不明显,对河床下游影响不大。方案 1 在尾槛断面处消能效果变化不大,而在海漫末端处的消能效果明显下降,斜坡的形成减小了消力池内水流与消能设施的摩擦碰撞,导致海漫末端的消能率下降;而方案 2 在尾槛断面和海漫末端消能率都有所增大,说明加长尾槛增强了消能设施的消能效果。

综合考虑消力池内过沙和消能问题,建议采用消力池优化方案 2。

11.4.3　小结

通过泄水闸优化试验研究结果分析,主要得出以下结论:

(1)在正常使用期闸孔出流时,折线形实用堰 1 方案堰顶底流流速较大,堰上底部流速从堰前至堰后逐渐增加,底流流速较大的位置能够导致泥沙起动,将泥沙带走;另外折线形实用堰堰顶前部存在漩涡区域,水流不断对该位置的泥沙进行淘刷,导致泥沙起动,并带向下游,堰顶处无淤积,不影响检修闸门正常工作。推荐采用折线形实用堰 1 方案(堰顶高程 19.00m,底部高程 16.00m)。

(2)消力池优化试验研究表明:消力池优化方案 2 消力池内水流底流速明显增加,过沙能力增强,尾槛断面和海漫末端消能率都有所增大,说明加长尾槛增强了消能设施的消能效果。综合考虑消力池内过沙和消能问题,建议采用消力池优化方案 2(1:2.5 斜坡,并加长尾槛至坡脚)。

11.5　优化方案泄流能力及消能防冲试验研究

11.5.1　泄流能力试验研究

11.5.1.1　优化方案模型设计

本试验对泄水闸堰面和消力池进行如下优化:将设计方案的 WES 实用堰改成折线形实用堰,堰顶高程 19.0m,进口边缘修圆角;差动式尾槛处,将原 1:1 的斜坡改为 1:2.5 的斜坡,并加长尾槛至坡脚(图11-19)。

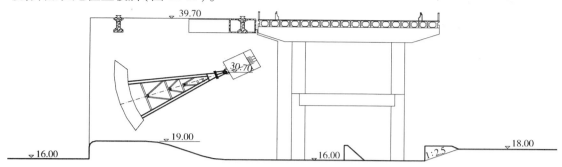

图11-19　优化方案模型剖面示意图

11.5.1.2　试验场次安排

洪水期优化方案左汊泄水闸试验场次安排见表11-9。

洪水期试验场次安排表　　　　表11-9

试 验 场 次	1	2	3	4	5
洪水重现期(a)	2	5	20	100	500
下游水位(m)	32.57	33.73	34.88	35.73	36.80
洪水流量(m³/s)	13500	17500	21900	26400	30200
左汊分流比(%)	72.22	86.9	81.7	81.7	81.7
左汊流量(m³/s)	9750	15208	17892	21569	24673
单宽流量[m³/(s·m)]	44.32	28.80	33.89	40.85	46.73
备　注	施工期	运行期	运行期	设计洪水	校核洪水

11.5.1.3　优化方案试验结果及分析

1. 洪水期泄流能力

洪水期上游水位设计值及上下游水位差详见表11-10。

洪水期上游水位及壅高值成果表　　　　表11-10

洪水重 现期(a)	洪水流量 (m³/s)	左汊泄水闸流量 (m³/s)	单宽流量 [m³/(s·m)]	上游水位 (m)	下游水位 (m)	壅高值 (cm)	综合流 量系数
2	13500	9787	44.96	32.86	32.57	29.10	0.181
5	17500	15078	28.56	33.87	33.73	14.00	0.108
20	21900	17922	33.94	35.02	34.88	14.40	0.114
100	26400	21589	40.89	35.90	35.73	17.25	0.125
500	30200	24885	47.13	37.00	36.80	20.25	0.133

从表中可见,各特征洪水流量时坝上下游水位差均小于25cm,施工期的上下游水位差小于45cm。各级洪水流量时试验测得库水位均小于相应重现期洪水的设计库水位,该枢纽在施工期和正常使用期均能够满足初步设计提出的洪水期泄流能力要求。

2. 综合流量系数

试验所测得的各特征洪水时的综合流量系数结果见表 11-10。

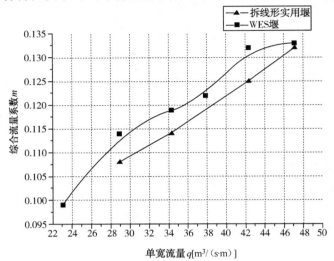

图 11-20　单宽流量与综合流量系数的关系曲线

图 11-20 给出了单宽流量与综合流量系数的关系曲线。从图中可见,下泄单宽流量越大,上下游水位差也越大,相应的综合流量系数也越大。

3. 沿程流速分布

优化方案堰流试验不同流量下,各主要断面的流速分布。各断面流速值较小,且沿水深方向分布不均;消力池后随桩号的增加,流速分布逐渐趋于均匀,属于正常明渠流速分布;随着流量增大,各断面平均流速值逐渐增大。

泄水闸沿程流速分布的对比分析,可得到如下结果:洪水期堰前流速分布均匀;消力池内,水深较大,表面流速几乎不变,受到消力墩和尾槛的阻水影响,底流速较小,在消力池内可能会造成淤积;水流出消力池后,水流慢慢扩散均匀,各测线上的流速也逐渐趋于均匀分布,基本呈现明渠流特点,但百年一遇、五百年一遇洪水重现期,以及两年一遇施工期海漫末端流速较大,均超过了河床抗冲流速(河床抗冲流速 2.2m/s),其中两年一遇洪水重现期平均流速最大,试验所测得的下游河床最大冲刷深度为 1.5m,不会对河床和下游建筑物造成较大影响。

11.5.1.4　设计方案与优化方案试验结果对比

1. 壅高水位对比

设计方案与优化方案壅高水位对比见表 11-11。

设计方案与优化方案壅高水位对比　　　　　　　　　　　表 11-11

洪水重现期(a)	2	5	10	20	50	100	500
设计方案壅高试验值(cm)	9.22	10.35	13.05	10.35	12.60	14.65	15.25
优化方案壅高试验值(cm)	—	14.00	—	14.40	—	17.25	20.25

从表 11-11 中可看出,优化方案的闸前水位壅高的趋势同设计方案一致,随下泄流量的

增加而增大。设计方案和优化方案在各级流量洪水时,壅高水位均未超过设计壅高值。同种工况时,优化方案比设计方案的壅高水位高 3～5cm。

2. 综合流量系数对比

设计方案与优化方案综合流量系数对比见表 11-12。

设计方案与优化方案综合流量系数对比　　　　　表 11-12

洪水重现期(a)	5	20	100	500
设计方案综合流量系数	0.114	0.119	0.132	0.133
优化方案综合流量系数	0.108	0.114	0.125	0.132

从表 11-12 中可看出,两种方案综合流量系数变化趋势一致,都是随下泄单宽流量的增大而增大。但总的来说,同工况下设计方案的综合流量系数略大于优化方案。

11.5.2　消能工优化试验研究

本枢纽为低水头闸坝工程,洪水情况下,水头很小,接近天然状态,因此消能问题主要是中小流量情况。设计采用底流式消能,底流消能实质上是水跃消能,水跃是明槽水流从急流状态过渡到缓流状态时水面突然跃起的局部水力现象。传统的定型消力池都是根据二元水跃的实验结果提出来的,与实际工程的三元水流出入较大,并且都没有考虑克服波状水跃的措施,而对低佛氏数的泄水闸而言,波状水跃发生的机会较多,其危害性也不容忽视。而消力池长度主要取决于水跃长度,但若池中加设齿墩等辅助消能工,则水跃长度将显著缩短。据目前的研究显示:消力池中加设齿墩等辅助消能工,其消力池长度最大可缩短约 1/3。本试验也将根据湘江长沙综合枢纽的具体情况,设计消能设施的优化方案,研究其在实际工程中最佳的消能效果和布置方式,以期达到节省建设资金和建设周期的目的。

11.5.2.1　试验场次安排

本试验根据闸门调度的控制条件,选择较为不利的工况,见表 11-13。重点观察消能设施的消能效果。

试验场次安排表　　　　　表 11-13

组次	总流量 (m³/s)	电站流量 (m³/s)	开启 孔数	泄水闸单宽流量 [m³/(s·m)]	上游水位 (m)	下游水位 (m)	备　注
1	2400	1824	2	13.09	29.70	24.42	正常运行期

11.5.2.2　试验结果分析

消能率计算见表 11-14。

优化方案的消能率计算表　　　　　表 11-14

工　况	总流量 (m³/s)	闸前断面				尾槛断面				消能率(%)
		Z_1(m)	h_1(m)	v_1(m/s)	E_1(m)	Z_2(m)	h_2(m)	v_2(m/s)	E_2(m)	$(E_1-E_2)/E_1$
设计方案	2400	16	13.70	0.92	13.70	18	6.42	1.41	8.52	38
优化方案1	2400	16	13.70	1.41	13.80	18	6.75	1.71	8.90	36
优化方案2	2400	16	13.70	1.77	13.86	18	6.66	2.09	8.88	36

上述消能试验结果表明:

(1)出闸水流基本是沿着堰面和消力池的底部运动,水流紊动强烈,流速大幅度减小,说明消力墩阻碍水流流动的作用较强,表面存在大面积反向水流,形成了较理想的淹没出流。方案1和方案2在海漫末端流速较设计方案有所增大,但未超过河床的抗冲流速。

(2)在消能工优化方案1中,消力墩位置前移,尾槛处流速有所增加,水深增大,消能率略有降低;而在消能工优化方案2中,消力墩和尾槛位置同时前移,同位置的水深略有减小,而流速增加,消能率与方案1基本不变。通过对两个消能工优化方案的比较说明:消力墩前移5.8m和尾槛前移6.1m对消能设施的消能效果影响不大。

(3)本试验还进行了消力池内冲沙试验研究,即在尾槛前端铺设一定厚度的泥沙,进行动床冲沙试验。试验结果表明:设计方案和消能工优化方案1尾槛处底部流速较小,在桥墩末端~尾槛有部分泥沙淤积;而消能工优化方案2尾槛处底部流速较大,在桥墩末端~尾槛处几乎无泥沙淤积。

通过上述对消能工优化的试验研究,消力墩前移5.8m,尾槛前移6.1m对消能设施的消能效果影响不大,消力墩和尾槛的阻水作用较强,水流与消能设施的摩擦碰撞明显;海漫末端流速略有增加,但未超过河床的抗冲流速;消力池内的过沙能力有所增强,说明设计方案消力池长度偏长,适当减小消力池长度,既能减小建设投资和建设周期,又能满足消能设施的消能要求。

11.5.3　小结

本章在优化方案洪水期泄流能力试验研究部分中,采用了5个特征洪水流量进行泄流能力模型试验;在正常蓄水期闸孔出流试验研究部分中,对优化方案消能问题进行研究。经过对以上结果分析,得出以下结论:

(1)各洪水期特征洪水流量试验的壅高值均小于计算壅高值,施工期的壅高值为29.10cm,小于计算壅高值45cm。说明该枢纽在施工期和洪水期均能够满足规范洪水期泄流能力要求。但同种工况时,优化方案比设计方案的壅高水位高3~5cm。

(2)从拟定的闸孔出流各种工况的断面流速图可见,优化后的消力池内底流速较大,出闸水流基本是沿着堰面和消力池的底部运动,表面存在大面积反向水流,过消力墩后,流速大幅度减小,说明消力墩阻碍水流流动的作用较强,即壅水作用较强,形成了比较理想的淹没出流,对防止自由水跃(远驱式水跃及临界式水跃)的发生有利。

11.6　优化方案的修改泄流能力试验研究

为尽量减少湘江长沙综合枢纽建成后对库区的淹没影响,减小长沙市的城市防洪压力,长江水利委员会提出应将枢纽洪水重现期壅高控制在10cm以下。因此通过试验确定各方案各级流量洪水的闸前壅高水位,为有效控制壅高,减小上游库区淹没损失,须重新调整泄水闸的总过水面积。

初步设计修改方案1:左汊增设1孔22m泄水闸,堰顶高程19.0m,右汊增设2孔14m泄水闸。

初步设计修改方案 2:在增设泄水闸的基础上左汊泄水闸堰顶高程降低至 18.5m。如图 11-21 所示。

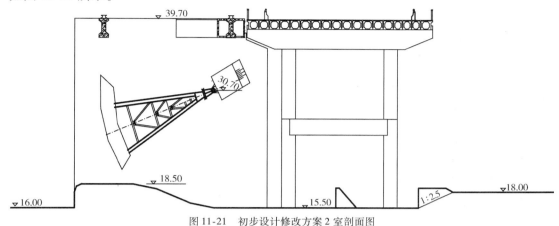

图 11-21 初步设计修改方案 2 室剖面图

初步设计修改方案 3:左汊增设 2 孔 22m 泄水闸,堰顶高程 18.5m,右汊增设 2 孔 14m 泄水闸。

本章将对初步设计修改方案 1、初步设计修改方案 2、初步设计修改方案 3 泄水闸的泄流能力进行试验研究。

11.6.1 洪水期泄流能力

洪水期枢纽的泄流能力是否满足要求,可在试验时对设计提出的各频率相应洪峰流量进行敞泄泄流能力试验研究,按设计给出的流量－水位关系控制模型的流量及下游水位,并量测上游库水位及水位壅高值;若小于控制壅高值,则可判断出枢纽的泄流能力满足要求。壅高设计值采用长江水利委员会提供的最新水位壅高控制值,即将所有洪水重现期上游壅高控制在 10cm。

11.6.2 试验场次安排

洪水期修改方案左汊泄水闸试验场次安排见表 11-15。

洪水期试验场次安排表   表 11-15

试 验 场 次	1	2	3	4	5	6	7	8
洪水重现期(a)	2	5	10	20	50	100	200	500
下游水位(m)	32.57	33.73	34.51	34.88	35.40	35.73	36.32	36.80
洪水流量(m³/s)	13500	17500	19700	21900	24400	26400	28100	30200
左汊分流比(%)	88.6	86.1	80.7	80.7	80.7	80.7	80.7	80.7
左汊流量(m³/s)	11956	15076	15901	17677	19695	21309	22681	24376
单宽流量[m³/(s·m)]	21.74	27.41	28.91	32.14	35.81	38.74	41.24	44.32
备　注	运行期	运行期	运行期	运行期	设计洪水	运行期	运行期	校核洪水

11.6.3　试验结果及分析

（1）洪水期泄流能力

初步设计修改方案1、初步设计修改方案2和初步设计修改方案3洪水期上游水位设计值及上下游水位差详见表11-16～表11-19。

初步设计修改方案1洪水期水位壅高值试验成果表　　　　　　表11-16

洪水重现期(a)	洪水流量(m³/s)	左汊泄水闸流量(m³/s)	单宽流量[m³/(s·m)]	上游水位(m)	下游水位(m)	壅高(cm)	综合流量系数
5	17500	15076	27.41	33.83	33.73	10.35	0.105
20	21900	17677	32.14	34.99	34.88	11.25	0.113
100	26400	21309	38.74	35.86	35.73	13.05	0.124
500	30200	24376	44.32	36.94	36.80	13.50	0.130

初步设计修改方案2洪水期水位壅高值试验成果表　　　　　　表11-17

洪水重现期(a)	洪水流量(m³/s)	左汊泄水闸流量(m³/s)	单宽流量[m³/(s·m)]	上游水位(m)	下游水位(m)	壅高(cm)	综合流量系数
2	13500	11956	21.74	32.66	32.57	9.0	0.092
5	17500	15076	27.41	33.82	33.73	9.45	0.098
10	19700	15901	28.91	34.61	34.51	9.9	0.100
20	21900	17677	32.14	34.98	34.88	10.35	0.108
50	24400	19695	35.81	35.50	35.40	10.35	0.113
100	26400	21309	38.74	35.84	35.73	11.25	0.119
200	28100	22681	41.24	36.44	36.32	11.70	0.121
500	30200	24376	44.32	36.92	36.80	12.15	0.125

初步设计修改方案3洪水期水位壅高值试验成果表　　　　　　表11-18

洪水重现期(a)	洪水流量(m³/s)	左汊泄水闸流量(m³/s)	单宽流量[m³/(s·m)]	上游水位(m)	下游水位(m)	壅高(cm)	综合流量系数
2	13500	11956	21.74	32.62	32.57	4.7	0.091
5	17500	15076	27.41	33.80	33.73	7.2	0.102
20	21900	17677	32.14	34.95	34.88	7.4	0.107
100	26400	21309	38.74	35.82	35.73	8.55	0.119
500	30200	24376	44.32	36.89	36.80	9.45	0.124

设计方案、优化方案及初设修改方案壅高水位对比　　　　　　表11-19

洪水重现期(a)	2	5	10	20	50	100	200	500
设计方案壅高试验值(cm)	9.22	10.35	13.05	10.35	12.60	14.65	—	15.25
优化方案壅高试验值(cm)	—	14.00	—	14.40	—	17.25	—	20.25
优化修改方案1壅高试验(cm)	—	10.35	—	11.25	—	13.05	—	13.50
优化修改方案2壅高试验(cm)	9	9.45	9.9	10.35	10.35	11.25	11.7	12.15
优化修改方案3壅高试验(cm)	4.7	7.2	—	7.4	—	8.55	—	9.45

（2）试验结果表明：泄水闸总过流面积增加，各洪水重现期闸孔的单宽流量下降，壅高值较设计方案和优化方案都有所减小。在修改方案2中仅增加3孔泄水闸和降低堰顶高程，其壅高值仍然达不到控制要求。而在增加4孔闸孔的同时左汊泄水闸堰顶高程降低至18.5m的修改方案中，各洪水重现期的壅高值进一步减小，均小于10cm控制值，说明枢纽的泄流能力满足行洪能力要求。

11.6.4 小结

通过初步设计修改方案泄流能力试验研究，得出以下结论：初步设计修改方案通过在左汊增设2孔22m泄水闸，降低堰顶高程至18.5m，右汊增设2孔14m泄水闸，即通过增加总过流面积，减小各洪水重现期闸孔单宽流量。在本试验方案泄流能力试验中，壅高值都低于10cm。

11.7 结语与建议

通过断面水工物理模型试验对湘江长沙综合枢纽泄流能力、过沙能力、堰型和消力池优化问题等进行研究，得到以下主要结论和建议：

（1）设计方案下各级洪水流量时试验测得库水位均小于相应重现期洪水的设计库水位，试验所得的壅高值均小于设计壅高值，说明该枢纽能够满足洪水期泄流能力要求。洪水流量越大，上下游水位差也越大，相应的综合流量系数越大。

（2）在洪水期敞泄和正常使用期闸孔出流时，WES实用堰堰前底流流速较小，堰前泥沙淤积严重，影响检修闸门正常工作。而折线形实用堰在正常运行期，堰上底流流速较大，堰前水流扰动较大，泥沙容易起动，堰顶检修门槽处无淤积，建议采用折线形实用堰（堰顶高程19.00m，底部高程16.00m）。

（3）设计方案消力池后部水流分布均匀，水流底流速较小，过沙能力较弱，泥沙淤积明显。改变尾槛斜坡坡度、加长尾槛，不仅能解决消力池内过沙问题，而且还能增加消能设施的消能效果，建议将尾槛坡度修改成1:2.5的坡度，并加长尾槛至坡脚。

（4）优化方案闸前水位壅高的变化趋势与设计方案一致，随下泄流量的增加而增大。设计方案和优化方案在各级流量泄水时，壅高水位均未超过设计，都能满足设计要求。但同种工况时，优化方案比设计方案的壅高水位高出3~5cm。

（5）为尽量减小湘江长沙综合枢纽建成后对库区的淹没影响，减小长沙市的城市防洪压力，长江水利委员会提出应将枢纽各洪水重现期壅高控制10cm以下，本初步设计修改方案通过在左汊增设2孔22m泄水闸，降低堰顶高程至18.5m，右汊增设2孔14m泄水闸，即通过增加总过流面积，减小各洪水重现期闸孔单宽流量。在本试验方案泄流能力试验中，壅高值都低于10cm，即说明枢纽的泄流能力满足行洪能力要求。

参 考 文 献

［1］中华人民共和国行业标准. SL156~165-95　水工（常规）模型试验规程［S］. 北京:中国水利水电出版社,1995.

［2］中华人民共和国行业标准.JTJ/T 232－98　内河航道与港口水流泥沙模拟技术规程［S］.北京：人民交通出版社，1998.

［3］中华人民共和国行业标准.SL163.1－95　水闸设计规范［S］.北京：中国水利水电出版社，1995.

［4］钱宁，万兆惠.泥沙运动力学［M］.北京：科学出版社，1991.

［5］林建忠，阮晓东，陈邦国，等.流体力学［M］.北京：清华大学出版社，2005.

［6］王兴奎，邵学军，李丹勋.河流动力学基础［M］.北京：中国水利水电出版社，2002.

［7］C. J. Chen，S. Y. Jaw. Fundamentals of turbulence modeling，1988.

［8］Graf W H，IstiartoI. Flow pattern in the scour hole around a cylinder. J. Hydr. Res. 2002.

［9］苏沛兰，廖华胜，等.浅水垫消力池水力特性研究［J］.四川大学学报工程科学版，2009，41（2）：35－41.

［10］刘沛清.消力池及辅助消能工设计的探讨［J］.水利学报，1996，6.

［11］刘慧.广西柳江红花水电站泄水闸堰型选择［J］.人民珠江，2004，4.

［12］马杰，杨素勤.开敞式泄水闸稳定应力计算［J］.企业科技与发展，2009（10）：48－50.

［13］黄伦超.湘江大源渡航运枢纽泄水闸门调度初探［J］.湖南交通科技，1996.（4）.

［14］包中进，卞祖铭，屠兴刚，等.曹娥江大闸整体水工模型试验研究［J］.浙江水利科技，2004（6）：29－32.

第12章 鱼道水工水力学模型试验研究

项目委托单位:长沙市湘江综合枢纽开发有限责任公司

项目承担单位:南京水利科学研究院

项目负责人:宣国祥

报告撰写人:宣国祥 黄 岳 李 君 李中华 王晓刚

项目参加人员:金 英 宗慕伟 彭映凡 李 强 郑 洪 林 飞

时 间:2010年8月至2012年6月

12.1 前言

随着我国经济的发展,国家对生态保护日益重视,水利建设也已开始从传统水利向资源水利转变,保护水生态环境、实现人与自然的和谐共处已得到社会的普遍共识。在《国家中长期科学和技术发展规划纲要(2006～2020年)》重点发展的"环境"领域中,明确将"生态脆弱区域生态系统功能的恢复重建"列为优先主题。湖南省地方重点保护野生动物名录中一共列出了4目11科27种保护鱼类,这些鱼类几乎在湘江水系都有分布。在这27种地方保护鱼类中,属于国家重点保护野生动物名录一级种类1种、二级保护种类1种,列入IUCN红色目录(1996)1种,列入CITES附录二(II)1种,列入中国濒危动物红皮书(1998)6种。此外,湘江下游水域还分布有国家二级保护动物江豚。根据《湘江长沙综合枢纽工程环境影响报告书(报批稿)》,湘江长沙综合枢纽工程的建设将对库区及下游洞庭湖的鱼类资源造成一定损失。因此,根据《中华人民共和国渔业法》等法律、法规的规定,应对受损失的渔业资源采取必要的补救措施,为此在《湘江长沙综合枢纽工程环境影响报告书》中,建议主要通过修建过鱼设施及鱼类人工增殖放养相结合的办法对渔业资源的损失进行补救。

根据水利部中国科学院水工程生态研究所编制的《湘江长沙综合枢纽工程过鱼设施及增殖放流方案设计报告》,推荐过鱼设施采用鱼道。考虑到鱼道作为长沙综合枢纽的重要组成部分,承担着沟通鱼类洄游通道、保障湘江流域水生态环境的重任,而鱼道水力设计的好坏直接影响到鱼类能否顺利通过大坝,因此,开展鱼道水力学模型试验研究是十分必要的。

12.2 鱼道基本布置和设计参数的确定

12.2.1 鱼道参数选择

12.2.1.1 鱼道主要过鱼对象

根据《水利水电工程鱼道设计导则(报批稿)》(以下简称《导则报批稿》)的规定,主要

过鱼对象应选择河段中珍稀特有鱼类,以及经济价值较高的洄游性、半洄游性鱼类。

根据相关调查,长沙综合枢纽库区及坝址以下 10km 的珍稀水生野生动物主要是中华鲟、胭脂鱼、江豚、鲥鱼、长薄鳅等品种。在 20 世纪 70 年代以前,湘江长沙段洄游性珍稀名贵鱼类——中华鲟、鲥鱼、鳗鲡等在渔业中均占有一定的比例,而如今库区内中华鲟、胭脂鱼等的种群数量已经急剧下降,鲥鱼几近灭绝,但近几年中华鲟、江豚在湘江下游出没较为频繁。目前,湘江重要的经济鱼类主要是青、草、鲢、鳙"四大家鱼",它们约占捕捞量的 40%,除了四大家鱼外,还有鲤、鲫、三角鲂、鲴类、鲇等 20 余种主要经济鱼类。

从鱼类生态习性来看,湘江长沙段鱼类可以划分为以下几类:①咸淡水洄游性鱼类,如中华鲟、鲥鱼、刀鲚、鳗鲡。②江河半洄游性鱼类,如鲢鱼、鳙鱼、草鱼、青鱼、鳡鱼、鳡鱼、鳊鱼、编鱼等。③湖泊定居性鱼类,如鲤鱼、鲫鱼、逆鱼、团头鲂、乌鳢、大银鱼、银鲴等。其中咸淡水洄游种类中华鲟、鲥鱼、大银鱼、鳗鲡以及部分江湖半洄游鱼类鳡、鳡、鳡等虽然具有洄游特性,但其资源量极低,渔获物中已很难发现,故作为兼顾过鱼对象。因此,本工程将重点考虑江湖洄游及具有短距离迁移特征鱼类的过坝问题,同时兼顾咸淡水洄游及坝址分布的所有鱼类。工程主要过鱼对象见表 12-1。

湘江长沙综合枢纽工程过鱼对象 表 12-1

过鱼对象	鱼　　名	迁徙类型	资源状况	保护鱼类	经济鱼类
主要	青鱼、草鱼、鲢、鳙、编、银鲴	江湖洄游			√
	团头鲂、三角鲂、鳡、黄尾鲴、翘嘴鲌、蒙古鲌、南方鲇等	短距离迁移			√
兼顾	中华鲟、鲥鱼、大银鱼、鳗鲡等	咸淡水洄游	极低	√	
	鳡、鳡、鳡等	江湖洄游	极低	√	
	坝址处分布的其他鱼类	随机迁移			

12.2.1.2　鱼道主要过鱼季节

过鱼季节,即指鱼道主要过鱼对象需要通过该鱼道溯河上行的时段。本工程在枯水期和中水期电站发电,泄水闸关闭或部分开启;洪水期左汊泄水闸全开,河流基本回复自然状态,鱼类可以自由通行,所以本工程的过鱼季节为湘江的枯水期和中水期,时间在 3 月下旬~7 月下旬。

12.2.1.3　鱼道主要过鱼季节时上下游水位

鱼道上、下游的运行水位,直接影响到鱼道在过鱼季节中是否有适宜的过鱼条件。鱼道上、下游的水位变幅,也会影响鱼道出口和进口的水面衔接和水池水流条件,使到达出口部位的鱼无法进入水库,也可能使下游进口附近的鱼无法进入鱼道。对于长沙综合枢纽,由于其为无调节径流式电站,洪水期预泄时坝前水位有所降低,但历时时间短,因此可以认为其上游水位变幅小,鱼道的设计上游水位取坝前正常蓄水位 29.70m,也即鱼道出口设计水位为 29.70m。

长沙枢纽下游水位受到洞庭湖顶托,水文情况非常复杂。综合多种因素,鱼道进口设计水位为 23.85m(下游最低运行水位)~26.84m(下游最高运行水位),最大设计水位差 5.85m。

12.2.1.4 鱼道隔板过鱼孔设计流速

鱼道设计流速,是指在设计水位差情况下,鱼道隔板过鱼孔中的最大流速值,其不应大于主要过鱼对象的极限流速,也不应小于鱼类感应流速。影响设计流速值的因素有:过鱼对象、地理位置、水池水流条件等。一般认为,鱼类克服流速的能力随着其体长而增大,故在鱼道规划和初步设计阶段,为了计算工程量和造价,可按主要过鱼对象的体长来选定鱼道设计流速值。

根据《导则报批稿》规定,鱼类的极限流速宜通过实验观测确定,对于没有进行实验观测的鱼类,可参考相关资料或可利用公式估算鱼类的极限流速。

四大家鱼性成熟时的体长一般大于30cm。根据已有国内部分研究成果,其极限速度约为1.0m/s,按照经验公式计算为1.08m/s。因此对于性成熟的四大家鱼来说,竖缝流速取1.0m/s应可以满足其要求。但因鱼道也要兼顾其他游泳能力较弱的鱼类和其他体型相对较小的鱼类,同时为防止鱼在鱼道中产生过度疲劳,鱼道竖缝流速取0.8~1.0m/s,鱼道内平均流速0.3~0.5m/s。

12.2.2 结构形式选择

按结构形式,鱼道可分为池式鱼道(仿生态式)、槽式鱼道、横隔板式鱼道(梯级鱼道)和特殊结构形式。池式鱼道很接近天然河道的情况,鱼类在池中的休息条件良好,但其适用水头很小,平面上所占位置较大,且要求有合适的地形,故其实用性受到一定的限制。

根据本枢纽所在河段河道地形、水位及设计过鱼对象等的特点,拟选择横隔板式鱼道。隔板形式为竖缝式,根据已建鱼道水力学模型试验及原体观测经验,当上下游水位同步变化时,竖缝式隔板适应的水深变化大,流速变动小,且鱼道断面简单,施工方便。横隔板式又可分为不带导板的一般竖缝式(过鱼孔是从上到下一条竖缝,水流通过竖缝下泄)及带导板竖缝式(简称导竖式)。考虑到本工程鱼道设计流速要求较高,需控制水池内水流流态,因此采用导竖式隔板。

12.2.3 鱼道池室尺度

12.2.3.1 鱼道池室净宽

鱼道水池净宽尺寸越大,每级水池内的平均流速就越小,利于鱼类在池中休息,但净宽尺寸越大,鱼道造价也就越高。根据《导则报批稿》,鱼道池室净宽不宜小于主要过鱼对象体长的2倍。结合长沙鱼道主要过鱼对象的特性,鱼道槽身采用宽3m的矩形断面形式,能满足本工程过鱼要求且比较经济。

12.2.3.2 鱼道池室净长

鱼道水池净长尺寸越大,水流消能条件越好,水池内平均流速趋于减小,利于鱼类的中间休息;但净长越大,鱼道总长就越长,鱼道造价也就越高。根据《导则报批稿》,池室净长1可取池室净宽的1.25~1.5倍,结合所过鱼类特性,并参考国内外已建鱼道的经验,认为长沙鱼道池室长取4m(垂直竖缝隔板中心之间的距离),能满足过鱼要求且比较经济。

12.2.3.3 鱼道池室净深

水池水深的选择,首先是考虑到鱼的习性,其次是保证鱼道中有一定的流量,使鱼道进口产生一定的水流,吸引鱼类进入鱼道。在其他条件一定时,鱼道水池越深,需要的鱼道出鱼口数量就越少,相对减少了建设出鱼口的投资和施工难度,但鱼道深度的增加,同时又增加建设鱼道主体的投资。所以在选择鱼道深度时,既要考虑上游水位的变化,又要考虑鱼道中水的流量。根据《导则报批稿》,池室水深一般可取 1.5 ~ 2.5,结合长沙枢纽实际情况,初步设计鱼道净水深 2.5(正常水深)~4.5m(正常水深 + 水位变幅 2m)。

12.2.3.4 鱼道每块隔板水位差及池室数量

根据《导则报批稿》,隔板的水位差可按公式计算确定:

$$\Delta h = \frac{v^2}{2g\varphi^2}$$

式中:Δh——隔板水位差(m);

　　　v——鱼道设计流速(m/s);

　　　g——重力加速度(m/s^2);

　　　φ——隔板流速系数,一般可取 0.85 ~ 1.0,或通过水工模型试验,并经综合分析确定。

对于长沙鱼道,v 取 1m/s,φ 根据类似工程经验取 0.94,这样计算所得的隔板水头差约为 0.058m,而鱼道最大设计水头为 5.85m,因此需设置的隔板数为 101 块,所需的池室数量则为 100 个,同时结合鱼道的整体布置设置了 15 个平底的休息池以供鱼类在上溯过程中休息。结合长沙枢纽实际情况,选定鱼道底坡为 1:69,鱼道总长约 528m。

12.2.4 隔板形式及过鱼孔尺寸

长沙鱼道选择竖缝式隔板中的单侧导竖式,垂直竖缝的宽度首先应考虑所过鱼类的习性、个体大小。本鱼道所过鱼类主要是四大家鱼,四大家鱼的个体相对较大,所以垂直竖缝的宽度应适当加大;但是垂直竖缝的宽度越大,鱼道中流量就越大,要求的鱼道坡度就越小。由于本枢纽工程中有水力发电机组,所以应尽可能两者兼顾,参考国内外现有鱼道的设计,初设中选择竖缝宽度为 0.6m。

12.2.5 进鱼口布置

鱼道的进鱼口能否为鱼类较快地发觉和顺利地进入,是鱼道设计成败的关键因素之一。若进鱼口设计不当,纵然鱼道内部有良好的过鱼条件,也是徒劳的。因此在设计时要考虑以下因素:①充分了解鱼类的生活习性、游泳能力和洄游规律等;②进鱼口位置及平面布置;③进鱼口形态、高程及相应的色、质、光等,以适应鱼类习性;④强化诱鱼、导鱼、集鱼效应,提高进鱼能力。

长沙综合枢纽右岸为电站,左岸为溢洪道,鱼道布置在右岸电站与土石坝间。鱼道进鱼口设计在下游厂房下泄口处,由于该处鱼类群集,因此鱼类易被吸引而进入鱼道进鱼口。同时在下游厂房下泄口上方布置集鱼系统,以便聚集在厂房下游的鱼类寻找进口进入鱼道。根据《导则报批稿》,当下游水位变幅较大时,应设置 2 个或 2 个以上不同位置和高程的进口,而长沙鱼道设计下游运行水位变幅达 3m,因此鱼道需设 2 个进口,底高程分别为 21.35m 和 22.85m。

12.2.6 出鱼口布置

鱼道出鱼口除了保证上溯鱼类从鱼道游出进入上游产卵外,还要使降海鱼类能易于发觉和进入,并顺利通过鱼道进入下游。出鱼口设计不当,很可能使已经顺利通过鱼道游至上游的鱼类,被卷入溢洪道或发电机组,重新回到下游。因此,设计鱼道出鱼口时应考虑以下因素:①能适应水库水位的变动,保证鱼道出鱼口有足够的水深;②出鱼口应远离溢洪道、发电机组及其他取水建筑物的进水口;③出鱼口应傍岸,出鱼口外水流应平顺,流向明确,没有漩涡,以便鱼类能沿着水流和岸边顺利上溯;④出鱼口应远离水质有污染的水区和有噪声的地方;⑤出鱼口方向应迎着水库水流方向,便于下行鱼类顺利进入鱼道。

鱼类下行时正值洪水期,上下游水位相差很小,鱼类可以直接从泄流闸通过,因此鱼道设计只考虑鱼类上溯时使用。由于鱼道上游运行水位较为稳定,因此仅设置一个出鱼口,其底高程为27.20m。

12.3 水力学局部模型试验

鱼类在进入鱼道进口后,其过鱼效果主要取决于隔板过鱼孔的流速及相邻两隔板水池间的水流流态。要求过鱼孔流速小于过鱼对象的克流能力,水池间主流明确,需要一定回流(消能要求),但回流又不能过于剧烈,范围不能过大,以免小型鱼类迷失方向,延误上溯时间。因此,局部模型试验的目的就是进行隔板形式、过鱼孔位置的方案比较,以达到流速流态的要求。同时验证初设中所定每块隔板水头差等参数是否能满足设计要求。

模型按重力相似准则设计。模型几何比尺 $L_r = 8$,由此可得:速度比尺 $L_v = L_r^{1/2} = 2.83$,流量比尺 $L_Q = L_r^{5/2} = 181.0$。

模型用塑料板制造,共设13块隔板(自下而上以1~13编号),隔板为同侧竖缝布置,间距50cm(垂直竖缝隔板中心之间的距离),隔板高35cm。流速用旋桨式小流速仪量测,并由微机自动采集计算,水位用测针筒量测。同时测量流量,比较各种方案下鱼道所需流量。

局部模型采用了2种底坡、5种隔板形式进行试验研究。鱼道断面为矩形,隔板均为竖缝式中的单侧导竖式,即隔板的过鱼孔是从上到下的一条竖缝,水流通过竖缝下泄,且竖缝仅在整个鱼道的一侧。具体方案、隔板形式如下:

方案一:鱼道断面为矩形,宽度3m,水池长度4m,隔板厚度0.3m,鱼道底坡1:70,分别采用两种隔板形式:(1)A型:由横隔板、纵向导板、横向导板组成;(2)B型:在A型基础上将纵向导板加长0.25m。

方案二:鱼道断面矩形,宽度3m,水池长度4m,隔板厚度0.3m,鱼道底坡1:65,分别选用5种隔板形式。(1)A形:由横隔板、纵向导板、横向导板组成;(2)B形:在A型基础上将纵向导板加长0.25m;(3)C形:由横隔板+纵向导板+斜向导板组成;(4)D形:在C型隔板基础上,将⑥号纵向导板加长0.3m;(5)E形:在C型隔板基础上,将③号纵向导板缩短0.4m。

其中A、E形隔板形式布置具体如图12-1、图12-2所示。上游水位利用水库中平水槽分别控制,下游水位采用溢流板控制,确保模型中每块隔板平均水位差为0.71cm(底坡1:70)或0.77cm(底坡1:65),水深31.25cm。待水位稳定后用流速仪实测5块隔板各过鱼孔流速,每块隔板布置 5 个不同位置的测点。

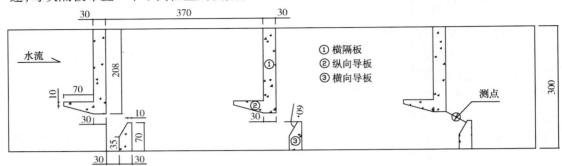

图 12-1　A 形隔板形式及布置(尺寸单位:cm)

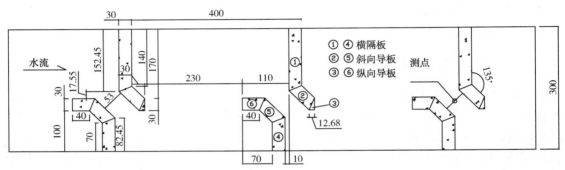

图 12-2　E 形隔板型式及布置(尺寸单位:cm)

考虑局部模型进出水口的影响,试验仅对中间隔板孔口水流流速进行测量。各工况下过鱼孔测点流速汇总于表 12-2。

各形隔板各过鱼孔测点的流速(单位:m/s)　　　　　　　　表 12-2

方　案	隔板型式	测　点　编　号					
		1	2	3	4	5	平均
方案一	A	0.84	0.86	0.86	0.88	0.88	0.86
	B	0.85	0.87	0.86	0.86	0.92	0.87
方案二	A	0.93	0.97	0.97	0.97	0.97	0.96
	B	0.99	1.05	1.08	1.09	1.09	1.06
	C	0.96	0.94	0.90	0.93	1.01	0.95
	D	1.00	0.96	0.92	0.95	0.99	0.96
	E	0.91	0.85	0.85	0.94	0.98	0.91

通过上述两种方案 5 种隔板形式的试验及分析,得到下列结论:

(1)通过两种方案 5 种隔板形式的实测结果,表明初设方案是正确的,鱼道的断面、水池尺度等主要参数基本是合理的,经局部修改能满足设计要求。

(2)底坡选用 1:65 ~ 1:70,水池宽度为 3m,水池长度为 4m,隔板厚度 0.3m,鱼道水力学条件满足设计要求。上游正常水位 29.70m,下游最低水位 23.85m,鱼道最大水头 5.85m,每块隔板的作用水头 0.062 ~ 0.057m,所需隔板 96 ~ 103 块,长度 384 ~ 412m,总长度需再加上弯道段、休息室、观测室及进出鱼口段的长度。

(3)采用竖缝式隔板矩形断面的鱼道,水流除利用孔后扩散来消能外,还需充分利用水池的宽度,使得水流在水池中形成 S 形流向,利用水体消能,并尽量避免孔口水流直冲下一隔壁孔口,推荐的由横隔板 + 纵向导板、横向导板 + 纵向导板组成隔板形式,对控制隔板孔口流速效果明显。

(4)推荐的横隔板形式的过鱼孔有一定长度,对调整主流在水池中的流态有较明显的作用,水流在水池内扩散较好,水池内流态平稳。

(5)通过试验及分析,推荐方案二、E 形隔板形式为最终布置方案。底坡为 1:65 时,隔板孔口平均流速为 0.91m/s,流速系数为 0.86。有条件可适当放缓底坡,使进入鱼道的鱼类快捷通过鱼道。

12.4 鱼道三维水流数值计算

12.4.1 三维水流学模型

12.4.1.1 基本方程

考虑是不可压缩水流流动问题,采用 $k - \varepsilon$ 双方程紊流模型,自由表面采用 VOF(The Volume of Fluid)方法,在空间上定义函数 F,全含水为 1,不含水为 0,当为自由表面时,$0 < F < 1$。函数 F 是空间和时间的函数,即 $F = F(x, y, z, t)$,可以理解为固结在流体质点上并随流体一起运动的没有质量和黏性的染色点的运动,其输运方程为:$\dfrac{DF}{Dt} = 0$。

12.4.1.2 数值计算方法

将 $k - \varepsilon$ 双方程紊流模型写成如下的通用形式

$$\frac{\partial \varphi}{\partial t} + \nabla \cdot (u_j \phi) = \nabla \cdot (\Gamma_\varphi \mathrm{grad}\phi) + S_\varphi$$

式中,t 和 u_j 分别为时间和速度矢量;φ 为通用变量,如速度、紊动能等;Γ_φ 为变量 φ 的扩散系数;S_φ 为方程的源项。

计算时,首先对以上方程在任意控制体积 C_V(其边界为 A)作体积分,利用高斯定理将体积分化成面积分。记 $F(\phi) = \rho\phi u - \Gamma_\phi \mathrm{grad}\phi$,可得到有限体积法(FVM)的基本方程为

$$\frac{\partial}{\partial t} \int_V \rho\phi \mathrm{d}V = -\int_A F(\phi) \cdot n \mathrm{d}A + \int_V S_\phi \mathrm{d}V$$

式中,$F(\phi) \cdot n$ 为法向数值通量。对控制体积单元取平均后,可离散得到 FVM 基本方程的最终形式为

$$\frac{\Delta(\rho\phi)}{\Delta t} = -\frac{1}{\Delta V} \sum_{j=1}^{m} F_j^n(\phi) A_j + \overline{S_\phi}$$

式中,ΔV 为单元体积,m 为单元面总数,A_j 为单元面 j 的面积,$\overline{S_\phi}$ 为单元的源项平均值,单元面 j 的法向通量为 $F_j = F_j(\phi) \cdot n$,包括对流通量和扩散通量。

12.4.1.3 定解条件

上游进口和下游出口计算边界分别采用自由面水位作为其边界条件;壁面采用 Launder & Spalding 的壁面函数条件,进出口的紊动能 k 和耗散率 ε 由下列经验公式得出:$K = 0.00375u^2$;$\varepsilon = \dfrac{K^{3/2}}{0.4L}$,式中,$L$ 为紊流特征长度。

12.4.1.4 计算区域

数学模型计算区域包括 5 块隔板,鱼道槽身计算长度总长 27.0m,由于隔板形式较为复杂,计算区域采用四面体进行网格划分(图 12-3)。

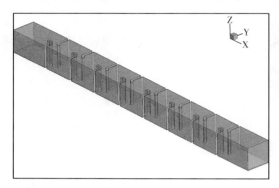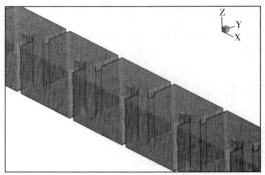

图 12-3 鱼道三维水流计算区域

12.4.2 计算成果分析

推荐方案(E 形隔板)鱼道池室内的不同池室隔板过鱼孔断面流速表明,距离鱼道池室底部 0.5m 高程平面,沿程隔板过鱼孔断面最大流速约为 $1.03 \sim 0.93$m/s;在距离鱼道池室底部 1.5m 高程平面,沿程隔板过鱼孔断面最大流约为 $0.92 \sim 0.94$m/s。根据不同高程过鱼孔最大流速计算数值看,鱼道局部物理模型实测的隔板孔口最大流速为 1.01m/s,平均流速减小为 0.91m/s,值基本一致。从过鱼孔沿程垂向最大流速变化看,过鱼孔底部流速沿程略有减小,过鱼孔中部位置最大流速沿程分布基本较为均匀,过鱼孔上部位置最大流速沿程则略有增加。

鱼道池室沿程流态及流速分布如图 12-4 所示。由图可见,上级鱼池水流通过竖缝进入下级鱼池时受隔板下游横向导板作用,竖缝流出的水流偏向池室右侧,碰撞右侧池室壁后受下级隔板竖缝导板影响在池室中心部偏下位置(约 $2.5 \sim 3.0$m)绕下级竖缝导板流入下级竖缝,主流在上下级池室内形成"S"形流态,并在主流左侧形成流速小于 0.2m/s 的回流区。池室内主流流向明确,但水流主流受竖缝导板作用影响扭曲较为明显。

鱼道中部第 4 个池室不同高程池室内流速分布如图 12-5 所示。由图可见,鱼道池室内存在两个流速相对较大的区域,即过鱼孔附近的 Ⅰ－Ⅰ 断面和过鱼孔上游隔板导流翼缘的 Ⅳ－Ⅳ 断面附近。过鱼孔 Ⅰ－Ⅰ 断面最大流速为 0.93m/s,在 Ⅳ－Ⅳ 断面附近最大流速为 0.74m/s,其余区域流速基本小于 0.6m/s。

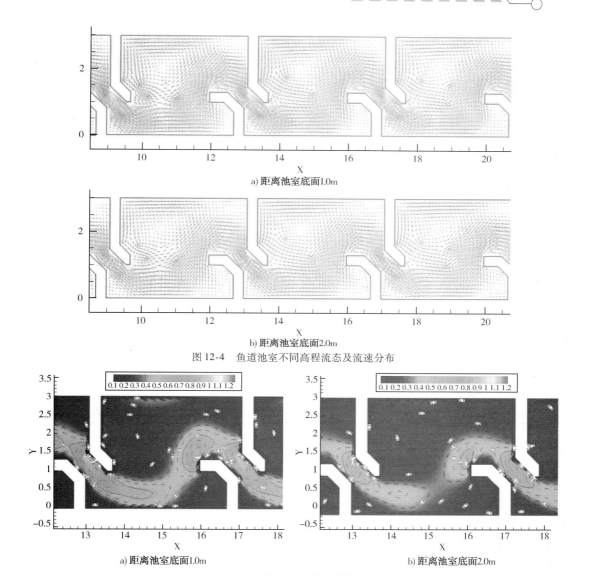

a) 距离池室底面1.0m

b) 距离池室底面2.0m

图 12-4　鱼道池室不同高程流态及流速分布

a) 距离池室底面1.0m

b) 距离池室底面2.0m

图 12-5　鱼道池室不同高程流速分布

根据鱼道池室内三维流态计算结果,鱼道池室内最大流速约为 $0.92 \sim 1.03 \text{m/s}$,数模计算的鱼道最大流量为 $1.21 \text{m}^3/\text{s}$,根据公式计算综合流量系数约为 0.857,孔口平均流速为 0.91m/s,与物理模型实测的基本一致。

12.5　水力学整体模型试验

在局部模型试验的基础上与设计部门商讨,确定鱼道的底坡为 $1:69$,鱼道的断面、水池尺度等主要参数不变。在推荐隔板形式(E 形)的三维水流流场计算分析基础上,进行了整体模型试验,其目的主要是研究不同水位组合条件下鱼道的水力特性,包括:①不同水位组合条件下鱼道的水力特性;②鱼道流量及鱼道的综合流速系数;③鱼道隔板过鱼孔流速沿程

变化和槽身水位沿程变化。

12.5.1 模型设计及量测方法

模型按重力相似准则设计,几何比尺 $L_r = 15$,速度比尺 $L_v = L_r^{1/2} = 3.87$,流量比尺 $L_Q = L_r^{5/2} = 871$。模型用塑料板制作,长度约 26m,有一个 180° 平底的弯道,共布置了 90 块隔板(自进鱼口到下游进口以 1～90 编号)。根据局部模型试验结果,采用 E 形隔板,即由横隔板 + 纵向导板、横向导板 + 纵向导板组成的竖缝式隔板中的单侧导竖式,模型底坡 1:69,每块隔板水位差 0.39cm。流速用旋桨式小流速仪量测,并由微机自动采集计算。水位用测针筒量测。流量用三角堰量测。

12.5.2 水位组合分析

过鱼季节鱼道水位组合为:出口设计水位 29.70m(正常蓄水),鱼道进口设计水位 23.85～26.84m,与鱼道水力条件相关的水位组合条件可分为 3 种类型,见表 12-3 所示。

试验工况   表 12-3

类　　型	上游水位(m)	下游水位(m)	备　　注
上游高水位、下游低水位	29.70	23.85	试验工况 1
上游高水位、下游高水位	29.70	26.84	试验工况 2
上游高水位、下游高水位	29.70	26.84	试验工况 3、加高隔板顶高程
上游高水位、下游高水位	29.70	26.84	试验工况 4、工况 3 上将变断面段鱼池室改为平层

12.5.3 模型试验成果

12.5.3.1 工况 1 鱼道槽身的水力条件

工况 1 鱼道的运行水头为 5.85m,鱼道沿程水深均为 2.5m,在该条件下测量了 12 块隔板过鱼孔流速和 20 块隔板前水深,每块隔板实测 5 个测点。结果表明:①竖孔各测点流速和水深,自上而下增大的趋势均不明显。究其原因,由于鱼道每块隔板水头差不大(0.057m),底坡 1:69),水池较大(3.0m×4.0m),隔板形式较为合理,表示水流消能较为充分,能量自上而下积聚并不明显,故流速自上而下增大的趋势不明显。②对比局部模型实测流速资料,局部模型底坡 1:65,整体模型底坡 1:69,而实测平均流速无明显区别。除量测误差外,主要因为整体模型隔板的过鱼孔尺度较小,小流速仪测速头直径已达 1cm,各占孔宽度、高度的 10%～20%,故实测流速偏大。③水面线波动不大。④鱼道下泄流量为 1.13m³/s。因此,对于工况 1 而言,推荐的隔板形式和现在的鱼道槽身布置是可以满足设计要求的。

12.5.3.2 工况 2 鱼道槽身的水力条件

在工况 2 条件下也测量了 12 块隔板过鱼孔流速和 20 块隔板前水深。结果表明:工况 2 上游水位 29.70m,下游水位 26.84m,上游出口处隔板前的水深仍为 2.5m,但下游进口处隔板前水深为 4.0m,下游水位的顶托作用增加,同时下游隔板的过鱼孔面积比上游的大,因此上游端的隔板过鱼孔流速与工况 1 类似,而下游端隔板的过鱼孔流速减小,特别是 10 号隔板以下,孔口流速小于部分鱼类的感应流速,此时鱼道下泄的流量为 $1.14\text{m}^3/\text{s}$。解决孔口流速过小的问题,可加高下游端隔板顶高程,使隔板的顶高程高出水面。

12.5.3.3 工况 3 鱼道槽身的水力条件

在工况 3 条件下同样测量了 12 块隔板过鱼孔流速和 20 块隔板前水深。结果表明:由于下游水位的上升,下游端顶高程低于 26.84m 的隔板被淹没,因此被淹没隔板的过鱼孔流速有明显的下降,如工况 2。当鱼道内无明确主流时,鱼类就会迷失上溯方向,因而需要对鱼道下游端隔板进行调整。隔板调整方法,根据水面线将被淹没隔板的顶高程加至水面线之上,调整后隔板孔口流速均能很好满足设计要求。

12.5.3.4 工况 4 鱼道槽身的水力条件

由前期试验资料可知,仅下游最高水位时鱼道变断面处水深最大,因此选用工况 3 水位条件,测量 12 块隔板过鱼孔流速和 20 块隔板前水深。结果表明:修改变断面处布置,即将变断面处改为平底不设置隔板,使其与观测段连成一体,试验结果和工况 3 比较流速、流态无明显异常,故鱼道仍然满足设计和鱼道运行要求。

12.5.3.5 进一步减小过鱼孔流速的措施

若再需减低过鱼孔流速,有两种途径:①在水池长度不变时,减缓底坡,减小每块隔板的水头差,增加隔板块数,直接降低过鱼孔流速;②增加鱼道全程糙率。

上述途径 1,必然增加鱼道长度,增加工程量,而且增加了在现场布置中的困难,是既不经济也不合理的,地形条件也不允许。上述途径 2 则是可以采用的既合理又经济的方案。

需指出,模型是用塑料板制成的,按照重力相似准则,糙率 n 的相似准则是 $n_r = L^{1/6}$,本鱼道局部模型比尺是 1:8,故 $n_r = 8^{1/6} = 1.414$,而塑料板的糙率是 0.0086。要求原形鱼道槽身糙率 $n = 0.0086 \times 1.414 = 0.0122$。

这与混凝土的糙率基本相同,即原型鱼道若用混凝土浇筑槽身,原型和模型流速是满足相似准则的。而浆砌块石的糙率为 $0.017 \sim 0.027$,大于混凝土的糙率 50%,故若采用浆砌块石砌筑鱼道槽身,综合流速系数 φ 值将进一步减小,过鱼孔流速也会进一步减小。因此建议:鱼道槽身部分采用浆砌块石铺砌,水池底部可采用鹅卵石铺底。

12.6 集鱼与补水系统模型试验

12.6.1 集鱼、补水系统原始布置

集鱼、补水系统由进鱼孔、集鱼渠、会合池、补水渠、补水孔和消能格栅等组成。

12.6.1.1 集鱼渠和进鱼孔

集鱼渠主要功能使已上溯至电站下游鱼类,方便、快捷找到鱼道的进口,因此在集鱼渠下游侧布置进鱼孔,上溯鱼类经进鱼孔进入集鱼渠,再通过会合池到达鱼道。集鱼渠沿电站尾水渠前沿通长布置,顶部高程 27.35m,底部高程 21.75m,宽 2.0m,长 116.60m。集鱼渠底部设有消力池,底高程 20.85m,顶高程 21.45m,消力池与集鱼渠之间设有消能格栅(格栅出水孔尺寸 $0.025\text{m} \times 0.025\text{m}$),厚 0.3m。集鱼渠下游侧设置 2 排共 12 个进鱼孔,底高程分别

为 22.50m、25.00m,进鱼孔尺寸为 1.0m × 1.0m(高 × 宽),在集鱼渠末端设置一尺寸为 0.6m × 0.6m(高 × 宽)进鱼孔,底高程为 22.50m,方便泄洪闸下游侧鱼类通过集鱼渠到达鱼道,随水位变化进鱼孔面积为 16.23 ~ 36.28m²。

12.6.1.2 补水渠

由于下游最高水位(隔板前水深 4.00m)时鱼道下泄流量仅为 1.13m³/s,鱼道、集鱼渠的进鱼口和集鱼渠内的流速无法达到过坝鱼类的感应流速,需增设补水系统,以满足鱼类上溯所需流速的条件。补水系统主要由引水管、补水渠及补水孔组成。补水系统从上游水库内引水,引水管进口设在厂房进口,进水口处设置闸门以控制补水量,引水管初步选择直径为 1.50m 的圆管。补水渠与集鱼渠平行沿电站尾水渠前沿通长布置,宽 1.00m,长度与集鱼渠同长 121.30m。共设置 30 个补水孔尺寸 0.40m × 0.45m(高 × 宽),布置于补水渠与集鱼渠墙底部,孔口底高程 20.85m,顶高程 21.25m,补水区域面积在集鱼渠为 116.6m × 2.0m(长 × 宽)= 233.20m²、会合池为 4.7m × 5.0m = 23.5m²。补水过程中,水流进入补水渠通过补水孔进入集鱼渠、会合池补水消能室,再经消能格栅(格栅出水孔尺寸 0.025m × 0.025m),消能后进入会合池及集鱼渠。

12.6.1.3 会合池

会合池是主进鱼口、集鱼渠及鱼道的会合处,同样也是由主进鱼口、集鱼渠汇集的鱼类进入鱼道的会合场所。会合池及其到鱼道第一块隔板过渡段的断面均比隔板过鱼孔大,仅靠鱼道的下泄流量无法满足该处鱼类溯游流速的要求,因而可能导致由主进鱼口进入的鱼类游向集鱼渠,而集鱼渠内的鱼类到会合池后又从主进鱼口游出,故须增设补水系统,使水流流向明确。会合池补水方式同集鱼渠,在会合池和补水渠隔墙底部设置 2 个补水孔,尺寸、高程和消能格栅同集鱼渠,补水区域面积为 4.70m × 5.00m(长 × 宽)= 23.5m²。主进鱼口底高程 20.85m(宽 4.7m),增设补水后会合池底高程为 21.75m,之间差距可用斜坡连接。

12.6.2 原布置和修改方案试验成果与分析

集鱼与补水系统模型试验采用 1∶15 的局部物理模型,主要研究鱼道主进鱼口、集鱼系统进鱼孔、补水系统及各部尺寸布置是否合理,测量、观察会合池、集鱼渠内的流速、流态,并确定适应下游水位变化所需的补水量。

试验以上游常水位、下游高水位为主(这种条件下进鱼口过水断面面积最大),同时在上游常水位、下游低水位条件下进行复核。试验水位组合如下:①上游水位 29.70m,下游水位 26.84m,鱼道流量为 1.13m³/s。②上游水位 29.70m,下游水位 23.85m,鱼道流量为 1.13m³/s。

上述两种水位组合,在相同鱼道下泄流量下,第一种水位组合下鱼道进鱼口过水断面面积最大,为 40.51m²[主进鱼口面积为 5.99m × 4.70m(深 × 宽)= 28.15m²、集鱼渠进鱼口面积为 12.36m²],此工况下集鱼渠过水断面面积亦为最大,为 10.18m²,所需的补水量最大;第二种水位组合下鱼道进鱼口的过水断面最小,为 20.46m²[主进鱼口面积为 3.00m × 4.70m(深 × 宽)= 14.10m²、集鱼渠进鱼口面积为 6.36m²],集鱼渠过水断面面积亦为最小,为 4.2m²。首先对 29.70 ~ 23.85m 水位组合,鱼道进鱼口过水断面面积最小工况下,进行不补水和补水的试验。试验结果见表 12-4。

表 12-4

不同补水工况下集鱼渠流态

水位组合 （m）	补水量（m³/s）			集鱼渠内流态
	总流量	补水渠	鱼道	
29.70～23.85	1.19	0	1.19	渠内无倒流,但各处流速均较小主进鱼口、集鱼渠内流速小,1-3机组倒流
	3.61	2.42	1.19	

由试验成果可知:①补水渠不补水时,主进鱼口流速为 0.12m/s,集鱼渠进鱼口及集鱼渠内因流速太小,流速仪无法测得流速,因此不补水无法满足鱼道正常运行。②补水渠补水流量为 2.42m³/s,鱼道总流量为 3.61m³/s 时,主进鱼口流速为 0.24m/s,集鱼渠进鱼口流速为 0.31～0.45m/s,集鱼渠内流速仍较小为 0.1m/s,此时靠鱼道侧 3 台机组后集鱼渠内出现倒流现象,将导致已经进入集鱼渠内鱼类不能顺利找到鱼道。

由于原布置方案下集鱼渠内出现倒流区域较大,在上游 29.70m、下游最高水位 26.84m 工况下更难满足设计和鱼道运行要求,因此决定对集鱼和补水系统进行修改。对修改后的集鱼、补水系统进行试验发现:①修改后的集鱼和补水系统布置方案满足设计及鱼道运行要求,因此修改后方案为最终推荐方案。②为达到引导电站尾水处鱼类快捷找到鱼道的目的和保证满足设计及鱼道运行要求,建议在上游水位 29.70m 下:a.下游水位 23.85～25.00m,鱼道流量为 1.13m³/s 工况下,补水流量采用 1.00～3.50m³/s,此时,鱼道总流量为 2.13～4.63m³/s,主进鱼口流速为 0.24～0.43m/s,集鱼渠进鱼口流速为 0.23～0.49m/s,集鱼渠末端进鱼口流速为 0.45～0.69m/s,集鱼渠内流速为 0.1～0.32m/s。b.下游水位 25.00～26.84m,鱼道流量为 1.13m³/s 工况下,补水流量采用 3.50～5.00m³/s,此时,鱼道总流量为 4.63～6.13m³/s,主进鱼口流速为 0.25～0.38m/s,集鱼渠进鱼口流速为 0.34～0.43m/s,集鱼渠内流速为 0.1～0.25m/s。

按上述建议运行时,集鱼渠内无倒流现象,进鱼口流速大于 0.20m/s,达到鱼类的感应流速。

12.6.3 优化方案试验成果与分析

根据上述试验成果和工程实际情况,在与设计单位进行充分讨论后,决定在上述修改方案的基础上对集鱼系统和补水系统进行局部优化,包括缩短集鱼系统长度、降低底高程和增设补水消力池。具体调整如下:

12.6.3.1 补水系统消力池

原布置补水渠和会合池的补水由直径 1.5m 的补水管直接供给,试验中发现补水渠内局部壅高较大,补水渠和会合池的补水孔水流分配不均匀。因此在补水管进入补水渠之前增设一消力池以改善补水渠内的水流条件。新设的消力池尺寸为 6.4m×4m×2m(长×宽×高),补水管出口 2.0m 处设消力梁,补水渠设 2 个补水口,尺寸为 1.0m×0.5m(长×高),底高程为 21.50m,会合池的补水口 4.0m×0.5m,底高程 20.50m,扩大至 7.2m×0.55m,底高程为 20.45m。

12.6.3.2 补水渠

补水渠长度调整为 69.80m,宽度仍为 1.0m,在底高程 20.45m 处布置 10 个尺寸为 0.80×

0.40m(长×高)补水孔向集鱼渠补水。

12.6.3.3　会和池

会合池补水直接从补水系统消力池取水,消力池设有4.00m×0.50m补水口,穿过补水渠后补水口渐扩至7.20m×0.55m进入会合池,距补水口2.00m处设消力槛,槛高0.20m,在底高程21.05~21.35m之间设有出水孔为0.025m×0.025m的消能格栅,沿低水位进鱼口外侧边墙延伸至补水渠与集鱼渠的隔墙,向集鱼渠侧宽为2.63m的区域,布置厚为0.30m盖板。该区域不设消能格栅,在区域靠鱼道侧设有隔墙,长度至消力槛。

12.6.3.4　集鱼渠

集鱼渠长度58.50m,宽度2.00m,其中51.00m补水由补水渠供给,其余部分和会合池相连,由消力池直接供给,会合池与补水渠独立补水。集鱼渠底高程20.45m,在底高程21.05~21.35m设有出水孔为0.025m×0.025m消能格栅。在底高程22.00m、24.50m处布置2排进鱼孔,尺寸1.00m×1.00m,共8个(包括顶端2个)。

对优化后的集鱼、补水系统进行试验,由成果可知:

(1)对于上游水位29.70m,下游水位26.84m,鱼道流量1.13m³/s工况。①补水1.96m³/s,鱼道总流量3.09m³/s时,主进鱼口流速0.16m/s,集鱼渠进鱼口流速0.26~0.34m/s,集鱼渠末端进鱼口流速0.35m/s,集鱼渠内流速为0.14~0.21m/s,集鱼渠内无倒流现象,进鱼口流速基本上满足设计要求。②补水2.17m³/s,鱼道总流量3.30m³/s时,主进鱼口流速0.21m/s,集鱼渠进鱼口流速0.27~0.37m/s,集鱼渠内流速为0.20~0.23m/s,集鱼渠内无倒流现象,进鱼口流速大于0.20m/s,达到鱼类的感应流速。③补水3.59m³/s,鱼道总流量4.72m³/s时,主进鱼口流速0.33m/s,集鱼渠进鱼口流速0.35~0.46m/s,集鱼渠内流速为0.21~0.25m/s,集鱼渠内无倒流现象,进鱼口流速大于0.20m/s,达到鱼类的感应流速。

(2)对于上游水位29.70m,下游水位23.85m,鱼道流量1.13m³/s工况,补水0.96m³/s,鱼道总流量2.09m³/s时,主进鱼口流速0.30m/s,集鱼渠进鱼口流速0.30~0.40m/s,集鱼渠末端进鱼口流速0.40m/s,集鱼渠内流速为0.19~0.22m/s,集鱼渠内无倒流现象,达到鱼类的感应流速。

(3)上游水位29.70m,下游水位24.50m,鱼道流量为1.13m³/s工况,补水1.82m³/s,鱼道总流量1.95m³/s时,主进鱼口流速为0.32m/s,集鱼渠进鱼口流速0.31~0.41m/s,集鱼渠末端进鱼口流速为0.41m/s,集鱼渠内流速为0.21~0.24m/s,集鱼渠内无倒流现象,进鱼口流速大于0.20m/s,达到鱼类的感应流速。

由试验结果可知,优化后方案满足设计及鱼道运行要求,因此该方案为最终推荐方案。结合优化方案试验成果,对于补水系统,为达到引导电站尾水处鱼类快捷找到鱼道的目的和保证满足设计及鱼道运行要求,建议上游水位29.70m下:

(1)下游水位23.85~24.50m,鱼道流量为1.13m³/s工况下,补水流量1.00~2.00m³/s,鱼道总流量2.13~3.13m³/s时,主进鱼口流速为0.30~0.32m/s,集鱼渠进鱼口流速为0.30~0.41m/s,集鱼渠末端进鱼口流速为0.40~0.41m/s,集鱼渠内流速为0.19~0.24m/s。

(2)下游水位24.50~26.84m,鱼道流量1.13m³/s工况下,补水2.00~3.70m³/s,鱼

道总流量 $3.13 \sim 4.83 \text{m}^3/\text{s}$ 时,主进鱼口流速为 $0.21 \sim 0.33 \text{m}/\text{s}$,集鱼渠进鱼口流速为 $0.27 \sim 0.46 \text{m}/\text{s}$,集鱼渠内流速为 $0.20 \sim 0.25 \text{m}/\text{s}$。

按上述建议运行集鱼渠内无倒流现象,进鱼口流速大于 $0.20 \text{m}/\text{s}$,达到鱼类的感应流速。

12.6.4 优化方案三维数模验证

考虑到物理模型几何尺度较小,难以对集鱼渠内细部流场进行详细测量,为更全面地了解和掌握集鱼、补水系统内细部流场结构,对推荐方案最不利工况,即上游水位 29.70m、下游水位 26.84m(此工况条件下下游水位最高,集鱼渠内水流流速最小),采用三维紊流数学模型进行验证,以确保集鱼、补水系统的有效性。数学模型仍采用上文中的 $k - \varepsilon$ 双方程三维紊流模型,不再赘述。数学模型边界条件由物理模型试验提供。模型采用六面体结构网格划分,网格总数 692678 个,如图 12-6 所示。

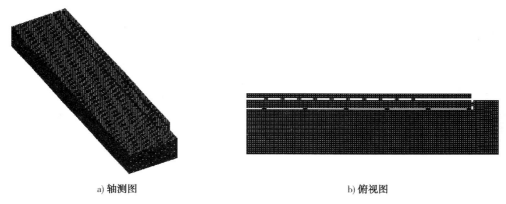

a) 轴测图   b) 俯视图

图 12-6　模型三维网格

针对下游水位 26.84m,鱼道流量为 $1.13 \text{m}^3/\text{s}$,补水流量 $3.59 \text{m}^3/\text{s}$ 工况下(鱼道总流量 $4.72 \text{m}^3/\text{s}$)进行了三维数模验证计算,典型条件下数值模拟结果如图 12-7 ~ 图 12-9 所示。由图可见,集鱼渠内无倒流现象,集鱼渠内流速为 $0.1 \sim 0.25 \text{m}/\text{s}$,集鱼渠进鱼口流速为 $0.2 \sim 0.4 \text{m}/\text{s}$。与物理模型试验结果基本一致。

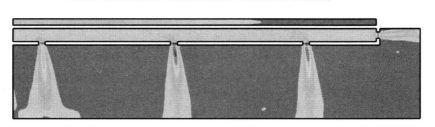

V: 0.00 0.04 0.09 0.13 0.18 0.22 0.27 0.31 0.36 0.40

图 12-7　集鱼渠上层进鱼孔断面流速云图($z = 25.45 \text{m}$)

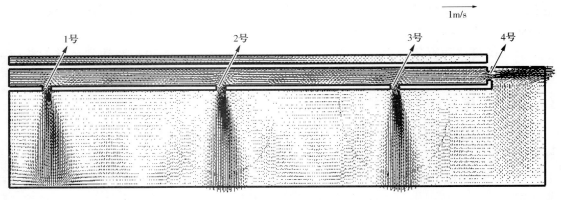

图 12-8　集鱼渠上层进鱼孔断面流速矢量图($z=25.45\mathrm{m}$)

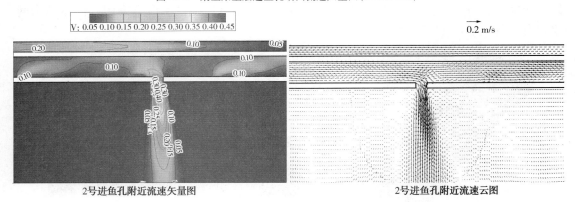

2号进鱼孔附近流速矢量图　　　　　　　　2号进鱼孔附近流速云图

图 12-9　进鱼孔流速矢量图

12.7　结语

湘江水系分布着 27 种湖南省地方重点保护鱼类,其中部分属于国家重点保护对象。湘江长沙综合枢纽工程的建设将对库区及下游洞庭湖的鱼类资源将带来一定影响。为此,有关部门确定通过修建鱼道及鱼类人工增殖放养相结合的办法来削弱这一不利影响。考虑到鱼道作为长沙综合枢纽的重要组成部分,承担着沟通鱼类洄游通道、保障湘江流域水生态环境的重任,且鱼道规模较大、水力指标要求较高,而鱼道水力设计的好坏直接影响到鱼类能否顺利通过大坝。因此,开展鱼道水力学模型试验研究是十分必要的。

本项目通过鱼道水力学局部物理模型试验、鱼道池室水流三维数值模拟及鱼道水力学整体物理模型试验以及集鱼和补水系统局部物理模型试验等手段,对鱼道池室水流条件、鱼道整体水力特性以及集鱼和补水系统布置进行了详细研究。主要结论及建议如下:

(1)通过 2 种底坡、5 种隔板形式共 7 种组合的鱼道水力学局部模型试验和鱼道池身三维流场计算分析,提出了经济合理、满足流速流态过鱼要求的隔板形式——E 形隔板及合适的鱼道底坡(1:69),由此确定的长沙鱼道水池数量为 102 个(不含休息池),隔板数为 103 个。

(2)鱼道水力学整体物理模型试验结果表明:调整后的鱼道能够适应形设计的上下游水

位变化,且各种水力条件已经满足要求。

（3）鱼道集鱼和补水系统局部模型试验成果表明:最终推荐的集鱼和补水系统布置方案能够满足相关要求,并推荐了不同下游水位下的补水流量,为鱼道实际运行提供了依据。

（4）由于枢纽布置的需要,厂区防洪门与鱼道存在交叉,使得该处鱼道池室内水流为有压流。根据模型试验成果,该段池室水流条件无法满足鱼类上溯要求,因此,建议该处原布置池室调整为休息池。

（5）由于长沙鱼道总体长度相对较短,因此可适当减少休息池的数量。

参 考 文 献

［1］南京水利科学研究所.鱼道［M］.北京:水利电力出版社,1982.

［2］华东水利学院.水工设计手册6:泄水与过坝建筑物［M］.北京:中国水利电力出版社,1982.

［3］杨臣莹.江苏省斗龙港鱼道水工水力学模型试验［R］.南京水利科学研究院,1967.

［4］王亚平.江苏省太平闸鱼道模型试验报告［R］.南京水利科学研究院,1973.

［5］杨臣莹.湖南洋塘鱼道水工水力学模型试验报告［R］.南京水利科学研究院,1978.

［6］王亚平,张亢西.江苏省太平闸鱼道原体观测报告［R］.南京水利科学研究院,1978.

［7］王亚平.江苏省浏河闸多种救鱼措施调整研究报告［R］.南京水利科学研究院,1978.

［8］王亚平,潘赞文,李树东,黄岳,李中华.广西长洲水利枢纽鱼道水工水力学试验研究综合报告［R］.南京水利科学研究院,2005.

［9］王亚平,黄岳,宣国祥.吉林省老龙口水利枢纽鱼道水工水力学模型试验综合研究报告［R］.2005.

［10］M C Bell. Fisheries Handbook of Engineering Requirements and Biological Criteria,ASCE,1973.

［11］特恩彭尼 A W H.郭恺丽,译.水电站洄游鱼类的补救措施［J］.水利水电快报（网络版）,www.hwcc.com.cn,2000.05.14.

［12］Heisley,Mathur,Euston. Passing fish safely a closer look at turbine vs. spillway survival［J］. Hydroreview, Québec,June1996.

［13］王兴勇,郭军.国内外鱼道研究与建设［R］.中国水利水电科学研究院学报,2005(3).

［14］黄岳,宣国祥,李君.江西省赣江石虎塘航电枢纽工程鱼道水工水力学模型试验研究报告［R］.2009.

［15］黄岳,宣国祥,李君.广西右江鱼梁航运枢纽工程鱼道水工水力学模型试验研究［R］.2009.

［16］黄岳,王晓刚.广西郁江老口枢纽工程水工模型试验研究鱼道水工水力学模型试验研究报告［R］.2011.

第13章 双线船闸共用引航道非恒定流问题的研究

项目委托单位:长沙市湘江综合枢纽开发有限责任公司
项目承担单位:湖南省交通规划勘察设计院　重庆交通大学
项目 负责 人:周作茂
报告撰写人:陈野鹰　杨忠超
项目参加人员:刘学著　付　华　彭厚德　郑　丹　李　霞　刘虎英　汤建平
时　　　　间:2009 年 12 月至 2012 年 6 月

13.1　概述

长沙综合枢纽船闸位于左汊左岸河边,右侧与泄水闸连接,为单级双线船闸。船闸级别为Ⅱ(3),按通航 1 +2 ×2000t 级船队和 1 +4 ×1000t 级船队控制标准设计,一次可通过 6 艘 2000t 级或 9 艘 1000t 级货船。船闸平面总体布置如图 13-1 所示。船闸输水系统采用闸墙长廊道短支孔方案,是目前国内外规模最大的采用闸墙长廊道短支孔输水形式的船闸之一。船闸有效尺度为 280.0m ×34.0m ×4.5m(长 ×宽 ×门槛水深),最大设计水头 9.3m,设计输水时间 8min。船舶进、出闸方式采用曲进不完全直出方案。一、二线船闸并排布置,轴线距离为 62m。上下游引航道长为 910.0m,从口门区至闸门分别由 150.0m 的制动段、560.0m 的停泊段与 200.0m 的导航调顺段组成,导航调顺段宽由近闸首断面的 96.0m 变化至 146.0m,其余段引航道宽度均为 146m;上游引航道左侧存在平面近似三角形状、口门区附近宽度约 260m 的水体,引航道的左侧布置一排靠船墩,右侧利用隔水墙兼作靠船墩。上游引航道隔水墙是否透水需研究确定,下游的则被设置为不透水;下游引航道直线段长度为 760m,制动段向右侧偏转 5°58′9″。

引航道是船闸的重要组成部分,它直接影响船舶(队)过闸的安全和船闸的通过能力。

船闸运行方式为单线船闸灌泄水、船舶单线进出过闸;双线船闸错位灌泄水、船舶同时进或出船闸(一进一出);双线船闸同时灌泄水、船舶同时进或出船闸。由于本枢纽双线船闸并列共用引航道,且两船闸轴线距离仅为 62m,运行中互相干扰较大,受两线船闸灌(泄)水流相互作用影响,船闸上(下)游引航道非恒定流流态十分复杂,对船舶航行和停泊安全影响较大。另外,引航道受边界限制,上游引航道断面逐渐收缩,下游引航道断面逐渐扩展,从而使水流弯曲变形,产生流速梯度,形成斜向水流;由于斜向水流作用,产生回流和分离型小漩涡,横流和回流使航行船舶产生横漂和扭转,严重时会出现失控,以致发生事故,影响通航。

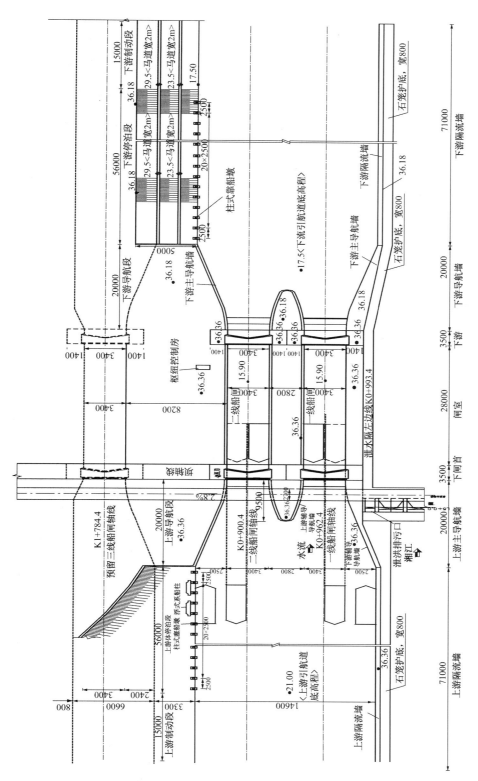

图13-1 长沙综合枢纽船闸总体布置图(高程单位:m,其余尺寸单位:mm)

为认识船闸灌、泄水过程中引航道内水流变化规律,掌握斜向水流、回流、漩涡强度与分布,有必要实施数模计算,对引航道内复杂非恒定流进行深入研究,分析复杂水流形成机理、产生及发展过程。通过模型计算各种运行条件下引航道内纵横向流速大小、水位波动高低和流态变化规律,对引航道内非恒定流通航条件进行评价,确定其是否满足船舶安全过闸要求。在模型计算基础上,提出改善措施,为引航道工程设计提供参考或计算依据,确保引航道船舶航行、停泊安全及船闸的正常运行。本研究拟采用三维数学模型针对船闸多种运行方式进行计算研究。研究内容包括:①船闸在灌、泄水时,上、下游引航道内非恒定流水力特性研究;②船闸采用旁侧(单支廊道)泄水时,下游引航道内非恒定流水力特性研究。研究工况包括:①船舶单线进出闸;②船舶双线错位进出闸;③船舶双线同步进出闸。

本研究的总体目标是切实解决长沙综合枢纽双线船闸引航道复杂水流问题,以保障湘江通航能力,充分发挥湘江的航运效益,意义重大。通过开展此项与长沙综合枢纽紧密相关的研究,为工程设计、方案调整、施工优化提供了有利的支撑。

13.2 引航道数学模型的建立

13.2.1 数学模型的基本原理

本课题基于水气两相流的 VOF 模型对长沙综合枢纽双线船闸共用引航道非恒定流问题进行研究。

带有自由表面的水流流动是一种极普遍的自然现象,如何追踪模拟自由表面一直是数值模拟研究的重点,人们在实践中提出了许多解决方法。本研究选用 VOF 法追踪自由表面。该方法的基本思想是:定义函数 $\alpha_w(x,y,z,t)$ 和 $\alpha_a(x,y,z,t)$ 分别代表计算区域内水和气占计算区域的体积分数(体积的相对比例)。在每个单元中,水和气的体积分数之和为 1,即

$$\alpha_w + \alpha_a = 1 \qquad\qquad (13-1)$$

对于某个计算单元而言,存在下面 3 种情况:

$\alpha_w = 1$ 表示该单元完全被水充满;

$\alpha_w = 0$ 表示该单元完全被气充满;

$0 < \alpha_w < 1$ 表示该单元部分是水、部分是气,有水气交界面。

显然,自由表面问题属于第三种情况。水的体积分数 α_w 的梯度可以用来确定自由边界的法线方向。计算出各单元的 α_w 数值及其梯度之后,就可以确定各单元中自由边界的近似位置。

水的体积分数 α_w 的控制微分方程为

$$\frac{\partial \alpha_w}{\partial t} + u_i \frac{\partial \alpha_w}{\partial x_i} = 0 \qquad\qquad (13-2)$$

式中,t 为时间;u_i 和 x_i 分别为速度分量和坐标分量($i = 1,2,3$)。水气界面的跟踪即通过求解该连续方程来完成。

从式(13-2)可以看出,水的体积分数 α_w 是时间和空间坐标的函数,随着时间和空间坐标的变化而变化。我们所要研究的各种泄洪工况实际上是指恒定流,而在计算流体力学中,因流体运动方程的类型复杂,往往很难事先确定,因而常用非恒定流运动方程式;通过对时间的逐步迭代求解,当最终达到稳定时,获得恒定流的正确解。本研究采用此方法进行求解。

13.2.1.1　控制方程

在 VOF 模型中,由于水和气共有相同的速度场和压力场,因而对水气两相流可以像单相流那样采用一组方程来描述流场。本研究采用的 $k-\varepsilon$ 紊流模型,连续方程、动量方程和 k、ε 方程分别表示如下

连续方程:
$$\frac{\partial \rho}{\partial t} + \frac{\partial \rho u_i}{\partial x_i} = 0 \qquad (13-3)$$

动量方程:
$$\frac{\partial \rho u_i}{\partial t} + \frac{\partial}{\partial x_j}(\rho u_i u_j) = -\frac{\partial p}{\partial x_i} + \frac{\partial}{\partial x_j}\left[(\nu + \nu_t)\left(\frac{\partial u_i}{\partial x_j} + \frac{\partial u_j}{\partial x_i}\right)\right] \qquad (13-4)$$

k 方程:
$$\frac{\partial(\rho k)}{\partial t} + \frac{\partial(\rho u_i k)}{\partial x_i} = \frac{\partial}{\partial x_i}\left[\frac{\nu + \nu_t}{\sigma_k}\frac{\partial k}{\partial x_i}\right] + G_k - \rho\varepsilon \qquad (13-5)$$

ε 方程:
$$\frac{\partial(\rho\varepsilon)}{\partial t} + \frac{\partial(\rho u_i \varepsilon)}{\partial x_i} = \frac{\partial}{\partial x_i}\left[\frac{\nu + \nu_t}{\sigma_\varepsilon}\frac{\partial\varepsilon}{\partial x_i}\right] + C_{1\varepsilon}\rho\frac{\varepsilon}{k}G_k - C_{2\varepsilon}\rho\frac{\varepsilon^2}{k} \qquad (13-6)$$

式中:ρ 和 ν——分别为体积分数平均的密度和分子黏性系数;

ν_t——紊流黏性系数,它可由紊动能 k 和紊动耗散率 ε 求出

$$\nu_t = C_\mu \frac{k^2}{\varepsilon}, \quad C_{1\varepsilon} = 1.42 - \frac{\eta(1-\eta/\eta_0)}{1+\beta\eta^3} \qquad (13-7)$$

$$\eta = Sk/\varepsilon, \quad S = \sqrt{2\bar{S}_{ij}\bar{S}_{ij}} \qquad (13-8)$$

以上各张量表达式中,$i = 1,2,3$,即 $\{x_i = x,y,z\}$,$\{u_i = u,v,w\}$;j 为求和下标,方程中通用模型常数见表13-1。

控制方程中的常数值

表 13-1

η_0	β	C_μ	$C_{2\varepsilon}$	σ_k	σ_ε
4.38	0.012	0.085	1.68	0.7179	0.7179

引入 VOF 模型的 $k-\varepsilon$ 紊流模型方程与单相流的 $k-\varepsilon$ 模型形式是完全相同的。只是密度 ρ 和 μ 的具体表达式不同,ρ 和 μ 是体积分数的函数,而不是常数。它们可由下式表示:

$$\rho = \alpha_w \rho_w + (1 - \alpha_w)\rho_a \qquad (13-9)$$

$$\mu = \alpha_w \mu_w + (1 - \alpha_w)\mu_a \qquad (13-10)$$

式中,α_w 为水的体积分数;ρ_w 和 ϕ 分别为水和气的密度;μ_w 和 μ_a 分别为水和气的分子黏性系数。通过对水的体积分数 α_w 的迭代求解,水气混合流体的 ρ 和 μ 值可由式(13-9)、式(13-10)求出。

13.2.1.2　数值求解方法

在前面所建立的方程组(13-1)~(13-10),还必须采用一定的数值求解算法才能求解出

全部计算域的未知变量。本研究采用控制体积法来离散计算区域,然后在每个控制体积中对微分方程进行积分,再把积分方程线性化,得到各未知变量,如速度、压力、紊动能 k 等的代数方程组,最后求解方程组即可求出各未知变量。为方便起见,将方程(13-13)~(13-6)写成如下的通用形式

$$\frac{\partial \phi}{\partial t} + \nabla \cdot (U\phi) - \nabla \cdot (\Gamma_\phi \nabla \phi) = S_\phi \qquad (13-11)$$

式中:t、U——分别为时间和速度矢量;

ϕ——通用变量,可用来代表 u, v, w, k 和 ε 等变量;

Γ_ϕ——变量 ϕ 的扩散系数;

S_ϕ——方程的源项。

ϕ、Γ_ϕ 和 S_ϕ 的具体形式见表13-2。

方程(13-11)各输运方程中 ϕ、Γ_ϕ 和 S_ϕ 的具体形式 表13-2

方　　程	ϕ	Γ_ϕ	S_ϕ
连续方程	ρ	0	0
动量方程	$\rho\mu_l$	$\mu + \mu_l$	$\dfrac{\partial \Gamma}{\partial x_l}$
k 方程	ρk	$u + \dfrac{u_l}{\sigma_k}$	$G - \rho\varepsilon$
ε 方程	$\rho\varepsilon$	$u + \dfrac{u_l}{\sigma_k}$	$C_{lk}\dfrac{\varepsilon}{k}G - C_{2E}p\dfrac{\varepsilon^2}{k}$

13.2.1.3　方程的离散及线性化

对较为简单的恒定流情况,在任意控制体积 V 上对式(13-11)的积分为

$$\int \rho\phi U d\Lambda = \int \Gamma_\phi \nabla\phi \cdot d\Lambda + \int S_\phi dV \qquad (13-12)$$

对式(13-12)进行离散,得

$$\sum_f^{N_f} U_f \phi_f A_f = \sum_f^{N_f} \Gamma_\phi (\nabla\phi)_n A_f + S_\phi V \qquad (13-13)$$

式中,f 为某个面;N_f 为围成单元的面的个数;U_f 和 ϕ_f 分别为穿过面的法向速度和 ϕ 值;A_f 为 f 面的面积;$(\nabla\phi)_n$ 为 ϕ 的梯度在 f 面法线方向的投影大小;V 为控制体体积。

离散方程式(13-13)中包含控制体中心及相邻控制体中心的未知变量,通常方程对这些变量是非线性的,可用下列公式对方程(13-13)进行线性化

$$a_p \phi = \sum_{nb} a_{nb} \phi_{nb} + b \qquad (13-14)$$

式中,下标 nb 表示相邻控制体;a_p 和 a_{nb} 分别为 ϕ 和 ϕ_{nb} 的线性化系数。

对于非恒定流,除了需在空间上对控制方程进行离散外,还须对时间进行离散。对变量的通用时间方程可写为

$$\frac{\partial \phi}{\partial t} = F(\phi) \qquad (13-15)$$

式中函数 F 代表所有的空间离散项,对时间的偏微分采用一阶向后差分格式进行离散

$$\frac{\phi^{n+1} - \phi^n}{\Delta t} = F(\phi) \tag{13-16}$$

式中 F 的值采用隐式格式,即 $F(\phi^{n+1})$ 的值,则上式可写为

$$\phi^{n+1} = \phi^n + \Delta t F(\phi^{n+1}) \tag{13-17}$$

此隐式方程可通过对 ϕ^{n+1} 赋初值 ϕ^1,并对上式进行迭代求解。全隐式格式的优点是对任何时间步长都无条件收敛。

13.2.1.4 压力—速度耦合算法

在方程(13-4)中,压力梯度为动量方程中源项的组成部分之一。但是,没有可用来直接求解压力的方程。这就必须采用一定的措施来反映压力变化对速度场的影响。本文采用(SIMPLE—Consistent)算法对压力和速度场进行耦合计算。SIMPLEC 算法是 SIMPLE 算法的一种改进形式,它利用速度和压力的耦合关系来确保质量守恒,并通过求解连续方程获得压力场。

13.2.1.5 边界条件处理

1. 固壁边界

在固壁边界上,规定为无滑移边界条件,对黏性底层采用壁函数来处理。壁函数描述的黏性底层速度分布为

$$U^* = \frac{1}{k}\ln(Ey^*) \qquad (y^* > 11.225) \tag{13-18}$$

$$U^* = y^* \qquad (y^* < 11.225) \tag{13-19}$$

$$U^* = \frac{U_p C_u^{\frac{1}{4}} k_p^{\frac{1}{2}}}{\tau_w/p} \tag{13-20}$$

式中

$$y^* = \frac{\rho C_u^{\frac{1}{4}} k_p^{\frac{1}{2}}}{\mu} \tag{13-21}$$

式中,$k = 0.42$,为卡门常数;E 为壁面粗糙系数,根据床沙中值粒径选取;U_p、k_p 分别为流体在 P 点的平均速度和紊动能;y_p 为 P 点到壁面的距离;τ_w 为壁面切应力。对 $k-\varepsilon$ 紊流模型,紊动能壁面处的边界条件为

$$\frac{\partial k}{\partial n} = 0 \tag{13-22}$$

式中,n 为壁面法线方向的局部坐标。

2. 自由表面

对于引航道存在的自由表面,采用三维 VOF 法进行计算,水面以上边界为大气压力。

3. 进、出口条件

上游引航道进口可以认为水位没有变化,为库水位,采用静水压力分布。出口为船闸进

水廊道,采用根据船闸灌水过程的流量过程线换算得到的流速过程线。下游引航道进口为船闸泄水廊道,采用根据船闸泄水过程的流量过程线换算得到的流速过程线。出口水位与下游水位平齐,为静水压力分布。

13.2.1.6 　方程的求解

本研究采用点隐式高斯——塞德尔迭代方法对线性化的方程组进行求解。求解过程是先对一个变量在计算域中的每个控制体的离散方程求解,得出此变量在整个计算区域的值,然后再在全场求解另一个变量。各个控制方程依次进行求解。由于控制方程本身是非线性的,并且是相互影响的,要获得收敛解必须进行迭代求解。根据执行先后顺序,具体求解步骤为:

(1)赋初始流场。给出初始压力 P、初速度 U、水的体积分数 α_w,根据经验给出紊动能 k 及紊动能耗散率 ε 的初始估计值;

(2)求解动量方程,得出 U、V、W;

(3)求解压力校正方程,得出 P';

(4)把 P^* 加上 P',得出 P;

(5)根据速度校正公式,由 U^*、V^*、W^* 和 P',求出 U、V、W;

(6)求解水的体积分数 α_w、紊动能 k、紊动能耗散率 ε 及水气混合单元的密度 ρ;

(7)判断是否收敛,如是就结束,如果不收敛,则转如下一步;

(8)将校正后的压力 P 作为新的猜想压力 P,返回第二步,重复整个计算过程,直到计算结果收敛。

在求解过程中采用多重网格法技术加速方程的收敛。

13.2.2 　计算几何模型

计算模型如图 13-2 ~ 图 13-5 所示。

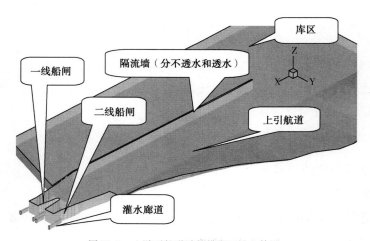

图 13-2 　上游引航道计算模型三维立体图

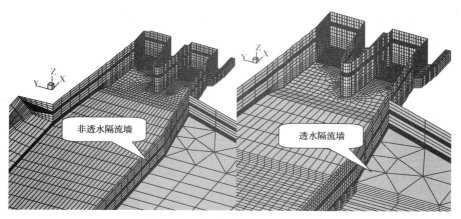

图13-3 上游引航道三维计算网格图

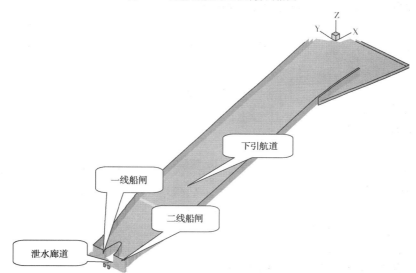

图13-4 下游引航道计算模型三维立体图

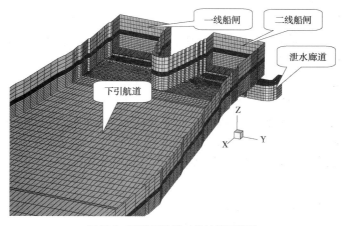

图13-5 下游引航道三维计算网格图

上游引航道模型总长1279m,上游进口距上闸首1265m,出口为灌水廊道。本研究计算了隔流墙不透水和透水(修改方案)两种情况。为改善引航道内水流条件,减小水位波动,隔流墙下部桩基之间保持透空,形成透水孔。计算模型中透水孔高度是根据桩基平台与实际河床地形高程差的平均值,取为6.5m。计算域采用四面体和六面体进行剖分。

下游引航道总长1080m,进口为泄水廊道,下游出口距下闸首1065m。为了避免泄洪波浪对下游引航道内水流流态产生不利影响,隔流墙为实体结构,下部不透空。为了研究船闸泄水对下游引航道流速与涨水波高的影响,泄水廊道采用了两种方案:①一线船闸右支泄水廊道采用旁侧泄水,二线船闸采用正常泄水;②为了有效减小船闸泄水流量过大造成下游引航道流速偏快和较大的涨水波高,两线船闸均采用了旁侧泄水布置。

13.2.3　数模验证

13.2.3.1　船闸灌泄水引航道内非恒定流波动理论

船闸灌泄水时,在引航道内发生流量随时间变化的非恒定流。它所形成的长波运动使水面发生倾斜,同时伴随着纵向水流运动。船闸灌泄水时在上、下游引航道产生一个负(或正)的推进波,波速为

$$c = v \pm \sqrt{gh} \tag{13-23}$$

式中:v——渠道水流速度;

$\quad\quad h$——引航道平均水深;

$\quad\quad g$——重力加速度。

在上下游引航道形成推进波的波形与船闸灌泄的流量过程线相仿,推进波的瞬时波谷 $-\Delta h_t$(上游)与瞬时波峰 Δh_t(下游),$\Delta h_t = \pm Q_t/(c \cdot B_n)$,波浪最大值

$$\Delta h_{max} = \pm Q_{max}/(c \cdot B_n) \tag{13-24}$$

式中:B_n——引航道的水面平均宽度;

$\quad\quad Q_t$、Q_{max}——船闸输水过程中流量和的最大瞬时流量。

13.2.3.2　数模计算与理论计算结果的比较

(1)上游引航道左、右线船闸同时灌水

$t = 50s, h = 9.7m, v = 0.1m/s, c = v - \sqrt{gh} = 0.1 - \sqrt{9.81 \times 9.7} = -9.65m/s$

数模计算结果:引航道跌水波波速约为9.8m/s,略大于理论计算结果。分析原因是隔流墙透水,相当于增加了水深。

最大波高:$\Delta h_{max} = -Q_{max}/(c \cdot B_n) = -339 \times 2/(9.65 \times 146) = -0.48m$

数模计算结果:上游引航道最低水位为29.38m,即跌水达到0.32m。小于理论计算结果,分析原因是上游引航道左侧有一较大水域可及时补水(相当于调节池),同时通过隔流墙透水孔也可补水,两者作用相当于增加了航道宽度和水深。

(2)下游引航道左、右线船闸同时泄水(近期,一、二线均采用旁侧泄水)

$t = 50s, h = 4.4m, v = 0.1m/s, c = v + \sqrt{gh} = 0.1 + \sqrt{9.81 \times 4.4} = 6.67m/s$

数模计算结果:下游引航道涨水波传播速度约为6.4m/s,与理论计算结果基本相当。

最大波高:$\Delta h_{max} = Q_{max}/(c \cdot B_n) = 297/(6.67 \times 146) = 0.305m$

数模计算结果：下游引航道水位最高涨幅为0.30m，与理论计算结果吻合。

（3）下游引航道左、右线船闸同时泄水（远期，一、二线均采用旁侧泄水）

$$t = 50s, h = 4.0m, v = 0.1m/s, c = v + \sqrt{gh} = 0.1 + \sqrt{9.81 \times 4.0} = 6.36m/s$$

数模计算结果：左、右两线传播速度基本相同，约为6.2m/s，与理论计算结果基本相当。

最大波高：$\Delta h_{max} = Q_{max}/(c \cdot B_n) = 330/(6.36 \times 146) = 0.35m$

数模计算结果：下游引航道水位最高涨幅为0.34m，与理论计算结果吻合。

从以上分析认为数模计算结果是基本合理的，可以用于引航道水力特性研究。

13.2.3.3　水槽验证（图13-6、图13-7）

为了进一步验证计算结果的合理性，进行了水槽试验。实验流量为58.98l/s。从流速验证来看，大多数定点流速误差小于0.1m/s，个别点超过0.15m/s。从水位误差来看，多数定点误差小于0.1m，最大误差为0.19m，其原因是测点位置位于坝后较近，水位波动较大，受此影响致使计算值与模型实测值间的误差比较大。但总的看来，计算结果与实验成果基本吻合，说明数模计算成果是可信的。

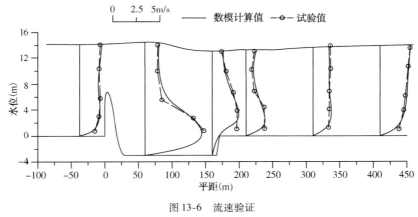

图13-6　流速验证

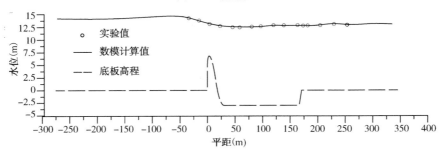

图13-7　水位验证

13.3　计算工况及通航安全指标

13.3.1　双线船闸运行方式

（1）船舶单线进、出闸：包括左线船闸灌、泄水或右线船闸灌、泄水。

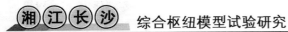

（2）船舶双线错位进、出闸：包括双线船闸左灌右泄或左泄右灌。

（3）船舶双线同步进、出闸：左、右线船闸同时灌、泄水。

13.3.2 计算工况与水位组合

为了研究双线船闸灌、泄水对引航道通航条件产生不利影响，分析灌、泄水过程中引航道水位变化、流速、流态，根据《长沙综合枢纽双线船闸共用引航道非恒定流水力特性及改善措施研究》合同要求，考虑双线船闸的运行方式，以及近期、远期不同下游水位，拟定表13-3所示的计算工况与相应的水位组合。其中上游引航道包括16个工况，工况1~6为隔流墙不透水。为了便于施工和灌水时库区的及时补水，工况7~12计算了隔流墙透水时上游引道水流条件；工况13~16为双线船闸错峰运行，即两船闸灌水阀门相继间隔5min开启。下游引航道研究包括12个工况，其中工况1~6为一线船闸右支旁泄。为了进一步减小泄水时下游引航道内流量，从而减小涨水波高和流速，在一线船闸右支旁泄同时，二线船闸右支也采取旁泄，即工况7~10。工况11、12为在双旁泄的基础上，双线船闸错峰泄水，即两线船闸泄水阀门相继间隔4min开启。

计 算 工 况 组 合
表 13-3

方案	工况	引航道	船闸运行方式	水 位 组 合	备 注
设计方案	1		一、二线船闸同时灌水	29.7~21.9m；$H=7.8$m；充水阀门 $t_v=5$min	不透水
	2		一线船闸灌水，二线船只进闸	29.7~21.9m；$H=7.8$m；充水阀门 $t_v=5$min	不透水
	3		二线船闸灌水，一线船只进闸	29.7~21.9m；$H=7.8$m；充水阀门 $t_v=5$min	不透水
	4		一、二线船闸同时灌水	29.7~20.4m；$H=9.3$m；充水阀门 $t_v=5$min	不透水
	5		一线船闸灌水，二线船只进闸	29.7~20.4m；$H=9.3$m；充水阀门 $t_v=5$min	不透水
	6		二线船闸灌水，一线船只进闸	29.7~20.4m；$H=9.3$m；充水阀门 $t_v=5$min	不透水
修改方案	7	上引航道	一、二线船闸同时灌水	29.7~21.9m；$H=7.8$m；充水阀门 $t_v=5$min	透水
	8		一线船闸灌水，二线船只进闸	29.7~21.9m；$H=7.8$m；充水阀门 $t_v=5$min	透水
	9		二线船闸灌水，一线船只进闸	29.7~21.9m；$H=7.8$m；充水阀门 $t_v=5$min	透水
	10		一、二线船闸同时灌水	29.7~20.4m；$H=9.3$m；充水阀门 $t_v=5$min	透水
	11		一线船闸灌水，二线船只进闸	29.7~20.4m；$H=9.3$m；充水阀门 $t_v=5$min	透水
	12		二线船闸灌水，一线船只进闸	29.7~20.4m；$H=9.3$m；充水阀门 $t_v=5$min	透水
错峰方案	13		一、二线船闸错峰灌水	29.7~21.9m；$H=7.8$m；充水阀门 $t_v=5$min	不透水，错峰
	14		一、二线船闸错峰灌水	29.7~20.4m；$H=9.3$m；充水阀门 $t_v=5$min	不透水，错峰
	15		一、二线船闸错峰灌水	29.7~21.9m；$H=7.8$m；充水阀门 $t_v=5$min	透水，错峰
	16		一、二线船闸错峰灌水	29.7~20.4m；$H=9.3$m；充水阀门 $t_v=5$min	透水，错峰

续上表

方案	工况	引航道	船闸运行方式	水 位 组 合	备 注
设计方案	1	下引航道	一、二线船闸同时泄水	$29.7 \sim 21.9\text{m}; H = 7.8\text{m};$泄水阀门 $t_v = 4\text{min}$	一线旁泄
	2		一线船闸泄水,二线船只进闸	$29.7 \sim 21.9\text{m}; H = 7.8\text{m};$泄水阀门 $t_v = 4\text{min}$	一线旁泄
	3		二线船闸泄水,一线船只进闸	$29.7 \sim 21.9\text{m}; H = 7.8\text{m};$泄水阀门 $t_v = 4\text{min}$	一线旁泄
	4		一、二线船闸同时泄水	$29.7 \sim 20.4\text{m}; H = 9.3\text{m};$泄水阀门 $t_v = 4\text{min}$	一线旁泄
	5		一线船闸泄水,二线船只进闸	$29.7 \sim 20.4\text{m}; H = 9.3\text{m};$泄水阀门 $t_v = 4\text{min}$	一线旁泄
	6		二线船闸泄水,一线船只进闸	$29.7 \sim 20.4\text{m}; H = 9.3\text{m};$泄水阀门 $t_v = 4\text{min}$	一线旁泄
修改方案	7		一、二线船闸同时泄水	$29.7 \sim 21.9\text{m}; H = 7.8\text{m};$泄水阀门 $t_v = 4\text{min}$	一线旁泄 二线旁泄
	8		二线船闸泄水,一线船只进闸	$29.7 \sim 21.9\text{m}; H = 7.8\text{m};$泄水阀门 $t_v = 4\text{min}$	一线旁泄 二线旁泄
	9		一、二线船闸同时泄水	$29.7 \sim 20.4\text{m}; H = 9.3\text{m};$泄水阀门 $t_v = 4\text{min}$	一线旁泄 二线旁泄
	10		二线船闸泄水,一线船只进闸	$29.7 \sim 20.4\text{m}; H = 9.3\text{m};$泄水阀门 $t_v = 4\text{min}$	一线旁泄 二线旁泄
错峰方案	11		一、二线船闸错峰泄水	$29.7 \sim 21.9\text{m}; H = 7.8\text{m};$泄水阀门 $t_v = 4\text{min}$	双旁泄,错峰
	12		一、二线船闸错峰泄水	$29.7 \sim 20.4\text{m}; H = 9.3\text{m};$泄水阀门 $t_v = 4\text{min}$	双旁泄,错峰

13.3.3 通航安全指标

13.3.3.1 流速指标

根据《船闸总体设计规范》JTJ 305—2001 中 5.3.3 条规定:引航道制动段和停泊段的水面最大流速纵向不应大于 0.5m/s,横向不应大于 0.15m/s。

13.3.3.2 系缆力指标

根据《船闸输水系统设计规范》JTJ 306—2001 中 2.2.1 条规定:闸室与引航道内停泊船舶的允许系缆力,可按表 13-4 采用。

船舶容许系缆力　　　　　　　　　　　　　　　　　　　　　表 13-4

船舶吨位(t)	3000	2000	1000	500	300	100	50
纵向水平分力(kN)	46	40	32	25	18	8	5
横向水位分力(kN)	23	20	16	13	9	4	3

系缆力由作用于船舶的风荷载和水流作用共用组成。由于本课题仅研究引航道内的水力条件,因此计算系缆力只计算了水流对船舶的作用力。

13.4 上游引航道计算成果分析

13.4.1 设计方案成果分析

上游引航道设计方案包括 6 个工况(工况 1 ~ 6)。该 6 个工况引航道隔流墙均不透空。

工况 1 ~ 3 为近期水位,水位组合 29.7 ~ 21.9m, $H = 7.8$m;工况 4 ~ 6 为远期水位,水位组合 29.7 ~ 20.4m, $H = 9.3$m。充水阀门开启时间均为 $t_v = 5$min。

13.4.1.1 水位过程线(图 13-8、图 13-9)

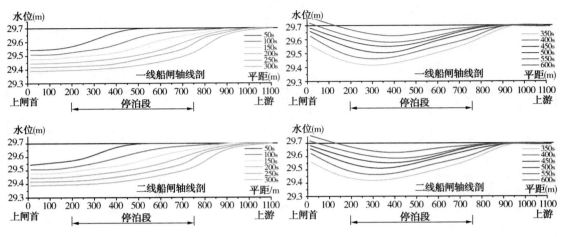

图 13-8 上游引航道各时刻水位图(工况 1)

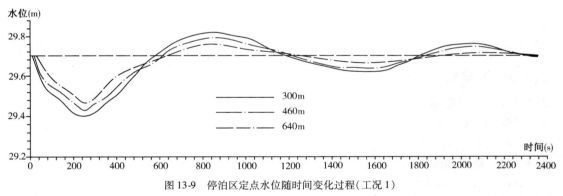

图 13-9 停泊区定点水位随时间变化过程(工况 1)

随着船闸灌水进程,近闸首水位首先跌落,形成的跌水波迅速传向引航道上游,导致整个引航道内水位从闸首向上游逐渐下降;当船闸灌水流量达到最大时,闸首处水位下跌至最低;随着闸室水位上升,灌水流量减小,而引航道内的水流在惯性作用下仍流向上闸首,使上闸首处水位升高,形成壅水。壅水波又从闸首向上游传导,引航道水位不断升高,最后回复到与上游库区水位平齐。上游引航道跌水波波速约为 9.6m/s。最低水位为 29.39m,最大跌水波高为 0.31m。停泊段内的水位最大变幅为 0.25 ~ 0.31m。跌水波的比降变化为 0.35 ~ 0.4‰,壅水波的比降为 -0.2‰ ~ -0.35‰,横比降约为 0.2‰。由水流作用生成的系缆力来看,随流量增加,系缆力增大,6 个工况系缆力大小均满足规范要求,最大为工况 3,达 20.9kN。停泊段 300m、460m 和 640m 处水位随时间过程可见,波动随时间增加逐渐衰减,整体波动过程大约经 3 个周期后,水位恢复到初始水位。水位波动周期约 20min。最大波幅出现在第一个周期内,闸首前的水位变幅最大,波幅随距闸首越远而减小。

工况 2 ~ 6 上引航道内水位变化规律与工况 1 相似,工况 2 和工况 3,由于灌水流量减小一半,故水位跌幅降低为 $0.23m$ 和 $0.22m$。对于远期的工况 $4 \sim 6$,由于水位差增加,最大流量增加到 $338m^3/s$,相应跌水波幅增大,分别为 $0.38m$、$0.31m$ 和 $0.30m$,引航道内比降也较近期水位组合时略有增大,约为 $-0.2‰ \sim 0.4‰$。

13.4.1.2 水面流速分布(图 13-10、图 13-11)

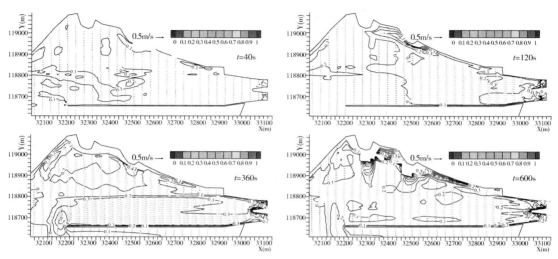

图 13-10 上游引航道工况 1 不同时刻水面流速分布

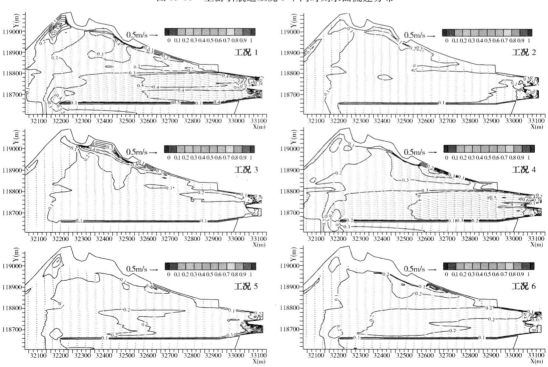

图 13-11 上游引航道工况 1-6($t = 300s$)水面流速分布

随着船闸灌水的开始,一、二线引航道内从闸首处流速逐渐增加,并且向上游传递,一、二两线引航道内各自生成的较大流速区融合成一片,范围向上游扩展。当 $t = 300s$ 时,灌水流量达到最大,引航道停泊段内表面流速达到 0.4m/s,局部区域的流速达 0.5m/s;随后灌水流量减小,近闸首区开始形成壅水,跌水波与壅水波相互抵消,流速减慢,并形成倒流,向上游传递,从而导致整个上引航道流速减小。$t = 540s$ 以后,引航道内局部存在流速小于 0.2m/s 的倒流。整个灌水过程中,停泊段内流速分布呈现越靠近闸首,流速越快,流速范围约为 $0.3 \sim 0.5$m/s。灌水过程中,由于左侧水域补水,二线船闸航道内存在流速不大于 0.2m/s 的横向流速。

工况 2 ~ 6 水面流场的变化规律与工况 1 相同。工况 2 ~ 6 在 $t = 300s$ 时刻的水面流速及范围达到最大。可见,流量越大,流速及范围越大。最大的流速是工况 4 双线同时运行,整个引航道内流速均大于 0.3m/s,距闸首 550m 范围内流速大于 0.4m/s,即停泊段流速在 $0.3 \sim 0.5$m/s。导航调顺段流速在 $0.5 \sim 0.7$m/s。其余工况由于船闸单线运行,流量减小一半,停泊段流速均只有 $0.2 \sim 0.3$m/s。

所有工况整个引航道内流态较好,没有出现明显的涡流、涌浪等不良流态。

13.4.1.3 纵剖面流速分布(图 13-12、图 13-13)

随着灌水开始,导航调顺段靠近闸首处水体开始流动,流速随灌水流量增加而增大,并逐渐向上游传播。当 $t = 300s$ 时,流速及范围达到最大,整个引航道内流速大于 0.3m/s,停泊段流速约在的 0.5m/s。由于左侧水域补水作用,二线船闸航道内流速略小于一线船闸航道。引航道内没有出现涌浪。

流量越大,流速及范围越大。工况 1 ~ 6,双线船闸同时灌水时,停泊段流速大小分别为 $0.3 \sim 0.5$m/s,船闸单线运行时,流速为 $0.2 \sim 0.3$m/s。流速大于 0.3m/s 的范围距闸首分别为 850m、320m、380m、850m、320m 和 430m,工况 4 的范围略大于工况 1。

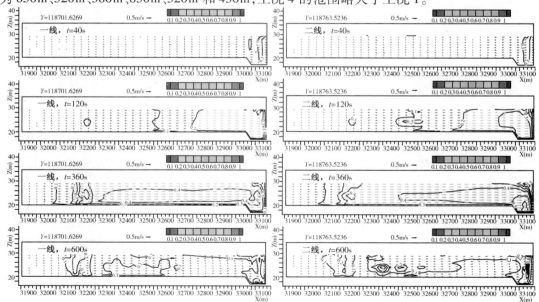

图 13-12　上游引航道工况 1 不同时刻轴线剖面流速演变

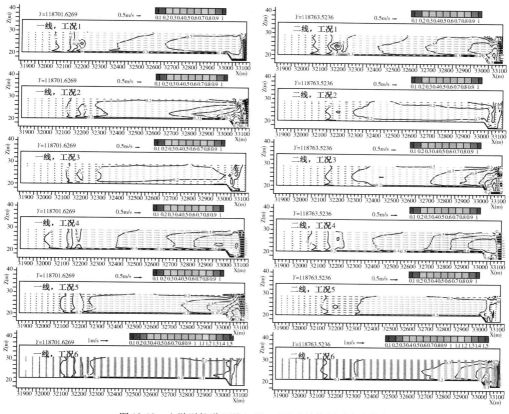

图 13-13　上游引航道工况 1-6（$t = 300s$）轴线剖面流速分布

13.4.1.4　横剖面流速分布（图 13-14）

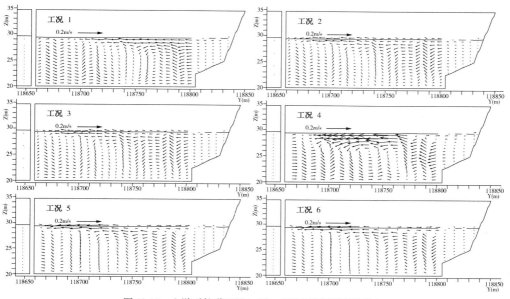

图 13-14　上游引航道工况 1-6（$t = 300s$）横剖面流速分布

由于左侧水域补水,存在横向流速,但流速较慢,小于 0.1m/s。左侧水面略高于右侧,横比降约 0.2‰。灌水流量越大,左侧水体补水越多,横向流速越快,横向流速最大为工况 4,但不大于 0.2m/s。

13.4.2 修改方案成果分析

隔流墙采取透空方式。上游引航道修改方案包括 6 个工况(工况 7~12)。工况 7~9 为近期水位,水位组合 29.7~21.9m,$H = 7.8$m;工况 10~12 为远期水位,水位组合 29.7~20.4m,$H = 9.3$m。充水阀门开启时间均为 $t_v = 5$min。

13.4.2.1 水位过程线(图 13-15、图 13-16)

上游引航道内水位变化规律与工况 1 类似。上游引航道内跌水波波速约 9.5m/s。引航道最低水位为 29.43m,最大跌水波波幅为 0.27m;停泊段内的水位变幅为 0.12~0.27m。跌水波的比降变化为 0.25‰~0.35‰,壅水波的比降为 -0.1‰~-0.2‰。横比降约为 0.15‰。工况 8~12 有相似的结果。停泊区定点水位随时间变化过程与工况 1 相似,周期略有减小。在相同灌水流量下,通过隔流墙的透水孔补水可降低跌水波波峰 3~7cm。修改方案的水流系缆力均较原方案减小,减小幅度约 2.2~4.1kN。

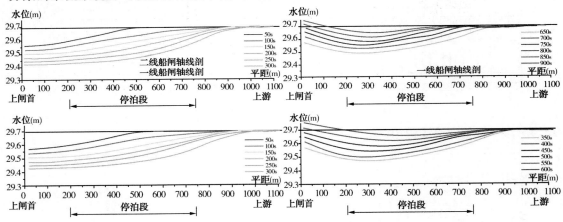

图 13-15　上游引航道各时刻水位图(工况 7)

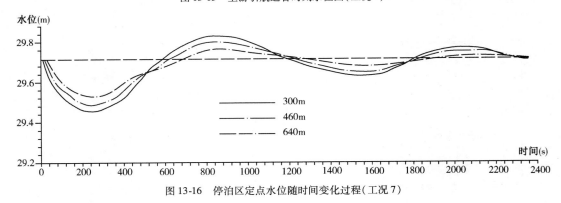

图 13-16　停泊区定点水位随时间变化过程(工况 7)

13.4.2.2　**水面流速分布**(图13-17~图13-19)

流场变化规律与设计方案相似。双线船闸同时运行时,停泊段的流速约为0.1~0.3m/s,船闸单线运行时为0.05~0.2m/s。同时整个上游引航道内流态较好,没有出现明显的涡流、涌浪等不良流态。

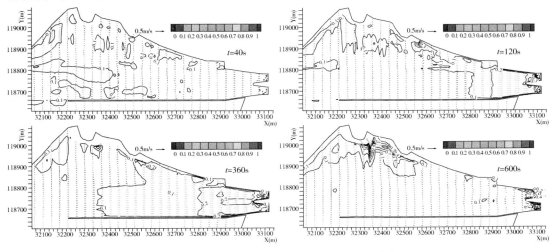

图13-17　上游引航道工况7不同时刻水面流速分布

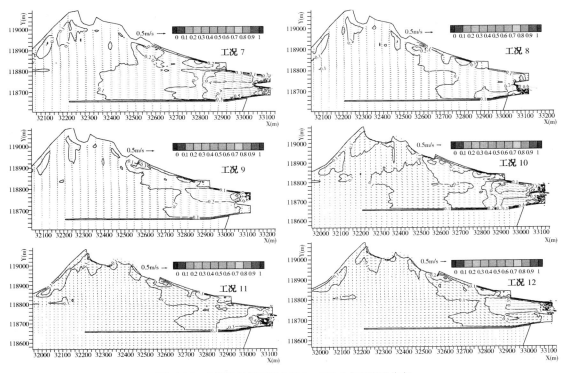

图13-18　上游引航道工况7-12(t=300s)水面流速分布

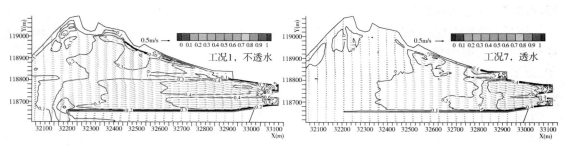

图13-19 工况1和工况7表面流场比较

从工况1和工况7表面流场对比来看,由于隔流墙透水及时从库区补充船闸耗水,修改方案的最大流速及范围均较设计方案有所减小,如工况1停泊段流速从0.3~0.5m/s降低到工况7的0.1~0.3m/s,工况1中0.3m/s的等值线上游距闸首750m,工况7则仅距300m,范围缩小了450m。

13.4.2.3 纵剖面流速分布(图13-20、图13-21)

工况7~12的纵剖面流场图变化规律与设计方案类似。双线船闸同时灌水时,停泊段流速大小分别为0.1~0.3m/s,船闸单线运行时,流速为0.05~0.2m/s。流速大于0.3m/s的范围距闸首分别为280m、180m、180m、300m、200m和200m,工况10的范围略大于工况7约20m。

比较设计方案与修改方案的大流速范围,可见修改方案大流速范围明显缩小,速度0.3m/s等值线的范围缩小的距离分别为570m、120m、180m、550m、140m和250m。

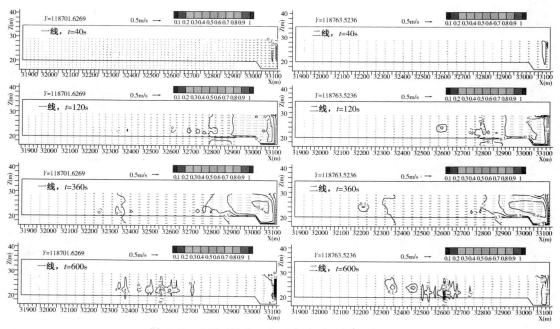

图13-20 上游引航道工况7不同时刻轴线剖面流速演变

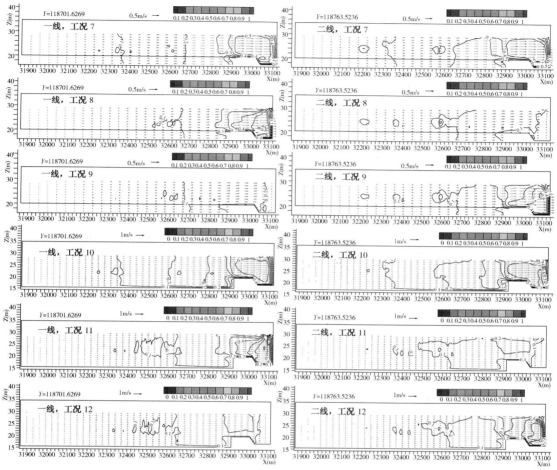

图 13-21　上游引航道修改方案工况 7 种不同轴线剖面流速演变

13.4.2.4　**横剖面流速分布**（图 13-22）

在剖面底部有流向左侧的水流，船闸灌水流量越大，流速越快；由于上游引航道左侧水体补水，表面有流向右侧的水流。横剖面上的流速总的来看均不大，小于 0.15m/s。

13.4.2.5　**隔墙透水孔流速分布**（图 13-23）

水流从透水孔进入上引航道后流向闸首，但透水孔附近流速不大，约为 0.1～0.2m/s。

13.4.3　**错峰运行方案成果分析**

双线船闸错峰运行方案包括 4 个工况（工况 13～16）。工况 13 和工况 15 为近期水位，水位组合 29.7～21.9m，$H = 7.8$m；工况 14 和工况 16 为远期水位，水位组合 29.7～20.4m，$H = 9.3$m。工况 13 和工况 14 隔流墙不透水，工况 15 和工况 16 隔流墙透水。充水阀门开启时间均为 $t_v = 5$min。

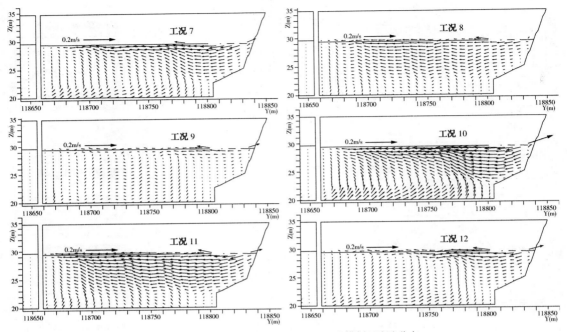

图 13-22　上游引航道工况 7-12($t=300$s)横剖面流速分布

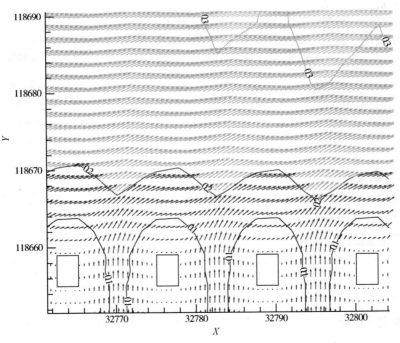

图 13-23　透水孔流速图($t=260$s，$Z=18.5$m)

13.4.3.1 错峰运行水位过程（图 13-24）

在前 300s 时,流量过程线与船闸单线灌水相一致;在 300~550s,流量基本维持在最大流量 300m³/s;550s 后流量减小,又与船闸单线运行时一致;直到 810s 流量为 0。相较于双线船闸同时运行的最大流量 600m³/s,错峰运行相当于延长了灌水时间从而减小最大灌水流量,最大流量减小了 1/2,流量峰值持续时间增长。

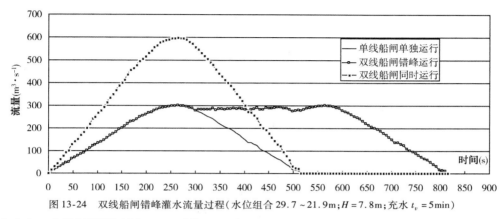

图 13-24　双线船闸错峰灌水流量过程（水位组合 29.7~21.9m;$H = 7.8$m;充水 $t_v = 5$min）

13.4.3.2 水位过程线（图 13-25、图 13-26）

一、二线船闸错峰运行时,在前 300s,水位变化规律与船闸单线运行时一致,300~600s 期间,引航道水位基本维持在最大跌水位,最大水位跌幅为 0.24m,与船闸单独运行的最大水位跌幅基本相当,较双线船闸同时运行时水位跌幅减小约 0.07m。随后随着流量减小,引航道水位逐渐平复。因为引航道水位变化不大,跌水波速也没有影响,约为 9.7m/s,比降变化约为 -0.2‰~0.3‰,横比降约为 0.1‰。从停泊区水位随时间变化来看,可以明显看到在 300~600s 期间,停泊区维持在最低水位。第一个周期的前半周期时间较长,约为 15min,后半周期约为 10min。第二个周期时长约 18min。

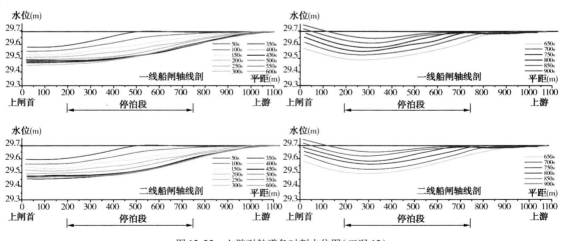

图 13-25　上游引航道各时刻水位图（工况 13）

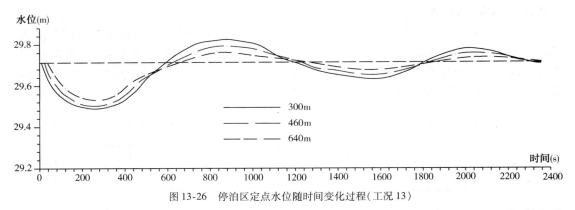

图 13-26　停泊区定点水位随时间变化过程(工况 13)

工况 14 与工况 16 有相似的结论,水位跌幅分别为 0.32m、0.21m 和 0.25m。与对应的工况 1,工况 4、工况 7 和工况 10 的水位跌幅相比,采用错峰运行,水位下降约 0.06 ~ 0.07m,降幅为 16% ~ 23%。系缆力减小约 3.5 ~ 4.7kN,降幅约为 17% ~ 26%。

13.4.3.3　水面流速分布(图 13-27、图 13-28)

从灌水过程中表面流速演变来看,双线船闸采用错峰灌水,即运行工况 13,在 $t = 300s$ 和 $t = 600s$,流速和范围达到最大,此时相当于船闸单线运行时的最大流量,因此流速不大,最大流速未超过 0.2m/s。在 300 ~ 600s 期间,尽管此时灌水流量基本维持最大,但由于跌水波与壅水波相互制约,表面流速反而不大。工况 14 ~ 16 与工况 13 有相似的结论。

13.4.3.4　纵剖面流速分布(图 13-29、图 13-30)

13.4.3.5　横剖面流速分布(图 13-31)

由于灌水峰值分散,横断面上横向流速小于 0.1m/s(图中等值线表示三维合流速,箭头长短表征横向流速大小)。

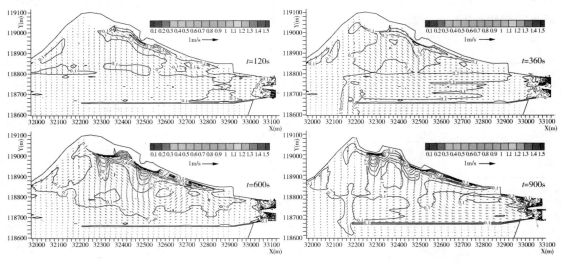

图 13-27　上游引航道工况 13 不同时刻轴线剖面流速演变

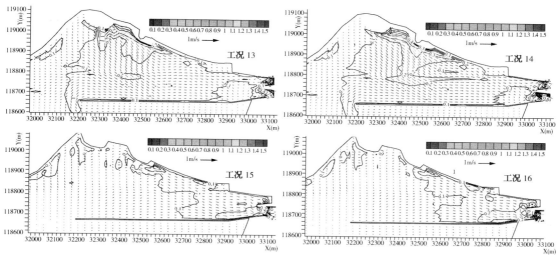

图 13-28　上游引航道工况 13-16($t=280\,\mathrm{s}$)水面流速分布

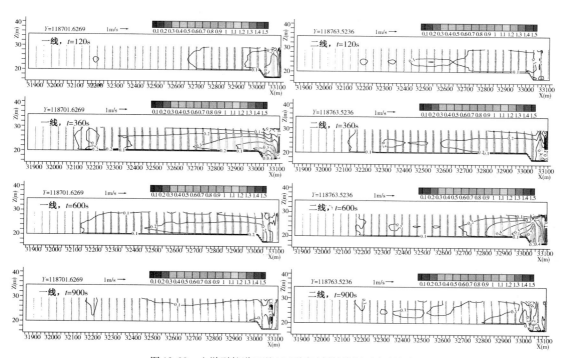

图 13-29　上游引航道工况 13 不同时刻轴线剖面流速演变

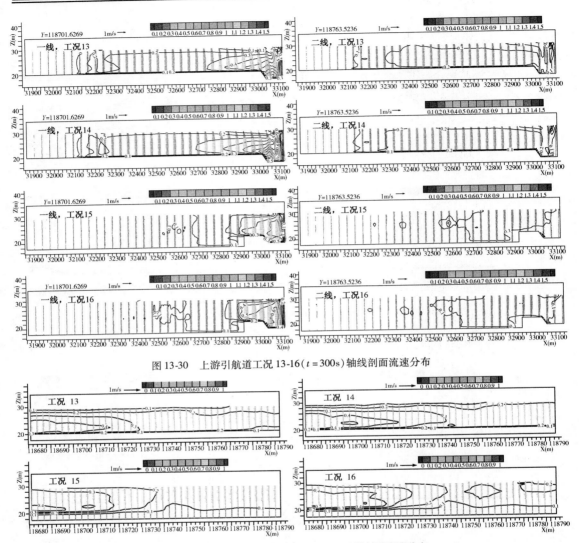

图 13-30　上游引航道工况 13-16($t=300\mathrm{s}$)轴线剖面流速分布

图 13-31　上游引航道工况 13-16($t=600\mathrm{s}$)横剖面流速分布

13.5　下游引航道计算成果分析

13.5.1　设计方案成果分析

下游引航道设计方案包括 6 个工况(工况 1~6)。该 6 个工况为一线船闸右支旁泄。工况 1~3 为近期水位,水位组合 29.7~21.9m,$H=7.8\mathrm{m}$;工况 4~6 为远期水位,水位组合 29.7~20.4m,$H=9.3\mathrm{m}$。泄水阀门开启时间均为 $t_v=4\mathrm{min}$。

13.5.1.1　水位过程线(图 13-32、图 13-33)

泄水在下游引航道引起涨水波,涨水波迅速向下游扩散,两线传播速度相同,约为 6.6m/s。随着泄水流量增大,下游引航道水位上升,当 $t=300\mathrm{s}$ 时,水位上涨到最高水位 22.35m,即下游引航道水位最高涨幅为 0.45m;而后随泄水流量减小,水位开始下落,泄水末期,水位约有0.1m的超降,波浪经过多次往复,最后回复到正常水位。停泊段水位最大变幅0.30~0.45m内,比降变化在0.4‰~-0.1‰。横比降小于0.15‰。计算系缆力来看,流量越大,系缆力越大,远期工况比近期工况大。最大为工况3,达21.8kN;6个工况的系缆力均满足规范要求。下游引航道水位波动周期约18min,约经3个周期水位平复。工况2~6下游引航道内水位变化规律与工况1相似。工况2和工况3,由于泄水流量减小1/2,故水位涨幅降低为0.24m和0.32m。对于远期的工况4~6,由于水位差增加,最大流量增加到325m³/s,相应涨水波幅增大,分别为0.51m、0.28m和0.35m,引航道内比降也较近期水位组合时略有增大,约为0.1‰~0.4‰。

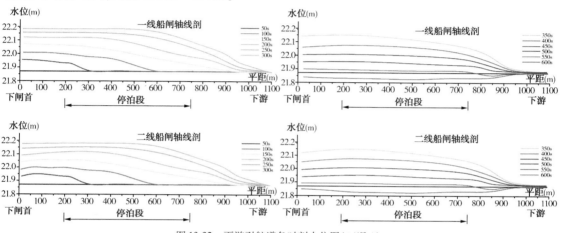

图13-32 下游引航道各时刻水位图(工况1)

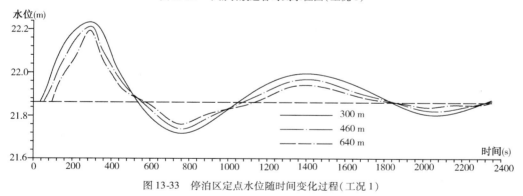

图13-33 停泊区定点水位随时间变化过程(工况1)

13.5.1.2 水面流场分布(图13-34、图13-35)

随着船闸开阀泄水,下游引航道从下闸首开始流速逐渐增大,并向下游传递。当$t=260s$时,下泄流量达到最大,流速及范围也达到最大,此时停泊段范围内,表面流速为0.5~0.6m/s。而后随下泄流量减小,水位开始跌落,形成落水波,流速减慢,范围逐渐缩小。当$t=400s$时,停泊段内流速已经小于0.2m/s。从流态来看,由于一线采用旁泄,二线船闸泄水流量是一线船闸泄水流量的一倍,在导航调顺段存在偏向一线船闸的横向流速,流速小于0.2m/s,进入停泊段后,水流基本分布均匀。导航调顺段边壁区有沿壁的斜流,但流速较慢。没有出现回流、漩涡等不利流态。

工况2~6水面流场的变化规律与工况1相同。工况2~6在 $t=260\mathrm{s}$ 时刻的水面流速及范围达到最大。流量越大,流速及范围也越大。最大的流速是工况4,双线同时泄水,下泄流量最大,整个引航道内流速均大于 $0.6\mathrm{m/s}$,停泊段内流速为 $0.6\sim0.8\mathrm{m/s}$,二线船闸由于双支泄流,导航调顺段流速超过 $1\mathrm{m/s}$。其余工况随流量大小的不同,流速大小及范围也不同。所有工况整个引航道内流态较好,没有出现明显的涡流、涌浪等不良流态。

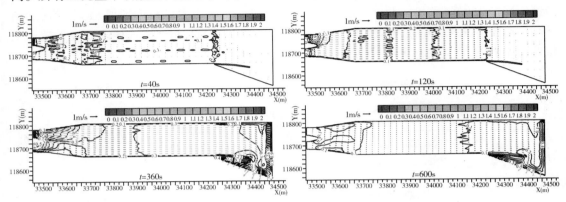

图13-34　下游引航道工况1不同时刻轴线剖面流速演变

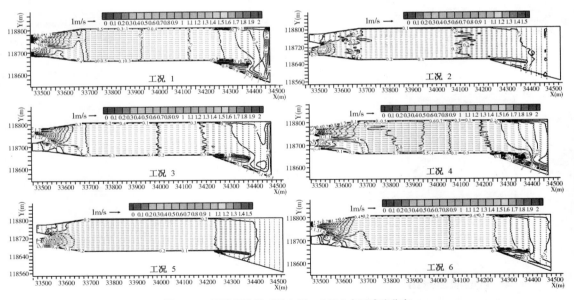

图13-35　下游引航道工况1-6($t=260\mathrm{s}$)水面流速分布

13.5.1.3　纵剖面流速分布(图13-36、图13-37)

下游引航道一、二线船闸轴线剖面流速变化规律,亦可看到涨水波的传导规律。随下泄流量不断增大,下游引航道从下闸首开始涨水,形成涨水波向下游传递,波前表面流速首先增大,而后整个断面流速增大。因为二线船闸双支泄流,大于一线船闸单支泄流,故在导航调顺段,二线船闸流速大于一线船闸,进入停泊段后,一、二线船闸泄水基本混合均匀,流速基本相当。当 $t=260\mathrm{s}$ 时,停泊段内流速达到最大,为 $0.5\sim0.6\mathrm{m/s}$。无涌浪等不良流态。

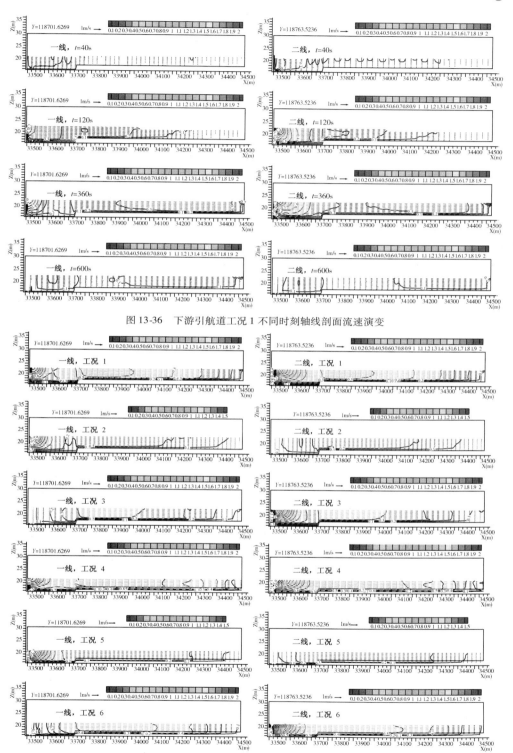

图 13-36 下游引航道工况 1 不同时刻轴线剖面流速演变

图 13-37 下游引航道工况 1-6($t = 260\,\text{s}$)轴线剖面流速分布

流量越大,流速及范围越大。流速最大是工况 4,停泊段流速在 0.6~0.8m/s。流速最小是工况 2,停泊段流速为 0.1~0.2m/s。流速大于 0.4m/s 的范围距下闸首的距离,工况 1~6 分别是 830m、50m、550m、850m、80m 和 770m。远期的 3 个工况范围略大于近期的 3 个对应工况,原因是远期下泄流量比近期对应工况的流量大。

13.5.1.4 横剖面流场分布(图 13-38)

由于二线船闸为双支泄流,一线船闸为单支泄流,二线船闸泄流量大于一线船闸,或者船闸单线运行,故均存在偏向一侧的横向流速,流量越大,横向流速越快,最大横向流速为工况 4,达到 0.2m/s,最小为工况 2,为 0.05m/s。

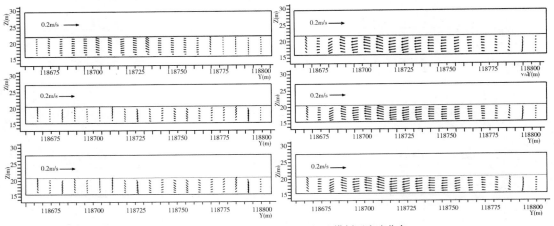

图 13-38　下游引航道工况 1-6($t=260$s)横剖面流速分布

13.5.2 修改方案成果分析

从设计方案计算结果可见,双线船闸同时运行时,最大水位涨幅相对较大,如工况 1 和工况 4 分别高达 0.45m 和 0.51m,此外,两线船闸下泄流量不同生成横向流速和横比降,不利于船舶靠泊。因此为了降低涨水波高,对设计方案进行修改,一线和二线船闸右支廊道均采取旁泄,即双旁泄方案。采用此方案后,两线船闸同时运行时,可保证两线流量基本相当;此外二线船闸单线运行时,流量亦减小 1/2。修改方案包括 4 个工况(即工况 7~10)工况 7 和工况 8 为近期水位,水位组合 29.7~21.9m,$H=7.8$m;工况 9 和工况 10 为远期水位,水位组合 29.7~20.4m,$H=9.3$m。泄水阀门开启时间均为 $t_v=4$min。

13.5.2.1 水位过程线(图 13-39、图 13-40)

泄水在下游引航道引起涨水波,涨水波迅速向下游扩散,两线传播速度相同,约为 6.4m/s。随泄水流量增大,下游引航道水位上升,当 $t=260$s 时,水位上涨到最高水位 22.20m,即下游引航道水位最高涨幅为 0.30m;而后随泄水流量减小,水位开始下跌,泄水末期,水位约有 0.1m 的超跌,波浪经多次往复,最后回复到正常水位。停泊段水位最大变幅 0.25~0.3m 内,比降变化在 0.4‰~-0.1‰,没有横比降。下游引航道水位波动周期约 18min,约经 3 个周期水位平复。工况 8~10 有类似规律。

采用双旁泄的修改方案比设计方案水位涨幅降低分别为 0.15m、0.17m、0.16m 和 0.17m,

效果显著;系缆力较设计方案降低 3.5kN、4.5kN、5.3kN 和 5.7kN,降幅达 18% ~ 30%。

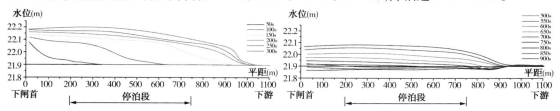

图 13-39　下游引航道各时刻水位图(工况 7)

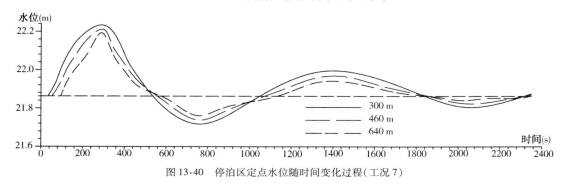

图 13-40　停泊区定点水位随时间变化过程(工况 7)

13.5.2.2　水面流场分布(图 13-41、图 13-42)

随着船闸开阀泄水,下游引航道从下闸首开始流速逐渐增大,并向下游传递。当 $t =$ 260s 时,下泄流量达到最大,流速及范围也达到最大,此时停泊段范围内,表面流速为 0.3 ~ 0.5m/s。而后随下泄流量减小,水位开始跌落,形成跌水波,流速减慢,范围逐渐缩小。当 $t = 380s$ 时,停泊段内流速已经小于 0.2m/s。从流态来看,尽管采用单支出水,但出流基本均匀。导航调顺段边壁区有沿壁的斜流,但流速较慢,没有出现回流、漩涡等不利流态。由于修改方案工况 7 采用双旁泄,流量较工况 1 减小了 1/3,故下游引航道内停泊段最大流速从 0.5 ~ 0.6m/s 减小到 0.3 ~ 0.5m/s。另外工况 7 两线船闸的下泄流量相等,因此没有横向流速。工况 8 ~ 10 在 $t = 260s$ 时刻流场图,与对应工况相比较,工况 8 较工况 3 流速减小约 0.2m/s,工况 9 较工况 4 减小约 0.3m/s,工况 10 较工况 6 减小约 0.2m/s。

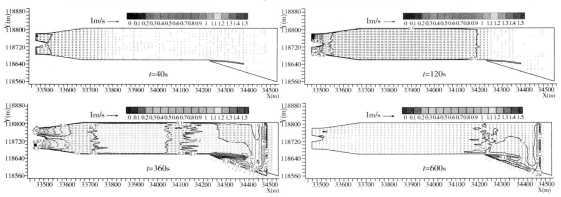

图 13-41　下游引航道工况 7 不同时刻轴线剖面流速演变

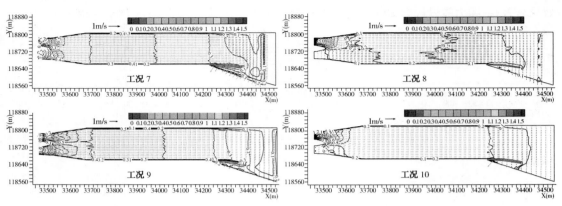

图 13-42 下游引航道工况 7-10($t=260$s)水面流速分布

13.5.2.3 纵剖面流速分布（图 13-43、图 13-44）

修改方案工况 7~10 泄水过程引航道船闸轴线剖面的流场演变,亦可看到涨水波的传导规律。随下泄流量不断增大,下游引航道从下闸首开始涨水,形成涨水波向下游传递,波前表面流速首先增大,而后整个断面流速增大。当 $t=260$s 时,停泊段内流速达到最大。流速大于 0.4m/s 的范围分别距下闸首 550m、50m、790m 和 80m,范围较对应的工况 1、工况 3、工况 4 和工况 6 分别减小 280m、500m、60m 和 690m。

13.5.2.4 横剖面流速分布（图 13-45）

采用双旁泄方案后,双线同泄时水流对称,基本不存在横流,如工况 7 和工况 9;或者流量减小 1/2,横向流速和横向比降明显减小,如工况 8 和工况 10。

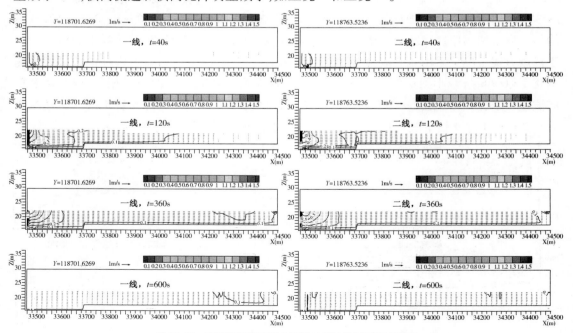

图 13-43 下游引航道工况 7 不同时刻轴线剖面流速演变

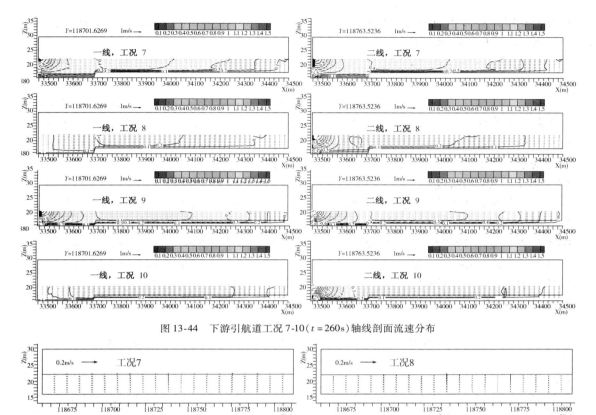

图 13-44　下游引航道工况 7-10($t=260\,\mathrm{s}$)轴线剖面流速分布

图 13-45　下游引航道工况 7-8($t=260\,\mathrm{s}$)横剖面流速分布

13.5.3　错峰运行方案成果分析（图 13-46）

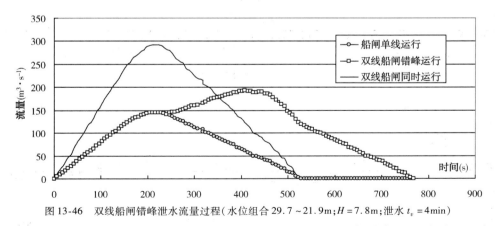

图 13-46　双线船闸错峰泄水流量过程（水位组合 29.7～21.9m；$H=7.8$m；泄水 $t_v=4$min）

　　双线船闸同时泄水时,尽管一、二线船闸均采取右支泄水廊道旁泄的方式（双旁泄方案）,泄水涨水波高仍达到 0.3m（工况 7）和 0.34m（工况 9）。所以为了有效降低水位变幅,改进船闸运行模式,利用一、二线航线上水面波动不同步来减小水位变幅的原理,提出了双

线船闸错峰运行方案即两船闸泄水阀门开启相继间隔4min。双线船闸错峰运行方案包括2个工况（工况11和工况12）。

工况11为近期水位，水位组合29.7～21.9m，$H=7.8$m；工况12为远期水位，水位组合29.7～20.4m，$H=9.3$m。泄水阀门开启时间均为$t_v=4$min。图13-46是工况11双线船闸错峰240s泄水的流量过程。可见，在前240s，错峰运行的流量与单线运行的流量过程线重合；因为随后开启船闸阀门的泄水流量大于初始船闸减小的流量，故总下泄流量增大；在408s时，总下泄流量达到最大为194m³/s，随后流量减小。错峰运行总下泄流量比双线船闸同时运行的总下泄流量292m³/s减小约99m³/s，但泄水结束时间增加240s。

13.5.3.1　水位过程线（图13-47、图13-48）

一线船闸首先泄水，在前240s，水位变化规律与船闸单线运行时一致；当$t=240～480$s期间，二线船闸开始泄水，总下泄流量增大，水位进一步上涨，最高水位为22.11m，即最大涨幅为0.21m，停泊段水位最大变幅0.15～0.21m内，比降变化在0.25‰～-0.1‰，横比降小于0.1‰。从图13-47可见，下引航道水位波动第一个周期较长，约21min，随后的水位波动周期约18min，经3个周期水位平复。工况12有类似的规律。采用错峰方案，工况11和工况12较工况7和工况9水位涨幅降低0.09和0.1m。系缆力降低3.8kN和2.8kN。

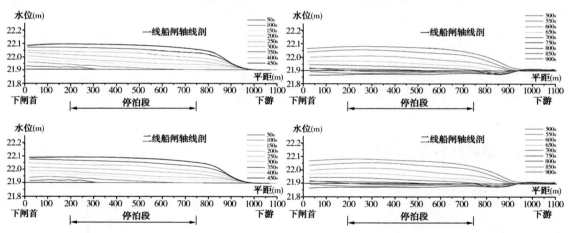

图13-47　下游引航道各时刻水位图（工况11）

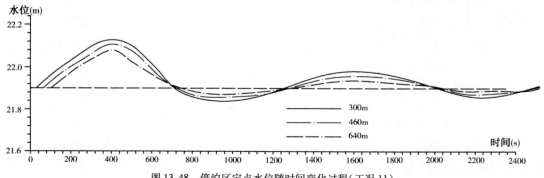

图13-48　停泊区定点水位随时间变化过程（工况11）

13.5.3.2 水面流场分布(图13-49、图13-50)

一线船闸先泄水,右侧引航道生成涨水波向下游和左侧传递,流速从下闸道开始向下游逐渐增大。在 $t=240s$ 可见停泊段水流流速分布基本均匀,速度约在 $0.1\sim0.2m/s$。随后 $t=280\sim480s$,二线船闸开启泄水,总的下泄流量较一线船闸单泄时增大,故引航道内流速逐渐增大,并且由于此时一线船闸流量大于二线船闸,一线引航道流速大于二线引航道,最大流速为 $0.2\sim0.3m/s$。当 $t=460s$ 二线船闸下泄流量达到最大,但二线引航道并没有生成大的流速区,其原因是一线船闸泄水基本结束,涨水波开始回落,总体流速减慢。当 $t=640s$ 时,流速又从闸首开始减小并逐渐传至下游,从而整个引航道水流逐渐平静。工况12的水面流速演变规律同工况11,引航道内最大表面流速为 $0.2\sim0.3m/s$。但由于工况12下泄流量较工况11大,故引航道内 $0.2\sim0.3m/s$ 的范围较工况11大。比较相对的工况7和工况9,工况11和工况12停泊段流速分别从 $0.3\sim0.5m/s$ 和 $0.3\sim0.6m/s$ 降低至 $0.2\sim0.3m/s$。

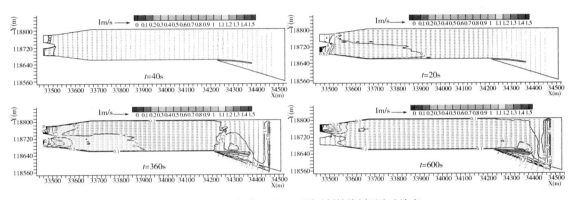

图13-49 下游引航道工况11不同时刻轴线剖面流速演变

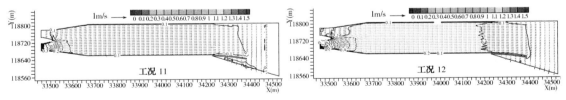

图13-50 下游引航道工况11-12($t=260s$)水面流速分布

13.5.3.3 纵剖面流速分布(图13-51、图13-52)

错峰工况11和工况12泄水过程引航道船闸轴线剖面的流场演变。在流速及范围达到最大时,工况11和工况12流速大于 $0.4m/s$ 的区域均位于导航调顺段,分别距下闸首40m和140m,相较于对应工况7和工况9的550m和790m,范围明显减小。

13.5.3.4 横剖面流速分布(图13-53)

由于采用错峰运行,流量减小,故工况11和工况12横向流速均较慢,不超过 $0.05m/s$。

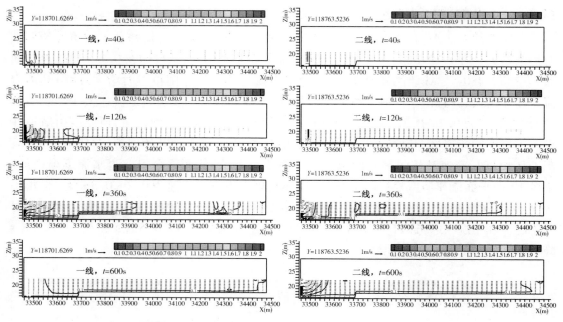

图 13-51　下游引航道工况 11 不同时刻轴线剖面流速演变

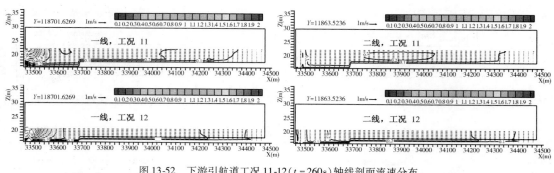

图 13-52　下游引航道工况 11-12($t=260\,\mathrm{s}$)轴线剖面流速分布

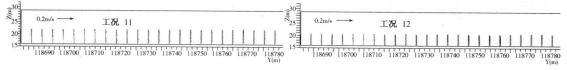

图 13-53　下游引航道工况 11-12($t=260\,\mathrm{s}$)横剖面流速分布

13.6　结语与建议

13.6.1　结语

（1）建立了引航道三维数值模型,成功运用于长沙综合枢纽双线船闸共用引航道非恒定流水力特性研究

船闸灌、泄水非恒定流引起引航道长波运动,比较了数模计算结果与理论计算结果,两

者吻合良好。采用水槽试验对数模进行验证,水面线和流速分布是基本吻合的,说明数模计算结果基本是正确的、可信的,用该模型模拟引航道非恒定流运动是可行的。

(2)获得了非恒定流在双线船闸共用引航道边界条件下的传播特性和水流特征

与普通单线船闸水位变化规律相似,船闸灌水时,上游引航道内水位跌落,生成跌水波并向上游传递,使得整个引航道水位逐渐下降;当达到最大灌水流量时,闸首处水位下降到最低;随后灌水流量减小,由于水流惯性作用,闸首处水位开始壅高,又生成壅水波传向上游,引航道内流速减慢。相反当船闸泄水时,随着下泄流量不断增大,下游引航道内水流从静水到流速逐渐增大,水位上升,生成涨水波传向下游并引起下游引航道整体水位上升。当泄水流量达到最大时,闸首处水位达到最高,而后随泄流量减小,水位开始跌落,最后回复到下游库水位。受水库影响,上游引航道水深较大,跌水波速较快约为 9.7m/s,波动周期约为20min;而无论是近、远期水位组合工况,下游引航道内水深均较浅,最大涨水波波速约6.4m/s,波动周期约为 18min。

(3)双线船闸共用引航道非恒定流条件下船舶航行和停泊段安全等研究成果,为设计提供了技术支撑

研究涵盖了双线船闸共用引航道运行管理中的所有工况,获得了所有工况的波高、流速、比降、系缆力等水力要素。如设计方案两线船闸同时灌水时,引航道最大跌落 0.38m,最大比降 0.4‰,水流作用最大系缆力 20.8kN;设计方案同时泄水(仅一线船闸右支旁泄)时,下引航道最大波高 0.51m,最大比降 0.4‰,水流作用最大系缆力为 21.8kN。引航道停泊段内的水流条件基本能满足船只靠泊要求,双线船闸其中一线进行灌(泄)水时,另一线引航道内水位波动、纵向流速、横向流速、比降等水流条件均满足船舶进出闸的规范要求。

(4)研究结合依托工程的实际情况,提出的双线船闸错峰运行和下游增加旁侧泄水等技术措施,对设计和运行管理具有指导作用

针对设计方案上游引航道跌水波较大的问题,提出了修改方案(隔流墙透水)和错峰运行方案。修改方案水位跌幅则分别是 0.27m 和 0.32m,较原设计方案减小约 12.9% ~15.8%。错峰运行水位由于最大流量减小,跌幅进一步减小约 0.06~0.07m。

下游引航道提出了双旁泄(增加二线船闸旁泄)和错峰运行的工程措施。双旁泄方案最大波高为 0.34m,较原设计方案降低了 40%,其他水力条件也得到较大改善。错峰运行波高进一步较同步运行降低约 0.09~0.1m。

13.6.2　建议

(1)隔流墙透水有助于降低上游引航道跌水波幅,减小流速。但由于汛期库区洪水波可通过隔流墙传导到上游引航道内,从而影响航道内水流条件。故建议进一步对此方案进行研究。

(2)一线和二线船闸右支双旁泄可有效降低下游引航道涨水波高,降低航道内流速,故建议将此方案作为推荐方案。

(3)当下游出现超低水位时段,一、二线船闸应错位 1/4 水波动周期(约 4min)运行,利用船闸泄流波动峰幅与谷幅发生错位,而形成相互抵消,减小水位降低,确保引航道内的水

深满足规定要求。或者,延长阀门开启时间,减小最大泄水流量,降低谷幅值,实现引航道水深符合规定的目的。

(4)船闸灌泄水过程中非恒定流在上下游引航道产生长波运动在引航道中形成推进波、纵向水面坡降与流速。当其与航向一致时,会影响航行船舶的操纵性及舵效;当其与航向相反时,会增大航行阻力,影响航速。因此引航道(尤其是下引航道)内船只航行时应谨慎操纵,严格按规定航速行驶,保持匀速航行,避免猛然加速出现船体下潜发生触底事故。

(5)船闸灌泄水过程中非恒定流在上下游引航道产生长波运动,对引航道中等待过闸船舶(队)产生动水作用力,动水作用力会增加船舶系缆力和船舶停靠系统难度。建议船舶在停靠过程中注意安全,加强系缆,避免船舶失控而危及船舶或靠船建筑物的安全事故。

(6)下游引航道内出现淤积现象后须立即清淤,特别是左侧泄洪闸开启泄洪后,容易在船闸下游引航道口门区出现碍航的泥沙淤积。因此,泄洪后应立即观测航道状况,出现淤积必需予以清除。

(7)船闸灌泄水非恒定流的长波运动,会对人字闸门产生有害的反向水头,会影响人字闸门启闭机械结构及其安全,建议加强监测。

参 考 文 献

[1] 中华人民共和国行业标准.JTJ 305—2001　船闸总体设计规范[S].北京:人民交通出版社,2001.

[2] 中华人民共和国行业标准.JTJ 306—2001　船闸输水系统设计规范[S].北京:人民交通出版社,2001.

[3] 周华兴,郑宝友,王化仁.船闸灌泄水引航道内波幅与比降研究[J].水道港口,2005(2):103 – 107.

[4] 易兴华,刘大明.葛洲坝双线船闸的泄水布置及不稳定流问题[J].长江科学院院报.1989(4):30 – 39.

[5] 薛阿强.三峡工程下游引航道不稳定流试验研究[J].长江科学院院报,1994(4):10 – 15.

[6] 孙尔雨,李发政.三峡船闸上引航道通航水流条件研究[J].长江科学院院报,1996(3):6 – 11.

[7] 孙尔雨,杨文俊.三峡工程引航道非恒定流通航条件研究[J].中国三峡建设,2001(1):25 – 29.

[8] 杨文俊,孙尔雨,杨伟,王兴奎.三峡水利枢纽工程非恒定流通航影响研究Ⅰ:上、下引航道[J].水力发电学报,2006(1):45 – 49.

[9] 黄国兵.三峡工程上游引航道非恒定流数值分析与计算[J].长江科学院院报,1997(3):10 – 14.

[10] 陈阳,李焱,孟祥玮.船闸引航道内水面波动的二维数学模型研究[J].水道港口,1998(3):21 – 27.

[11] 李焱,孟祥玮,李金合,刘红华.三峡工程船闸灌水上引航道内水力特性数值模拟分析[J].水道港口,2002(3):122 – 126.